호모트래블쿠스의 지리답사기

호모트래블쿠스, 실질적인 답사와 여행의 경험을 통해 다채로운 주제와 시각을 담다

호모트래블쿠스의 지리답사기

여행하는 인간

지은이
정은혜
손유찬
오지은
정예지

시작하며

    누구에게나 힘든 시기는 있다. 필자 역시 그러한 시간의 한 가운데에 있었다. 노력에 노력을 더해도 쉽게 나아지지 않는 상황, 무언가 보이지 않는 벽에 몇 번이고 부딪히며 스스로에 실망하는 시간이 늘어만 갔다. 그래서일까? 그 어느 때보다도 공부에 집중하지 못했고, 그 어느 때보다도 공부에 재미를 느끼지 못했다. 말 그대로 생존하기 위해 공부를 해야 했고, 이 억지스럽고 무거운 발걸음은 나 자신을 더욱더 깊은 심연의 바닥으로 내몰아쳤다. 소위 말하는 번 아웃(Burnout)을 겪으며 다소 무기력한 삶을 살아가던 필자였다. 과거의 열정에 대한 연민 때문이었을까, 아니면 그리움 때문이었을까… 현재의 삶을 잃고 방황하던 필자에게 그래도 '글쓰기'는 그 순간 할 수 있는 단 하나의 무엇이었다. 한 줄기의 빛으로 다가온 글쓰기는 '나는 지리학자다!'라고 자랑스레 외치며 몇 권의 책을 써냈던 순간들을 떠올리게 했다. 그래서 일단은 살기 위해 글을 써야겠다고 생각했다. 감사하게도 필자는 그 순간에 소위 말하는 '찐' 제자들이 있었고, 그들의 도움을 받을 수 있었다.

호모트래블쿠스의 지리답사기

사실상 글을 쓰기 시작했다고 해서 금세 힘든 상황이 극복될 수 있는 건 아니었다. 여전히 마음도 몸도 무거웠고, 학자로서 주어지는 무게와 고민 역시 여전히 버겁긴 마찬가지였다. 그래도 한 편, 한 편, 또 한 편… 제자들과 함께, 각자가 여행하거나 답사했던 순간들, 감정들, 그리고 해박한 지리적 지식을 공유하며, 이를 글로써 매듭지어가기 시작했다. 아마도 그 과정 안에서 치유를 느꼈던 것 같다. 물론, 이 치유의 시간이라는 것 역시 쉽기만 한 것은 아니었다. 필자 스스로 어려움이 많았지만, 제자들 역시 중간중간 각자에게 주어진 어려움의 시간이 적지 않았기 때문이다. 그런데도 이 모자란 스승을 기다려주고, 템포를 맞춰주며, 조금씩 극복할 수 있는 시간을 만들어주었다. 돌이켜보면, 필자에게 이 치유의 시간이란 단순한 시간의 흐름이 아니라 제자들의 인내와 격려가 만들어낸 기적이 아니었을까 생각한다.

그렇다면 이즈음에서 필자를 포함해 공동저자인 우리 제자들을 소개해야겠다. 일단, 이 책의 저자들은 모두 '지리학'을 전공으로 한다는 점에서 나름의 특화된 전문성을 지니고 있다. 지리학 현역에 종사하며 여전히 강의와 연구에 골몰 중인 한 연구소의 교수이자 지리학 박사인 필자를 비롯해 한창 지리학이라는 학문의 세계에 빠져들어 집중 탐구가 가능한 지리학 석사와 대학원생, 그리고 지리학을 탑재해 발로 뛰는 유학과 기자에 이르기까지! 실로 다양한 저자들이 지리학이라는 이름으로 모였고, 여기에 여행과 답사를 좋아한다는 특성까지 더해져서 구성원을 이루었다. 이에 우리 저자들은 책의 제목에 '호모트래블쿠스'라는 새로운 용어를 달았다. '호모트래블쿠스'란 '여행하는 인간'이라는 뜻으로, '슬기로운 인간'이라는 의미의 '호모사피엔스', '유희하는 인간'이라는 의미의 '호모루덴스'처럼 현대의 인류를 설명하기 위한 나름의 학명이라고 할 수 있을 것이다. 지리학을 전공으로 하는 사람들로서 상대적으로 여행과 답사를 좋아하는 우리 저자들을 대변하기에 이보다 좋은 단어가 없을 거라는 생각에서다.

　제목에서부터 느껴지겠지만 『호모트래블쿠스의 지리답사기』는 여타의 흔한 여행기와는 달리 지리를 공부하는 사람들이 나름의 전문성과 차별성으로 답사한 지역과 그 지역이 내포하고 있는 주요한 주제를 좀 더 깊이 있게 다루려는 책이다. 이 같은 전문성과 차별성은 이 책이 지니는 또 하나의 강점일 것이다. 따라서 이 책은 최대한 현실성 있게 답사지역을 보여줌과 동시에 될 수 있는 한 최근의 정보를 전달하고자 기획되었다. 또한, 지역에서 나타난 현상들을 단순한 이론으로서만 적용하는 게 아니라, 실질적인 답사와 여행의 경험을 통해 다채로운 주제와 시각을 담아내어 보다 차별화된 렌즈로 적용하려고 시도하였다. 그럼으로써 해당 지역에 대한 여러 가지 다양한 시각과 정보가 자연스럽게 지리적 지식으로 이어질 수 있도록 노력하였다. 독자들이 이 책을 펴서 읽는 동안, 편안하게 지역들을 답사하고 공부할 수 있는 시간으로 활용할 수 있기를 바라는 마음이다. 한편으로는, 여행과 답사라는 형식을 취하여 여러 이야기와 사진들을 동시에 살펴봄으로써, 코로나19로 인한 답답함과 지루함을 조금이나마 해소해 보려는 의도도 적지 않았다. 그런 의미에서, 이 답사기는 다음과 같이 재미있고 흥미로운 주제를 테마로 하여 내용을 구성하였다.

　첫 번째 장, '낭만이 세상을 만든다! 도시를 뒤덮은 예술의 발자취'에서는 미국의 시카고, 프랑스의 바스-노르망디, 영국의 에든버러, 아랍에미리트의 두바이 등 이름만 들어도 낭만이 묻어나는 이들 도시를 각 지역의 역사적 배경과 함께 문학, 음악, 미술, 건축, 경관 등을 연관 지어 보다 깊이 있게 살펴보았다.

두 번째 장, '자세히 보아야 예쁘다, 도시도 그렇다!'에는 미국의 텍사스, 경기도의 파주, 일본의 도쿄, 헝가리 부다페스트 등의 도시를 차별화된 시각으로 바라봄으로써 그냥 흔하디흔한 도시경관을 보여주는 데 그치지 않고, 정말 자세히 들여다보아야만 알 수 있는 새롭고도 재미난 주제로 해당 도시의 향과 맛, 그리고 문화를 찾고자 하였다. 이 장에서 이야기하는 음식, 인형, 골목길 도시재생, 빈부격차, 그라피티 등의 주제는 해당 지역을 더 깊이 이해하는 데에 도움을 줄 것이다.

세 번째 장, '아름다움의 이면에 숨겨진 우리 민족의 아픈 역사 속으로'에서는 먼저 대한민국 서울과 경기도 수원에서 우리나라의 가슴 아픈 역사적 상황이 반영된 공간들을 살펴보고, 좀 더 범위를 넓혀 중국 상하이, 러시아 블라디보스토크에 이르는 광활한 지역에 이르기까지 우리 민족의 애국적 역사와 활약상을 돌아보고 교훈을 얻고자 하였다.

네 번째 장, '당신의 이야기? 아니! 우리의 이야기!'에서는 프랑스 망통, 강원도 철원, 경기도 연천, 그리고 오스트레일리아의 시드니 등에서 이루어지는 세계적인 축제와 즐길 거리를 찾아보고, 그 속에서 어떠한 힐링과 재미, 그리고 깨달음을 얻을 수 있는지를 들여다본다.

　마지막 장으로, '지속 가능한 우리의 보금자리를 위한 작은 제안'에서는 충남 서천, 일본의 홋카이도, 말레이시아 랑카위, 독일의 뮌스터 등을 통해 이들 도시가 지속 가능한 지구를 위해 어떠한 노력을 기울이고 있는지를 알아보고, 향후 우리가 나아갈 길을 모색해 보고자 한다.

　짧은 지면에 우리 저자들이 담고자 하는 모든 이야기를 다 담을 수 없었음은 아쉽다. 그렇지만, 우리들의 글 한 편 한 편은 각각 하나의 가닥이 되어 서로 땋아지면서 예쁜 매듭으로 이어질 수 있었고, 이 매듭들은 그 누구도 따라 하지 못하는 새로운 스타일로 재창조되었다. 부스스하게 헝클어져 있다 못해 풀어 헤쳐져 있던 필자의 머리카락은 함께 한 제자들, 즉 공저자들이기도 한 손유찬, 오지은, 정예지 등의 번뜩이는 아이디어로 제자리를 찾았고, 서로의 매끄러운 글솜씨로 빗질이 되었으며, 함께 고민하는 시간으로 매듭이 엮어지며 결국 아름다운 댕기 머리로 거듭날 수 있었다. 아직 해결하지 못한 많은 것들, 무엇보다 스스로에 대한 고민은 여전하지만 그래도 '함께'였기에 조금씩 나아질 수 있었음은 부인할 수 없다. 그런 의미에서 이 자리를 빌려, 함께 한 공저자들에게 가장 감사하다는 말을 남기고 싶다. 이들과 함께 언제나 좋은 사제관계로서 '낭만지리학'을 이어가기를 바라는 마음이다.

　마지막으로 무한한 사랑과 배려로 여전히 필자를 지켜주시는 부모님, 필자와 인연을 맺고 있는 모든 교수님과 선생님, 친구들과 제자들, 그리고 출판을 가능하게 해 주신 ㈜푸른길 김선기 대표님과 이선주 팀장님께도 변함없는 감사의 인사를 드린다.

2023년 봄

대표 저자, 정은혜

차례

CHAPTER 01

낭만이 세상을 만든다!
도시를 뒤덮은 예술의 발자취

#문학

#미술

#음악

#건축

01

빌딩 숲 사이를 흐르는 음악의 선율 속으로
미국 '시카고'

|||||||||||||||||||||||||||||||||||||||||||||||||||||||||||||||||||||||||||||||||

#음악 #역사 #도시 #문화

🎧 September – Earth, Wind & Fire

_ 시카고, 빌딩숲 사이를 흐르는 음악의 선율 속으로

시카고(Chicago)에 온 독자 여러분을 환영하면서, 위의 음악(<September> – Earth, Wind & Fire)과 함께하길 권하고 싶다. 음악을 듣기 전에는 제목과 가수 이름이 생소할 수도 있으나, 막상 음악을 틀어 본다면 한 번쯤은 들어본 적이 있을 것이라고 자신한다. 리듬 앤 블루스(Rhythm and Blues, 이하 R&B)부터 디스코(Disco), 펑크(Funk) 등 다양한 장르에서 활동한 밴드 '어스 윈드 앤 파이어(Earth, Wind & Fire)'의 여정은 1970년대 시카고에서 시작되었다(그림 1의 좌). <September>, <Boogie Wonderland>, <Let's Groove> 등의 히트곡은 발매된 지 30년이 지났음에도 여전히 사랑받고 있으며, 2000년 로큰롤 명예의 전당(Rock and Roll Hall of Fame)에 입성한 이들은 시카고를 대표하는 밴드로 자리매김하였다(어스 윈드 앤 파이어 공식 사이트). 어디 이뿐인가? 힙합(Hiphop) 장르를 좋아한다면 그 누구라도 거장이라고 인정할 카니예 웨스트(Kanye West, Ye)와 시카고 힙합의 대표 주자 중 한 명인 챈스 더 래퍼(Chance the Rapper), 시카고에 재즈를 들여온 〈What a Wonderful World〉의 장본인 루이 암스트롱(Louis Daniel Armstrong), 오케스트라계의 최정상에 속하는 시카고 심포니 오케스트라(Chicago Symphony Orchestra)까지 정말 다양한 장르에서 활약 중인 이들은 시카고 출신이거나, 시카고의 영향을 많이 받은 예술가이다.

수많은 아티스트들의 배경지이자 예술의 고장인 시카고! 이러한 시카고이지만 시카고에 대한 이미지는 실로 다양하다. 누군가는 두꺼운 도우(Dough)로 유명한 시카고 피자를 떠올릴 것이고(그림 1의 우), 또 누군가는 전설적인 농구 선수 마이클 조던(Michael Jeffrey Jordan)의 소속 프로구단 시카고 불스(Chicago Bulls)를 언급할 것이다. 혹은 시카고를 무대로 삼았던 토크쇼의 거장 〈오프라 윈프리 쇼(The Oprah Winfrey Show)〉를 이야기할 수도 있을 것이다. 이처럼 세계적인 도시답게 대표하는 상징 역시 다양한 시카고에서는 수려한 문화와 예술의 흔적을 쉽게 찾아볼 수 있다. 그중에서도, 시카고에 관해 이야기할 때 빼놓을 수 없는 것은 바로 시카고만의 독자적인 음악 장르인 '시카고 블루스(Chicago Blues)'와 '시카고 하우스(Chicago House)'이다. 지역의 이름을 딴 음악적 배경에는 음악이 만들어진 해당 지역의 자연 혹은 인문환경이 녹아들어 있다는 측면에서, 왜 시카고 블루스인지, 왜 시카고 하우스인지에 대해 궁금해지기 마련이다(임덕순, 2009). 그렇다면 그들만의 음악을 세계인의 문화로 일궈낸 시카고는 과연 어떤 곳인지 알아보도록 하자.

시카고는 미국 일리노이(Illinois)주 소속으로, 미국 중서부 최대의 중심지이다. 이곳은 미국과 캐나다의 경계에 있는 오대호(The Great Lakes)의 다섯 호수 중 하나인 미시간호(Lake Michigan)와 맞닿아 있다(그림 2의 좌). 얼핏 보면 바다로 착각이 들 만큼 광

그림 1. 어스 윈드 앤 파이어의 공연 모습(좌), 두꺼운 도우가 특징인 시카고 피자(우)
출처(좌) 어스 윈드 앤 파이어 공식 사이트

그림 2. 미국 중서부의 중심지인 시카고의 지리적 위치(좌), 시카고 시내를 흐르는 시카고강과 건물(우)
출처(좌) 내셔널지오그래픽 사이트 재구성

활한 호수인 미시간호를 바탕으로 해상운송이 크게 발달했고, 미국 7대 철도 노선 중
무려 6개의 노선이 시카고를 지나고 있다. 시카고는 동서부 경제 핵심 지역을 연결하
는 허브 역할을 자처하며 물류 유통의 중요한 거점이 되었다. 현재 시카고는 미국에서
세 번째로 큰 대도시로 손꼽힌다(KOTRA 해외시장뉴스, 2014년 8월 13일 자). 하지만 이
런 사실보다도, 이곳을 찾는 관광객에게 시카고가 가장 먼저 자랑스럽게 내보이는 것

호모트래블쿠스의 지리답사기

은 초고층 빌딩과 도시 한가운데를 흐르는 운하인 시카고강(Chicago River)이 이루는 아른다운 경관일 것이다. 미시간호에서 흘러나온 시카고강의 강변을 따라 자리한 수많은 건축물은 철저한 도시계획 아래 세워진 시카고의 100년 도시 역사의 산물이라 할 수 있다(그림 2의 우).

무엇보다 시카고에서 흐르던 지역의 음악은 계획도시 시카고의 역사와 함께해 왔다. 따라서 도시로서의 시카고와 음악을 제대로 이해하기 위해서는 음악의 역사적인 흐름과 함께 성장해 온 도시의 다양한 문화적인 요소와 역사, 그리고 공간에 대해 알아볼 필요가 있다. 지금부터 시카고를 대표하는 아티스트의 음악을 들으면서, 음악의 중심지가 된 시카고가 과거부터 어떤 여정을 떠나왔는지 그 이야기와 리듬 속으로 빠져 보도록 하자!

🎧 Immortals – Fall Out Boy

_ 위기에서 기회로, 놀라운 역사를 간직한 바람의 도시

이번 단원에서는 최근에도 활동하고 있는 밴드인 '폴 아웃 보이(Fall Out Boy)'의 음악과 함께 시작해 보도록 하겠다(그림 3의 좌). 록을 좋아하는 이들이라면 낯익은 이름일 것이다. 혹여나 이들의 이름이 생소하더라도, 위 음악의 도입부를 듣자마자 뇌리를 스치고 지나가는 멜로디가 떠오를 수도 있다. 이 곡은 월트 디즈니 애니메이션 스튜디오(Walt Disney Animation Company)의 애니메이션 작품인 〈빅 히어로 6〉(2014)의 사운드트랙으로 인기를 끌었다(그림 3의 우). 강렬한 멜로디로 유명한 이들의 곡인 〈Centuries〉, 〈The Phoenix〉 등은 e스포츠 리그와 각종 예능 프로그램의

그림 3. 폴 아웃 보이(좌), 영화 〈빅 히어로〉 스틸컷(우)
출처 폴 아웃 보이 공식 인스타그램(좌), 영화 〈빅 히어로〉 공식 페이스북(우)

배경음악으로 환영받고 있다. 폴 아웃 보이 역시 시카고를 발판 삼아 성장해 세계적인 밴드로 우뚝 선 아티스트이다. 이들처럼 세계적으로 유명한 아티스트들 중에는 시카고를 배경으로 활동해 온 경우가 많다. 이는 아마도 시민에게 음악과 함께 다양한 문화의 장을 경험하고, 또 직접 문화의 주체가 되어 꿈을 펼칠 수 있는 무대를 마련해 준 시카고의 노력 덕분이 아닐까 한다.

한 예로, 해마다 열리는 세계적인 대규모 음악 축제부터 재즈 바의 소소한 공연까지, 시카고는 사시사철 음악과 함께한다. 1991년 시카고에서 처음 시작된 '롤라팔루자(Lollapalooza)' 페스티벌은 매년 30만 명의 음악 팬들이 찾는 세계적인 음악 축제다(그림 4의 좌). 보통의 음악 축제가 특정 장르에 한정되는 것과 달리 롤라팔루자에는 록(Rock), 팝(Pop), 힙합 등 다양한 장르에서 활동하는 100팀 이상의 아티스트가 등장한다. 2005년부터 매년 시카고의 그랜트 파크(Grant Park)에서 열리고 있으며, 현재는 칠레와 브라질에서도 해당 축제가 개최되고 있다(롤라팔루자 공식 인스타그램). 롤라팔루

호모트래블쿠스의 지리답사기

그림 4. 롤라팔루자의 공연 모습(좌), 그랜트 파크 내에 위치한 버킹엄 분수(우)
출처 (좌) 롤라팔루자 공식 인스타그램

자의 고향인 그랜트 파크는 시카고에 조성된 최초의 공원이자 시카고의 "프론트 야드(Front yard; 앞마당)"로 불린다. 시카고의 상징 중 하나로 불리는 클라우드 게이트(Cloud Gate, The Bean)과 버킹엄 분수(Buckingham Fountain), 미국의 3대 미술관 중 하나로 손꼽히는 시카고 미술관(The Art Institute of Chicago)과 밀레니엄 파크(Millenium Park)까지, 그랜트 파크는 시민들의 문화 공간으로 가득 채워져 있다(그림 4의 우). 그랜트 파크는 '그랜트 파크 뮤직 페스티벌(Grant Park Music Festival)'의 무대이기도 하다. 이 역시 그랜트 파크를 대표하는 음악 축제이다(Brucher, 2020). 어디 이뿐인가? 세계 최대 규모의 야외 음식 축제인 '테이스트 오브 시카고(Taste of Chicago)', 미국 중서부에서 가장 큰 규모로 개최되는 성 소수자 축제인 '프라이드 축제(Pride In The Park)'와 같은 다양한 문화의 장이 끊임없이 이곳 그랜트 파크에서 펼쳐지고 있으며, 무엇보다도 도심 한가운데에서 즐기는 음악의 선율이 시민들의 삶에 깊게 배어 있다(시카고 관광청 사이트).

여기서 잠깐 돌아가서, '그랜트 파크 뮤직 페스티벌'에 주목해 보자. 그랜트 파크 뮤직 페스티벌은 1929년부터 약 80년간 이어져 온 역사 깊은 축제이다. 다양하고도 수

준 높은 음악을 선보이는 본 축제는 놀랍게도 무료로 진행된다. 오랜 기간 축제를 무료로 진행해 온 것은 축제가 처음 시작되던 1920~1930년대의 상황과 관련이 있다. 당시 미국에 닥친 대공황으로 한순간에 많은 사람이 일자리를 잃게 되었고, 시카고의 시민들 역시 예외는 아니었다. 모두가 희망을 잃고 삶의 고단함에 지쳐 있을 때, 시카고에서는 그랜트 파크 뮤직 페스티벌을 진행하기 시작했다. 나라의 경기는 침체해 가는데, 노래를 부르며 흥얼거리는 축제를 여는 것이 과연 어울리나 싶은 생각이 들기도 하지만, 시카고의 생각은 달랐다! 여기에서 우리는 '음악'을 대하는 시카고의 태도와 가치관을 엿볼 수 있다. 시카고는 이 축제를 통해 일자리를 잃은 음악가들에게 일자리를 제공하고자 했다. 또한, 어려운 시기를 함께 버티고 있는 시민들에게 경제적 부담을 주지 않으면서도 한데 모여 음악으로 아픔을 치유하고, 삭막해진 도시에 활기를 불어넣고자 했다. 그런 의미에서 축제는 오랜 기간 시카고 시민들의 휴식처이자 마음의 안정을 되찾는 공간으로 존재해 왔다. 이후 시카고에서 정부의 주관으로 진행하는 여러 축제는 시카고를 대표하는 그랜트 파크에서 무료로 진행하게 되었으며, 이는 결국 '모두가 누릴 수 있는 찬란한 문화로서의 음악'이라는 그랜트 파크 뮤직 페스티벌의 정신을 이어갈 수 있게 하는 원동력이 되었다(Brucher, 2020).

시카고의 이러한 환경 속에서, 꿈을 꾸던 수많은 음악가는 그들의 잠재력을 내보일 기회를 가질 수 있었다. 폴 아웃 보이는 〈Lake Effect Kid〉라는 곡으로 그들의 꿈을 키울 수 있었던 배경이 되어준 시카고에게 감사한 마음을 내보이기도 했다. 이처럼 시카고의 많은 음악가가 대중 앞에 설 수 있었던 것은, 도시 곳곳에 언제든 새로운 음악을 선보일 수 있는 무대가 마련되어 있기 때문이었다. 정부의 주도로 조성된 공원과 같은 공공장소의 무대에서 시작된 음악문화는 점차 시민 개개인의 삶의 일부가 되었다. 오늘날 시카고가 음악과 꿈의 도시가 되기까지, 시카고는 철저하고도 미래지향적인 도시계획을 거쳐 왔고 이는 음악가들과 시민들의 디딤돌이 될 수 있었다. 그렇다면 오늘

호모트래블쿠스의 지리답사기

의 시카고를 완성한 시카고만의 도시계획은 무엇이었을까?

그 시작을 들여다보기 위해서는 '시카고'라는 도시의 태생부터 살펴보아야 한다. 1833년, 시카고는 시카고강을 중심으로 군사 요새와 350여 명의 주민으로 이루어진 황무지 마을이었다. 당시의 시카고는 매우 작은 마을이었지만, 오대호와 미시시피강 (Mississippi River) 유역 사이에 자리한 지역이라는 지리적 위상이 점차 부각되기 시작했다. '물'이라는 자원은 시카고를 교통의 요지로 등극시켰고, 정부의 주도 아래 도시는 빠른 속도로 성장하게 되었다. 1825년 뉴욕(New York)주에 건조된 이리 운하(Erie Canal)의 개통이 성공적으로 이루어지자 정부에서는 시카고에도 '일리노이와 미시간 운하(Illinois and Michigan Canal)' 사업을 추진했다. 운하가 개통되자 시카고는 수로를 통해 동부의 대도시 뉴욕과 연결되었고, 대서양을 통해 중부의 특산품을 유럽에까지 전파할 수 있었다. 운하의 발달로 유럽에서 온 이민자 역시 증가하면서 약 30년이라는 기간 동안 도시의 인구 규모는 약 4,000명에서 300,000명 정도로 커지게 되었다. 이후 수로뿐 아니라 철도를 통해서도 미국의 서부와 남부에까지 물류를 수송하는 중간 거점도시로 거듭나면서, 시카고의 위상은 날로 높아져 갔다. 한편, 도시가 한순간에 대도시가 되어 많은 인파가 몰리면서 수인성 전염병이 번성해 시카고를 위협하기 시작했다. 1849년 남부에 자리한 뉴올리언스(New Orleans)에서 배를 타고 시카고로 온 한 승객으로부터 콜레라가 전파되었다. 이 일로 시카고 전체 시민의 1/10이 전염병으로 질병을 앓거나 사망에 이르는 비극이 발생했다. 이후 1854년까지 콜레라, 장티푸스 등의 다양한 전염병으로 많은 시민이 목숨을 잃게 되었고, 시카고에서는 도시의 '물'을 통해 전염병이 더욱 빠르게 퍼지고 있다는 점을 알아냈다. '깨끗한 물'을 유지하는 것이 얼마나 중요한지 깨닫게 된 시카고는 올바르게 배수가 이루어지는 상수도 시스템을 확립하고자 했다. 이에 정부는 시카고의 상수도 시스템을 재정비하기 위해 전문가를 고용하고 도시의 기반 시설을 바꿔나가며 시카고의 성장에 더욱 박차를 가했다(한겨레온, 2018년 3월 6일 자; Smithsonian Magazine, 2018년 10월 12일 자)(그림 5의 좌).

그러나 행복은 오래가지 못했다. 1871년, 시카고에서는 유례없는 대화재가 발생했다(그림 5의 우). 교외의 한 헛간에서 발생했던 작은 불씨가 바람을 타고 퍼져 시카고 전역을 불길로 뒤덮은 것이다. 당시 화재는 시카고 시내의 1/3에 해당하는 주거지를 파괴하며 도시 전체를 쑥대밭으로 만들어버렸다. 이는 시카고가 '바람의 도시(Windy City)'로 불릴 만큼 바람이 강하게 불어 불이 빠르게 옮겨붙기 좋은 기후적 환경을 가지고 있었고, 하필 1871년의 여름 강수량은 평균의 1/4 수준으로 매우 건조한 상황이었다. 하지만 이런 이유보다도, 도시 건축의 구조적 문제야말로 화재의 규모를 키운 가장 큰 요인이었다. 시카고 건축물 대다수가 화재에 약한 목조 건물이었으며, 건물들에는 화재의 확산을 지연시키는 내화성 재료가 거의 사용되지 않았다. 게다가 갑작스럽게 수많은 인구가 도시에 유입되면서 거주 공간이 확보되지 못해 가벼운 널빤지로 지어진 집들이 상당수를 차지했다. 거리의 보도는 대부분 소나무로 구성되어 있었

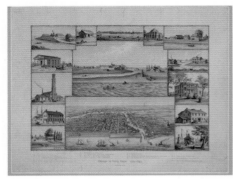

그림 5. 1871년 대화재 이전 번성하던 시카고의 경관(좌), 대화재 이후 아름답던 도시의 모습을 잃어버린 시카고(우)
출처 미국 국회 도서관 사이트(좌), 시카고 건축센터 사이트(우)

호모트래블쿠스의 지리답사기

고, 찻길과 강을 잇는 다리와 배 역시 모두 나무로 건조된 것이었다. 엎친 데 덮친 격으로, 정부에서 새롭게 정비하고 있던 상수도 시설까지 화재로 인해 파괴되면서 불을 통제할 수 없는 지경에 이르렀다(내셔널지오그래픽 사이트; 시카고 건축센터 사이트).

하루아침에 시카고는 모든 것을 잃고 말았다. 도시를 집어삼킨 화마는 시카고 전역을 잿빛으로 물들였고, 이보다 최악일 수는 없었다. 그러나 뜻밖에도, 시카고의 역사가 닐 새머스(Neal Samors)는 시카고 대화재를 다음과 같이 평가한다(시카고 건축센터 사이트).

> (대화재가 발생하지 않았다면,) 시카고는 미국에서 두 번째로 큰 도시가 아니라 훨씬
> 작은 도시였을 것이다.
>
> – 닐 새머스

최악의 위기를 최고의 기회로 승화시킨 시카고의 놀라운 재출발은 대화재를 기점으로 막을 올렸다. 이 사건으로 '백지상태'가 되어버린 시카고는 도시의 모든 기초와 뼈대를 튼튼하게 갖추는 일에 대해 심혈을 기울였다. 따라서 철과 벽돌, 테라코타(Terra Cotta)[1] 등의 내화성 재료로 다시 건물을 쌓아 올리며 위대한 재건을 시작했다. 한편, 1893년 탐험가 콜럼버스(Christopher Columbus)의 신대륙 발견 400주년을 기념

---

1. 대화재 직후, 건축 시 벽돌, 석재, 대리석 및 석회암과 같은 내화성 재료로 지어야 한다는 내용을 담은 법률이 통과되었다. 그러나 이러한 재료들은 숙련된 전문가들만이 사용할 수 있거나 값이 비쌌기 때문에 일반적으로 사용하기에 어려움이 있었다. 이에 여전히 나무로 건물을 짓는 일이 흔하게 발생했는데, 1874년 7월 다시 화재가 발생해 800개 이상의 건물이 또 한 번 전소되고 말았다. 이때 등장한 재료가 테라코타이다. 구운 흙의 형태인 테라코타는 대중적이고도 효과적인 내화성 재료로 주목을 받았다. 이후 시카고의 많은 건물이 테라코타 타일로 건조되었으며, 이를 계기로 현재 시카고는 화재로부터 가장 안전한 도시 중 한 곳이 되었다(내셔널지오그래픽 사이트).

해 개최된 시카고 만국박람회(World's Columbian Exposition)에서 시카고 지역 사회의 총지휘 감독으로 임명된 다니엘 번햄(Daniel Hudson Burnham, 이하 번햄)이 '백색도시(White City)'를 선보였다(그림 6). 세계 각국의 유명한 건축물을 참고해 아름다운 백색의 고전주의 건물로 채운 인공도시인 백색도시는 '깔끔하고 순수한 도시'를 표방해 매우 큰 주목을 받았다. 당시 미국인들은 문화적으로 유럽에 대해 강한 열등의식을 지니고 있었다. 따라서 이들은 직전 박람회였던 1889년 파리 박람회에서 처음 등장한 에펠탑(Eiffel Tower)을 능가하는 구조물이 시카고에서 등장하기를 간절히 바라고 있었다. 또, 시카고는 당시 뉴욕에 이어 두 번째로 많은 인구를 자랑하는 도시였으나 '지저분하고 냄새나는 신흥도시'라는 이미지에서 벗어나지 못해 시카고 내부에서도 고민이 많은 상황이었다. 그러한 의미에서 번햄의 백색도시는 미국인, 그리고 시카고인에게 한 줄기의 빛과도 같은 희망이었다. 이에 백색도시는 박람회의 큰 성공을 이끌었고, 투자자에게 어마어마한 수익을 안겼다. 1906년 시카고의 상인클럽은 그의 잠재력을 믿고 약 8만 5천 불이라는 큰 돈을 들여 번햄에게 시카고 전체에 대한 계획안을 작

그림 6. 다니엘 번햄(좌), 1893년의 '백색도시'의 건물로 둘러싸인 시카고 만국박람회(우)
출처 시카고 공립도서관 사이트(좌), 시카고 건축센터 사이트(우)

호모트래블쿠스의 지리답사기

성해 줄 것을 의뢰했고, 이때 번햄이 제안한 계획이 바로 1909년 발표된 '시카고 플랜 (Chicago Plan)'이다(김흥순·이명훈, 2006).

시카고 플랜은 시민의 복리 및 교통, 산업, 상업 네트워크의 효율성을 높이고 녹지 환경을 알맞게 조성해 도시의 생기를 유지하고자 하는 계획이었다. 번햄은 계획을 세우기에 앞서 건축가 에드워드 베넷(Edward H. Bennett)과 함께 전 세계의 수많은 도시를 조사했다. 도시의 성장과 대규모의 기반 시설이 주민들의 삶과 경제, 그리고 교통에 어떻게 영향을 미치는지를 연구했고, 그 결과 시카고 플랜을 아래와 같은 6개의 대주제로 나누어 진행하게 되었다(시카고 건축센터 사이트).

표 1. 시카고 플랜의 6개 대주제

1.	수변공원과 호숫가 공간을 개선할 것.
2.	도시 외부로 통하는 고속도로 시스템을 생성할 것.
3.	철도 터미널을 개선하고, 화물과 승객 모두를 위한 완전한 견인 시스템을 개발할 것.
4.	공원 외부의 시스템을 확립하고, 공원 내 순환 도로를 구축할 것.
5.	경제 활동이 일어나는 도시의 중심부를 오가는 이동을 쉽게 하도록 도시 내 거리 및 도로를 체계적으로 배치할 것.
6.	원활한 시민 행정과 지적이고 문화적인 생활의 중심지를 개발해 도시의 화합과 일관성을 구축할 것.

출처 : 시카고 건축센터 사이트

도시의 체계를 실용적으로 다듬고 미학을 고려해 조성한 시카고 플랜은 이후에도 계속 수정되며 점차 뼈대를 갖춰나갔다. 이 과정에서 재능 있는 많은 건축가가 모여

실험적인 현대식 건물로 시카고를 채웠다. 이는 훗날 시카고학파(Chicago School)[2]가 등장하는 계기가 되었다. 이후 시카고학파와 재능 있는 각계의 전문가가 모여 시카고 플랜을 바탕으로 한 도시의 건축 계획을 세우게 되었다. 이 계획으로 지어진 직사각형의 강철 구조와 자연광이 내리쬐는 넓은 유리창의 건물들은 상업적으로 활기를 더해주었고, 1950년 중반부터 고밀도의 상업지구가 형성되었다. 세계 최초의 마천루인 홈 인슈어런스 빌딩(Home Insurance Building)을 시작으로 아름다운 야경과 전망대로 유명한 존 핸콕 센터(John Hancock Center)와 윌리스 타워(Willis Tower) 등이 들어선 시카고의 중심부는 오늘날 눈부신 마천루의 경관을 만들어 냈다(송준민, 2017)(그림 7).

시카고 플랜이 등장한 초기에는 지역의 미적 요소에 지나치게 치중하고 하향식으로 접근한다는 점에서 중산층만을 위한 도시계획이라는 비판을 받았다. 이후 시카고에서는 이러한 비판을 수용해 빈곤층의 사회 문제와 시카고 플랜에서 다뤄지지 못했던 주택 문제를 다루기 시작했다(Smith, 2018). 1956년에는 시카고 플랜의 후속작인 'Planning for the Region of Chicago'를 발표하며 당시 도시의 상황에 알맞게 계획을 수정하는 노력을 보였다. 2005년에는 북동부 일리노이 계획 위원회(Northeastern Illinois Planning Commission)와 시카고 지역 교통 연구(Chicago Area Transportation Study, CATS)가 합병해 시카고 메트로폴리탄 에이전시(Chicago Metropolitan Agency for Planning, 이하 CMAP)를 구성했다. 현재 시카고 메트로폴리탄 에이전시와 시카고의 도시계획 협의회(Metropolitan Planning Council, 이하 MPC)에서는 시카고의 미래 도시계획인 'ON TO 2050'을 추진하고 있다(MPC). 'ON TO 2050'은 2014년에 제정되었던

---

2. 제1차 세계대전 직전, 사회학자 막스 베버(Max Weber)가 시카고 대학교(Univeristy of Chicago)에 미국 최초로 사회학과를 창설한 이후 시카고의 도시 공간 및 생활에 중점을 둔 연구를 하는 시카고학파가 설립되었다. 이들은 경제학, 사회학, 건축학 등의 다양한 학문에 큰 영향을 미쳤다(신정엽 외 2인 역, 2019).

호모트래블쿠스의 지리답사기

그림 7. 시카고 플랜의 도로 제안 지도(좌상), 존 핸콕 센터의 마천루 야경(좌하), 시카고 시내의 건물 경관(우)
출처(좌상) 시카고 공립도서관 사이트

'GO TO 2040' 계획을 기반으로 해 2022년 10월 승인된 새로운 도시계획이다. 본 계획은 시카고 시민 누구에게나 경제적 기회를 제공하는 포용적인 성장, 미래의 불확실성에 대비하는 회복 탄력성 달성, 공공 수입의 관리를 통한 우선 투자 등의 내용을 담고 있다(시카고 메트로폴리탄 에이전시 사이트). 이처럼 시카고는 지금까지도 시카고 플랜의 기틀과 정신을 바탕으로 지역의 균형을 유지하고 공평한 지역 성장을 이루기 위한 방법을 연구하고 있다.

모든 것이 불타버린 백지상태에서 세계 최고의 도시 중 하나가 되기까지, 시카고는 많은 시련과 도전 앞에서 굴하지 않았다. 미국 내에서 지리적으로 중요한 위치에 자리잡은 시카고는 비록 '대화재'라는 비극적인 사건을 마주했지만, 오히려 이 사건 이후 번행과 여러 전문가가 수립한 시카고 플랜을 바탕으로 튼튼하고도 효율적이며 아름다운 도시로 거듭날 수 있었다. 그 도시계획의 기저에는 편리함과 연결성이 있었다. 시카고 플랜은 시민들이 언제든 도심의 중심부에서 공공서비스를 누릴 수 있고, 효율적이고도 안전한 생활을 할 수 있는 도시를 세우고자 한 것이다. 체계적인 도시의 구조와 체제 속에서 시카고는 나날이 성장할 수 있었고, 시민들은 그 안에서 도시를 아름다운 문화로 채워나갔다. 그러한 일련의 과정 안에서 시카고 시민의 삶을 이야기할 때 빼놓을 수 없는 문화요소 중 하나가 바로 음악이다. 누군가는 시카고의 음악 자체가 미국 역사의 중요한 일부라고도 이야기한다. 독특하고도 아름다운 도시의 경관과 역사, 그리고 사회는 시카고 시민의 삶과 한데 어우러져 문화의 꽃을 피웠고, 이는 곧 음악이라는 열매로 탄생하게 되었다. 기회의 땅 미국에서 정치적·사회적 배경 아래 음악이 어떤 방향으로 성장해왔는지, 그리고 시카고의 도시적 배경을 바탕으로 시카고만의 음악이 어떻게 자리를 잡게 되었는지, 자세히 들여다보자.

🎧 All That Jazz – Musical CHICAGO Soundtrack

_ 블루스, 재즈, 소울 … 음악의 중심지가 되기까지

도입부부터 강한 재즈풍으로 시작되는 이 음악은 바로 뮤지컬 〈시카고(CHICA-GO)〉에 등장하는 수록곡 〈All That Jazz〉다. 뮤지컬에 관해서는 문외한인 이들조차 들어보았을 뮤지컬 〈시카고〉는 36개국 500개 이상의 도시에서 32,500회 이상 공연되고, 영화로도 제작될 정도로 큰 사랑을 받고 있다(뮤지컬 시카고 사이트)(그림 8). 본 공연은 범죄와 환락으로 물들어있던 1920년대 시카고의 이야기를 당시의 대중가요였던 재즈(Jazz)로 풀어낸다. 재즈라는 음악으로 당시 시카고의 시대상과 분위기를 나타낼 수 있는 것은, 음악이 한 시대의 정서와 애환이 고스란히 녹아 있는 역사의 발자취이기 때문이다. 그리고 음악이 창작 활동의 산물인 만큼 음악에는 자연스럽게 모든 창작 활동의 시작점이 되는 장소에 대한 고찰이 담겨있다. 따라서 특정한 시대와 장소를 이해하는 데에 있어서 때로는 음악이 그 답을 줄 수 있을 정도로 음악은 사회와 대중의 이야기를 깊게 담고 있다(유재연, 2019; 김일림·강옥희, 2020). 더군다나 소울(Soul), 블루스, 힙합 등의 수많은 음악 장르가 파생되고, 또 시작되었던 터전인 시카고를 이해하기 위해서라면 더더욱 음악을 빼놓을 수 없다.

현재 미국의 대중음악이 가지는 영향력은 어마어마하다. 미국을 제외한 다른 모든 나라의 음악은 '월드뮤직(World Music)'으로 분류될 만큼, 미국의 음악은 전 세계인에게 가장 주가 되는 문화로 인식되고 있다. 미국이 음악에 있어 이러한 지위를 누리게 된 것은 초강대국의 힘과 자본의 영향도 있지만, 미국만의 문화적·인종적 배경 역시 빼놓을 수 없다. 2021년 미국의 이민자와 미국에서 태어난 자녀의 인구는 약 8,480만

그림 8. 뮤지컬 시카고의 한 장면(좌), 뮤지컬의 인기를 힘입어 영화로 제작된 〈시카고〉(2002) 포스터(우)
출처 뮤지컬 시카고 사이트(좌), 영화제작사 미라맥스 사이트(우)

명으로, 이들은 미국 전체 인구의 1/4에 해당한다(미국 이민정책연구소 사이트). 미국의 개척 및 식민지 시절이었던 17~18세기 무렵 세계 각국의 많은 이민자가 미국에 들어오기 시작했고, 이때 유럽과 아프리카 음악이 유입되었다. 오늘날 대중음악의 뿌리가 된 재즈와 블루스, R&B, 소울, 펑크, 디스코, 힙합 등의 장르는 과거 노예무역으로 아메리카 대륙에 오게 된 흑인의 음악이 유럽 음악과 혼합되고 파생된 것으로 볼 수 있다. 따라서 흑인 음악이 현대의 미국 음악을 일구어낸 주역이라 해도 과언이 아니다(황영순, 2011).

흑인 음악은 17세기 말 미국의 남부 미시시피강 유역의 대규모 노예 농장 지대에서 흑인 노예가 불렀던 노동요에서 시작되었다. 천대를 당하면서도 쉴 새 없이 일해야 했던 이들은 노동요를 부르며 잠깐이라도 숨을 돌릴 수 있었다. 노동요는 여러 세대를 지나 백인의 종교인 기독교의 찬송가 및 유럽의 전통 음악과 결합하게 되었고, 그렇게 흑인영가(Negro Spiritual)가 등장하게 되었다. 이로써 19세기 초 백인 음악과 흑인 음악의 융합인 아프로−아메리칸(Afro-American) 음악의 첫 시작을 알렸다. 흑인영가는 아프리카 음악의 원형을 갖추고 있으면서도, 아메리카 대륙에 억지로 끌려와 노예로서의 삶을 살 수밖에 없었던 수많은 흑인의 고통과 저항, 그리고 아픔을 담고 있었다(황영순, 2011). 침례교를 주로 믿던 흑인은 교회에 모여 구원의 열망을 담은 기도와 함께 흑인영가를 부르곤 했다. 1930년대에는 이러한 문화가 흑인 교회에서 확립되어 우리에게도 익숙한 '가스펠(Gaspel)'의 형태로 전해지고 있다(월간조선, 2020년 5월 24일자)(그림 9의 좌).

여기서 대중음악의 역사와 관련해 빼놓을 수 없는 인물이 있다. 바로 모두에게 낯익은 그 이름, 토머스 에디슨(Thomas Edison, 이하 에디슨)이다(그림 9의 우). 음악에 관해 이야기하다가 갑자기 발명왕 에디슨을 언급한 이유가 무엇인지 궁금한 독자들이 있을 것이다. 사실 그는 당시 미국 대중음악의 발전에 엄청난 기여를 한 인물로, 19세기 후반 축음기를 발명함으로써 세상에 내보였기 때문이다. 즉, '녹음'의 대량생산이 가능해지면서 음악이 빠르게 재생산됐고, 일부 상류층들만 즐길 수 있던 음악문화는 모두의 '대중음악'으로 변모되었다. 게다가 19세기 초에는 제법 빈약했던 미국의 저작권법이 강화되면서 음악으로 돈을 벌기 좋은 환경이 조성됐다(미네소타대학교 도서관 사이트). 그러나 음악 산업이 점차 부흥하게 되었음에도 여전히 흑인 음악은 소외되었다. 대표적인 흑인 음악 장르의 하나인 블루스는 에디슨이 축음기를 발명했던 시기에 등장했으나, 대부분의 음반 회사가 흑인 음악을 홍보하길 꺼렸기 때문에 이로부터 30년 뒤에나 최초로 레코딩이 가능했다(최유준, 2012).

앞서 잠깐 언급했듯, 블루스는 노동요와 흑인영가로부터 비롯되어 19세기 후반에 등장한 음악 형식이다. R&B, 힙합, 소울, 펑크 등은 모두 블루스에서부터 파생된 장르로, 흑인 음악의 기반이 되는 형식이라고 할 수 있다. 노예의 삶을 살며 온갖 핍박과 하대를 견뎌야 했던 역사적 배경을 담고 있는 음악인만큼 블루스는 '슬픈 음악'이라고도 불린다. 오랜 역사를 지닌 만큼 지역에 따라 다른 특징을 나타내기도 하지만, 갖추

그림 9. 시카고에서 활동했던 '가스펠의 여왕' 마할리아 잭슨(Mahalia Jackson)(좌), 토머스 에디슨과 축음기(우)
출처 미국 국립 흑인문화역사박물관 사이트(좌), 스미스소니언 재단 사이트(우)

고 있는 기본 형식은 같다. 12마디의 형식 안에 4마디씩 짧은 악절이 구성되어 있는데, 첫 악절은 전하고자 하는 내용을 담고 있고 두 번째 악절은 이를 반복하며 마지막 악절에서는 결론을 전한다. 또 3도와 7도 음이 반음 낮추어져 있는 음계가 대표적인 특징인데, 이를 블루노트(Blue Note)라고 한다. 이러한 음악적 특성은 초기 블루스의 슬프고 느린 곡조와 분위기를 한층 더하는 요소가 되었다.

초기의 블루스는 열악한 환경에 놓여있던 흑인만의 음악이라며 무시되어 왔으나, 20세기 초 우연한 기회로 빛을 보게 되었다. 당시 상업 라디오가 본격적으로 유통되며 대중음악이 크게 주목받기 시작했고, 이에 음반 회사들이 치열하게 경쟁하며 너도 나도 공격적으로 새로운 시장을 찾아 나섰다. 이때 작은 음반사였던 '오케 레코드사(Okeh Record Company)'에서 아무도 눈여겨보지 않던 인종 음반(Race Records)의 장르 중 하나였던 블루스에 집중하게 된다. 이후 오케 레코드사에서는 1920년 메이미 스미스(Mamie Smith)의 〈크레이지 블루스(Crazy Blues)〉를 발매했고, 놀랍게도 한 달 안에 무려 약 7만 5천 장을 판매하는 성과를 이뤘다. 이를 계기로 주요 음반사까지 블루스 음반을 판매하게 되면서 백인 사회에서도 블루스가 점차 자리를 잡게 되었다(최유준, 2012).

한편 1893년의 시카고 만국박람회가 개최된 이후, '매력적인 신흥 대도시'라는 이미지를 갖추게 된 시카고에는 이 무렵부터 수많은 이민자가 몰려들었다. 실제로 1900년 시카고는 보헤미안(Bohemian)이 세계에서 두 번째로 많은 도시이자, 노르웨이인과 스웨덴인이 세 번째로 많은 도시일 정도였다(박진빈, 2007). 더욱이 1918년 제1차 세계대전이 막을 내리면서, 미국은 경제적으로 큰 호황을 맞이하게 된다. 전장이었던 관계로 경제적으로 큰 피해를 보았던 유럽과 달리 미국은 별다른 피해를 보지 않았으며, 전쟁 당시에 군자 물품을 보급해 어마어마한 수익을 벌어들였기 때문이다. '광란의 20년대(Roaring Twenties)'로 불렸던 1920년대 미국의 전쟁 후 생산량은 10년간

호모트래블쿠스의 지리답사기

64%나 증가했고, 모든 경제적 지표는 호황이었으며 이에 미국인들의 삶도 한층 풍요로워졌다(고영건, 2014). 시카고와 같은 미국 북부의 여러 대도시도 국가의 번영과 함께 크게 성장하며 많은 일자리로 사람들을 불러 모았는데, 이때 흑인 대이동(The Great Migration)이 시작되었다(그림 10의 좌).

남부에서 노예라는 신분으로 끊임없는 차별과 억압을 겪었던 흑인은 남부를 떠나 자유를 얻고자 하는 열망을 오랜 기간 마음속에 품고 있었다. 대호황으로 인해 기회를 얻게 된 이들은 남부를 떠나 미국 전역으로 퍼지게 되었고, 당시 약 200만 명의 흑인이 새로운 삶을 찾아 떠난 것으로 추정된다(미국 국립기록보관소 사이트). 수많은 대도시 중에서도 시카고는 흑인에게 있어 더욱 매력적인 땅이었는데, 여기에는 여러 가지 이유가 있었다. 첫 번째로 시카고는 중서부의 중심지였던 만큼 편리한 교통을 갖춘 곳이었다. 특히 남부의 미시시피(Mississippi)에서 출발했던 수많은 흑인은 시카고로 직행하는 열차를 탈 수 있었고, 따라서 시카고에 정착하기에 매우 편리한 상황이었다. 기차가 아니더라도 시카고는 도로와 수로 등 다양한 이동 경로를 갖추고 있는 도시였기 때문에 많은 이들이 찾을 수밖에 없는 요충지였다. 두 번째로는 당시 시카고의 흑인 신문이었던 '시카고 지킴이(Chicago Defender)'가 남부에서 이주해 오는 흑인을 적극적으로 돕고 있었기 때문이다. 이 신문은 남부의 흑인에게 노예로서의 삶을 뒤로하고 북부에서 새로운 기회를 얻으라며 용기를 주었다. 또 이주해 온 이들이 시카고에서 적응할 수 있게끔 이전에 미리 이주해 와 자리를 잡은 흑인과 연결해주며 흑인 커뮤니티를 적극적으로 장려했다(박진빈, 2007). 결과적으로 새로운 삶과 희망을 꿈꾸던 수많은 남부의 흑인이 시카고로 이주하면서 1916년부터 1920년 사이에 남부 출신 흑인만 무려 약 7만 5천 명이 증가했다(시카고 공립도서관 사이트; 시카고대학교 도서관 사이트).

시카고로 이주하던 이들 사이에는 재즈의 성지로 불리는 뉴올리언스 출신의 음악가들도 포함되어 있었다. 1920년대 향락에 빠진 미국에서 재즈 시대(Jazz's Age)가 막을 올리면서, 춤과 음악, 유흥은 빠른 속도로 미국을 장악하기 시작했다. 1921년 한 해에만 미국에서 약 1억 개의 축음기가 생산될 정도로 음악, 특히 재즈에 관한 관심이 높았는데, 이는 당시의 물질만능주의 세태와 관련이 있다. 당시 미국인들은 물질적인 풍요를 누리고 있었지만, 겉으로 보이는 화려하고 아름다운 것에만 치중하다 보니 정신적으로는 텅 빈 것과 같은 허전함을 느끼고 있었다. 그런 그들에게 재즈는 마음속의 허전함을 채우기에 더할 나위 없이 좋은 음악이었다. 당시 흑인만의 문화였던 블루스가 수면 위로 떠오른 이후 인종을 불문한 인기를 끌기 시작했기 때문에, 많은 사람이 블루스의 음악적인 특성을 익숙하게 받아들이고 있었다. 그런데 블루스의 특성을 그대로 간직하면서도 블루스보다 충동적인 감정을 좀 더 화려하고 자유롭게 표현하는 재즈가 등장했고, 사람들은 익숙하면서도 혼란스러운 감정을 어루만져주는 재즈에 빠져들게 되었다(전지영·장영, 2013; 박기태, 2017; 미국 국립공원관리청 사이트). 따라서 재즈에 대한 수요가 점차 높아지자 뉴올리언스의 재즈 뮤지션들은 시카고로 이동해 더욱 폭넓은 음악 활동을 전개할 수 있었다. 재즈의 본격적인 시작이자 현재까지도 음악계에 큰 영향을 미치고 있는 음악가인 루이 암스트롱, 킹 올리버(Joseph Nathan "King" Oliver), 베니 굿맨(Benny Goodman) 등은 모두 시카고에서 활동해 시카고만의 특색을 담은 재즈의 기반을 일궈낸 이들이다(미국 국립인문재단 사이트)(그림 10의 우).

뛰어난 재즈 뮤지션들이 시카고에 모여 왕성한 활동을 전개하면서 점차 시카고만의 독자적인 장르가 만들어진다. 뉴올리언스에서부터 비롯된 2박자 재즈는 점차 약동감이 더해진 4박자 재즈로 변화하게 되었는데, 루이 암스트롱에 의해 스윙감까지 더해지며 '시카고 재즈'는 곧 스윙 재즈로 이어지게 된다(김한솔 외, 2016). 또한, 블루스역시 재즈와 같이 시카고에서 새로운 역사를 쓰기 시작했다. 흑인의 비참한 현실을 담은 가사가 특징이었던 블루스의 일종인 '컨트리 블루스(Country Blues)'는 시카고에서

호모트래블쿠스의 지리답사기

그림 10. 남부 이민자 출신의 예술가 제이콥 로렌스(Jacob Lawrence)의 작품 '대이주(Great Migration)'(좌), 킹 올리버와 루이 암스트롱의 재즈 밴드(우)
출처 뉴욕현대미술관에서 촬영(좌), 미국 국립인문재단 사이트(우)

일종의 도시화를 겪게 되었다. 시카고에서 컨트리 블루스는 전자 악기와 밴드 형식의 '일렉트릭(Electric)' 스타일이 더해져 새로운 장르로 탄생했고, 이것이 바로 '시카고 블루스'가 되었다. 머디 워터(Muddy Waters), 하울링 울프(Howlin' Wolf) 등의 연주자들이 바로 시카고 블루스를 전 세계적으로 널리 알린 대표적인 아티스트이다(그림 11의 좌). 이들은 주로 시카고 남부에서 활동하며 전자 악기와 하모니카, 드럼 등의 악기로 블루스를 연주하며 '블루스의 부흥'을 일으켰다. 이후 시카고 블루스는 대중음악 시장에 큰 영향을 미치며 1950년대까지 큰 인기를 끌었고, R&B와 로큰롤이라는 장르에 불씨를 지폈다(최유준, 2012; 전지영·장영, 2013). 1945년 제2차 세계대전 이후, 시카고 재즈로부터 비롯된 스윙 재즈의 영향을 받아 주로 슬픈 내용과 가락을 담고 있던 블루스에 리듬적 요소가 가미되기 시작했다. 또한, 20세기 초와 비교해 흑인의 지위가 다소 상승하면서 블루스는 이전보다 좀 더 활기를 갖는 음악이 되었다. 이는 곧 'R&B'라는 장르로 파생되어 블루스와 재즈가 혼합된 형식의 밝고 빠른 음악으로 자리 잡았다. 그리고 전자적인 요소가 더해진 시카고 블루스와 경쾌한 분위기의 R&B가 백인 음악이었던 컨트리(Country) 장르와 더해져 '로큰롤'이 되었고, 1950년대부터는 로큰롤이 음악 시장을 휘어잡았다. 20세기 후반에는 블루스가 영국의 백인 뮤지션들에게 수용되어 '록 블루스(Rock Blues)'라는 장르가 등장한 이후, 디스코, 펑크, 힙합, 얼터너티브 록 (Alternative Rock), 팝(Pop) 등의 장르가 탄생하게 되었다(황영순, 2011; 최유준, 2012; 이상학, 2018; 미네소타대학교 도서관 사이트). 또 최근 젊은이들에게 큰 사랑을 받는 장르인 EDM(Electronic Dance Music)의 하위 장르 중 하나인 '하우스' 역시 시카고에서 시작되었다. 디스코와 일렉트로닉 장르가 결합하여 탄생한 하우스 장르는 신디사이저와 같은 디지털 전자 악기와 믹서를 이용해 DJ가 제작하는 전자 댄스 음악의 한 형태이다. '춤을 추기 위한 음악'으로 태어난 하우스는 1980년대 시카고의 유명한 DJ였던 프랭키 너클스(Frankie Knuckles)에 의해 시카고에 처음 등장하게 되었다(그림 11의 우). 하우스 음악은 그가 웨어하우스(The Warehouse) 댄스 클럽에서 디제잉을 선보인 이후 유명세를 치르게 되었다. 시카고의 음반 가게들은 그의 음악을 "As heard at the Warehouse(웨어하우스에서 들었던 그 음악)"라는 수식어를 붙여 판매했고, 이는 하우스가 하나의 장르로 자리 잡는 계기가 되었다(카네기 홀 사이트). 이렇게 다양하고도 많은 장르가 시카고에서 새롭게 시작되었다고 하니, 정말 놀랍지 않은가?

과거의 영광에서 그치지 않고, 음악을 도시 일부로 받아들여 시민의 삶에 녹여내기 위해 시카고가 전개하는 노력에도 주목해 볼 필요가 있다. 시카고 블루스라는 찬란한 유산을 자랑하는 시카고에서는 블루스를 경험해 볼 수 있는 수많은 프로그램과 축제 등을 제공한다. 매년 6월 그랜트 파크 안의 밀레니엄 파크에서 무료로 진행되는 '시카고 블루스 페스티벌(Chicago Blues Festival)'은 50만 명 이상의 관객이 찾는 대규모의 축제다. '블루스의 아버지'라고 불리는 머디 워터가 사망한 후 1년 뒤부터 그를 기리며 블루스의 역사를 이어나가기 위해 시작된 이 축제는 지금까지도 사랑받고 있다. 마찬가지로 '시카고 재즈 페스티벌(Chicago Jazz Festival)'도 매년 비슷한 형태로 개최되고 있는데, 시카고 재즈 학회(Chicago Jazz Institute)의 지원으로 풍성한 볼거리를 제공하고

호모트래블쿠스의 지리답사기

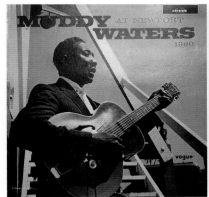

그림 11. 시카고 블루스를 대표하는 아티스트 머디 워터의 앨범(좌), 시카고 하우스의 시작을 알린 DJ 프랭키
너클스(우)
출처 미네소타대학교 도서관 사이트(좌), 미국 공영 라디오 사이트(우)

있다. 이 외에도 '시카고 하우스 뮤직 페스티벌(Chicago House Music Festival)', '시카고
가스펠 뮤직 페스티벌(Chicago Gaspel Music Festival)' 등 다양한 장르의 음악문화는 여
전히 이어지고 있다. 축제 외에도 매일 시카고의 음악을 즐길 수 있는 클럽 역시 시카
고를 대표하는 관광 명소 중 하나다. '버디 가이스 레전드(Buddy Guy's Legends)'는 25년
간 세계의 유명한 아티스트의 공연이 진행되었던 명소로, 정통 시카고 재즈의 풍미를
느낄 수 있는 클럽으로 손꼽힌다. 블루스 음악의 대가 윌리 딕슨(Willie Dixon)의 '블루
스 헤븐 재단(Blues Heaven Foundation)'에서는 박물관과 갤러리를 운영하고 있다. 시민
들이 블루스를 체험해 볼 수 있는 다양한 프로그램을 운영하고 있고, 매주 목요일에는
무료로 공연을 선보이고 있다(시카고 관광청 사이트; 시카고 시청 사이트).

　시카고의 음악사에서 빼놓을 수 없는 '클래식 음악' 역시 시카고의 음악문화를 더욱
풍성하게 만든 주역이다. 과거 번햄이 시카고 플랜으로 시카고라는 도시를 새롭게 일
궈낼 당시, 오케스트라 이사회 소속이었던 번햄은 '시카고 오케스트라(Chicago Orches-

그림 12. 시카고 심포니 오케스트라 건물 내부(좌), 라비니아 페스티벌(우)

tra)'를 위해 오케스트라 홀을 건조해주었다(그림 12의 좌). 후에 시카고 오케스트라는 '시카고 심포니 오케스트라'로 이름을 변경하고, 번햄이 설계하고 건축한 심포니 센터 (Symphony Center)에서 활동하며 미국의 5대 오케스트라 중 하나로 우뚝 서게 되었다 (Chicago Journal, 2021년 3월 3일 자; 시카고 관광청 사이트). 미국에서 가장 오래된 축제로 손꼽히는 시카고의 '라비니아 페스티벌(Ravinia Festival)'은 1904년에 새롭게 조성된 시카고 및 밀워키 전기 철도(Chicago and Milwaukee Electric Railroad) 이용을 장려하기 위해 조성되었던 축제인데(그림 12의 우), 1930년대 중반 이후 클래식 음악에 중점을 두기 시작하여 다양한 장르의 예술가 무대도 함께 선보이는 것이 특징이다. 하일랜드 파크(Highland Park)에서 매년 개최되는 이 축제는 잔디밭에 앉아 편안하게 음악을 감상할 수 있는 공간을 조성해 100년이 넘는 세월 동안 클래식 음악을 사랑하는 세계인의 발길을 끌고 있다(라비니아 페스티벌 사이트).

호모트래블쿠스의 지리답사기

_ 어쩌면 다시 시작할 수 있을 거야

그림 13. 클라우드 게이트를 배경으로 한 〈Homecoming〉의 뮤직비디오의 한 장면

힙합의 대가로 불리는 카니예 웨스트의 2007년 작 〈Graduation〉의 수록곡인 〈Homecoming〉은 그가 시카고에 전하는 헌정곡으로, 시카고에 대한 그의 남다른 애정을 엿볼 수 있다(그림 13).

미국 중서부의 중심지로 거듭나며 세계적인 대도시의 명대사가 된 시카고는 꾸준히 독특한 건축 경관 속에서 아름다운 문화의 꽃을 피워냈지만 그런 시카고도 아픔은 있었다. 20세기 초, 흑인 대이주로 시카고에 도착했던 많은 흑인은 시카고에서 '모두가 평등한 삶'을 꿈꿨지만, 현실은 그렇지 못했다. 비록 남부와 같이 인종을 분리하고 차별하는 법이 제정되어 있지는 않았지만, 대신 '예의 바른 인종주의(Polite Racism)', 즉 보이지 않는 유리천장이 이들을 가로막았다. 흑인에 대한 차별은 그들의 거주지에서 가장 두드러지게 나타났는데, 특히 이주한 흑인의 78%가 머물던 시카고 남부의 사우스사이드(South Side)는 법적으로 어떠한 제재가 있었던 것은 아니지만, 그들의 삶은 자연스럽게 사우스사이드라는 공간 안으로 제한되었다. 대부분이 비숙련 노동자이던 흑인은 직업에서도 온전한 자유를 누릴 수 없었다. 비숙련 흑인 노동자가 택할 수 있는 직업은 짐꾼과 하인 같은 일들이 전부였으며, 인종적인 이유로 그들은 그 어떤 곳에서도 보호받지 못했다(박진빈, 2007). 게다가 1955년부터 21년간 시카고의 시장이었던 리처드 J. 데일리(Richard J. Daley)가 '흑백 거주지 분리 정책[3]'을 펴면서 보이지 않던 차별은 차츰 수면 위로 드러났다. 이로 인해 시카고는 현재 미국에서 인종별 거주지 분리 현상이 가장 심한 곳 중 한 곳이 되었고, 시카고의 많은 흑인은 여전히 열악한 환경에 놓여 있다(동아사이언스, 2020년 9월 18일 자).

기회는 누구에게든 동등하게 주어져야 한다. 하지만 모두가 그 사실을 알고 있음에도 현실은 그렇지 못할 때가 많다는 점은 씁쓸하게 다가온다. 다행스럽게도, 최근 시카고 당국은 모두가 안전하고 행복한 삶을 살 수 있도록 안정된 주거시설을 늘리고 취약계층의 도약을 돕겠다고 밝혔다(동아사이언스, 2020년 9월 18일 자). 실제로 이와 관련해 모두가 평등한 기회를 누릴 수 있도록 'ON TO 2050'과 같은 도시계획이 진행되고 있다. 뿌리 깊게 자리 잡은 차별의 씨앗을 없애기 위해서는 앞으로 수년간의 노력이 수반되어야 할 것이고, 그만한 각오가 따라야 한다. 그러나 대화재로 모든 것을 잃었던 시카고가 모든 것을 가진 도시가 되는 데까지는 생각보다 오랜 시간이 걸리지 않았던 것처럼, 또 정부 차원에서의 노력으로 아름다운 음악의 문화를 지켜온 것처럼, 어쩌면 다시 시작할 수 있을 것이다. 찬란한 음악의 선율이 바람과 물을 따라 흐르는 그곳, 시카고가 진정한 '기회의 땅'이 되어 뮤지션을 꿈꾸는 모든 이들에게 꿈과 희망이 되어주기를 바란다.

---

3. 흑인을 피해 백인 중산층들이 교외 도시로 빠져나가는 것을 막기 위한 정책이다.

호모트래블쿠스의 지리답사기

참고문헌

• 고영건, 2014, "미국의 번영과 히스테리적 소비, 마침내 거품과 대공황을 낳다," 동아비즈니스포럼, 157(2014).

• 김일림·강옥희, 2020, "1950년~60년대 대중가요에 나타난 서울의 장소성," 한국사진지리학회지, 30(4), 113-125.

• 김한솔·박미정·전희현·이우창, 2016, "뮤지컬 〈시카고〉에 나타난 재즈의 기능적 역할과 문화적 영향," 글로벌문화콘텐츠학회 학술대회자료집, 179~183.

• 김흥순·이명훈, 2006, "미국 도시미화 운동의 현대적 이해: 그 퇴장과 유산을 중심으로," 서울도시연구, 7(3), 87~106.

• 신정엽·김감영·김영호 역, 2019, 『도시 공간을 보다』, 시그마프레스(Leslie Budd·Mark Gottdiener·Panu Lehtovuori, 2015, 『Key Concepts in Urban Studies』, SAGE Publications Ltd).

• 유재연, 2019, "1960년대 일본사회와 대중가요," 인문사회21, 10(3), 1363~1378.

• 이상학, 2018, "미국계 대중음악의 발전 요인에 대한 소고," 한국공공선택학연구, 6(1), 21~34.

• 임덕순, 2009, "音樂地理學의 구상: 음악-지리 관계에 주목하며," 문화역사지리, 21(1), 161~169.

• 박기태, 2017, "1920년대 미국의 낭만적 환상:『위대한 개츠비』를 중심으로," 세계 역사와 문화연구, 0(45), 279~300.

• 박진빈, 2007, "1919년 시카고의 인종폭동과 도시문제," 미국사연구, 26(2007), 97~123.

• 송준민, 2017, "영화 '내 남자친구의 결혼식' 위기를 새로운 삶의 기회로, 개척의 도시 시카고," 국토, 429(2017), 76~82.

• 전지영·장영, 2013, 『시카고 블루 레시피(Chicago Blue Recipe)』, 물레.

• 최유준, 2012, "블루스와 '슬픈 음악'의 정치학," 음악학(音.樂.學), 22, 111~143.

• 황영순, 2011, "미국 흑인음악의 역사적 배경과 발전 과정," 미국사연구, 34(2011), 115~144.

—

- Brucher, K., 2020, Grant Park Music Festival and Music in Chicago's "Front Yard", *Journal of the Society for American Music*, 14(1), 10~32.
- Smith, K., 2018, Sheltering Opportunity: City Planning and Housing in Chicago, 1909~1941, Ph. D. Dissertation, The University of Wisconsin—Milwaukee.

—

- 동아사이언스, 2020년 9월 18일, "구조적 차별로 철저히 다른 삶…시카고 흑인 수명, 9년 짧아."
- 월간조선, 2020년 5월 24일, "노래와 감동, 흑인 영가에서 가스펠로."
- 한겨레온, 2018년 3월 6일, "[미국 도시 이야기] 시카고 도시건축답사기."
- KOTRA해외시장뉴스, 2014년 8월 13일, "최악의 철도 교통 시카고, 대규모 철도 교통 프로젝트 추진."
- Chicago Journal, 2021년 3월 3일, "Chicago Journal's Brief History of Music in Chicago."
- Smithsonian Magazine, 2018년 10월 12일, "How Chicago Transformed From a Midwestern Outpost Town to a Towering City."

—

- 내셔널지오그래픽 사이트(National Geographic), https://www.nationalgeographic.org/society
- 라비니아 페스티벌 사이트(Ravinia Festival), https://www.ravinia.org
- 롤라팔루자(Lollapalooza) 공식 인스타그램, https://www.instagram.com/p/BnrSC10l_Q6/?igshid=YmMyMTA2M2Y=https://www.instagram.com/p/BnrSC10l_Q6/?igshid=YmMyMTA2M2Y
- 뮤지컬 시카고 사이트(Chicago the Musical), https://chicagothemusical.com
- 미국 공영 라디오 사이트(National Public Radio(NPR)), https://www.npr.org
- 미국 국립공원관리청 사이트(National Park Service), https://www.nps.gov/index.htm
- 미국 국립흑인문화역사박물관 사이트(National Museum of African American History &

Culture), https://nmaahc.si.edu

- 미국 국립기록보관소 사이트(National Archives), https://www.archives.gov
- 미국 국립인문재단 사이트(National Endowment for the Humanities), https://nationalhu-manitiescenter.org
- 미국 국회 도서관 사이트(Library of Congress), https://www.loc.gov
- 미국 이민정책연구소 사이트(Migration Policy Institute(MPI)), https://www.migrationpolicy.org
- 미네소타대학교 도서관 사이트(The University of Minnesota Library), https://publishing.lib.umn.edu
- 스미스소니언 재단 사이트(Smithsonian), https://www.si.edu
- 시카고 건축센터 사이트(Chicago Architecture Center), https://www.architecture.org
- 시카고 공립도서관 사이트(Chicago Public Library), https://www.chipublib.org
- 시카고 관광청 사이트(Choose Chicago), https://www.choosechicago.com
- 시카고대학교 도서관 사이트(The University of Chicago Library), https://www.lib.uchicago.edu
- 시카고 도시계획 협의회 사이트(Metropolitan Planning Council(MPC)), https://www.metroplanning.org/index.html
- 시카고 메트로폴리탄 에이전시 사이트(Chicago Metropolitan Agency for Planning(CMAP)), https://www.cmap.illinois.gov
- 시카고 시청 사이트(City of Chicago), https://www.chicago.gov/city/en.html
- 어스 윈드 앤 파이어 공식 사이트(Earth, Wind & Fire official site), https://www.earthwin-dandfire.com
- 영화 〈빅 히어로〉 공식 페이스북, https://www.facebook.com/DisneyBigHero6
- 영화제작사 미라맥스(Miramax) 사이트, https://www.miramax.com
- 조지아 주재 미국 대사관 사이트(U.S. Embassy in Georgia), https://ge.usembassy.gov
- 카네기 홀 사이트(Carnegie Hall), https://www.carnegiehall.org
- 폴 아웃 보이(Fall Out Boy) 공식 인스타그램, https://instagram.com/falloutboy

천사의 보호와 항구의 햇살로 마음의 안식을 찾다!
프랑스 '바스-노르망디'

#문학 #미술 #역사 #중세도시 #경관

_ 바스-노르망디, 몽생미셸과 옹플뢰르를 품다

　프랑스 서북부에 자리한 노르망디(Normandie)는 노르망디 공국 시대부터 부르던 지명이다. 프랑스 혁명기(1790-1791년)에 노르망디 주(Province)가 폐지되고 5개의 데파르트망(Départment)으로 분리되었으며, 1972년 레지옹(Région) 체계로 재편되면서 노르망디는 서부의 바스-노르망디(Basse-Normandie)와 동부의 오트-노르망디(Haute-Normandie)로 나뉘었다. 그러다가 2016년 1월, 프랑스가 본토의 22개 레지옹을 13개로 통합·개편하면서 바스-노르망디와 오트-노르망디는 하나의 노르망디 레지옹으로 병합되었다. 하지만 여전히 지금도 노르망디는 위치적 특성과 편의에 따라 하부에 자리한 서부는 바스-노르망디로, 상부에 자리한 동부는 오트-노르망디로 부르고 있다(DeSanctis, 2014).

특히 바스-노르망디는 제2차 세계대전 당시 노르망디 상륙작전이 전개된 지역으로서, 이 작전과 이어지는 전투를 통해 많은 도시와 마을들이 심대한 피해를 보기도 하였다. 이를 추모하기 위해 이곳에서는 'D-Day 페스티벌 노르망디(D-Day Festival Normandy)'라는 축제를 열어 군인들을 위한 순례 행사를 개최하고 있다. 이러한 슬픈 역사에도 불구하고, 바스-노르망디는 습윤한 기후를 이용하여 프랑스의 대표적인 농업지대로 성장시켰다. 이에 축산과 낙농업이 발달하면서 버터와 치즈가 유명해졌고, 사과, 순무, 리넨, 리크 등의 산지로서도 이름을 알렸다. 어디 그뿐인가? 바스-노르망디가 지니는 자연의 아름다움과 풍요로움, 그리고 편안함이라는 축복은 이 지역에 많은 문호를 끌어들이는 요인이 되었다. 기 드 모파상(Guy de Maupassant), 마르셀 프루스트(Marcel Proust), 루이 뵈브(Louis Veuve), 프랑수아즈 사강(Francoise Sagan), 그리고 샤를 피에르 보들레르(Charles Pierre Baudelaire)에 이르기까지 헤아릴 수 없는 많은 문호가 이곳을 거쳐 갔다. 이 중에서도 특히 모파상과 보들레르의 숨결이 녹아있는 바스-노르망디의 '몽생미셸(Mont Saint-Michel)'과 '옹플뢰르(Honfleur)'에 좀 더 주목해볼까 한다(그림 1).

그림 1. 바스-노르망디의 위치(좌), 이 중 몽생미셸과 옹플뢰르의 위치(우)
주. 오른편 지도에서 이 글의 주요지역인 몽생미셸과 옹플뢰르는 빨간색 동그라미로 표시하였음.

바다에 세워진 그 요정의 성을 처음 본 것은 캉칼에서였다. 어슴푸레 나타난 성은 안개 낀 하늘을 배경으로 펼쳐진 잿빛 그림자였다. 그것을 다시 본 것은 석양 무렵의 아브랑쉬에서였다. 광활하게 펼쳐진 모래밭도, 지평선도 모두 붉은색이었으며, 터무니없이 큰 만도 모두 붉게 물들어 있었다. 오직 깎아지른 듯 가파르게 솟은 수도원만이 환상적인 대저택처럼 육지에서 멀리 저 너머로 물러난 채, 꿈의 궁전처럼 믿을 수 없을 정도로 기이하고 아름다운 모습으로 지는 해의 진홍빛 속에 검은 윤곽으로 남아있었다. 다음 날, 나는 새벽부터 백사장을 가로질러 그곳을 향해 갔다. 무늬를 새겨 공들여 다듬어놓은, 얇고 부드러운 모슬린처럼 어렴풋한 그 기괴하고 산처럼 거대한 보석에서 눈을 뗄 수가 없었다. 가까이 갈수록 감탄은 커져만 갔다. 세상의 그 무엇도 그보다 놀랍고 완전할 수 없을 것 같았다. …(중략)… 돌로 만들어낸 불꽃놀이, 아니면 화강암으로 짜놓은 레이스라고나 할까? 거대하고도 섬세한 걸작 건축물이었다.

– 모파상, 『몽생미셸의 전설』 중에서

'기 드 모파상(Guy de Maupassant)'은 프랑스 소시민들의 일상을 소재로 글을 쓴 작가로 유명하다. 그중에서도 모파상은 『몽생미셸의 전설(La légende du Mont-Saint-Michel)』이라는 글을 통해서 바스–노르망디 출신의 농부에게서 들은 몽생미셸의 전설을 이야기한다. 몽생미셸의 전설이란, '성 미카엘과 악마의 큰 싸움'에 대한 이야기를 하는 것으로, 요약하자면 다음과 같다.

성 미카엘은 이웃에 사는 악마의 심술을 피하려 해양 한복판에 거처를 마련하였으나 모래사장만을 다스렸던 탓에 가난했고, 반면 악마는 초원과 기름진 땅, 비옥한 계곡, 풍요로운 포도밭을 소유하고 있었다. 가난에 힘들었던 성자는 악마에게 '자신에게 땅을 양도하면 땅을 관리하는 일과 밭을 가는 일, 씨 뿌리기와 비료주기 같은 모든 일을 자신이 하고, 수확물은 악마와 반씩 나눌 것'을 제안한다. 천성이 게을렀던 악마는 성자의 제안을 수락하였고, 이와 동시에 땅 밑과 땅 위의 수확물 중 '땅 위'의 것을 선택하게 된다. 6개월 뒤, 땅 밑에서는 홍당무, 순무, 양파 등 맛있고 두툼한 뿌리가 열렸지만, 땅 위의 잎은 쓸모가 없어서 악마는 아무 것도 가지지 못했다. 이에 악마는 성 미카엘과 다시 계약을 맺어, 이전과는 반대로 자신이 '땅 밑'의 수확물을 가지기로 한다. 하지만 이듬해 봄, 땅 위에는 귀리, 아마, 완두콩, 양배추 등 열매가 맺히는 식물로 뒤덮이게 되면서 또다시 악마는 아무 것도 얻지 못한다. 잔뜩 화가 난 악마는 미카엘이 관리하던 땅을 모두 다시 빼앗았다. 이를 괘씸히 여긴 미카엘은 악마를 몽생미셸로 초대해 크게 혼을 냈고, 결국 세상 끝까지 쫓겨나 불구가 된 악마는 절뚝거리며 석양 속에 우뚝 서 있는 숙명의 성을 바라보며 자신이 언제나 패자일 수밖에 없음을 깨닫고 먼 곳으로 떠나는 것으로 이야기는 마무리된다. 결국 빛나는 승리의 천사, 칼을 차고 악마를 물리친 하늘의 영웅인 성 미카엘은 바스-노르망디의 수호성이 되어 악마로부터 풍요로운 밭과 언덕, 계곡, 목장을 지킬 수 있었다는 것이다. 이를 반영하듯 실제로 몽생미셸 수도원의 꼭대기에는 황금빛의 미카엘상을 볼 수 있다(그림 2의 좌).

이 같은 전설을 통해 모파상은 몽생미셸(Mont Saint-Michel)이 '대천사 미카엘(Saint Michel)의 산(Mont)'이라는 뜻으로 불리게 된 경위를 상세하게 설명해 주고 있음과 동시에, 그 이름이 내포하고 있는 것처럼 그 공간을 신의 위대함과 노동의 가치와 자원의 축복이라는 숭고하고 신성한 의미를 증거 하는 장으로서 묘사하고 있다. 또한, 모파상은 몽생미셸을 '돌로 만들어낸 불꽃놀이, 화강암으로 짜놓은 레이스, 거대하고도 섬세한 걸작 건축물'로 묘사하며, 황홀경에 빠지게 하는 곳이라고 느낌을 전하며, '신은 자기 모습을 본떠 인간을 만들었고, 인간 역시 자기 모습을 신에게 되돌려주었는데 바로 그것이 몽생미셸'이라는 표현으로 이곳을 경외하였다.

그림 2. 몽생미셸 수도원의 성 미카엘(좌), 몽생미셸 전경(우)

　　그렇다면 몽생미셸은 어떠한 곳인가? 세계 7대 불가사의 중 하나인 몽생미셸은 파리에서 약 370km 거리에 있는 바스-노르망디 지방(Région)의 망슈(Manche) 주(Département)에 위치한 수도원이자 작은 간석지 섬이다(한주영, 2017; Ungvarsky, 2020). 중세시대에 세워진 이 베네딕트회 수도원은 작은 예배당으로부터 시작해 800여 년간 증·개축을 하면서 하나의 마을을 이루었다. 하지만 여전히 본연의 모습을 간직하고 있어, 마치 섬 전체가 중세의 성처럼 여겨진다(그림 2의 우). 대천사 미카엘에 헌정된 이 수도원과 마을(면적 0.97km²)에는 1851년 1,182명이 거주했으나 현재는 약 40명 정도가 거주하고 있다(Ungvarsky, 2020; 몽생미셸 노르망디 관광청 사이트). 조수간만의 차가 심한 탓에 옛날에는 만조가 되면 섬 전체가 완전히 바다에 둘러싸였지만, 1877년 900m 길이의 제방 건설로 바다가 매년 100~150만㎥의 모래를 해안으로 실어 새 땅을 얻을 수 있었고, 퇴적모래가 최저 썰물 수위보다 12~13m 정도 높아 만조가 되어도 육지와 연결될 수 있었다(최경희 역, 2000). 최근에는 밀물의 고립으로 육지화 되는 갯벌을 살리고 밀려드는 강물과 파도에 모래가 도로 떠내려갈 수 있도록 방파

호모트래블쿠스의 지리답사기

제 철거공사가 진행되어 바다 위 몽생미셸의 모습은 그대로 유지되고 있다.

모파상이 문학에서 이야기한 『몽생미셸의 전설』과는 달리 원래부터 이 지역에 구전되어 오는 전설에 의하면 이곳의 유래는 다음과 같다. 708년 대천사 미카엘이 아브랑슈(Avranche)에 살던 성 오베르(Saint Aubert) 주교의 꿈에 나타나 그가 살던 곳에서 약 10km 떨어진 '몽통브(Mont-Tombe)[1]에 기도대를 세우고 예배당을 지으라.'라고 명령했다(김복래, 2006; Ungvarsky, 2020). 대주교는 불가능한 일이라 생각해 이를 계속 미루었으나 이에 화가 난 미카엘은 세 번째 꿈에 나타나 손가락으로 강한 빛을 쏘아 오베르의 머리에 구멍을 냈고, 이에 깨달음을 얻은 오베르 대주교는 몽통브에 올라 숲이 내려다보이는 높이 80m의 큰 바위 위에 기도대를 세우고, 대천사 미카엘이 나타났다는 이탈리아의 몽테가르가노(Monte Gargano)에서 화강암을 가져와 이를 본떠 예배당을 지었다(최경희 역, 2000; 신동아, 2009년 3월 25일 자).[2] 그렇게 지어진 이 예배당은 12명의 수도사들이 돌보며 대천사의 수호 속에 기도를 하려는 신자들을 맞았다(한주영, 2017). 몽생미셸은 이렇게 중세 그리스도교의 성지로서, 그리고 순례지로서 개방되었다.

10세기 말에 가톨릭교도들은 오로지 종교적 신념의 힘으로 조수간만의 차이가 심한 성난 바다 위 가파른 석회암 위에 자신들이 축적해온 모든 석공 기술과 수학과 공학을 집약적으로 활용해서 대성당을 짓겠다고 계획했다. 그래서 미카엘을 모신 작은 예배당을 바위산 서쪽에 있는 지하 예배당으로 개축했고, 11세기에는 남쪽의 지하예배당과 양초성모상이 있는 북쪽의 지하 예배당과 큰 기둥이 있는 동쪽 예배당을 만들

---

1. 몽통브(Mont-Tombe)는 '무덤의 산'이라는 뜻으로, 몽생미셸의 옛 지명이다. 해발고도 82m, 화강암 덩어리의 낮은 산은 하루 두 차례 바닷물이 밀려와 섬으로 변하는 신비한 지형을 갖고 있었다(최경희 역, 2000).
2. 몽생미셸 근처에 있는 해안가 소도시 아브랑슈(Avranches)의 박물관에는 구멍 난 성 오베르(St. Aubert) 주교의 해골이 전시되어 있다(최내경 역, 2018; 신동아, 2009년 3월 25일 자).

그림 3. 몽생미셸, 라 메르베유의 내부(좌)와 외부(중·우)

어 바위산 꼭대기의 높이를 조정하고, 그 위 종탑 꼭대기에 미카엘상을 모신 성당을 지었다. 13세기에는 고딕 양식의 3층 건물인 '라 메르베유(La Merveille)[3]'를 건설했다 (그림 3). 1층은 창고와 순례자들의 숙소, 2층은 기사의 방과 귀족들의 방, 3층은 수사들의 대식당과 회랑(回廊)으로 사용되는 방이 배치되었다. 이 건축물에서 두 개의 아케이드가 줄지어 있는 화려한 회랑은 고딕양식의 최고 걸작으로 꼽힌다. 3층에 위치한 이 회랑의 가운데에는 잘 가꾸어진 정원이 자리 잡고 있는데, 이렇게 높은 곳에 초록빛 정원이 있다는 것이 신비롭게 여겨진다. 정원의 창문으로는 노르망디 해안도 한 눈에 들어온다(그림 4). 또 3층의 회랑은 다양한 종교적 주제를 소재로 조각된 127개의 돌기둥으로 둘러싸여 있어 건축미 또한 돋보인다.

그러다가 14세기에는 백년전쟁(1337~1453)[4]의 전화에 휩싸이며 방어용 벽과 탑

---

3. 라 메르베유(La Merveilleuse)는 경이로움이라는 뜻으로, 일명 '화려관'이라고도 불린다.

4. 백년전쟁은 1337~1453년 동안 영국과 프랑스 간에 벌어진 전쟁으로, 프랑스의 왕위 계승 문제와 플랑드르 지방을 둘러싼 경제적 이해관계가 얽혀 영국군이 침입함으로써 발단되었다. 전쟁 초기에는 영국이 우세하였으나 잔 다르크의 활약에 힘입은 프랑스가 승리하여 영국으로부터 프랑스 영토를 회복하였으며, 귀족이 몰락하고 중앙 집권적 통일국가가 들어서게 되었다.

호모트래블쿠스의 지리답사기

그림 4. 몽생미셸의 회랑(좌), 회랑에서 바라본 노르망디 해안(우)

을 쌓아 요새로 활용되었다(그림 5). 당시 성벽은 난공불락의 요새로서 마을을 보호하기 위해 만들어졌으며, 이는 잔 다르크(Jeanne d'Arc)에게 계시를 준 대천사 미카엘과 그의 성지로서 프랑스 수호자이자 자존심의 상징이 되었다. 또한, 프랑스대혁명(1789~1794년)이 행해지던 1791년부터 1863년까지 혁명군이 감옥으로 사용하여, 약 1400명의 죄수를 가둔 곳이 되었다(한주영, 2017; Ungvarsky, 2020). 이에 몽생미셸은 '바다 위의 바스티유'라는 별칭으로 불렸다(그림 6).

현재는 '모래 위에 서 있는 섬'이라는 타이틀로 이름을 알리며, 종교인뿐만 아니라 일반적인 방문객들의 발길이 끊이지 않는 노르망디의 유명 관광지가 되었다. 1979년 섬 전체가 유네스코 세계문화유산으로 지정되었고, 지금은 파리 다음으로 인기 있는 관광지가 되었다. 프랑스 정부 입장에선 이곳이 단지 폐쇄된 성당이나 수도원으로 사용되는 것보다는 지금처럼 한 해 350만 관광객이 찾는 관광 명소로 부각되는 것이 수익이나 지역사회 발전 면에서 모두 도움이 된다고 보고 있다. 그들의 방향성이 어떠하든 방문객들은 세계의 다른 어떤 대성당이나 수도원에서보다 이곳 몽생미셸에서 인간이 얼마나 연약하고 세속적인 존재인지를 깊이 느낄 수 있을 것이다.

그림 5. 몽생미셸의 요새 성벽

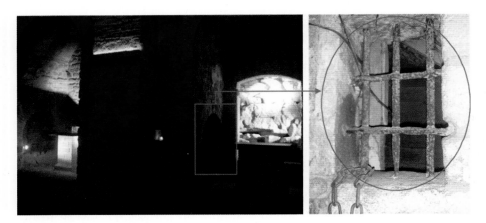

그림 6. 지하 감옥의 흔적: 철장 감방

한편, 이 작은 간석지 섬은 하나의 수도원으로 여겨지기도 하지만, 더욱 면밀하게 접근해 보면 마을에서 수도원으로 이어지는 구성을 가짐으로써 마치 속(俗)에서 성(聖)으로 들어가는 듯한 방식을 취하고 있다(정은혜, 2021). 수도원 외부를 속이라고 하고, 예배공간으로서의 수도원을 성이라고 한다면, 전이공간은 사람이 장소를 진입하

호모트래블쿠스의 지리답사기

는 과정에서 자연스럽게 속과 성의 영역을 이어주는 역할을 하는데, 마을길은 일종의 전이공간으로서의 역할을 한다. 마을길은 '라 그랑드 뤼(La grande rue: '대로'라는 뜻)'라는 이름을 가지고 있지만 실제로는 협소한 골목길이다. 이 좁은 골목길은 전이공간이자 새로운 관광명소로 부각되고 있는데, 몽생미셸만이 지니고 있는 유명한 기념품과 상점들 때문이다. 몽생미셸로의 접근이 예전에 비해서는 수월해졌다고는 하나 사실이곳은 중심지에서 다소 먼 거리에 위치해 있고 여전히 불편한 교통 탓에 관광객의 방문이 쉽진 않은 곳이다. 교통이 열악했을 과거에는 심리적 거리감이 더 컸을 것이다. 그래서 이곳 방문객들은 힘들게 이곳까지 온 자신들의 노고를 위로하기 위해 기념이 될 무언가를 갖길 원했고, 이에 마을 사람들은 몽생미셸 수도원의 설립을 계시한 미카엘 대천사 형상의 납(Le plomb de pélerinnage)을 만들어 팔기 시작했다. 그것이 여러 형태의 상점으로 발전하면서 오늘날의 거리 경관을 만들어냈다. 이곳 상점들의 간판은 하나의 거리경관으로서 방문객의 눈길을 끈다. 문맹률이 극히 높았던 중세에는 글로써 표현한 간판이 거의 무의미했기 때문에 글자를 모르는 이들도 쉽게 접근할 수 있도록 상점마다 그림을 그려 간판으로 걸어두었고, 이러한 모습은 오늘날까지 이어지고 있다. 몽생미셸의 상점이나 레스토랑은 그림 간판으로 자신들의 상점을 홍보하고 있으며, 불어에 익숙하지 않은 방문객들도 이 같은 간판을 구경하는 것을 하나의 관광요소로 여기고 있다. 특히 각종 기념품 상점들, 오믈렛 레스토랑[5], 호텔 등이 줄지어 들어서 있는 모습은 구경의 즐거움을 배가시킨다. 이곳을 지나야 최종적으로 성의 공간

---

5. 몽생미셸이 요새로 쓰였을 때, 가난한 병사들을 위한 오믈렛이 이곳에서 처음으로 만들어졌다. 이후 1873년 빅토르 풀라르(Victor Poulard)와 아네트 풀라르(Annette Poulard)가 결혼하여 길모퉁이에 식당 겸 여관을 차렸는데, 그녀의 오믈렛 맛이 유명해지면서 1888년 '라 메르 풀라르(La Mere Poulard)'가 정식 오픈되었고, 이는 날로 번창하여 하나의 브랜드가 되었다. 그 유명세에 당시 정계·문학계·예술계의 거물들(루즈벨트 대통령, 헤밍웨이, 입생로랑 등)이 이곳을 찾았다. 그런 이유로 이곳의 오믈렛과 쿠키를 먹으면 성공한다는 설이 있다(최경희 역, 2000).

그림 7. 미카엘 형상의 납 기념품, 마을 골목길 풍경 속 간판들(우체국, 오믈렛 레스토랑 등)

인 수도원으로 진입할 수 있다(그림 7).

　실제로 몽생미셸을 처음 마주했을 때, 바다 위의 외딴 섬처럼 고귀하게 서 있는 성 같은 모습에 감탄해 그 앞에서 한참을 서 있었던 기억이 있다. 모파상이 『몽생미셸의 전설』을 통해 그 느낌을 전달하였듯, 조금은 거만하면서도 냉담하지만 거부할 수 없는 위엄이 있어서 누구라도 그 앞에 서면 두 손을 모으고 기도를 해야 할 것만 같은 공간으로 보였다. 때로는 햇살 안에서 둥둥 떠 있는 것처럼 보이고, 때로는 바다에서 솟아오르는 듯 보이지만, 그 어떤 모습이건 몽생미셸은 우리 안에 공존하는 강건함과 나약함을 불러일으키는 공간으로 여겨진다. 미국 작가 헨리 제임스(Henry James)는 1905년의 몽생미셸을 향해 "어떤 이들은 그것을 실제가 아닌 한 폭의 그림으로 기억할지 모른다. 그것은 합일의 상징이다. 신과 인간이 이전의 그 무엇보다 대담하고, 더 강하고, 더 가깝게 합쳐진 것이다."라고 했는데, 그의 말이 틀리지 않아 보인다. 어디 그뿐인가? 몽생미셸에 대해 모파상은 '경이에 찬 눈길로 하늘로 쏘아올린 불꽃 형상의 작은 종루들과 믿을 수 없을 정도로 착잡하게 얽힌 망루, 이무깃돌, 날씬하고 매혹적인 장식물'이라고 표현하였다. 그의 말처럼 누구라도 이곳에 가면, 신의 거처라도 발견한 것 같은 놀라운 마음으로 육중한 기둥이 떠받치고 있는 방들과 빛이 통과해 들어오는

호모트래블쿠스의 지리답사기

복도를 헤매고 다닐 것이다. 어쩌면 그 엄숙함과 위엄에 조금은 겁이 나기도 할 것이다. 그런데도 이 장엄한 경관은 신과 인간의 경계에서 자신의 존재성과 인간다움을 다시 찾을 수 있는 단 하나의 장소가 아닐까?

_ 중세 항구도시 옹플뢰르의 햇살 속에서 안식을 찾다!

옹플뢰르는 바스-노르망디 칼바도스주(Calvados Département)의 요트 도시로도 유명하지만, 그보다도 '소박한 아름다움과 매력을 그대로 간직한 찬란한 보석'이라고 표현되는 곳이다(DeSanctis, 2014). 그래서 옹플뢰르는 오밀조밀한 골목, 중세시대를 연상시키는 목조건물과 간판, 나무로 만들어진 교회, 은은한 가로등, 그리고 부두 주변의 작은 선박들과 여기저기 흩어져있는 카페들로 인해 마치 한 폭의 아름다운 그림을 연상시키는 공간이다. 특히 화사한 원색으로 채색된 성냥갑 같은 건물들은 많은 예술가들에게 영감을 불어넣었다(그림 8). 또한, 옹플뢰르의 골목 사이사이엔 예쁜 그림 간판들이 걸린 상점들과 함께 소박한 갤러리들도 자리하고 있다(그림 9). 한편, 옹플뢰르 중심가에는 돌길에 늘어선 시장에서 이 지역의 명품 사과주인 시드르(Cidre)를 담은 연둣빛 술병과 소박한 어촌 마을 트루빌(Trouville) 고깃배에서 방금 가져온 조개류, 그리고 생우유로 만든 퐁레베크 치즈(Pont l'Evêque Cheese)를 만나볼 수도 있다(그림 10).

중세도시로 유명한 옹플뢰르는 19세기 인상주의 화가이자 풍경화의 선각자로 알려진 외젠 부댕(Eugène Boudin)의 고향이기도 해서 이곳엔 그의 박물관이 남겨져 있다. 이 외에도 옹플뢰르는 귀스타브 쿠르베(Gustave Courbet), 클로드 모네(Claude Monet), 요한 바르톨트 용킨트(Johan Barthold Jongkind) 등 인상파 화가들이 즐겨 찾은 곳이다. 아마도 옹플뢰르에는 뜨거운 햇볕이 내리쬐는 특성이 있어서일 것이다. 항구와

그림 8. 옹플뢰르 부두 풍경. 알록달록 건축물, 카페, 그리고 정박된 요트들

그림 9. 작은 갤러리에 전시된 작품(좌), 중세시대로부터 이어져오는 그림 간판(우)

그림 10. 옹플뢰르의 시장(좌), 가판대의 시드르(중), 옹플뢰르의 골목길(우)

호모트래블쿠스의 지리답사기

하얀 요트로 쏟아지는 햇살은 보는 이에 따라 그 모습이 제각각 달라질 수 있어 매력적이다. 게다가 작은 골목길 사이사이에 놓인 오래된 목조건물들은 햇살을 받으면 나이를 가늠할 수 없는 다양한 나무 색상으로 그 나름의 세월과 소박한 성숙함에 놓이게 된다.

이러한 모습 속 생카트린 교회(Saint Catherine Church)는 프랑스에서 가장 큰 목조 종교 건축물로, 바로 이 옹플뢰르에 자리하고 있다. 많은 화가들의 사랑을 받은 장소로서도 유명하다. 백년전쟁 즈음한 15세기에 지어졌는데, 배 두개를 뒤집어 놓은 듯한 독특한 모양은 많은 이들의 시선을 사로잡는다. 이 교회가 지니는 커다란 규모, 개성 있는 천장, 그리고 이와 어우러진 항구의 햇살은 많은 인상파 화가들에게 강한 인상을 남겼다. 그런 이유로 이 교회는 외진 부댕, 클로드 모네 등의 작품 속에서 새 생명을 얻었다(그림 11과 12).

이렇게 길을 걷다 보면 또 하나의 예쁜 목조가옥이 나타난다. 바로 작곡가 에릭 사티(Erik Satie)의 하우스이다. 옹플뢰르가 고향인 에릭 사티는 바로 저 생카트린 교회의 오르가니스트에게서 피아노와 그레고리오 성가[6]를 배우고 12살 때 파리로 건너가 음악 공부를 했으나 아카데미즘에 반감을 느껴, 이후에는 몽마르트르에서 자유롭게 활동했다. 신고전주의의 선구자인 그의 대표작으로는 〈개를 위한 엉성한 진짜 전주곡(Vértable prélude flasques(pour un chien))〉, 〈바싹 마른 태아(Embryons desséchés)〉 〈관료적인 소나티네(Sonatine bureaucratique)〉 등이 있는데, 다소 파격적인 곡 제목으로도 예상할 수 있겠지만 그는 근대적인 사상을 지닌 독특한 작곡가였다. 목조에 페인팅이 강하게 칠해져 있는 그의 가옥을 보노라니 왠지 아직도 살아있을 것만 같은 에릭 사티와

---

6. 그레고리오 성가는 로마 가톨릭교회의 전통적인 단선율 전례 성가의 한 축을 이루는 성가로서, 로마 전례 양식 때 사용하는 무반주 종교 음악이다.

그림 11. 외진 부댕 박물관(좌), 외진 부댕과 클로드 모네가 그린 생트 카트린 교회(우)

그림 12. 생 카트린 교회 외부(좌)와 내부(우). 내부의 교회 천장은 뒤집어진 배의 모습이 잘 드러난다.

이 공간에서 마주치게 될 것만 같은 착각이 든다(그림 13).

이처럼 워낙 아름다운 곳이기 때문에 앞에 언급한 화가들이나 작곡가뿐만 아니라 많은 작가들도 이곳에서 마음의 안식을 얻었다. 대표적인 사람이 바로 『악의 꽃(Les Fleurs Du Mal)』으로 유명한 '샤를 피에르 보들레르(Charles-Pierre Baudelaire)'이다(그림 14). 사실 보들레르는 파리에서 태어나 파리에서 죽은 토박이 파리 시인이다. 하지만 『악의 꽃』으로 투영되듯 그의 삶은 불운하고 흔들리고 아팠다. 원로원 사무국 고관이

호모트래블쿠스의 지리답사기

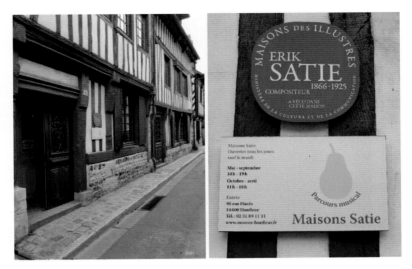

그림 13. 에릭 사티의 하우스

었던 60대의 아버지와 20대 어머니 사이에서 태어난 그는 자신을 '태어나면서 저주받은 사람'이라고 칭하며, 막무가내로 방종한 생활을 했고, 마취제의 사용으로 감수성을 더욱 격화시키며 건강을 해치고 살다가 46세에 생을 마감하였다(김성우, 1997). 하지만 그는 『악의 꽃』을 통해 낭만주의와 역설과 불건전한 욕망과 죽음의 강박관념을 드러냄으로써 무한한 예술을 표출함과 동시에 환멸 속에서 병들어가면서도 자신의 불행한 삶을 독창적인 글로 나타내었다.

보들레르는 『악의 꽃』에서 "파리는 변한다. 도시는 사람의 마음보다 빨리 변한다."고 했다. 그래서였을까? 그는 한동안 파리가 아닌 옹플뢰르에 머물며 안식을 찾았다. 보들레르의 노모 카롤린(Caroline)은 말년이 되어 이곳의 장난감 집으로 불리던 메종 쥬에(Maison Jouet)에서 살았고, 보들레르는 이런 어머니와 시간을 보내기 위해 옹플뢰르에서 시간을 보냈다. 1856년, 살롱의 미술비평을 비롯하여, 여러 대표적인 시들

그림 14. 스물세 살 때의 보들레르(좌), 보들레르의 메모가 남아있는 『악의 꽃』 초판 시집(우)

그림 15. 보들레르가 머물던 슈발 블랑 호텔(좌), 보들레르 거리(Rue Baudelaire, 우)

을 옹플뢰르의 등대가 바라다보이는 '슈발 블랑(Le Cheval Blanc: '백마'라는 뜻)' 호텔의 2층에서 썼다(그림 15). 그렇다면, 이쯤에서 그가 여기에서 쓴 시, 「여행으로의 초대 (L'invitation au voyage)」를 한번 읊조려 보자.

내 아이야, 내 누이야

꿈꾸어 보렴

거기 가서 함께 살 감미로움을!

한가로이 사랑하고

사랑하다 죽으리

그대를 닮은 나라에서

흐린 하늘의 젖은 태양은

내 마음엔 그토록 신비로운 매력을 지녀

눈물을 통해 반짝이는

종잡을 수 없는 네 눈동자 같구나.

– 샤를 보들레르, 『악의 꽃: 우울과 이상 편』 중에서

이 시에서, 옹플뢰르를 '감미로움', '한가로운 사랑', '신비로운 매력' 등으로 표현한 보들레르는 "여기에서 보낸 시간은 내가 꾼 가장 달콤한 꿈과 같다."고 했다. 또한, 그는 그의 또 다른 작품 『파리의 우울(Le spleen de Paris)』 중 41번 「항구(Port)」라는 산문시에서 옹플뢰르를 '삶의 투쟁에 지친 영혼을 위한 매혹적인 거실'로 표현하기도 했다. 이러한 그의 글귀들을 보노라면 그가 옹플뢰르에서 얼마나 안정을 찾았는지, 또 이곳을 얼마나 사랑하였는지를 알 수 있다.

이토록 아름답고 평온한 옹플뢰르이건만, 프랑수아즈 사강에게 있어서만은 이곳은 '자신을 철저히 파괴한 장소'였다. 『슬픔이여 안녕(Bonjour Tristesse)』으로 전 세계 베스트셀러가 되어 문단에 큰 반향을 일으킨 그녀는, 이내 두 번의 결혼과 두 번의 이혼을 거치며 점점 황폐해졌다. 신경쇠약, 노이로제, 수면제 과용, 정신병원 입원, 알코

그림 16. '인물들의 공원'에 있는 프랑수아즈 사강의 조각상

올 중독, 도박중독 등의 생활을 반복하던 그녀는 마침내 파산했고, "나는 나를 파괴할 권리가 있다!(J'ai bien le droit de me détruire!)"고 외치던 그녀는 결국 2004년 9월 24일, 옹플뢰르의 한 병원에서 심장병과 폐혈전으로 생을 마감하였다. 이제는 옹플뢰르의 '인물공원(Le Jardin des Personnalités)'에서나 그녀를 만날 수 있다(그림 16). 그녀를 마주하며 나지막이 건네고 싶은 말이 하나 떠오른다. "브람스를 좋아하세요…(Aimez-vous Brahms…)"

옹플뢰르에 가면 보들레르가 말한 '달콤한 꿈, 지친 영혼을 위한 매혹적인 거실' 등이라는 표현에 매우 공감할 것이라고 생각한다. 필자도 가끔 이 도시의 항구 풍경이 꿈에 등장하곤 한다. 어렴풋하지만 아름답고 특별한 향기가 나는 꿈으로 기억한다. 아마도 그 이유는 시드르의 알싸한 향이 가득했던 추억 때문일 수도 있고, 예쁘장한 색상의 갤러리 작품들의 여운 때문일 수도 있을 것이다. 그리고 평생을 고뇌하고 방황하며 살았던 보들레르가 한때나마 마음의 안정을 찾았던 유일한 곳이었기에, 또 프랑수아즈 사강의 마지막 안식처이기에 더욱 특별하게 다가왔는지도 모르겠다. 그런 의

호모트래블쿠스의 지리답사기

그림 17. 한 템포 쉬어가는 바스-노르망디의 여행자들

미에서 바스-노르망디 여정 속 잠시 머물렀던 옹플뢰르는 시간과는 반비례하는 깊이 있는 문학적 인상과 여유로운 공간적 감각, 그리고 운치 있는 경관을 통해 무한한 평온과 안식을 느끼게 해 주는 공간으로 남는다.

_ 바스-노르망디의 몽생미셸과 옹플뢰르에서 한 템포 쉬어가 볼까요?

휴식, 안식, 안정, 평온⋯. 바스-노르망디의 몽생미셸과 옹플뢰르에서 얻을 수 있는 감정들이다. 쉴 틈 없이 인생을 내달리다보면 어느 순간 '헉!' 하며 쓰러질 때가 있다. 그럴 때 생각나는 곳이 바로 몽생미셸과 옹플뢰르다. 모파상은 이곳을 찬미하고 노래하며 마음의 평화를 얻었고, 보들레르 역시 이곳의 항구에서 편안한 휴식을 만끽하며 마음의 안정을 얻었다. 그리고 사강은 불안한 삶을 뒤로 하고 이곳에서 영원한 안식을 취했다. 이미 세상을 떠난 이와 현재를 살아가는 이가 공감하며 공존할 수 있는 평화로운 곳을 찾기란 쉽지 않다. 하지만 인생의 여정 속, 잠시 몽생미셸과 옹플뢰르에서 인생의 한 템포를 쉬어주면 어떨까? 중세풍의 골목을 돌아다니며 자연과 세월이 주는 아름다운 경관을 마주하다보면, 어느새 마음의 피로는 화창한 하늘과 햇빛, 쾌적한 바람 속으로 사라져있을 것이다. 이곳에서 마음의 짐을 한 번 '툭!' 내려놓아 보자. 그리고 다시금 새롭게 시작해보자!

바스-노르망디의 몽생미셸과 옹플뢰르는 분명 자신을 돌아보며 달랠 수 있는 여유와 경이로움을 선사할 것이다. 왜냐하면 이곳은 과거의 시간이 현재에도 허락될 수 있는 신의 선물과 같은 공간이기 때문이다(그림 17).

—

- 김복래, 2006, "프랑스의 문화관광: 유럽의 주요 4개국(독일, 영국, 이탈리아, 스페인)이 본 프랑스 문화유산," 역사문화연구, 24, 413~454.
- 김성우, 1997, 『세계의 문학기행1』, 한국문원.
- 윤영애 역, 2003, 『악의 꽃』, 문학과지성사(Baudelaire, C., 1857, *Les Fleurs Du Mal*, Charles).
- 정은혜, 2021, "몽생미셸의 장소성 형성과 변화에 관한 연구," 한국도시지리학회지, 24(1), 45~60.
- 최경희 역, 2000, 『몽생미셸』, 창해, 서울(Baylé, M., Goetz, A., Decaëns, H., & Guillier, G., 1998, *l'ABC daire du Mont-Saint-Michel*, Flammarion).
- 최내경 역, 2018, 『몽생미셸의 전설』, 리수, 서울(Maupassant, G. D., 1882, *La Légende du Mont-Saint-Michel*, Gil Blas).
- 한주영, 2017, 『몽생미셸(Le Mont-Saint-Michel)』, TERRA.

—

- Baudelaire, C., 1857, *Les Fleurs Du Mal*, Auguste Poulet-Malassis.
- Baudelaire, C., 1869, *Le spleen de Paris*, Le Livre de Poche.
- DeSanctis, M., 2014, *100 Places in France EveryWoman Should Go*, Travelers' Tales.
- Sagan, F., 1954, *Bonjour tristesse*, René Julliard.
- Sagan, F., 1959, *Aimez-vous Brahms*, René Julliard.
- Maupassant, G. D., 1882, *La Légende du Mont-Saint-Michel*, Gil Blas.
- Ungvarsky, J., 2020, *Mont-Saint-Michel*, Salem Press Encyclopedia.

—

- 몽생미셸 노르망디 관광청 사이트(Office de Tourisme de la Destination Mont Saint-Michel

– Normandie), https://www.ot-montsaintmichel.com
· 신동아, 2009년 3월 25일, "[새연재] 허용선의 지구촌 건축기행: 프랑스 몽생미셸."

호모트래블쿠스의 지리답사기

03

깊은 역사를 품은 명작의 고장,
영국 '에든버러'

#문학 #영국사 #문화 #도시

_ 유럽 여행을 계획하는 당신에게, 영국을 소개합니다!

유럽 여행! 아시아의 동쪽 끝에 거주하는 우리나라 국민에게 머나먼 유럽은 '해외 여행'의 종착지이자, 꿈의 여행지로 여겨지곤 한다. 유럽 여행에 관한 관심과 로망은 이를 다룬 각종 TV 예능 프로그램에서 실감할 수 있다. tvN의 〈꽃보다 할배(2013)〉, 〈윤식당(2017)〉, 〈텐트 밖은 유럽(2022)〉, JTBC의 〈비긴 어게인(2017)〉 등의 프로그램은 대표적이다. 이들 프로그램이 많은 시청자의 호응을 얻은 것은 유럽 여행에 대한 동경과 관심을 보여주는 사례일 것이다. 또한, 코로나19 사태의 끝이 보이기 시작하는 시점을 맞이해 방송사에서는 여행 관련 프로그램을 더욱 많이 제작하여 선보이고 있다(연합뉴스, 2022년 6월 15일 자; CJ ENM 홈페이지). 이러한 경향은 여행에 대한 각종 통계에서도 확인할 수 있다. 2000년에 5,508,242명이던 우리나라의 연간 해외 여행객은 코로나19 사태 이전까지 꾸준히 증가해 2019년에는 28,714,247명으로 약 5.2배 늘어났다(여행신문, 2022년 7월 18일 자). 이 중 유럽을 방문하는 사람들도 증가 추세를 보였는데, 2015년에는 4,307,321명이던 유럽 여객 인원이 2019년에는 5,927,272명으로 4년 만에 약 37%가 늘어난 것이다. 이는 인천공항을 통한 유럽 운항 횟수에서도 확인해 볼 수 있는데, 2015년에는 25,261회였던 유럽 운항이 2019년에는 31,531회로 약 6,200여 편이 증가했다(여행신문, 2020년 1월 2일 자). 이와 같은 통계는 우리 국민의 유럽 여행 선호도가 점차 증가하고 있음을 말해주고 있다. 한편, 이는 비단 우리나라만의 이야기가 아니다. 유럽은 세계 10대 관광국 중 무려 6개국을 기록할 정도로 관광이 특화된 국가들이 많은 곳이다(World Tourism Organization, 2021)[1]. 이토록 사람들에게 인기가 많은 것은 대부분 국가가 철도, 도로 등으로 연결되어 있어 단시간에 다양한 문화를 편리하게 경험할 수 있다는 장점이 있기 때문이다. 그래서일까? 유럽 여행을 떠나는 이들은 여행을 결심한 그 순간부터 어떤 국가에 방문해야 할지 바로 고민에 휩싸이게 된다. 그런데 만약 독자 여러분이 유럽에 여행을 갈 기회가 있다면, 유로스타(Eurostar)[2]를 통해 갈 수 있는 영국도 놓치지 않길 바란다. 섬나라인 영국은 유럽 대륙에서 떨어져 있어 자칫하면 놓치기 쉽지만, 그냥 지나쳐 버리기에는 너무나도 아쉽다고 할 만큼 풍부한 문화와 볼거리를 자랑하는 곳이기 때문이다.

영국에 대해서 잘 모르는 이들조차 그곳의 수도인 런던(London)에 대해서는 익숙

---

1. 2020년 기준 세계 10대 관광국은 프랑스, 스페인, 미국, 중국, 이탈리아, 터키, 멕시코, 태국, 독일, 영국 순으로, 이 중 프랑스, 스페인, 이탈리아, 터키, 독일, 영국의 6개국이 유럽 대륙에 속한다(World Tourism Organization, 2021).
2. 유로스타는 영국과 유럽 대륙을 잇는 고속열차로, 채널 터널(Channel Tunnel, 영·프 해저터널)을 통과하는 본 열차는 런던에서 출발해 프랑스 파리와 릴, 벨기에 브뤼셀, 네덜란드 암스테르담까지 잇는 노선을 운행한다(유레일 사이트).

호모트래블쿠스의 지리답사기

그림 1. 런던의 핵심이라 할 수 있는 피카딜리 서커스역(Piccadilly Circus) 인근 빨간 2층 버스가 지나가는 크리스마스 거리의 풍경(좌). 런던을 대표하는 흐린 날씨 아래 공사 중인 빅벤을 마주하고 있는 영국 전 총리 윈스턴 처칠 경(Sir Winston L. Churchill)의 동상(중). 해리 포터 테마파크(우)

하게 받아들일 것이다(그림 1의 좌). 우중충한 날씨 아래 도시를 지키는 빅벤(Big Ben)과 빨간색의 2층 버스가 활보하는 풍경은 런던, 그리고 영국을 대표하는 경관으로 자리 잡아 관광객의 마음을 사로잡는다(그림 1의 중). 특히나 전 세계인이 사랑하는 『해리 포터 시리즈』(Harry Potter, 이하 해리 포터)와 『셜록 홈스 시리즈』(Sherlock Homes, 이하 셜록 홈스)[3]의 팬들에게 영국 런던이 주는 의미는 남다르다. 런던에는 이들 작품 속 장소들이 현실화되어 나타나는 곳이기 때문이다. 영화 『해리 포터』에서 모든 것을 들여다볼 수 있는 환상의 공간 해리 포터 스튜디오도 이곳에 있고, 『해리 포터』의 대서사가 시작되었다고 할 수 있는 킹스크로스역(King's Cross Station)도 여기에 있다. 그리고 『셜록 홈스』의 주 무대가 되는 베이커 스트리트(Baker's Street)까지! 이들의 팬이라

---

3. 『셜록 홈스』는 영국의 작가 아서 코난 도일(Arthur Conan Doyle)이 쓴 추리소설로 책이 출간된 이후 지금까지 단 한 번도 절판이 되지 않을 정도로 세계적인 인기를 끌고 있다. 이후 게임, 애니메이션, 영화, 드라마 등 수 많은 2차 창작물들이 나와 『셜록 홈스』의 인기를 이어가고 있다(한국일보, 2022년 7월 25일 자).

면 그 누구든 런던에 가보는 것을 한 번쯤은 꿈꾸지 않을까?(그림 1의 우)

하지만 『해리 포터』와 『셜록 홈스』를 진정으로 만나보고 싶은 이들이라면, 에든버러(Edinburgh)를 놓칠 수 없을 것이다. 조금은 낯설고 생소하기도 한 에든버러는 영국의 북부, 스코틀랜드에 자리한 도시이다. 진정한 골수팬, 일명 '덕후' 팬들이 이곳에 가보아야 할 이유는, 에든버러가 바로 『해리 포터』의 작가 J.K. 롤링(J.K. Rowling)과 『셜록 홈즈』의 작가인 아서 코난 도일(Arthur Conan Doyle)이 그들의 소설을 집대성했던 터전이기 때문이다(그림 2). 어디 이뿐인가? 『지킬 앤 하이드(Jekyll and Hyde)』와 『보물섬(Treasure Island)』의 저자 로버트 루이스 스티븐슨(Robert Louis Stevenson), 우리나라의 일제강점기 해방 전 애국가의 뼈대가 되었던 〈올드 랭 사인(Auld Lang Syne)〉을 지은 시인 로버트 번스(Robert Burns)[4], 스코틀랜드를 대표하는 인물이자 가장 위대한 역사 소설가로 손꼽히는 월터 스콧(Sir Walter Scott) 등의 내로라하는 작가들이 에든버러를 배경으로 그들의 작품을 펴냈다.

이즈음에서, 전 세계적으로 유명한 작가들이 어찌 한 도시에서 이렇게 많이 배출될 수 있었는지 궁금한 독자들이 있으리라 생각된다. 실제로 에든버러는 2004년에 유네스코 최초로 '문학도시'에 선정될 정도로 인문학적 가치를 인정받고 있다(에든버러 문학도시 사이트). 어떻게 에든버러는 문학이 넘치는 도시가 되었을까? 지금부터 본격적으로 수많은 명작을 품은 고도시(古都市) 에든버러에 함께 가보도록 하자!

---

4. 오늘날의 애국가 만들어지기 전에는, 1907년 윤치호의 찬송가집 『찬미가』에 수록되었던 '애국가'가 가장 대표적으로 국민에게 널리 알려진 '국가(國歌)'였다. 해당 '애국가'가 〈올드 랭 사인〉의 선율에 맞춰 지어진 것이 시초가 되어 1900년대 초반 3·1운동에서 제창되기도 하였다. 우리 민족의 정신을 한데 모으고 독립의 열망을 담아 힘껏 불렸던 국가였다는 점에서 〈올드 랭 사인〉이 우리 국민에게 뜻하는 바는 크다고 할 수 있다(중앙선데이, 2019년 5월 4일 자).

호모트래블쿠스의 지리답사기

그림 2. 『해리 포터』의 첫 번째 시리즈인 『해리 포터와 마법사의 돌(Harry Potter and the Sorcerer's Stone)』의 표지(좌), 아서 코난 도일(우)
출처 J.K. 롤링 공식 사이트(좌), 아서 코난 도일 경 공식 사이트(우)

_스코틀랜드만의 아름다운 선율이 흐르는 고도시 에든버러

에든버러에 발을 딛는 순간부터, 어디선가 들려오는 멜로디에 귀를 쫑긋 기울이게 된다. 도시 곳곳에서 울려 퍼지는 이 멜로디의 주인공은 바로 민속악기 백파이프(Bagpipes)다. 지난 2022년 서거한 엘리자베스 2세 여왕은 생전 침실의 창가 아래에서 백파이프 연주를 들으며 하루를 시작했다고 한다(중앙일보, 2022년 9월 21일 자). 백파이프는 스코틀랜드의 상징과도 같은데, 300년이 넘는 역사를 자랑하기라도 하듯 크고 우렁찬 소리가 특징이다. 날카로우면서도 뇌리에 박히는 소리 때문에 백파이프는 과거 전쟁 무기로 활용되기도 했다(스코틀랜드 관광청 사이트). 스코틀랜드의 자긍심을 담은 이 악기는 오늘날까지 고스란히 전해져 에든버러의 길거리에서는 체크무늬 모직인 타탄(Tartan)으로 만든 전통의상 킬트(Kilt)를 입고 백파이프를 연주하는 이들을

그림 3. 에든버러 성을 배경으로 킬트를 입고 백파이프를 연주하는 연주자(좌), 에든버러의 중세시대 건물 경관이 잘 드러나는 구시가지의 풍경(우)

쉽게 찾아볼 수 있다(그림 3의 좌). 아름답고도 강력한 백파이프 연주를 뒤로 하고 에든 버러의 도심 한가운데에 서서 가만히 도시의 경관을 보노라면, 마치 역사 속 한 장면 으로 들어와 있는 것 같은 기분이 든다. 이는 에든버러가 중세와 근대의 흔적을 그대 로 간직하고 있는 오랜 역사의 고도시이기 때문이다(그림 3의 우).

　고도시의 시작은 단연코 에든버러 성(Edinburgh Castle)이라 할 수 있다(그림 4의 좌). 우뚝 서서 도시를 지켜 온 에든버러의 심장답게, 고개를 들면 에든버러 시내 그 어 느 곳에서도 이 성을 쉽게 찾아볼 수 있다. 에든버러의 남쪽에 자리한 구시가지(Old Town)는 화산활동으로 형성된 긴 타원형 구릉의 지형으로 이루어져 있다. 서쪽 끝은 성채바위(Castle Rock)라 불리는 해발 130m 높이에 자리한 거대한 바위로, 이곳은 현 재의 에든버러 성이며 약 80m 정도 높이의 가파른 절벽으로 삼면이 둘러싸여 있다. 또 이 구릉의 북쪽 면에는 노어로크(Nor' Loch)라는 큰 연못이 자리 잡고 있어 성채바

호모트래블쿠스의 지리답사기

위는 무려 청동기시대부터 요새로 이용되었다. 6세기 말, 「고도딘(Gododdin)」이라는 시에서 이 성채바위를 '딘 아이딘(Din Eidyn)'으로 표현했는데, 훗날 영어가 보편화되면서 성곽도시를 의미하는 '버러(-burgh)'는 '딘' 대신 사용되어 비로소 '에든버러'가 되었다. 에든버러는 오랜 기간 요새의 역할을 하는 거처 중 한 곳으로 인식해 왔지만, 본격적으로 국왕도시(Royal Burgh)[5]가 된 것은 1130년경이다. 데이비드 1세(David I)는 에든버러의 중요성을 일찍이 깨닫고 이곳을 국왕도시로 만들고자 했다. 우선 에든버러는 인근에 비해 지대가 높은 바위 위에 위치하여 다른 왕국의 동향을 살펴볼 수 있다는 장점을 갖고 있었다. 홀로 우뚝 선 거대한 바위 위에 위치한 에든버러의 지리적인 특성은 자연적으로 형성되었음에도 '완벽'에 가까운 요새의 지형을 갖춘 유일무이한 도시였기 때문이다. 본격적으로 에든버러를 국왕도시로 만들고자 결심한 그는 가장 먼저 도시의 종교적 하부구조를 확립해 튼튼한 뼈대를 갖추고자 했다. 그는 에든버러 성의 반대편 구릉에 홀리루드 수도원(Holyrood Abbey)을 세우고, 중간 지점에 예배당인 세인트 자일스 교회당(St Giles' Cathedral)을 설립했다. 이후 에든버러 성부터 수도원까지의 구릉 능선을 따라 1마일(Mile = 약 1.6km) 길이의 중앙대로를 만들었다. 이를 '로열 마일(Royal Mile)'이라고 하는데, 이 대로는 오늘날 에든버러의 중심가이자 구시가지의 중세 건축물을 그대로 간직하고 있는 대표적인 관광명소가 되었다(그림 4의 우). 데이비드 1세는 로열 마일을 따라 상인과 수공업자를 빠르게 유치했으며, 에든버러 시민에게 전국의 통행료 면제와 같은 큰 특권을 부여했다. 또한, 도시의 확장과 성장을 위해 외국인의 이주를 특히 장려해 지대를 면제해주는 조치를 하기도 했다. 이처럼 국왕으로부터 주목을 받아 많은 투자와 지원을 받게 된 에든버러는 점차 주요 도시

---

5. 국왕도시는 왕실에 의해 부여된 특권을 소유하고 자치적인 시의회를 갖춘 도시를 의미한다(스코틀랜드 국가 기록보관소 사이트).

그림 4. 에든버러 성(좌), 로열 마일의 경관(우)

로 성장하게 되었고, 15세기에는 스코틀랜드의 수도로 자리 잡았다(김중락, 2011).

15세기, 에든버러는 스코틀랜드 최고의 상업 도시로 성장했다. 당시 스코틀랜드 양모 무역의 50%를 담당할 정도로 큰 경제적 발전을 이룩해 인구가 폭발적으로 증가했지만, 이들을 감당할 주거지는 턱없이 부족해 도시에는 더 이상의 공간적 여유가 없었다. 로열 마일에는 가옥이 빽빽이 들어서다 못해 기존의 건물을 고층으로 바꾸는 일이 빈번했다. 또한, 도시가 확대되면서 도시 외성 바깥에 거주하는 이들이 늘었고, 시에서는 이들을 외적으로부터 보호하기 위해 플로든 성벽(The Flodden Wall)을 쌓았다. 하지만 오히려 성벽을 지으면서 도시의 공간 범위가 제한되었고, 한정된 공간으로 밀려드는 인구를 소화할 수 없었던 도시는 점차 병들어 갔다. 건물 간 일정한 거리가 확보되지 않은 채 마구잡이로 지어진 가옥들은 위생에 매우 취약할 수밖에 없었다. 콜레라와 장티푸스 같은 전염병이 끊임없이 발병했고, 길거리에는 쓰레기와 동물 사체, 오물 등이 가득했으며, 그로 인해 도시 전체에 악취가 만연했다. 또한, 엄청난 양의 굴뚝

호모트래블쿠스의 지리답사기

그림 5. 스모그 연기가 하늘을 가득 뒤덮은 에든버러 시내, 올드 리키의 모습을 그린 그림

연기가 뿜어져 나와 발생한 매캐한 스모그는 도시의 성벽에 가로막혀 공기가 제대로 순환되지 못했다. 참담한 도시의 경관을 바라보며 시민들은 그들의 터전을 '올드 리키(Auld Reekie)'라고 칭했다고 한다. 스코틀랜드어로 '짙은 연기(Old Smoky)'를 의미하는 이 별칭은 당시의 에든버러가 어떤 곳이었는지를 짐작하게 한다(김중락, 2011; 박물관 및 갤러리 에든버러 사이트)(그림 5).

오랜 기간 도시 과밀에 따른 도시문제를 마주한 에든버러는 18세기에 도시를 확장하기로 했다. 시는 에든버러의 심각한 사태를 해결하기 위해 건강한 도시의 기반을 처음부터 새롭게 확립하고자 했고, 이에 1767년 도시설계 공모전을 개최했다. 해당 공모전에서 우승한 젊은 건축가 제임스 크레이그(James Craig)는 두 개의 광장을 가진 단순격자형 패턴의 신시가지를 설계해 내보였다. 이후 신시가지의 건설 프로젝트는 1890년경까지 지속해서 이어졌으며, 이 기간 무려 7차례에 걸친 개발을 통해 완성되었다. 신시가지는 당시 귀족 토지 소유자들의 요구로 인해 최고의 재료로 건설되었

그림 6. 신시가지의 경관(좌), 신시가지와 구시가지의 경관을 한눈에 내려다볼 수 있는 칼튼 힐(Calton Hill, 우)

고, 존과 로버트 애덤(John and Robert Adam), 윌리엄 체임버스(William Chambers)와 같은 저명한 건축가들이 연합해 도시를 건축했다. 신시가지에 지어진 신고전주의 건축물과 기념물들은 에든버러 그 자체와 스코틀랜드의 역사를 고스란히 담았다. 이렇게 에든버러의 북쪽에는 신시가지가 자리하게 되었다(그림 6의 좌). 구시가지와 함께 나란히 배치된 신시가지의 경관은 고스란히 보존되었고, 그 가치를 인정받아 1995년 유네스코 세계유산으로 지정되었다(그림 6의 우). 과거의 역사를 고스란히 담고 있는 에든버러는 오늘날 대표적인 문화의 도시로 자리매김하였다. 에든버러는 현재 영국에서 런던 다음으로 많은 관광객이 찾는 대도시가 되었으며, 영국의 도시 중 가장 높은 성장률을 기록하고 있다. 역사와 문화의 도시로 우뚝 선 에든버러는 아름다운 도시의 유산을 고스란히 계승하여 지금까지도 그 자긍심을 누리고 있다(강현수, 2003; 유네스코 사이트; 유네스코와 유산 홈페이지).

_ 영국과 에든버러, 가깝고도 먼 그들 사이의 미묘함에 대하여

앞서 에든버러를 스코틀랜드의 수도라고 소개한 바 있다. 예리한 독자들은 이미 머릿속에 궁금증을 한가득 담고 있을 것이다. 영국의 수도는 분명 런던이기 때문이다. 이는 전 세계의 축제이자 가장 큰 축구 대회인 월드컵(World Cup)에 '영국'이라는 출전국은 없고, '잉글랜드', '스코틀랜드', '웨일스'라는 3개의 출전국이 있는 이유와 같은 이야기이다. 이쯤에서, 에든버러의 정체성을 더욱 깊게 이해하기 위해 영국이라는 나라에 관해 설명하고자 한다(그림 7).

영국이라는 국가의 정식 명칭은 '그레이트브리튼 및 북아일랜드 연합왕국(United Kingdom of Great Britain and Northern Island)'이다. 영국의 정식 국명에서도 알 수 있듯이, 영국은 연합왕국이다. 우리가 흔히 영국의 영토로 떠올리는 본섬인 그레이트브리튼섬에는 잉글랜드(England), 스코틀랜드(Scotland), 웨일스(Wales), 그리고 이웃한 아

그림 7. 영국을 구성하는 4개국과 각 구성국의 주도

일랜드섬의 북아일랜드(Northern Ireland)까지 네 구성국이 연합해 영국이라는 국가를 이루고 있다. 현재는 하나의 국가로 합쳐져 '영국민'이라는 정체성을 공유하고 있지만, 시작은 그렇지 않았다. 본래 영국의 본섬에는 켈트(Celt)족이 거주하고 있었는데, 일찍이 당시의 최강대국 로마의 침략을 받아 그들의 지배를 받았다. 놀랍게도, 켈트족은 로마인과 사이가 나쁘지 않았다. 아니, 오히려 좋았다. 이는 로마인들이 브리튼섬에 도로를 건설해 국가의 체제를 확립하는 등 여러모로 국가의 발전에 크게 이바지했기 때문이다. 반면, 켈트족이 대부분이었던 남부와 달리 전투적인 성향의 픽트인(Picts)이 주를 이루던 스코틀랜드는 로마에 대한 저항이 심했기 때문에 로마인들은 스코틀랜드를 포기하고 잉글랜드와 웨일스 지역만을 통치했다. 이때, 로마의 하드리아누스 황제(Emperor Hadrian)는 픽트인의 침략을 막기 위해 잉글랜드와 스코틀랜드 사이에 무려 73mi(약 117.5km)에 달하는 '하드리아누스의 방벽(Hadrian's Wall)'을 세웠다. 이는 잉글랜드와 스코틀랜드가 서로 다른 국가로서의 정체성을 갖게 되는 큰 계기가 되었고, 오늘날까지도 두 구성국의 경계선으로 유효하게 자리 잡고 있다. 그러나 이후 로마가 쇠퇴하면서 그들은 브리튼섬에서 완전히 철수하게 되었고, 스코틀랜드의 침략이 두려웠던 잉글랜드와 웨일스의 켈트족은 독일 북부의 앵글로색슨족에게 도움을 요청했다. 한편, 켈트족이 자초한 일이었지만, 상황은 켈트족에게 불리하게 흘러갔다. 앵글로색슨족이 잉글랜드를 장악해 켈트족을 웨일스, 스코틀랜드, 아일랜드 등지로 내몰았기 때문이다. 이들은 켈트족의 언어와 문화를 깡그리 무시한 채 잉글랜드를 온전한 그들만의 터전으로 만들어갔다. 이것이 바로 네 구성국 역사의 본격적인 시작이 되었다(박지향, 2012; 박중서 역, 2021).

이후 더욱 강력하게 힘을 키운 잉글랜드는 정복에 대한 열망과 야욕을 불태웠다. 12세기에는 아일랜드를 병합하는 데에 성공했으며, 13세기에는 웨일스를 정복해 종주권을 거머쥐게 되었다. 그리고 1296년부터 무려 반세기 동안 20번에 가까운 침략을

호모트래블쿠스의 지리답사기

통해 스코틀랜드를 정복하고자 했던 잉글랜드는 국왕 에드워드 1세(Edward I)의 통치 아래 가까스로 스코틀랜드를 손에 넣게 되었다. 에드워드 1세가 어찌나 스코틀랜드에 대한 무자비한 공격을 퍼부었는지, 그는 '스코트인의 망치(Hammer of the Scots)'라는 별명으로 불릴 정도였다. 그러나 스코틀랜드 역시 쉽게 굴복하지 않고 잉글랜드의 폭압적인 통치에 끊임없이 저항했다. 이때부터 잉글랜드와 스코틀랜드의 갈등은 본격화되었다(홍성표, 2007; 박지향, 2012).

그러나 오랜 세기 동안 지속했던 두 국가의 대립은 역설적으로 통합을 이끄는 불씨가 되었다. 18세기 초, 잉글랜드의 여왕이 후대를 이을 자손을 남기지 않아 왕위계승 문제가 불거지고 있었다. 국왕의 빈자리가 지속되는 상황에서 스코틀랜드와의 관계가 악화된다면 잉글랜드의 입장은 더 위태로워지는 상황이었다. 심지어는 당시 국제정세상 스코틀랜드와 프랑스 간의 동맹이 성립될 가능성까지 있었다. 이렇게 된다면, 스코틀랜드와 프랑스가 힘을 합쳐 불안정한 잉글랜드를 침략하는 것은 시간문제였다. 이러한 위험요소를 직감한 잉글랜드는 스코틀랜드로부터의 침략을 막고, 기타 유럽 세력으로부터의 위협을 봉쇄하고자 국가통합을 제의한다. 이 제의로 잉글랜드는 스코틀랜드에 대한 경제적 이권 보장, 법과 교회, 통화제도의 독립을 약속하였고, 스코틀랜드는 이를 수락하였다. 결국, 1707년 잉글랜드, 웨일스, 스코틀랜드는 하나의 연합왕국으로 출범하였고, 그레이트브리튼 연합왕국이 되었다(윤영휘, 2016).

그렇다면, 잉글랜드와 스코틀랜드가 국가통합을 이루게 된 결정적인 이유에 대해 좀 더 주목해 보자. 사실상 두 국가가 서로 뿌리 깊은 갈등을 겪으면서도 통합을 이룬 데에는 국가 안보와 경제적, 정치적 동기가 주가 되었기 때문에 가능했다. 즉, 두 국가 민족 사이의 본질적인 갈등은 해결되지 않은 채 연합국의 길을 걷게 된 것이다. 결국, 시간이 흐를수록 이들의 사이는 다시 삐걱거릴 수밖에 없는 운명이었다. 특히 제2차 세계대전 이후, 전 세계적으로 거센 식민지 해방운동이 전개되면서, 마침 세계 곳곳에 많은 국가를 통치하고 있던 영국은 물리적 거리와 재정적 부담 등의 이유로 대영제국의 통치에 어려움을 겪고 있었다. 그리하여 영국은 능동적으로 식민지를 독립시키는 한편 이들 국가에 대한 영향력을 유지하면서 국력의 소모를 최소화하였다. 한편, 이러한 노력에도 1973년에 발생한 석유파동(Oil Shock) 사태[6]는 영국 경제를 나락으로 떨어트리는 계기가 되었다. 이 사태로 제조업이 크게 위축되면서 실업률이 높은 폭으로 증가하고 장기불황이 지속되었기 때문이다. 그중에서도 제조업을 위주로 수출산업을 도맡았던 스코틀랜드는 매우 큰 타격을 입었다(이영석, 2000). 이와는 달리, 런던을 중심으로 하는 영국의 남동부 지역에서는 예로부터 금융업과 서비스업이 활발했는데, 3차 산업이 세계 경제의 주도권을 잡으면서 이 지역은 크게 부흥하기 시작했다. 이에 남동부와 스코틀랜드의 격차는 점차 벌어지고 말았다(외교부 홈페이지). 이러한 상황 속에서 스코틀랜드인들은 또 한 번 좌절을 느꼈고, 상대적인 박탈감으로 인해 지역주의가 더욱 강화되었다. 특히 1973년에는 스코틀랜드 인근의 북해 유전이 발견되었는데, 이 유전으로 벌어들이는 수입이 수도인 런던으로 유입될 것이라는 인식이 형성되면서 스코틀랜드인의 독립 열망은 더욱 고조되었다. 이러한 흐름 속에 1997년 진행되었던 영국의 분권화 주민투표에서 결국 70%가 넘는 찬성표를 얻어 스코틀랜드의 자치권이 성립되었다. 이후 스코틀랜드의 자치권은 점차 확대되었지만, 여전히 일부 시민들은 이에 만족하지 못했고 이에 2014년 9월 18일에는 스코틀랜드의 독립 투표가 진행되었다. 그러나 독립 투표에서는 전체 시민의 45%의 동의를 얻어 과반수를 넘기지 못해 독립의 기회는 좌절되었다(정병기, 2015)[7]. 하지만 스코틀랜드의 독

---

6. 제1차 석유파동은 1973년 10월 16일 석유수출기구(OPEC)가 일방적으로 원유가격을 무려 17%나 인상해 전 세계적으로 경제성장률이 크게 떨어져 불황을 겪게 된 사태이다(국가기록원 홈페이지).

7. 선거 초기에는 독립에 대한 여론이 우세했으나 선거 막판 스코틀랜드가 영국에서 분리 독립한 후 발생할 수 있는 국가신용 저하, 주요 기업들의 이전 등 경제적 불안정이 부각하면서 스코틀랜드 시민들이 잔류를 선택

호모트래블쿠스의 지리답사기

립 열기는 끝나지 않았다. 2022년 스코틀랜드 자치 정부의 집권당인 스코틀랜드국민당(SNP)은 2023년 10월에 다시 한번 분리 독립 투표를 강행하겠다고 발표한 상황이다. 물론, 영국 정부에서는 끊임없이 이러한 시도에 대해 부정적인 견해를 공표하고 있지만, 스코틀랜드의 독립에 대한 열망은 지속할 것으로 보인다(한겨레, 2022년 11월 24일 자).

영국이라는 국가의 기나긴 역사는 그 어느 나라보다도 특별하다고 할 수 있을 것이다. 또한, 국가의 태초부터 잉글랜드와 맞서 온 스코틀랜드는 런던을 중심으로 한 국가의 중심부와의 격차 및 차별로부터 자신을 지키고 대항하며 그들만의 정체성을 더욱 굳건하게 다져왔다. 즉, 이렇게 휘몰아치는 역사적 상황 속에서도 에든버러는 스코틀랜드의 상징이자 수도로서 굳건하게 자리를 지키며 스코틀랜드인의 자긍심으로 자리매김하고 있다. 이러한 배경은 에든버러가 독자적인 문화를 갖는 도시로 거듭날 수 있는 밑바탕이 되어주었다. 특히, 스코틀랜드는 치열한 패권 싸움에서 살아남기 위해 '배움'의 길을 택했다는 점에 주목해야 한다. '배움'에 대한 열망과 의지는 계몽주의로부터 시작되어 다양한 문화의 꽃을 피웠고, 에든버러는 그 중심에 서서 스코틀랜드를 대변하며 런던의 다음을 잇는 대도시가 되었다. 그렇다면, 이번에는 에든버러가 어떠한 방법으로 정체성을 확립해 수려한 문화의 고장이 되었는지 자세히 알아보자.

_ 문학의 고장이 되기까지, 현명하고도 지적인 도전의 역사

수많은 문인을 배출한 문학의 도시이지만, 그중에서도 가장 주목받는 것은 단연코

했다(JTBC뉴스, 2014년 9월 19일 자).

『해리 포터』 시리즈일 것이다. 『해리 포터』 시리즈는 1997년 1편이 출간된 이후 전 세계적으로 책으로만 최소 5억 부 이상이 판매되는 놀라운 기록을 남겼다. 이로 인해 창출된 수입은 우리 돈으로 무려 8조 7천억 원이 넘는 것으로 추정된다(연합뉴스, 2019년 4월 17일 자). 이에 영화 시리즈로도 제작되면서 전 세계인의 사랑을 받았고, 시리즈의 마지막 편이 출간된 지 10년이 넘었지만, 여전히 남녀노소 모두의 명작으로 자리 잡고 있다.

그런 『해리 포터』 시리즈가 처음 시작된 도시인 에든버러에는 그 흔적을 곳곳에서 찾아볼 수 있다. 에든버러의 시내를 찬찬히 살펴보면, 작가 J.K. 롤링이 『해리 포터』를 집필한 장소라는 카페를 쉽게 찾아볼 수 있다. 카페 '엘리펀트 하우스(The Elephant House)'는 『해리 포터』의 탄생지로 널리 알려져 관광객의 발길이 끊이지 않는 명소다(그림 8의 좌). 카페의 내부에도 『해리 포터』 팬들이 남긴 흔적이 가득하다. 카페를 나와 조금 더 고지대로 올라가 보면 공동묘지가 하나 나타난다. 공동묘지 '그레이프라이어스 커키야드(Greyfriars Kirkyard)' 역시 『해리 포터』 팬들이 찾는 필수 관광지이다. 『해리 포터』 시리즈의 등장인물의 이름을 본 묘지에서 찾아볼 수 있기 때문이다. 주인공 해리 포터의 성 '포터'는 '로버트 포터(Robert Potter)'의 무덤에서, 해리의 교수님 중 한 명으로 등장하는 '미네르바 맥고나걸(Minerva McGonagall)'의 성 '맥고나걸'은 '윌리엄 맥고나걸(William McGonagall)'의 무덤에서 찾아볼 수 있다(그림 8의 우). 이외에도 『해리 포터』 시리즈에 등장하는 다양한 인물의 이름을 찾기 위해 묘지에서 기웃거리는 관광객들의 모습은 이곳에서만 볼 수 있는 흥미로운 경관이다. 이곳을 지나면 빅토리아 스트리트(Victoria Street)와 곡선 형태의 거리인 웨스트 보우(West Bow)를 만날 수 있다(그림 9의 좌). 빽빽하게 들어선 형형색색의 상점들은 바로 이곳의 언덕 위를 수놓는 자랑거리이다. 그래서 이곳은 『해리 포터』의 팬이 아니더라도 많은 일반 관광객이 찾는 명소로 유명한데, 도시에서 가장 사진이 많이 찍히는 거리로 손꼽힐 만큼 아름다움

호모트래블쿠스의 지리답사기

그림 8. 엘리펀트 하우스(좌), 윌리엄 맥고나걸의 무덤(우)

그림 9. 빅토리아 스트리트(좌), 해리 포터 영화 속 다이애건 앨리를 재현하고 있는 해리 포터 테마파크(우)

을 뽐낸다. 이 거리는 『해리 포터』에서 마법사들만 갈 수 있는 상점 거리인 '다이애건 앨리(Diagon Alley)'의 모델이 된 곳이기도 하다. 실제로 영화에서 그려지는 다이애건 앨리의 모습과 매우 흡사하다는 느낌을 받는다(그림 9의 우). 지금까지 소개한 대표적인 『해리 포터』 명소 외에도 다양한 『해리 포터』 관련 관광지가 있으며, 『해리 포터』를 테마로 한 개인 상점들도 쉽게 찾아볼 수 있다. 또 시에서는 해리 포터 투어를 진행하는 등 적극적으로 도시의 장소 마케팅에 『해리 포터』를 활용하고 있다(에든버러시 사이트).

『해리 포터』 시리즈뿐 아니라, 에든버러에서는 다양하고도 신비한 문학의 발자취를 좇을 수 있다. 스코틀랜드 국립 박물관(National Museum of Scotland)에는 과거 에든 버러에 기반을 둔 '스코츠맨(Scotsman)' 신문을 제작하기 위해 2세기라는 긴 시간 동안 사용된 인쇄기의 축소 모형인 '스코츠맨 인쇄기(The Scotsman Printing Press)'가 전시되어 있다(그림 10의 좌). 문학 애호가라면 로열 마일의 꼭대기에 자리한 문학 박물관(The Writers' Museum)도 놓칠 수 없다. 로버트 번스와 로버트 루이스 스티븐슨의 작품, 그리고 월터 스콧의 인쇄기 등이 가득 전시된 이곳에서는 스코틀랜드의 문학 역사를 살펴볼 수 있다. 또한, 역사 소설과 시 등의 문학 작품으로 스코틀랜드를 빛냈던 월터 스콧을 기리는 스콧 기념탑(Scott Monument)은 세계에서 가장 큰 기념비로 알려져 있다(그림 10의 우). 어디 이뿐이랴! 범죄 소설을 대중에게 널리 알린 장본인인 아서 코난 도일의 생가와 현대 범죄 소설 작가로 알려진 이언 랜킨(Ian Rankin)의 소설에 등장하는 옥스퍼드 바(The Oxford Bar) 역시 에든버러를 빛내는 장소 중 하나다(에든버러시 사이트).

문학의 발자취를 따라온 에든버러 중심부를 되돌아보면, 마치 동화 속에 들어와 있는 듯한 착각을 자아낸다. 에든버러 시내 어디를 둘러보아도 시내 곳곳에 중세와 근대의 흔적이 고스란히 남아 있기 때문이다. 역사를 담은 도시는 도시를 빛낸 수많은 문인에게 큰 영감이 되어 주었다. 문학의 성지가 된 에든버러가 놀라운 성과를 이룩할 수 있었던 배경은 무엇일까?

그 시작점은 18~19세기부터 전개된 '스코틀랜드 계몽주의 운동(Scottish Enlightenment)'부터라고 할 수 있다. 계몽주의 운동은 17세기 유럽에서의 '총체적 위기(General Crisis)'에서 시작되었다. 당시 유럽의 각국은 계속된 전쟁과 갈등으로 인한 위기를 겪

그림 10. The Scotsman Printing Press의 모습(좌), 스콧 기념탑(우)
출처 스코틀랜드 국립 도서관 사이트(좌), 박물관 및 갤러리 에든버러 사이트(우)

고 있었다. 이에 안정과 평화를 바탕으로 한 사회의 질서를 구축하고자 하는 요구와 외침이 새어 나오기 시작했다. 사회적 질서를 확립하기 위해서는, 예측이 어려운 인간의 본성과 감정을 다루어 어느 정도 예측할 수 있는 전략을 찾아야만 했다. 기존에는 종교로 인간의 본성을 파악하고자 하는 시도가 대부분이었지만, 계몽주의자들은 '이성'이라는 새로운 접근방법을 제시했다. 이들은 이전 세기에 우선되었던 종교와 미신 등의 비과학적인 방법을 배척하고, 이성적인 학문으로 사회문제에 대처하기 시작했다(이종흡, 2003). 1707년 잉글랜드와 스코틀랜드의 통합 이후 스코틀랜드의 지식인들은 스코틀랜드의 발전을 위해 잉글랜드 문명의 발전을 받아들이고자 했다. 역사가 윌리엄 로버트슨(William Robertson), 사회과학자 애덤 퍼거슨(Adam Ferguson), 경제학자 애덤 스미스(Adam Smith), 문인 월터 스콧(Walter Scott) 등의 지식인들은 잉글랜드의 성공적인 문명 발전을 스코틀랜드에서 구현할 방안에 관해 연구했고, 이것이 바로 스코틀랜드 계몽주의 운동으로 발전했다. 이로 인해 인문학, 사회과학 등의 다양한 분야가 영국에서 큰 발전을 이룩할 수 있었고, 영국 문화의 주류를 이루었다. 이들은 에든버러에서 활발한 학문 활동을 펼쳤고, 에든버러는 학문적 명성을 자랑하는 유럽의 대도시가 되었다. 에든버러의 신시가지 건설 당시 설립된 도시계획 역시 스코틀랜드 계몽주의 운동의 영향을 받은 것이었다.

한편, 에든버러는 그 어떤 도시보다도 일찍이 교육의 중요성에 대해 깨우친 지역이었다. 15세기부터 에든버러는 의무 교육 제도를 실행했으며, 16세기에는 스코틀랜드 인쇄술의 시발점이자 출판의 중심지가 되었다. 책과 공부를 사랑한 도시는 스코틀랜드 계몽주의를 만나 유수의 학자들과 식자층을 배출해냈다. 그러나 이들은 전문 지식인이었음에도 영국의 중심이었던 남동부 지역으로 진출할 재력을 갖추지 못한 경우가 많았다. 이는 지역주의와 결합해 스코틀랜드만의 계몽주의를 더욱 견고화했다. 일례로 에든버러 지식인들은 세계 최고의 명문 대학 중 하나인 에든버러 대학교(The University of Edinburgh)에 모여 에든버러 사색협회(Speculative Society)를 가지곤 했다. 본 모임에서 지식인들은 스코틀랜드의 문화와 정세 등을 주제로 토론하며 스코틀랜드의 지적 발전을 꾀했다. 『에든버러 리뷰(Edinburgh Review)』는 19세기 에든버러 지식인들의 지성을 한데 모은 잡지로, 이들은 비평 및 출판 활동에 앞장서며 지적인 영국 문화를 조성하는 데에 크게 이바지했다. 또한, 이들은 일반 시민을 대상으로 지식을 보급하기 위해 강습소를 설립하는 등의 노력을 기울였다(이영석, 2000; 박상현, 2015; 유네스코 문학 창의도시 원주 사이트). 과거의 지식인들이 앞장서서 만들어온 지성의 도시 에든버러는 그 정신을 그대로 이어받아 현대에도 많은 지식인과 문인을 배출하기 위해 힘쓰고 있다.

한편, 제2차 세계대전 직후, 전 세계인들은 전쟁의 아픔으로 인해 큰 고통을 받았다. 전쟁의 중심에 서 있던 영국 역시 예외는 아니었다. 영국 정부와 에든버러는 국민의 상처를 치유하고 삶의 소중함을 깨우쳐 주기 위해 문화적 방안에 대해 고심했다. 오랜 고민 끝에, 그들은 '축제'라는 정답을 내놓았다. 에든버러는 문화의 중심 도시를

호모트래블쿠스의 지리답사기

자처해 에든버러만의 축제를 가꾸기 시작했다. 현재 에든버러에서 개최되는 축제에는 '에든버러 신년맞이 축제(Edinburgh's Hogmanay)', '에든버러 국제 군악대 행진(The Royal Edinburgh Military Tattoo)', '에든버러 프린지 축제(Edinburgh Festival Fringe)' 등을 포함해서, 무려 11개의 축제가 진행되고 있다. 축제를 만끽하기 위해 찾는 관광객만 연간 약 450여 만 명에 이른다. 각각의 축제에서는 에든버러의 깊은 역사와 도시의 경관이 축제의 가장 큰 주제가 된다(신혜선, 2019). 그중에서도 눈여겨볼 축제는 '에든버러 국제 도서 축제(Edinburgh International Book Festival)'다(그림 11의 좌). 에든버러 국제 도서 축제에는 매년 22만여 명의 관광객이 찾을 정도로 세계적으로 규모가 큰 도서 축제이다(그림 11의 우). 이 축제는 매해 서로 다른 다양한 주제를 선정해 해당 주제를 다룬 수많은 책을 소개한다. 지난 2012년에는 『엄마를 부탁해』의 신경숙 작가가, 또 부커상(Booker Prize)을 수상했던 『채식주의자』의 한강 작가가 2015년에 이 축제를 통해 소개된 바 있다. 에든버러 국제 도서 축제는 '모두를 위한 축제'라는 점에서 더욱 특별하다. 책 축제이기 때문에 책에 관심 있는 관광객과 작가들, 그리고 출판 업계 등 책과 가까운 이들만의 것이라는 오해는 접는 것이 좋다. 본 축제는 남녀노소의 다양한 사람들의 눈높이에 맞춘 다양한 프로그램을 진행한다. 일례로 세계적으로 저명한 작가들과 청중 간의 토론을 나누는 포럼 행사가 진행되는 한편, 어린이 관광객을 위한 스토리텔링 행사가 진행되기도 한다(한국문화예술위원회 문학광장 홈페이지).

  혹여나 이곳 축제에 참여하지 못했어도 부디 상심하지 말라! 책과 관련된 프로그램은 축제 기간 외에도 도시 곳곳에서 연중 내내 진행되기 때문이다. 앞서 살펴본 박물관의 다양한 전시 작품을 관람하는 것 외에도, 에든버러 곳곳에서는 흥미로운 프로그램들이 진행되고 있다. '스코틀랜드 시립 박물관(Scottish Poetry Library)'에서는 정기적인 '시의 밤(Poetry Evenings)'을 개최해 신진 시인들을 격려하는 행사를 열고 있다. 또한, 에든버러 국제 도서 축제에서 진행하는 '베일리 기포드 학교 프로그램(Baillie Gif-

그림 11. 에든버러 국제 도서 축제 포스터(좌), 축제의 진행 모습(우)
출처 에든버러 국제 도서 축제 사이트

ford Schools Programme)'은 어린 학생들이 글을 쓰는 다양한 프로그램에 참여할 수 있도록 격려한다. 학생들은 본 프로그램으로 글과 책에 재미와 즐거움을 느낄 다채로운 기회를 얻는다. 이 프로그램이 특별한 것은, 이러한 경험들이 일회성 체험에 그치지 않도록 아이들을 끊임없이 교육하기 때문이다. 평상시에도 학생들에게 양질의 프로그램을 지원하기 위해 교육 전문가가 투입되며, 교사를 대상으로 하는 교육도 같이 이루어진다. 시 정부 역시 비슷한 방식으로 독서와 교육 프로그램을 진행한다. 지역의 도서관과 민간 조직, 출판 업계 등과 함께 협업하여 소규모 프로젝트를 다수 기획하고 이를 도시 전체의 문화로 자리 잡게끔 하는 것이다. 도시 내 각 계층 간의 유기적인 연결은 매우 수평적이면서도 더욱 많은 이들이 해당 문화를 접할 기회를 제공한다는 점에서 그 의미가 크다.

에든버러는 오랜 기간 이러한 방법으로 시민을 교육하고 격려해 왔다. 지식인들은 각고의 노력 끝에 쌓아 올린 상아탑을 시민 모두와 함께 나누어 다 같이 발전하고자

호모트래블쿠스의 지리답사기

했다. 이들의 노력으로 도시 곳곳의 학교, 도서관, 시민단체 등의 기관에서 자연스럽게 독서와 교육을 일상에서 쉽게 접할 수 있던 시민들은 에든버러의 자산이 되어 에든버러를 더욱 빛냈다. 이러한 과정 끝에 에든버러는 세계적인 문인을 40명 이상 배출한 지성의 도시가 될 수 있었다.

_ 독서의, 독서에 의한, 독서를 위한 자유의 여정

They may take our lives but they will never take our freedom!
우리의 목숨을 앗아갈지언정, 자유를 앗아가지는 못하리라!
– 영화 〈브레이브하트〉, 윌리엄 월리스의 대사 중에서

윌리엄 월리스(William Wallace)는 스코틀랜드의 용맹한 투쟁 정신과 자긍심을 대표하는 전쟁영웅이다(그림 12). 그는 스코틀랜드 군대의 선두에 서서 에드워드 1세의 침입에 맞서 저항했으며, 끝내 잉글랜드에 의해 처형당했다. 비록 그는 비극적인 결말을 맞았지만, 그의 존재는 국가의 근본이 뒤흔들리던 당시 스코틀랜드의 국민에게 큰 희망과 용기가 되었다. 그리고 그 정신은 지금까지도 스코틀랜드인들의 마음속에 깊이 새겨져 있다. 그래서일까? 우리에게도 잘 알려진 할리우드의 유명 배우이자 감독인 멜 깁슨(Mel Gibson)의 〈브레이브하트(Braveheart)〉(1995)는 윌리엄 월리스의 일대기를 그린 영화이기도 하다(이영석, 2000).

윌리엄 월리스가 증명하듯, 에든버러는 영국의 한 도시라기보다는 스코틀랜드의 수도로서의 정체성을 더욱 견고히 한다. 에든버러는 오랜 세월을 거쳐 스코틀랜드인의 기둥이자 뿌리가 되어왔다. 한편, 잉글랜드와의 깊은 갈등의 역사를 겪어 온 스코

그림 12. 영화 〈브레이브하트〉 속 윌리엄 월리스의 모습
출처 영화 〈브레이브하트〉(1995)

틀랜드인은 그들의 정체성과 힘을 잃지 않기 위한 방법으로 '지식'을 택했다. 그것이 높은 발전을 이룩한 잉글랜드에 맞서는 매우 현명한 방법임을 일찌감치 깨달은 것이다. '책'은 지식을 전달하는 가장 효과적인 방법이었고, 에든버러는 책을 읽기 시작했다. 교육이 일부의 계층만이 누릴 수 있는 '특권'으로 여겨졌던 과거의 일반적인 통념과는 달리, 에든버러는 시민 모두가 교육을 접할 수 있는 도시가 되고자 했다. 어릴 적부터 책을 쉽게 접할 수 있었던 스코틀랜드의 학자와 교육자들은 최고의 대학(에든버러 대학교)을 설립했고, 또 끊임없이 연구해 더 많은 이들에게 지식과 배움을 전할 방법을 찾았다. 의무 교육 제도를 통해 남녀노소 모든 시민이 쉽게 배움을 접할 수 있는 환경을 조성했고, 지식을 통해 합리적이고 이성적인 판단을 내릴 수 있도록 도움을 주는 스코틀랜드 계몽주의의 가치관을 더해 강력한 지성의 도시가 되었다. 현재까지도 책을 통한 교육을 중시하고 있는 도시의 오랜 전통은 다양한 학문의 본보기가 되고 있다. 이처럼 책은 그들의 안식처이자 동시에 도시의 강력한 기반이 되었다. 그렇다! 독

호모트래블쿠스의 지리답사기

서의, 독서에 의한, 독서를 위한 자유의 여정은 스코틀랜드의 수도, 에든버러에서 지금도 실현되고 있다.

참고문헌

—

- 강현수, 2003, "[세계의 도시 59] 에든버러(Edinburgh): 역사 속에서 펼쳐지는 축제의 도시," 국토, 261, 70~76.
- 김중락, 2011, "도시를 위한 성(城)인가? 성을 위한 도시인가?: 14~15세기 에든버러(Edinburgh)의 발전에 있어서 성과 국왕의 역할," 영국연구, 25, 1~33.
- 박상현, 2015, "계몽주의와 역사주의: 스코틀랜드 역사학파의 '이론적 역사'를 중심으로," 사회와 역사, 106, 283~314.
- 박중서 역, 2021, 『언어의 탄생』, 유영(Bill Bryson, 2013, (Bill Bryson, 2013, *The Mother Tongue: English and How It Got That Way*, Harper Perennial).
- 박지향, 2012, 『클래식 영국사』, 김영사.
- 신혜선, 2019, "국제 축제의 도시, 에든버러," 복현사림, 37, 73~80.
- 윤영휘, 2016, "1707년 잉글랜드: 스코틀랜드 통합과정에 대한 연구," 영국연구, 35, 63~98.
- 이영석, 2000, "잉글랜드와 스코틀랜드: 국민 정체성의 변화를 중심으로," 사회연구, 1, 125~146.
- 이종흡, 2003, "스코틀랜드 계몽주의와 자본주의적 사회 질서," 영국연구, 10, 169~203.
- 정병기, "스코틀랜드의 영국 잔류 선택과 분리 독립 운동의 전망: 복합적 지역주의에 따른 분권적 자치," 한국정치연구, 24(1), 355~382.
- 홍성표, 2007, "스코틀랜드 독립운동의 기원: 에드워드 1세(1272~1307) 통치기를 중심으로," 역사와 담론, 48, 213~243.
- World Tourism Organization, 2021, *International Tourism Highlights, 2020 Edition*, UNW-TO.

—

- 여행신문, 2020년 1월 2일, "[전망 2020] 여유로운 유럽여행 선호 지속, 신규 지역 통해 일주상품

강화."

- 여행신문, 2022년 7월 18일, "[창간 30주년 기획] 해외여행 20년 주요 사건과 영향① 질병과 경제상황에 민감한 해외여행 시장."
- 연합뉴스, 2019년 4월 17일, "억만장자 아니라는 조앤 롤링, 작년 613억원 벌었다."
- 연합뉴스, 2022년 6월 15일, "tvN 예능 '텐트 밖은 유럽'…유해진·진선규·윤균상 출연."
- 중앙선데이, 2019년 5월 4일, "임정 '국가'는 올드랭사인 선율에 실은 "동해물과 …."
- 중앙일보, 2022년 9월 21일, "여왕의 아침 깨운 '백파이프 소령'…마지막도 배웅했다."
- 한국일보, 2022년 7월 25일, "셜록 홈즈에 빠진 교수님이 전하는 '홈즈 이야기'."
- 한겨레, 2022년 11월 24일, "영국 대법원 '스코틀랜드 독립투표 강행 안돼…영국 정부서 동의해야'."
- JTBC뉴스, 2014년 9월 19일, "스코틀랜드 독립 주민투표 부결…반대 55.25% 찬성 44.65%."

—

- 국가기록원 홈페이지, https://theme.archives.go.kr/next/koreaOfRecord/viewMain.do
- 박물관 및 갤러리 에든버러 사이트(Museums & Galleries Edinburgh), https://www.edin-burghmuseums.org.uk
- 스코틀랜드 국가 기록보관소 사이트(National Records of Scotland), https://www.nrscot-land.gov.uk
- 스코틀랜드 국립 도서관 사이트(National Library of Scotland), https://www.nls.uk
- 스코틀랜드 관광청 사이트(Visit Scotland), https://www.visitscotland.com
- 아서 코난 도일 경 공식 사이트(Arthur Conan Doyle), https://www.arthurconandoyle.com
- 유네스코 사이트(UNESCO), https://whc.unesco.org
- 유네스코 문학 창의도시 원주 홈페이지, https://www.wonju.go.kr/cityofliterature/index1.php
- 유네스코 에든버러 세계유산 사이트(UNESCO Edinburgh World Heritage), https://ewh.org.uk
- 유네스코와 유산 홈페이지, https://heritage.unesco.or.kr

- 유레일 사이트(Eurail), https://www.eurail.com/ko
- 에든버러시 사이트(Forever Edinburgh), https://edinburgh.org
- 에든버러 국제 도서 축제 사이트(Edinburgh International Book Festival), https://www.ed-bookfest.co.uk
- 에든버러 문학도시 사이트(Edinburgh City of Literature), https://cityofliterature.com
- 외교부 홈페이지, https://www.mofa.go.kr/www/main.do
- 한국문화예술위원회 문학광장 홈페이지, https://munjang.or.kr
- CJ ENM 홈페이지, https://www.cjenm.com/ko
- J.K. 롤링 공식 사이트(J.K. Rowling), https://www.jkrowling.com

모래성 위에 쌓아올린 노력과 용기의 산물,
아랍에미리트의 미래도시 '두바이'

#건축 #역사 #문화 #경관 #도시

_ 중동, 멀고도 가까운 그곳으로

아시아라는 같은 대륙에 존재하지만 그저 멀게만 느껴지는 곳이 있다. 바로 서남아시아에 위치한 중동이다. 비록 '아시아인'이라는 커다란 소속에는 함께 속하면서도, 우리나라에서 직항 비행기로 무려 10시간에 가까운 시간이 소요되는 먼 거리에 있어서 그럴 것이다. 기후, 인종, 문화 그 어떤 요소도 우리나라와 겹치는 것이 없는 그곳은 그동안 많은 이들에게 미지의 세계와도 같았다.

그럼에도 '중동'이라는 키워드가 우리에게 주는 이미지는 꽤나 긍정적이다. 과거 1970~1980년대에 우리나라의 경제적 성장에 있어 큰 기반이 되었던 이른바 '중동 건설 붐'[1]은 중년층 이상의 국민에겐 잊을 수 없는 '기회'의 추억으로 남아있다. 최근에는 세계인의 축제 월드컵(World Cup)이 2022년 카타르에서 개최되었는데, 그곳에서 우리나라는 16강 진출이라는 쾌거를 이루기도 했다. 이 시기와 맞물려 사우디아라비아의 왕세자 모하메드 빈 살만 알사우드(Mohammad bin Salman Al Saud; 이하 빈 살만)가 사막 한가운데에 초대형 미래도시인 '네옴시티(NEOM CITY)' 프로젝트를 주도한다고 밝힌 이후, 우리나라 국민의 기대가 다시금 최고조에 달하게 되었다. 모래만이 가득한 사막 한복판, 서울특별시의 44배에 맞먹는 면적에 수직선의 형태로 '탄소 제로 도시'[2]를 일궈내는 본 프로젝트에 국내의 수많은 기업들이 협력을 위한 계약 및 양해각서(MOU) 다수를 체결했기 때문이다(동아일보, 2022년 11월 19일 자; 중앙일보, 2022년 11월 17일 자)(그림 1의 좌). 이처럼 일반인으로서는 과연 상상도 하기 어려운 부를 갖춘 '부자들의 땅' 중동은 SNS 커뮤니티에서 밈(Meme)[3]으로 회자되며 네티즌(Netizen)에게 큰 호응을 얻고 있다. 한편, 이러한 밈의 시작이 되는 인물이자 빈 살만 왕세자만큼이나 우리에게 높은 인지도를 갖춘 이가 있다. 바로 만수르 빈 자이드 알 나얀(Mansour bin Zayad Al Nahyan; 이하 만수르)이다. 해외 축구 팬이라면 그의 이름이 더욱 낯설지 않을 것이다. 그는 영국의 프리미어 리그(Premier League) 소속의 프로 축구 클

---

1. 1973년 석유파동으로 막대한 재원을 마련한 중동에서는 자국의 개발(특히 운송, 통신과 같은 사회간접자본 시설)에 힘썼지만, 인력과 기술이 부족해 어려움을 겪고 있었다. 당시 우리나라는 정부에서 추진한 '경제개발계획'으로 인해 다수의 건설사들이 탄탄한 건설 경험과 기술을 갖추고 있었다. 그러나 이 계획으로 국내의 사회기반시설 대부분이 확충되며 국내의 건설 수요는 감소하게 되었다. 이에 건설업계는 막대한 건설 인력과 기술을 중동으로 파견해 중동의 건설공사를 수주하게 되었다. 이것이 바로 '중동 건설 붐'의 시작이다(국가기록원 홈페이지).
2. 탄소 제로 도시란, 지구온난화 등 기후변화의 주요 원인인 이산화탄소의 배출을 감축하고, 지속가능한 도시 기능을 확충하며 자연과 공생하는 도시를 일컫는다(환경보전협회, 2010).
3. 밈은 재미있는 말과 행동을 온라인상에서 모방하거나 재가공한 콘텐츠(Contents)들을 통칭해 부르는 용어이다(신종천, 2020).

호모트래블쿠스의 지리답사기

럽 맨체스터 시티 FC(Mancherster City FC)의 구단주로, 아랍에미리트의 7개 토후국 중 가장 영향력이 큰 아부다비(Abu Dhabi)를 통치하는 가문인 알 나얀 가문의 구성원이다(한국경제신문, 2022년 12월 8일 자). 그는 맨체스터 시티 FC의 구단주를 역임하며 맨체스터 시티 FC의 발전에 힘썼고, 맨체스터 시티 FC의 기반이 되는 도시인 맨체스터에도 아낌없이 투자했다. 이에 전 세계인에게 사랑받는 구단이 된 것은 물론, 맨체스터의 발전에도 큰 도움이 되었다.

한편, 꿈만 같은 이들의 사업에는 일반인으로서는 상상도 할 수 없는 막대한 재원이 필요할 것이다. 그렇다면 도대체 이들은 어떻게 이러한 부를 갖추게 되었을까? 그 정답은 바로 오일머니(Oil Money)에 있다. 드넓은 사막에서 피어오른 석유라는 꽃은 중동의 국가들에게 어마어마한 오일머니를 안겨주었다. 아랍에미리트를 포함한 중동 6대 산유국의 2005년의 오일머니 유입액은 3,270억 달러(2005 환율로 한화 약 385조 5,780억 원)로, 이는 석유수출국기구(OPEC, Organization of the Petroleum Exporting Countries) 가입 국가 전체 오일머니 유입액의 69%에 해당한다(권용석 외, 2007). 이에 많은 이들은 중동이 오직 오일머니 하나로 부를 끌어 모은 것이라고 알고 있지만, 실제로는 '오일파워' 없이 세계적인 도시로 발돋움 한 곳이 있다. 바로 아랍에미리트의 두바이(Dubai)다.

아랍에미리트의 7개 토후국[4] 중 하나인 두바이는 과거 페르시아 만에 위치한 작은 어촌이었으나, 오늘날 약 300만 명이 거주하는 대도시로 거듭나 대표적인 관광지가 되었다(그림 1의 우). 우리나라와 두바이 사이의 직항 운항 노선이 존재하기도 하고, 세계적인 관광지인 만큼 우리나라 국민에게 중동 지역에서 가장 낯익은 도시 중 하나일

---

4. 아랍에미리트의 7개 토후국에는 아부다비, 두바이, 아즈만(Ajman), 푸자이라(Fujairah), 라스알카이마(Ras al-Khaimah), 샤르자(Sharjah), 움알카이와인(Umm al-Quwain)이 있다.

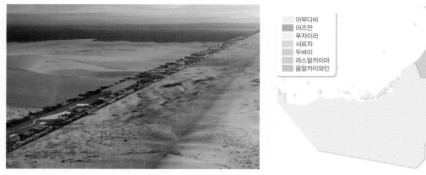

그림 1. 네옴 시티 조감도(좌), 아랍에미리트와 7개 토후국(우)
출처(좌) 네옴 사이트

그림 2. 두바이의 전경

것이다. 중동 국가 대부분이 오일파워로 큰 부를 벌어들인 만큼, 두바이 역시 오일파
워로 오늘날의 모습을 갖추었을 것이라는 오해도 많다. 하지만 두바이에서 석유가 거
의 나지 않는다는 사실을 이야기해 준다면, 생각했던 것과는 사뭇 다르다. 그렇다면
두바이가 오늘의 놀라운 도시 경관을 만들기 위해 어떤 노력을 들였는지 지금부터 그
들의 이야기에 귀를 기울여보자(그림 2).

호모트래블쿠스의 지리답사기

_ 중동을 빛내는 아름다운 미래도시, 두바이

마르하바(Marhaba)![5] 중동을 빛내는 아름다운 대도시, 두바이에 온 여러분을 환영한다. 두바이에 대한 당신의 인상은 어떤가? 두바이에 방문한 적이 있는 이들과 그렇지 않은 이들 모두가 동의할 만한 두바이의 대표적인 이미지 중 하나는 바로, '미래도시'다. 서울특별시의 약 7배 정도 되는 면적(약 4,114km²)에 펼쳐진 놀라운 건축물의 향연과 이슬람 문화의 산물은 이곳에 한데 모여 그 어느 곳에서도 찾아보기 힘든 경관을 자랑한다(허윤수, 2008). 이러한 독특한 경관 덕에 두바이는 문화 및 관광도시로 자리 잡아 많은 관광객을 유치하고 있다(그림 3의 좌). 아랍에미리트를 구성하는 7개의 토후국 중 유독 두바이가 아랍에미리트를 대표하는 첫 번째 도시로 떠오르는 것은 바로 이 때문이다. 2019년 마스터카드(Mastercard)가 발표한 글로벌 도시 지수에 따르면, 두바이는 2019년 한 해에만 무려 전 세계 233개국 이상에서 온 1,673만 명의 관광객을 맞이하였다. 이에 2017년부터 3년 연속으로 태국의 방콕, 영국의 런던, 그리고 프랑스의 파리를 뒤이어 세계에서 4번째로 많이 방문한 목적지에 이름을 올렸다. 이에 아랍에미리트는 세계적인 관광도시로 거듭난 두바이를 앞세워 7개의 모든 토후국 내 관광산업을 더욱 격려하고 있다. 이에 2019년 아랍에미리트의 관광 수입은 1,804억 디르함[6](2019년 환율로 한화 약 58조 4,947억 원)을 달성했다. 이는 아랍에미리트 총 GDP의 11.6%에 해당하며, 아랍에미리트 정부에서는 해당 수입을 그대로 여행 및 관광 부문에 재투자한다(아랍에미리트 경제부 사이트). 또한 아랍에미리트 토후국 중 하나인 두바이 정부에서는 2027년 GDP에 대한 여행 및 관광 부문의 총 기여도가 12.4%

---

5. 아랍에미리트의 공식어인 아랍어로 '환영합니다'를 뜻하는 인사말이다(두바이 관광청 사이트).
6. 아랍에미리트의 화폐 단위로 2023년 5월 기준 1 디르함은 약 364원이다.

인 2,645억 디르함(2023년 환율 기준으로 약 94조 1,302억 원)에 이를 것이며, 총 일자리의 11.1%인 약 77만 개의 일자리가 여행 및 관광 부문에서 창출될 것으로 예측하고 있다(아랍에미리트 정부 포털).

이처럼 '세계적인 관광국'으로 우뚝 서고자 하는 아랍에미리트의 노력은 계속되고 있다. 2020년 두바이의 국왕 겸 아랍에미리트의 총리인 셰이크 무함마드 빈 라시드 알 막툼(Sheikh Mohammad bin Rashid Al Maktoum; 이하 무함마드 국왕)은 기존 유효기간이 30일에서 최대 90일이었던 관광 비자를 5년으로 연장하는 정책을 추진했다. 2021년에는 아랍에미리트에서 관광 산업이 가장 활성화된 두바이에서 중동, 남아시아, 아프리카 지역 최초로 월드 엑스포(Expo)가 개최되었다(그림 3의 우).[7] 이는 두바이를 '세계에서 가장 많은 관광객이 방문하는 도시'로 육성하고자 하는 정부가 주도하는 미래 계획 중 하나이다. 본 엑스포로 인한 경제적 기여 규모는 약 62억 달러(2021년 환율 기준으로 약 6조 8,944억 원)에 달할 것으로 추정된다(KOTRA 해외시장뉴스, 2021년 12월 13일 자; 대외경제정책연구원 신흥지역정보 종합지식포털). 또한, 2023년에는 코로나19 사태로 인해 위축되었던 관광 산업을 되살리고자 주류 판매세 정책을 유예하고, 주류 구매에 필요한 면허 수수료를 무료로 전환하는 등 주류에 대한 규제를 대폭 완화했다(연합뉴스, 2023년 1월 2일 자). 아랍에미리트가 금주문화에 익숙한 이슬람 문화권 국가인 점을 고려하면, 이처럼 파격적인 정책을 내놓을 만큼 그 어느 때보다도 관광산업에 심혈을 기울이고 있음을 체감할 수 있다.

최근 들어 두바이가 가장 주목받는 도시가 된 것은, 두바이가 현재 중동 지역을 휩쓸고 있는 '탈석유화' 시대의 막을 연 곳이기 때문이다. 그동안 오일머니로 국가의 재

---

7. 본래 2020년에 개최될 예정이었지만, 코로나19 사태로 인해 2020년에 개최되지 못하고 2021년에 개최되었다.

호모트래블쿠스의 지리답사기

그림 3. 스카이라인이 펼쳐진 두바이의 경관(좌), 2020 두바이 엑스포(우)
출처(우) 2020 두바이 엑스포 사이트

정과 사회기반시설을 구축해왔던 이들 국가와는 달리, 두바이는 일찍이 석유 의존적인 경제 구조에서 탈피하여 그들만의 성장 전략을 구축했다. 과연 그 비결이 무엇일까?

두바이는 과거 아라비아 반도의 걸프만 연안 동남쪽에 위치한 작은 어촌이었다. 바다와 맞닿은 이곳에서는 진주 채취와 어업, 조선업 등에 대한 의존도가 매우 높았다. 한편, 아랍에미리트 내 최대 부족인 바니 야스(Bani Yas) 부족은 아랍에미리트에서 가장 큰 오아시스 지역인 아부다비를 발견한 이들로, 가장 영향력 있는 부족이었다. 아부다비에 정착한 이들은 1793년 두바이를 속국으로 편입했다. 그러나 1883년, 바니야스 부족의 알 부 팔라사(Al Bu Falasah) 가문이 두바이에 정착해 알 막툼(Al Maktoum) 가문을 세웠고, 이들로부터 독립국가로서의 두바이에미리트가 새롭게 출범했다. 작은 어촌 마을의 당찬 도전과 야망은 이때부터 본격적으로 시작되었다(장세원, 2007; 외교부, 2018).

세계적인 항구 도시로서의 첫 걸음은 바로 1901년 두바이의 자유항 선언이었다. 당시의 통치자 셰이크 막툼 빈 하셰르 알 막툼(Sheikh Maktoum bin Hasher Al Maktoum)

은 자유항 선언을 통해 관세를 폐지해 무역업자를 유치하고자 했다. 두바이는 19세기부터 20세기 초까지 진주 산업 및 무역으로 급격하게 성장했다. 하지만 기쁨도 잠시, 1920년대에 닥친 대공황 이후 일본에서 새로운 진주 양식을 개발해 큰 성공을 거두자 두바이는 조금씩 쇠퇴하게 되었다. 엎친 데 덮친 격으로 제2차 세계대전 직후에는 인도 정부가 걸프산 진주에 높은 세금을 부과하면서 두바이는 큰 침체기를 맞이하게 된다. 이때, 위기를 맞이한 두바이의 상황을 완전히 뒤집은 인물이 등장한다. 바로 셰이크 라시드 빈 사이드 알 막툼 국왕(Sheikh Rashid bin Saeed Al Maktoum; 이하 세이크 라시드 국왕)이다. 1958년 두바이의 국왕 자리에 오른 그는 두바이를 세계적인 물류 거점 도시로 만들고자 했고, 그 꿈을 실제로 현실화한 인물이다. 그는 아라비아 반도에 위치한 아랍에미리트가 아시아와 유럽을 잇는 거점이 될 것이라 판단했고, 그중에서도 두바이는 물류 허브로서의 역할을 톡톡히 해낼 것이라 믿었다. 그저 작은 어촌 마을에 불과했던 두바이를 세계적인 항구 도시로 발전시킬 것이라는 그의 포부에 많은 이들은 콧방귀를 뀌며 비웃었다. 그러나 그는 왕위에 오르자마자 보란 듯이 이듬해 1959년부터 항구도시 건설에 착수했다. 가장 먼저 추진된 사업은 두바이 크릭(Dubai Creek) 재정비 사업이다(그림 4의 좌). 과거 진주 산업이 성행했던 본고장인 두바이 크릭은 바다로부터 해수가 흘러들어와 형성된 운하로, 많은 배가 오가는 운하였지만 오랜 세월 쌓인 퇴적물로 인해 수심이 낮아진 상태였다. 셰이크 라시드 국왕은 대형 선박이 통행할 수 있게끔 두바이 크릭을 손볼 것을 명했다. 두바이 크릭이 모두 정비되자, 셰이크 라시드 국왕은 본격적으로 항구를 건설하고자 했다. 하지만 물동량에 비해 사업의 규모가 너무 크다는 비판이 거셌고, 대규모 항만을 건설하는 데에 필요한 자본과 투자도 부족했다. 그런데 이때 기적적으로 두바이에서 석유가 발견되었다. 이로써 항구 건설이 석유로부터 기인한 경제적인 지원을 받아 빠르게 진행되었고, 10년의 대공사 끝에 1972년 35개의 정박소를 갖춘 중동의 최대 항구인 라시드 항구(Port

그림 4. 두바이 크릭(좌), 자발 알리 항구(우)
출처(우) 위키피디아

Rashid)가 탄생했다(서정민, 2008; 외교부, 2018; 월간조선, 2007년 4월 10일 자 a).

석유가 발견되자 두바이는 오일머니로 막대한 부를 쌓을 수 있을 것이라는 기대감에 한껏 부풀어 있었다. 그러나 셰이크 라시드 국왕의 생각은 달랐다. 석유는 유한한 자원이기 때문에, 석유로 누릴 수 있는 부 역시 한계가 있을 것이라고 판단했기 때문이다. 따라서 당시의 석유 산유국들이 석유로 벌어들인 수입의 대부분을 소비성 지출로 써버린 것과 달리, 국왕은 오일머니를 두바이의 미래에 고스란히 투자했다. 아낌없는 지원과 투자를 받은 두바이는 점차 물류의 거점으로 성장하게 되었다. 라시드 항구만으로는 물류를 감당할 수 없어 67개의 정박소를 갖춘 자발 알리 항구(Port Jebel Ali)를 새롭게 지을 정도였으니 말이다(그림 4의 우). 그리고 1985년 두바이는 세계 최대의 인공항인 자발 알리 항구를 중심으로 중동 최초의 자유무역지대를 개장했다. 한편, 물류의 확장은 수로 위에서만 이루어지는 것이 아니었다. 셰이크 라시드 국왕의 아들 셰이크 모하메드 빈 라시드 알 막툼(Sheikh Mohammed bin Rashid Al Maktoum;

이하 모하메드 국왕) 국왕은 1981년 항공운항의 편수를 무제한 허용하는 오픈 스카이 (Open Sky) 정책을 펼쳤고, 1985년에는 에미리트항공을 출범시켰다. 한층 더 다양한 통로로 물류를 조달할 수 있게 된 두바이의 도전은 여기서 멈추지 않았다. 이들은 수많은 외국인 노동자를 받아들이는 방법으로 세계 각국의 인재와 전문직 노동력을 두바이로 한데 모을 수 있었다(김병철, 2008; 서정민, 2008).

지난 2000년 21세기의 첫 시작과 함께 셰이크 모하메드 국왕이 '100% 탈석유 경제 구조'를 선언한 이후, 약 20년이 지난 현재 두바이의 총 GDP 중 석유가 차지하는 비율은 1% 미만이다. 석유 없이 이토록 놀라운 성장과 성과를 이룰 수 있었던 것은 두바이만이 갖춘 전략과 경쟁력이 있었기 때문이다. 과거부터 현재까지 두바이가 추구해 온 가치관과 그들만의 성장 동력은 크게 두 가지로 나누어 파악해 볼 수 있는데, 바로 철저한 개방정책 전략과 미래지향적인 산업 다각화 정책이다(주동주, 2009).

_새로움을 받아들이는 열린 마음, 도전과 용기가 깃든 두바이의 정책 기조

앞서 두바이가 1901년 자유항을 선언한 이후 꾸준하게 일관된 개방정책을 펼쳐온 점에 대해 언급한 바 있다. 이와 같은 정책 기조를 고려하면, 아랍에미리트의 흥미로운 인구 구성을 좀 더 쉽게 이해할 수 있다. 국가의 전체 인구 중 자국민의 비율이 고작 11.48%에 불과하고, 나머지는 모두 외국인 이주민이라는 점이 놀랍지 않은가? 또 아랍에미리트의 중위연령은 33.5세로, 2020년 우리나라의 중위연령이 43.7세인 것에 비해 대체로 젊은 인구로 구성되어 있다. 실제로 아랍에미리트 내 25~54세 인구가 차지하는 비중은 전체 인구의 65.9%, 15~24세 인구는 12.7%로, 경제활동인구가 전체 인구의 70% 이상을 차지한다. 한편, 아랍에미리트의 남녀 인구 비율에서 남성이 전체

인구의 72%에 해당될 정도로 성비불균형 현상이 뚜렷하게 나타난다. 즉, 지금까지 살펴본 지표를 종합해보면 '젊은 외국인 남성'이 전체 인구 중 높은 비율을 차지하고 있음을 추측해 볼 수 있다. 이들은 누구일까? 바로 '기회의 땅' 아랍에미리트를 찾은 '외국인 노동자' 집단이다. 아랍에미리트를 찾는 노동자의 대부분이 젊은 독신 남성이라는 점을 떠올리면, 더욱 납득하기 쉽다. 이처럼 많은 외국인들이 두바이에서 일자리를 얻을 수 있었던 것은 두바이가 획기적인 외국인 유치 정책을 펼쳤기 때문이다(엄익란, 2020; KOSIS 국가통계포털).

해외의 인력과 자본을 꾸준하게 유입시킨 두바이는 이를 원동력으로 삼아 석유의 힘을 빌리지 않고도 '잘 먹고 잘 사는 도시'로 거듭나고자 했다. 그리고 그 전략은 바로 한 수 앞을 내다보는 미래지향 산업 다각화 정책이었다. 다방면에서 앞서나가는 도시가 되기 위해 두바이는 가장 먼저 지식 기반 사회의 초석을 다졌다. 그 시작은 바로 모하메드 국왕의 '인터넷 시티(Internet City)'였다. 인터넷 시티는 자발 알리 항구에서 약 4km 정도의 거리에 조성된 대규모의 ICT 산업[8] 허브이다. 본 허브를 통해 세계 각국 ICT 기업의 클러스터화를 주도했으며, 면세 제도를 보장하고 무제한적인 외환 거래를 장려했다. 또한 이곳에서만큼은 스폰서십 제도를 면제받을 수 있었기에 외국기업은 보다 자유롭게 사업을 확장시킬 수 있었다. 게다가 인터넷 시티를 찾은 기업들이 타지에서 겪을 수 있는 어려움을 배려해 24시간 비자 서비스, 사무실을 대여해주는 부동산 서비스, 창업 관련 서비스 등의 지원을 아끼지 않았다. 중동 최고의 IT 인프라를 갖추고 다양한 맞춤형 서비스를 제공한 인터넷 시티는 끝내 세계적인 글로벌 IT

---

8. ICT란, 정보기술을 뜻하는 IT(Information Technology)에 통신(Communication)의 정의가 합쳐져 기존의 IT에 비해 커뮤니케이션을 더한 개념이다. 빅데이터, 머신러닝, 핀테크(Fin Tech) 등이 ICT에 포함되는 기술이다(삼성SDS 홈페이지).

기업 및 벤처기업 700개 사를 유치할 수 있었다. 인터넷 시티가 성공적으로 자리 잡은 이후, 문화 산업의 중요성을 깨달은 두바이는 곧바로 미디어 시티(Media City)를 개장했다. 방송과 출판, 영화, 음악 등의 다양한 영역의 기업을 유치한 미디어 시티는 인터넷 시티와 마찬가지로 국외 기업들에게 맞춤형 서비스를 제공하고 있다. 미디어 시티는 '창조하는 자유(Freedom to Create)'를 무엇보다도 중요한 가치관으로 보장하고 있다. '창조하는 자유'란, 입주한 기업들에 대한 규제를 최소화하여 창조적인 기업 활동을 적극 장려하는 것을 의미한다. 즉, 미디어 시티에 입주한 기업들에게는 이슬람교 문화권에 속한 두바이에서 종교적으로 금기시되는 규율을 적용하지 않고 자유롭고 유연한 환경을 보장한다는 것이다. 이처럼 두바이는 미디어 산업의 성장에 있어 걸림돌이 될 수 있는 부분을 과감하게 철폐하는 적극적인 모습을 보여 세계적으로 수많은 기업을 유치할 수 있었다. 현재 미디어 시티에는 약 850개 이상의 글로벌 기업의 본사 및 중동지역 본부가 들어서있어 중동의 미디어 허브 역할을 톡톡히 수행하고 있다(임미숙, 2008; 허윤수, 2008).

문화 산업의 육성은 곧 관광 산업에 대한 관심으로 이어졌다. 인터넷 시티와 미디어 시티, 지식 마을(Knowledge Village)에 대한 구상이 처음 등장했던 '비전 2010(Vision 2010)' 계획은 경제 개발과 외국인 자본 유치에만 심혈을 기울였다. 그러나 이후 발표한 '2015 두바이 경제 개발 계획(Dubai Strategic Plan 2015)'은 보다 다각적인 방면에서의 성장을 이루고자 했다. 제조, 무역, 교육, 의료 등 사회 전반에 걸쳐 가시적인 성장 방향을 제시했는데, 그중에서도 두바이가 집중했던 산업 중 하나가 바로 관광 산업이다(박태화 외, 2011). 두바이는 오직 '세계 최고, 최초'를 표방하여 두바이라는 도시 전체를 하나의 상품으로 마케팅 하는 전략을 꾀했다. 두바이 쇼핑페스티벌, 그리고 사상 최고의 상금을 내건 두바이 월드컵 경마대회가 개최된 것은 고작 시작에 불과했다. 최고의 관광도시가 되기 위해 두바이는 '건축'이라는 요소로 도시 속 공간을 빠른 속

호모트래블쿠스의 지리답사기

도로 채워 나갔다. 세계 최고층 건물로 손꼽히는 '부르즈 할리파(Burj Kalifa)', 세계 최대 규모의 몰(Mall)인 '두바이 몰(Dubai Mall)', 세계 최대의 인공섬 '팜 아일랜드(Palm Island)' 프로젝트 사업 등은 두바이를 한층 더 특별한 도시로 만들어 주었다(김병철, 2008). 두바이를 가득 메운 랜드마크(Landmark)는 오늘날 두바이의 경관을 담당하는 대표적인 상징물이라고 할 수 있다. 그러나 두바이에서의 건축은 단순히 미적인 아름다움으로 도시의 일부이자 관광 요소가 된 것이 아니라는 점에 주목해야 한다. 두바이의 건축은 두바이가 추구해 온 개방적인 정책 및 전략과 다각화된 산업의 발전이 한데 어우러진 결과물이기 때문이다. 그렇다면, 두바이에서 건축이 어떤 의미를 갖는지 좀 더 자세히 알아보도록 하자.

_ 미래로 향하는 사다리, 건축으로 쌓아올린 두바이의 꿈

"전 세계 타워크레인의 25%가 두바이에서 움직이고 있다"는 말이 있다. 이 놀라운 이야기를 증명하기라도 하듯, 실제로 아랍에미리트의 건설 부문은 전체 GDP의 약 10%를 차지하고 있다. 이러한 추세로 인해 건설 시장은 석유화학과 상업을 잇는 국가의 3대 산업 중 하나로 자리 잡았다. 아랍에미리트에서 건설 산업에 주목하는 이유는, 건설이 사회의 기초 복지요소이자 국가 경제 발전에 있어 큰 기여를 하는 사업이기 때문이다. 아랍에미리트의 주요 산업으로 손꼽히는 무역·도매업과 제조업, 부동산업 등 역시 기반시설을 필요로 하는 산업으로서 건설 산업과 깊은 관련이 있다(성운용, 2008; KOTRA해외시장뉴스, 2021년 8월 10일 자; KOTRA해외시장뉴스, 2022년 1월 5일 자).

특히 두바이에서는 건설이 갖는 의미가 더욱 크다. 과거 셰이크 라시드 국왕으로부

그림 5. 꾸준히 건물을 지어올리고 있는 두바이의 전경

터 시작된 국가기반시설의 대규모 구축 및 재정비는 두바이의 굳건한 기둥이 되었다. 탄탄한 기반을 다진 두바이가 다음 단계로 주목한 것은 바로 산업의 다각화 및 관광 산업의 성장이었다. 그리고 그 중심에는 '세계 제일'을 표방하는 초대형 규모의 건축 프로젝트가 있었다. 두바이는 도시 곳곳에서 우후죽순으로 자라나는 다양한 건축물 들에 투자를 아끼지 않았다. 2008년 당시 두바이에서 진행되었던 건설 프로젝트가 총 4,000억 원 규모였다고 하니, 건축 프로젝트에 대한 두바이의 노력을 체감할 수 있다(김병철, 2008).

랜드마크(Landmark)[9]는 시각적인 측면에서 도시의 이미지 확립에 매우 중요한 역 할을 하고, 특히 큰 규모의 랜드마크는 도시 정체성의 형성에 지속적인 영향을 미친다 (고은빛 외, 2015). 척박한 사막 땅에서 일궈낸 기적은 두바이의 대표적인 랜드마크이

---

9. 랜드마크란, 특정 지역이나 도시의 이미지를 대표하는 '물리적 구조물 또는 건축물'을 의미한다(고은빛 외, 2015).

호모트래블쿠스의 지리답사기

그림 6. 팜 아일랜드의 인공위성 사진(좌), 야자수 잎 모양의 팜 주메이라(우)
출처 NASA 지구 관측소 사이트(좌), 두바이 관광청 사이트(우)

자 도시 그 자체가 되었다. 그렇다면, 세계 최고의 도시가 되겠다는 다짐과 결심이 그대로 투영된 두바이의 건축물을 찾아 지금부터 떠나보자(그림 5)!

　가장 먼저 세계의 8번째 불가사의로 손꼽힌 바 있는 팜 주메이라(Palm Jumeirah)가 속한 팜 아일랜드(Palm Island), 이른바 '더 팜 프로젝트(The Palm Project)'에 대해 알아보자. 팜(Palm, 야자수)으로 시작하는 낯선 단어들만 보아서는 그 정체를 쉽게 파악하기 어렵지만, 〈그림 6〉의 사진을 참고한다면 분명 낯이 익을 것이다. 더 팜 프로젝트는 바로 '인공섬' 프로젝트이다. 본 프로젝트로 만들어진 섬으로는 팜 주메이라, 팜 자발 알리(Palm Jebel Ali), 팜 데이라(Palm Deira), 그리고 더 월드(The World)가 있다(그림 6의 좌). 야자수 잎 모양을 본따 만들어진 이 섬은 높은 곳에서 내려다 보았을 때 그 진가를 발휘한다(그림 6의 우). 그런데, 여기서 자연스럽게 궁금한 마음이 생기기 마련이다. 왜 야자수 잎 모양으로 만들었을까?

　과거 두바이는 아름다운 해변을 관광 자원으로 활용했으나, 해변의 길이가 75km 정도로 매우 짧은 편에 속했다. 세계적인 관광지가 되기에는 한참 부족한 규모라고 판단했던 두바이가 당시 내놓았던 아이디어가 바로 더 팜 프로젝트였다. 야자수 잎 모양으로 섬을 조성하게 되면, 바다와 닿는 해안선의 길이를 크게 확보할 수 있었다. 따라서 이는 인공섬을 원형으로 조성하는 것보다 훨씬 효율적인 방안이었다. 이로써 기존에 약 75km에 불과했던 해안선은 더 팜 프로젝트를 통해 150km, 무려 두 배의 규모로 대폭 증가하게 되었다. 한편, 팜 아일랜드가 만들어진 과정에도 주목해 볼 만하다. 팜 아일랜드를 짓는 데에는 그 어떤 철근이나 콘크리트가 이용되지 않았다. 대신, 모래와 바위만이 이용되었다. 사막이 많은 두바이에서는 모래를 쉽게 구할 수 있을 테니 별일이 아니라고 생각할 수 있지만, 사실 사막 모래는 그리 도움이 되지 않는다. 모래의 입자가 매우 얇아 인공섬을 쌓아올리는 데에는 부적합하기 때문이다. 대신 인근 바다에서 준설한 바다 속 모래에 진공다짐공법(Vibro Flotation)을 적용해 섬을 쌓아올렸다. 또한 섬을 쌓아올리는 과정에서 가장 중요하게 다루어진 부분은 해양 생태계를 지키는 것이었다. 수질오염을 막기 위해 외부 원형 방파제 3곳을 약 300m 간격으로 개방해 교량을 설치하여 해수가 야자수 잎 모양의 땅 사이사이에 오래 머물지 않게 하였다. 이와 같은 해양오염 방지 시스템을 도입한 결과, 팜 주메이라 부근 바다에는 원래 해양 생물이 살지 않았으나 섬이 건설된 이후 오히려 생태계가 형성되었다. 어디 이뿐인가, 이렇게 조성된 팜 아일랜드에는 주거 시설과 쇼핑몰, 식당, 극장 등 다양한 문화 시설들이 함께 들어서 있다. 따라서 팜 아일랜드에 살고 있는 이들은 육지로 나가지 않아도 섬 안에서 모든 것을 해결할 수 있게 되었다. 이로써 모하메드 국왕이 꿈꾸었던 세계적인 해양관광지로서의 두바이는 팜 아일랜드와 함께 그 시작을 알렸다(강인석, 2006; 월간조선, 2007년 4월 10일 자 b; CNN, 2021년 6월 21일 자).

이번엔 두바이를 상징하는 대표적인 랜드마크이자 세계에서 가장 높은 건물인 부르즈 할리파(Burj Khalifa)로 떠나보자. '세계의 최고층 빌딩'이라는 수식어가 너무나도 유명하여 두바이에 가보지 않은 이들도 빌딩의 멋진 자태를 화면이나 사진 속에

호모트래블쿠스의 지리답사기

서라도 접해 본 적이 있을 것이다(그림 7의 좌). 무려 828m라는 높이를 자랑하는 빌딩은 160층 규모로, 우리나라 63빌딩의 3배 높이에 이른다. 거주공간부터 상업시설까지 다양한 기능을 갖춘 초고층 복합 빌딩인 부르즈 할리파는 어마어마한 높이를 자랑하며 등장과 동시에 곧바로 두바이의 상징이 되었다. 그러나 부르즈 할리파의 진가는 단지 '초고층'이라는 특징에서만 드러나는 것이 아니다. 두바이의 상징답게, 부르즈 할리파는 오직 '두바이'만이 선보일 수 있는 건축 디자인과 첨단 건축기법을 자랑한다. 부르즈 할리파는 사막에서 찾아 볼 수 있는 꽃인 블루 딕(Blue Dick)을 형상화한 형태에 이슬람 건축양식을 접목시켜 나선형 패턴으로 상승하는 형상으로 만들어졌다(그림 7의 우상). 따라서 건물을 위에서 내려다보면 Y자형 구조를 띠고 있는데, 이 Y자형 구조에 주목할 필요가 있다(그림 7의 우하). Y자형 구조는 바람이 불 때 높은 건물에 작용하는 하중을 효과적으로 줄이고, 동시에 페르시아만의 전망을 잘 내려다 볼 수 있는 최적의 시야를 보장한다. Y자형 구조를 적용한 부르즈 할리파의 구조시스템은 '버트레스드 코어(Buttressed Core)'라고 하는데, 건물 중앙의 육각형 코어가 Y자형 구조를 담당하는 세 개의 돌출된 윙(wing)으로 둘러싸인 형태이다. 고성능 콘크리트 벽체 구조로 구성되어 나선형 패턴으로 올라가는 건물에서 각각의 윙은 육각형 코어를 통해 서로 다른 윙을 지지한다. 또한 육각형 코어는 한가운데에서 중심을 지키며 구조물이 뒤틀리는 것에 저항하도록 설계되어 있다. 이렇게 쌓여져 올라가는 건물은 상층부로 올라가면서 평면의 면적이 크게 줄어들게 된다. 이는 Y자형 구조가 갖는 장점과 비슷하게 하중의 부담을 줄이는 역할도 하지만, 사막 기후에서 불어오는 강한 바람에 크게 흔들리지 않도록 한다. 실제로 이전에는 시도된 적 없는 높이의 빌딩을 쌓아올리기 위해 건물을 짓는 과정에서 부르즈 할리파에 대한 풍동 테스트를 40회 이상 진행했다. 대형 구조 분석 모델 및 정면 압력 테스트 등 다양한 실험을 통해 분석한 결과 부르즈 할리파는 최대 초속 36.4m의 바람에도 견딜 수 있도록 견고하게 설계되었다. 또한 고

그림 7. 부르즈 할리파(좌), 꽃 블루 딕(우상), 부르즈 할리파의 Y자형 구조 설계도(우하)
출처 네이처 콜렉티브 사이트(우상), 삼성물산 홈페이지(우하)

강도의 철근 콘크리트와 철골의 혼합구조로 이루어진 본 건물은 규모 7.0 이상의 지진에도 견딜 수 있도록 지어졌다(최경렬·강선종, 2005; Subramanian, 2010; 부르즈 할리파 사이트).

세계 최고(最高)의 빌딩에는 과연 수많은 첨단 과학기법이 도입되었다. 이 높은 건물을 짓는 데에 얼마나 오랜 시간이 걸렸을지 궁금하지 않은가? 놀랍게도, 고작 5년 밖에 걸리지 않았다. 참고로 우리나라에서 가장 높은 빌딩인 롯데월드타워는 지난 2009년 착공을 시작해 2010년 허가를 받아 2016년 말 완공되었다. 즉, 롯데월드타워보다 1.5배 더 높은 건물을 그보다도 훨씬 짧은 기간 내에 지어올린 것이다. 어떻게 이렇게 빠른 시간 내에 견고한 건물을 지어올릴 수 있었을까? 그 비결은 바로 '층당 3일 공법'에 있다. 층당 3일 공법은 당시 세계 최초로 시도된 방법이었는데, 말 그대로 3일에 한 층씩 골조공사를 진행하는 방식으로 공사가 진행되었다. 첫 날 철근을 조립하

호모트래블쿠스의 지리답사기

고, 둘째 날 건물 모양의 형틀을 만들어 셋째 날 콘크리트를 부어 형틀을 밀어 올리는 방법으로 3일에 한 층을 쌓아올릴 수 있었다. 한편, 건물의 층고가 높아질수록 건축의 기초가 되는 시멘트와 콘크리트의 압송에는 어려움이 생긴다. 시멘트는 자연 상태에서 빠른 시간 내에 굳어버리는 성질을 갖고 있고, 콘크리트는 강도가 올라갈수록 점성이 강해지기 때문에 고층 빌딩을 지을 때에는 더더욱 주의를 기울여야 한다. 이때 전례 없는 높이의 빌딩을 짓기 위해 도입된 것이 바로 콘크리트 배합기술과 초고속 운송 시스템이다. 점성을 저감시킨 시멘트에 특수 분말제재를 혼합해 콘크리트의 강도를 높였고, 콘크리트 수직압송기술[10]을 이용해 상층부 공사를 별 무리 없이 성공시킬 수 있었다(사이언스타임즈, 2010년 1월 6일 자; 조선일보 홈&리빙, 2010년 2월 22일 자; 조선일보 땅집GO, 2017년 1월 8일 자; 롯데월드 홈페이지). 이 밖에도 부르즈 할리파에는 놀라운 과학기술이 여럿 도입되었다. 세계 최초로 3대의 인공위성을 이용한 GPS측량 시스템을 통해 오차범위를 5mm 이내로 유지해 건물의 수직도를 정밀하게 관리하는 기술이 적용되었다. 또한, 세계 최고 수준의 인양속도를 자랑하는 타워크레인 와이어를 이용하는 기술 등의 다양한 첨단 기법은 부르즈 할리파를 더욱 견고하게 만들어주었다(삼성물산 홈페이지). 두바이가 어떤 곳인지, 또 두바이가 어떤 꿈을 꾸는지를 여실히 보여주는 건물이 아닐 수 없다.

세계에서 가장 아름다운 박물관 역시 두바이에 있다고 한다면 믿겨지는가? 2022년 2월 개관한 두바이 미래박물관(Museum of the Future)은 앞서 살펴본 다른 랜드마크보다 비교적 최근에 문을 열었지만, 곧바로 두바이의 상징 중 하나가 되었다(그림 8). 이 박물관은 '미래'에 대한 탐구와 앞으로 우리 사회가 어떻게 발전할지에 대한 깊은

---

10. 콘크리트 타설 후 자체 장착된 유압잭을 사용해 형틀을 상승시키는 시스템으로, 최고층까지 지속적으로 콘크리트를 타설할 수 있도록 한다(삼성물산 홈페이지).

그림 8. 두바이 미래 박물관
출처 두바이 관광청 사이트

성찰을 담고 있다. 관람객에게 극장, 테마형 놀이기구 등 다양한 체험형 전시를 제공하는 것은 물론이며, 미래를 만들어 갈 인재를 발굴하기 위해 '그레이트 아랍 마인드 (Great Arab Minds)' 운동을 추진하고 있다(두바이 관광청 사이트).

　아름다운 옥반지 모양의 미래박물관에는 두바이의 여느 랜드마크만큼이나 다양한 기술이 접목되어 설계되었다. 박물관의 둥근 곡선을 잇는 외벽은 1,024개의 금속 패널로 이루어져 있다. 이 패널은 무려 16단계의 공정을 거친 스테인리스 기반의 4개 층 복합 소재로 구성되었는데, 그 과정이 매우 복잡해 하루에 최대 6개의 패널만을 생산할 수 있다. 이렇게 생산된 패널을 이어붙이고, 건물을 성공적으로 지을 수 있었던 데에는 파라메트릭 설계와 빌딩 정보 모델링이 큰 역할을 했다. 파라메트릭 설계는 기존에 정의된 전체 구조의 형상은 그대로 유지하면서 길이, 각도와 같은 값이 조금씩 조절되어 구조 내에서 다양한 형태를 자동적으로 생성하는 방법이다. 즉, 짜인 알고리즘 내에서 주어지는 변수와 규칙성에 따라 표현되는 과정이라고 할 수 있다. 우리나라의 동대문디자인플라자(DDP) 건물이 바로 파라메트릭 디자인으로 설계된 대표적인

호모트래블쿠스의 지리답사기

건축물 중 하나이다. 미래박물관에도 파라메트릭 설계가 도입되었는데, 최적의 배열을 위해 자체 알고리즘이 개발되었다는 점에서 더욱 특별하다. 이를 통해 건물의 철골 구조 배열을 최적화했으며, 시공 과정 전반에 있어 레이저 스캐닝을 통해 3D 모델링 작업을 적용했다. 3D 모델링은 전기, 배관과 같은 건물의 기초가 되는 부분들이 정해진 준공 위치에 올바르게 설치되었는지를 확인해 건축 과정에 문제가 발생하지 않도록 한다. 철저한 계획을 통해 지어진 미래박물관은 지속가능한 미래를 지향하는 공간으로서 친환경적 설계를 놓치지 않았다. 중수도 재활용 및 재생 시스템과 태양광 전력 공급 시스템 등을 도입하고, 대중교통 이용과 전기차 이용을 장려하기 위해 주차 공간에 제한을 두고 있다. 또한, 일회용 플라스틱 이용을 제한하고, 식당 메뉴에는 대체육이 제공되는 등 환경을 지키기 위한 다양한 방법이 시도되고 있다. 이에 미래박물관은 LEED 플래티넘(Platinum) 등급[11]을 획득해 지속가능한 친환경 건축물의 본보기가 되었다(전승민·김동욱, 2013; 박열, 2015; BBC, 2019년 10월 29일 자; 동아사이언스, 2022년 2월 23일 자).

이토록 아름다운 두바이의 세계적인 건축물들을 한 눈에 바라볼 수 있는 방법이 있다. 바로 세계에서 가장 큰 관람차인 아인 두바이(Ain Dubai)에 몸을 싣는 것이다(그림 9). 258m의 높이라고 한다면 감이 오는가? 우리나라의 63빌딩보다도 조금 더 높고, 런던을 대표하는 관람차 런던아이(London Eye)의 2배 정도 되는 크기라고 하면 조금은 와 닿을 것이다. 다른 건축물과 마찬가지로, 세계에서 가장 큰 규모의 관람차를 건축하는 것은 결코 쉬운 일이 아니었다. 아인 두바이에 들어간 철강 구조물의 무게만

---

11. 미국의 그린빌딩협의회(US Green Building Council)의 친환경 건축물 인증 제도이다. LEED(Leadership in Energy & Environmental Design)의 플래티넘 등급은 LEED 인증 중 가장 상위 단계이다(KOTRA해외시장뉴스, 2022년 1월 5일 자).

무려 1만 1,200t에 달한다고 하니, 그 과정이 순탄치 않았을 것이라 예상할 수 있다. 관람차는 크게 휠과 캐빈(Cabin), 휠을 지지하고 움직이게 하는 구동축인 허브스핀들(Hub Spindle), 또 이를 지지하는 다리 기둥으로 나눌 수 있다. 특히 관람차의 경우 지속적으로 회전하기 때문에 회전으로 인한 응력의 변화와 구조물이 받는 피로 문제를 고려해야 한다. 더군다나 '세계에서 가장 큰 관람차'를 만드는 일이었기 때문에 구조물은 스스로 어마어마한 무게와 저항을 견딜 수 있어야 했다. 이를 위해 고강도의 특수 강재를 사용했으며, 2,475년 주기로 돌아오는 지진과 최고 풍속 45m/s의 바람에도 흔들리지 않도록 견고하게 설계되었다. 관람객이 탑승하는 캐빈 역시 일반적인 관람차보다 훨씬 큰 공간을 제공하는데, 한 캐빈당 2층 버스 2대 규모이며 40명까지 수용이 가능하다. 또한, 고급화 전략으로 캐빈은 일반 관람객을 위한 공간과 VIP 전용 공간 등으로 나뉘어져 있고, 바와 디너코스 등도 선택할 수 있다. 38분이라는 시간 동안 두바이의 전경을 만끽하며 원하는 서비스를 누릴 수 있는 세계 최대의 관람차는 지난 2021년 두바이의 새로운 랜드마크가 되었다(현대건설 홈페이지).

이 외에도 '세계 최고'가 되고자 하는 두바이의 결심은 도심 곳곳에서 찾아볼 수 있다. '7성급 호텔'이라는 별명을 가진 세계 최고급 럭셔리 호텔인 '부르즈 알 아랍(Burj Al Arab)' 역시 두바이에서만 찾아볼 수 있는 최고의 호텔이다. 팜 주메이라 인근 해변에 위치한 부르즈 알 아랍은 팜 주메이라와 같이 바다를 매립해 만든 삼각형 모양의 인공섬 위에 건축되었다. 따라서 마치 호텔이 바다 위에 떠 있는 것과 같은 신비로운 풍경을 자아낸다. 하룻밤에 최소 100만 원대부터 천 만 원대를 웃도는 숙박비, 고급스럽고 다양한 서비스와 볼거리는 부르즈 알 아랍이 추구하는 최고의 '럭셔리(Luxury)' 이미지를 보여준다. 2023년 1월 개장한 '아틀란티스 더 로열(Atlantis The Royal)' 호텔은 팜 주메이라에 새롭게 등장한 또 다른 럭셔리 건축물이다. 전통적인 타워 블록의 해체를 추구했다는 본 건축물의 외관은 매우 독특하다. 마치 블록이 차곡차곡 쌓인

그림 9. 아인 두바이와 두바이의 전경
출처 두바이 관광청 사이트

것 같은 형상을 갖춘 아틀란티스 더 로열은 부르즈 알 아랍과 같이 최고의 서비스를
제공하는 호텔이자 랜드마크가 되었다. 또 두바이의 아름다운 스카이라인을 완성하
는 에미리트 타워(Emirates Towers), 두바이의 경관을 커다란 틀 안에 담아 하나의 작품
으로 만드는 액자 모양의 두바이 프레임(Dubai Frame), 세계 최대의 수족관을 갖춘 세
계 최대 쇼핑몰 두바이 몰(Dubai Mall) 등, 두바이의 끝없는 도전은 계속되고 있다(그림
10). 또한, 과거부터 '지속가능한 미래'를 꿈꿔 온 두바이는 최근 건설 산업에 '친환경'
이라는 키워드를 도입하고 있다. 2021년 아랍에미리트 정부에서는 중동 지역 최초로
2050년까지 탄소 배출 제로(Net-Zero) 목표를 내세웠다. 앞서 살펴본 두바이 미래박물
관 역시 최근 두바이가 지향하는 친환경적 가치관을 담아 건축된 건물이다. 이처럼 아
름다운 건축물을 통해 '세계 최고'가 되고자 했던 두바이는 기존의 목표에 '환경'이라
는 새로운 목표를 더해 그들의 이상향으로 한 발자국 더 나아가고 있다(주동주, 2009;
KOTRA해외시장뉴스, 2022년 1월 5일 자; 두바이 관광청 사이트; 부르즈 알 아랍 사이트).

그림 10. 두바이 프레임(좌), 두바이 몰의 수족관(우)
출처(좌) 두바이 부동산 검색 포털

_ 미래는 쟁취하는 것! 두바이가 전하는 용기의 메시지

"미래는 상상하고, 설계하고, 실행할 수 있는 자의 것입니다.
미래는 기다리는 것이 아니라 창조하는 것입니다."

المستقبل ملك لأولئك الذين يمكنهم التخيّل و التصميم و التنفيذ.
المستقبل لا يجب انتظاره ، بل يجب إنشاؤه.

미래박물관의 외관에는 아름다운 아랍어 캘리그라피가 한가득 수놓아져 있다. 캘리그라피는 외벽을 꾸미는 디자인이 되기도 하지만, 건물 내부를 환하게 비추는 창문 역할을 하기도 한다. 이 캘리그라피는 모하메드 국왕이 남긴 미래 비전을 그대로 담고 있는데, 위의 구절은 그중 하나이다(두바이 관광청 사이트).

석유가 거의 나지 않는다는 사실은 어쩌면 석유가 대체로 풍부한 중동 지역에서 청

호모트래블쿠스의 지리답사기

천벽력과 같은 이야기일 것이다. 그러나 두바이는 이러한 상황에 좌절하지 않았다. 아니, 좌절할 시간조차 없었다. 두바이의 시선은 늘 현재가 아닌 미래에 있었기 때문이다. 한 번도 시도해 본 적 없는 도전에 모두가 멈칫할 때, 두바이는 용기 있는 한 발을 내디뎠다. 자유항을 선언하고, 대규모의 무역항을 만들면서 불안과 의심의 시선을 하나씩 확신으로 바꾸어 나갔다. 그리고 그 과정에서 '건축'은 두바이의 현재와 꿈, 그리고 비전이자 미래가 되었다.

도시경관은 도시를 대표하는 이미지로서 도시의 삶의 질을 그대로 나타내는 거울이라고 할 수 있다(신정철·신지훈, 2003). 두바이는 건축 산업이 두바이의 얼굴이 될 것이라는 사실을 일찍이 깨달았다. 그래서 더더욱 '세계 최고'라는 수식어가 어울리는 건축물로 두바이를 채워나가며 도시경관을 가꾸었다. 그리고 그 노력은 조금씩 모여 두바이가 되었고, 이제는 그 누구도 두바이의 역량에 의문을 품지 않는다.

여기서 잠깐! 과거로 돌아가서, 두바이가 석유가 나지 않는 사실에 좌절하고 다른 토후국의 오일파워에 의존하는 평범한 길을 택했다면 어땠을까? 두바이는 이미 오일머니로 어마어마한 부를 갖춘 아랍에미리트에 속해 있기 때문에 비록 재정적으로 어려움을 겪지는 않았을 것이다. 그러나 과연, 오늘과 같은 모습을 갖출 수 있었을까? 누구도 꾸지 않았던 그 꿈을 꾸고, 감히 쳐다보지도 않았던 그 길을 걸어갈 수 있었을까? 그 답은 지금껏 두바이의 이야기를 읽어 온 독자 여러분이 알고 있으리라 믿는다. 마지막으로, 스스로의 잠재력에 의구심을 품고, 중요한 선택의 기로 앞에서 머뭇거리는 이들에게 모래성 위에 쌓은 기적의 이야기를 바친다.

–

• 고은빛·고대유·서예지·한상연, 2015, "도시 랜드마크 타워의 인지도 및 성공요인: 대전 한빛탑, 파리 에펠탑 및 시애틀 스페이스 니들의 사례," 한국지방행정학보, 12(1), 121~144.

• 강인석, 2006, "건설의 역사와 발상을 바꾸는 초대형 공사: 두바이프로젝트," 대한토목학회지, 54(6), 114~120.

• 김병철, 2008, "'포스트모던' 두바이! 그 아슬아슬함," 황해문화, 59, 213~219.

• 권용석·김종원·한석우·이영희·문숙미, 2007, 『미래를 위한 준비, 중동의 탈석유화 정책』, KOTRA.

• 박열, 2015, "파라메트릭 디자인에 대한 이해와 적용," 건축, 59(7), 21~24.

• 박태화·김형욱·은지환·강성수·한석우, 2011, 『중동의 탈석유화 전략 및 중소기업 육성 현황』, KOTRA.

• 서정민, 2008, "두바이 성장의 허와 실," 국제지역연구, 12(3), 157~174.

• 성운용, 2008, "상상의 도시 두바이의 지리경관," 한국사진지리학회지, 18(4), 51~60.

• 신정철·신지훈, 2003, "도시경관 개선을 위한 용도지역별 경관계획 기준 연구," 국토연, 2003(18), 1~5.

• 신종천, 2020, "밈 현상의 정보적 특성에 관한 연구: 밈의 진화 알고리즘을 중심으로," 문화와융합, 42(7), 519~547.

• 임미숙, 2008, "'네오 파라다이스' 두바이," 월간 유비쿼터스, 29, 63~73.

• 엄익란, 2020, "전환기의 아랍에미리트, 어떤 젊은 세대를 원하는가," 아시아지역리뷰 「다양성+Asia」, 3(1), 1~6.

• 외교부, 2018, 『2018 두바이 및 북부 에미리트 개황』, 외교부.

• 주동주, 2009, "두바이 발전모델의 특징에 대한 고찰," 한국이슬람학회논총, 19(3), 105~130.

• 장세원, 2007, "아랍에미리트의 종교엘리트와 부족주의 관계 연구," 한국중동학회논총, 28(1), 59~73.

호모트래블쿠스의 지리답사기

- 전승민 · 김동욱, 2013, "[기술정보] BIM(Building Information Modeling)의 파라메트릭 모델링 기법," 쌍용, 68, 20~24.
- 최경렬 · 강선종, 2005, "[프로젝트 리포트] Burj Dubai Project 개요 및 주요 시공기술," 대한건축학회지, 49(11), 83~88.
- 허윤수, 2008, "중동의 허브 두바이," 부산발전포럼, 2008(113), 44~49.
- 환경보전협회, 2010, "기획특집: 미래형 도시, 꿈꾸는 탄소 제로도시 개발," 32(389), 8~24.

—

- Subramanian, N., 2010, Burj khalifa, world's tallest structure: New building materials & construction world. *NBM & CW*, 15, 1~12.

—

- 동아사이언스, 2022년 2월 23일, "[르포]사막 위에 세워진 두바이 또 하나의 랜드마크 '미래박물관' 개관."
- 동아일보, 2022년 11월 19일, "'네옴시티'라는 사막의 꿈…와, 이게 정말 현실이 된다고?[딥다이브]."
- 사이언스타임스, 2010년 1월 6일, "과학기술이 쌓은 바벨탑, 하늘에 닿다."
- 연합뉴스, 2023년 1월 2일, "두바이, 관광 활성화 위해 30% 주류세 없앤다."
- 월간조선, 2007년 4월 10일 a, "두바이의 알 막툼 王家의 역사 - 국민들의 절대적 신임 속에 170여 년간 두바이를 통치."
- 월간조선, 2007년 4월 10일 b, "두바이의 천지개벽 프로젝트 - 팜 아일랜드, 그리고 새만금 간척 사업."
- 중앙일보, 2022년 11월 17일, "네옴시티 · 수소 · 에너지…사우디와 수십조 규모 26개 대형 MOU."
- 조선일보 땅집Go, 2017년 1월 8일, "3일에 1개층씩 골조 올라간 '마천루의 제왕'."
- 조선일보 홈&리빙, 2010년 2월 22일, "160층 '부르즈 칼리파' 건물은 바람을 어떻게 이길까?."
- 한국경제신문, 2022년 12월 8일, "세계 최고 갑부 등극한 '만수르 가족'…재산 얼마길래."
- KOTRA해외시장뉴스, 2021년 8월 10일, "2021년 UAE 산업 개관."

- KOTRA해외시장뉴스, 2021년 12월 13일, "2021년 UAE 관광산업은 얼마나 회복했을까?."
- KOTRA해외시장뉴스, 2022년 1월 5일, "2021년 UAE 건설 산업 정보."
- BBC, 2019년 10월 29일, "Museum of the Future: The Building designed by an algorithm."
- CNN, 2021년 6월 21일, "Palm Jumeirah, Dubai's iconic man-made islands, turns 20."

—

- 국가기록원 홈페이지, https://theme.archives.go.kr
- 네이처 콜렉티브 사이트(Nature Collective), https://naturecollective.org
- 네옴 사이트(NEOM), https://www.neom.com
- 두바이 관광청 사이트(Visit DUBAI), https://www.visitdubai.com
- 두바이 부동산 검색 포털(Dubai Property Search), https://propsearch.ae
- 대외경제정책연구원 신흥지역정보 종합지식포털, https://www.emerics.org:446
- 롯데월드 홈페이지, https://adventure.lotteworld.com/kor/main/index.do
- 부르즈 할리파 사이트(Burj Khalifa)
- 부르즈 알 아랍 사이트(Burj Al Arab Jumeirah – Luxury and Royal Cabanas), https://www.jumeirah.com/en
- 부르즈 할리파 사이트(Burj Khalifa), https://www.burjkhalifa.ae
- 삼성물산 홈페이지, http://www.secc.co.kr
- 삼성SDS 홈페이지, https://www.samsungsds.com
- 아랍에미리트 경제부 사이트(United Arab Emirates Ministry of Economy), https://www.moec.gov.ae
- 아랍에미리트 정부 포털(The United Arab Emirates Government portal), https://u.ae/#
- 자발 알리 자유무역지대 사이트(Jebel Ali Free Zone), https://www.jafza.ae
- 현대건설 홈페이지, https://www.hdec.kr
- KOSIS 국가통계포털, https://kosis.kr
- NASA 지구 관측소 사이트(NASA Earth Observatory), https://earthobservatory.nasa.gov
- 2020 두바이 엑스포 사이트(EXPO 2020 DUBAI UAE), https://www.expo2020dubai.com

CHAPTER 02

자세히 보아야 예쁘다, 도시도 그렇다!

#도시

#문화

#사회

#음식

#관광

01

깊고도 다양한 역사로부터 비롯된 맛의 향연,
미국 '텍사스'

#음식 #문화 #라틴아메리카 #이민 #멕시코

_ 알게 모르게 우리의 식탁 위를 수놓았던 다문화의 장, 텍사스

　아침부터 밤까지, 우리 모두는 '하루'라는 시간 위를 무던히 걷는다. 때로는 반복되는 일상에 지치기도 하지만, 많은 이들은 소소하고도 확실한 행복, 이른바 '소확행'을 챙기기 위해 다양한 활동과 도전을 모색한다. 행복을 추구하는 현대인에게 삶과 가장 밀접한 문제이면서도, 단번에 즐거운 일상을 만들어주는 것이 바로 음식이다. 그 무엇보다도 '밥심'의 힘을 믿고, '밥'으로 안부 인사를 건네는 것이 익숙한 대한민국에서는 더더욱 그렇다. 그리고 최근에는 전통적인 한식에서 벗어난 색다른 음식 트렌드(Trend)에 도전해보면서 새로운 문화를 체험하고 즐거움을 추구하는 현상이 사회 전반에 자리 잡고 있다. 이는 중국 음식의 특유의 향신료가 깊게 밴 마라(麻辣) 음식부터 영국식 디저트, 건강한 채식 문화의 붐으로 주목 받기 시작한 샐러드 종류의 하나인

124   호모트래블쿠스의 지리답사기

하와이 전통 음식 포케(Poke)와 지중해식 식단 등 새로운 식문화가 인기를 얻고 있는 이유다(대한민국 정책브리핑 뉴스, 2022년 11월 18일 자; 현대카드·현대커머셜 뉴스룸, 2023년 1월 27일 자).

다채로운 요리의 세계 속에서, 우리 국민의 입맛에도 잘 맞는 음식이 있다면 바로 멕시코 음식을 꼽을 수 있겠다. 멕시코 음식의 기본 식재료 세 가지는 콩, 옥수수, 고추이며, 한식과 태국 음식과 더불어 '세계 3대 매운 음식'으로 알려져 있다. 눈물과 콧물이 쏟아지더라도 매운 맛을 가미한 음식을 계속 찾는 우리나라의 정서와 가장 잘 맞는 부분이 아닐까? 또한, 밀가루로 만들어진 빵과 면 등이 주로 요리에 이용되는 서양 음식과 달리, 멕시코에서는 주식인 옥수수와 더불어 요리에 쌀이 많이 이용된다. 즉, 매운 맛과 쌀, 이 두 가지는 멕시코 음식에서 빼놓을 수 없는 요소로 자리 잡고 있다. 이런 이유 때문일까, 최근에는 우리나라에서도 멕시코 요리로 알려진 파히타(Fajita), 부리토(Burrito), 나초(Nacho) 등을 취급하는 음식점을 쉽게 찾아볼 수 있다. 하지만, 우리가 알고 있는 이 음식들은 사실 멕시코의 전통 음식이 아니다. 꽤나 충격적이지 않은가? 그렇다면 우리가 멕시코 음식이라고 알고 있는 이 음식들의 국적은 도대체 어디란 말인가(정정희 외, 2020).

정답은 바로 멕시코와 국경을 마주하고 있는 미국의 '텍사스(Texas)'주에 있다. 2020년 기준 히스패닉계는 텍사스 전체 인구의 약 39.3%에 해당하며, 39.7%의 백인계 다음으로 높은 비율을 차지하고 있다. 그중에서도 2005년부터 2013년까지 텍사스로 유입된 이민자의 국적 중 가장 높은 비율을 차지한 국가가 멕시코다. 텍사스로 유입된 많은 멕시코 이민자는 텍사스 문화 전반에 큰 영향을 미쳤고, 텍사스 곳곳에서 그 흔적을 쉽게 찾아 볼 수 있다(그림 1). 스페인어로 지붕을 의미하는 '테하스(Tejas)'로부터 비롯된 텍사스의 지명부터, 엘파소(El Paso), 샌안토니오(San Antonio)와 같은 도시의 지명, 동네의 좁은 길거리까지 멕시코의 공용어인 스페인어로 이루어진 지명은 텍

그림 1. 스페인어 지명(Cesar Chavez) 거리의 표지판(좌), 휴지통에 적힌 영어와 스페인어(우)

사스주에서 매우 일반적이다. 멕시코 이민자의 비율이 텍사스 인구에서 높은 비율을 차지하는 만큼, 그들의 문화는 텍사스의 중요한 일부이다. 멕시코 계 인구를 존중하고 지원하기 위해 텍사스주 정부에서는 많은 노력을 기울이고 있다. 텍사스에서는 멕시코의 일부 공휴일을 기념일로 지정해 함께 축하하고 있다. 매년 5월 5일, 1862년 멕시코가 프랑스 군대를 물리친 역사적인 사건을 기리는 친코 데 마요(Cinco de Mayo)를 축하하기 위해 샌안토니오에서는 3일 동안 축제를 열고, 텍사스의 주도인 오스틴(Austin)에서는 플라멩코(Flamenco) 안무가를 초청해 무대를 꾸미곤 한다. 멕시코의 독립기념일(Fiesta Patrias)인 9월 16일에는 6일이나 되는 긴 기간 동안 성대하게 축제를 열고, 이외에도 텍사스주 내의 도시들은 이러한 연례행사를 빠짐없이 진행한다. 일례로 오스틴에서 열린 멕시코의 기념일 중 하나인 '죽은 자의 날(Día del Muertos)' 축제에서 진행된 멕시코 이민자들의 미술 작품 전시 행사는 당시에 큰 관심을 받으며 성공적으로 마무리되었다. 더 나아가, 본 행사는 자리를 잡고 박물관으로 개관해 1984년 개관 이후 매년 75,000여 명의 관람객을 모으고 있다. 이처럼 멕시코 이민자들은 그들의 문화적 정체성을 잃지 않으면서 타 민족과 다른 세대에게 자신들의 문화를 끊임없이 전하고 있다(오스틴 관광청 사이트; 텍사스 연감 사이트).

호모트래블쿠스의 지리답사기

그림 2. 길거리 곳곳에서 볼 수 있는 텍스멕스 음식점

그림 3. 대표적인 텍스멕스 음식인 파히타(좌), 딥치즈와 나초 그리고 부리토 볼(Burrito bowl)(우)

텍사스에서 멕시코 이민자들이 그들의 정체성을 계승한 흔적은 텍사스의 문화경관에도 잘 드러나 있다. 무엇보다도 그 흔적이 도드라지는 문화 중 하나는 텍사스 어디에서나 쉽게 찾아볼 수 있는 멕시코풍의 음식점이다(그림 2). 여기서 '멕시코풍'이라는 단어에 집중할 필요가 있다. 왜 '멕시코'가 아닌, '멕시코풍'인 것일까? 이는 많은 음식점들이 멕시코 전통 그대로의 음식이 아닌, 멕시코와 텍사스의 문화가 결합되어 만들어진 음식을 판매하고 있기 때문이다. 우리나라에서 접할 수 있는 파히타, 부리토, 나

초 등의, 멕시코 음식들은 사실 대다수의 경우 미국의 맛이 가미된 '멕시코풍'의 텍사스 음식이다. 그리고 이 음식들은 '텍스멕스(Tex-mex)'라고 불린다(그림 3). 김치, 불고기, 떡볶이 등 우리나라를 대표하는 다양한 한식이 우리의 고유한 정서와 뿌리 깊은 역사를 담고 있는 것과 마찬가지로, 모든 음식에는 그 기원과 문화가 깃든 이야기가 살아 숨 쉰다. 특히나 이민자의 국가 미국에서 '이민'이라는 요소는 음식사 연구에서 중요한 축을 담당한다. 과연 '이민'의 역사가 미국의 음식에 어떠한 기여를 했을까? 그 시작은 미국의 탄생과 함께 한다. 그중에서도, 이제는 '이민자'라는 표현 하나로는 설명하기 부족할 만큼 미국의 일부가 된 멕시코 이민자의 이야기를 빼놓을 수 없다. 그리고 미국과 멕시코라는 두 국가 사이에서 징검다리 역할이 되어 문화 교류의 장을 자처하고, 더 나아가 새롭게 융합된 두 국가의 문화를 전승하는 텍사스에 주목해보고자 한다. 이 모든 이야기는, 그들의 '음식'과 함께한다(권은혜, 2021). 자, 맛있는 음식들의 향연을 맞이하기 전에, 요란한 배꼽시계의 알림을 방지하고자 살사(Salsa)를 듬뿍 찍은 나초를 미리 준비하기를 권한다.[1]

_사람, 문화, 그리고 음식이 모두 모이는 이민자의 국가 미국

텍사스에 도착하기 전에, 독자 여러분에게 한 가지 질문을 해 보겠다. 우리나라에는 불고기가, 베트남에는 쌀국수가, 또 이탈리아에는 파스타가 있다. 그렇다면 미국의 전통 음식은 무엇일까?

피자? 햄버거? 애플파이(Apple Pie)? 다른 나라의 전통 음식을 떠올릴 때보다 비교

---

1. 살사는 토마토, 양파, 칠리 등이 들어간 매콤한 빨간, 혹은 초록색의 소스다(캠브릿지 백과사전 사이트).

그림 4. 미국 서부를 대표하는 인앤아웃(In-N-Out) 햄버거(좌), 미국의 대표적인 치킨 버거 전문 패스트푸드점 칙필레(Chick-Fil-A) 햄버거(우)

적 더 다양한 종류의 음식이 떠오를 것이다. 그리고 아마 독자 여러분이 떠올린 음식들은 모두 정답이거나 정답에 가까울 것이다. 주목해야 할 부분은 바로 여기에 있다. 미국 음식으로 가장 먼저 떠오를 만한 햄버거를 예시로 들어보자. 오늘날 우리가 주로 찾는 패스트푸드(Fastfood) 체인점의 대부분은 미국에서 시작되었다. 브랜드마다 서로 다른 스타일과 매력을 추구하는 햄버거를 맛보는 즐거운 미식 체험은 미국 여행의 필수 코스로 자리 잡았을 정도이다(그림 4, 인앤아웃(In-N-Out) 햄버거[2], 칙필레(Chick-Fil-A) 햄버거[3]). 이처럼 햄버거는 오늘날의 미국을 대표하는 음식이 되었지만, 햄버거

2. 우리나라에서도 찾아볼 수 있는 쉐이크쉑(Shake Shack), 파이브 가이즈(Five Guys)와 함께 미국의 3대 수제 버거 중 하나로 손꼽히고, 냉동식품을 일절 사용하지 않는다. 따라서 재료의 신선도를 유지하기 위해 식자재를 원활하게 조달할 수 있는 서부를 중심으로 매장을 운영한다(조선비즈, 2019년 5월 22일 자).

3. 치킨 패티 버거가 중심이 되고, 감자튀김은 생감자를 와플 모양으로 튀겨 제공한다. 무엇보다도 칙필레의 정체성은 소스에 있다. 기호에 맞게 다양한 소스를 선택해서 찍어 먹을 수 있다. 또한, 칙필레는 기독교적 가치를 믿는 기업으로, 매주 일요일에는 문을 닫는다.

의 기원은 사실 몽골에 있다.[4] 앞서 언급한 피자 역시 이탈리아에서 유래했으며, 이번에는 정말 미국의 전통 음식이라 믿었던 애플파이마저 사실은 영국에서 시작된 음식이다. 이쯤 되니 허탈한 기분이 들면서, 자연스럽게 '미국에는 전통 음식이 없는 것이 아닌가?'라는 생각이 들기 마련이다. 하지만, 반대로 생각해보자. 미국은 다양한 경로로 본토에 들어 온 음식을 '미국화'하는 데에 성공했다. 즉, 햄버거를 생각했을 때, 이제는 몽골보다는 미국을 떠올리는 사람이 많다는 점이 바로 그것이다. 음식이 태초에 유래한 곳에서의 방식과는 또 다르게, '미국의 맛'이 가미된 새로운 장르의 요리와 음식은 미국의 얼굴이 되었다.

햄버거와 같이 미국을 대표하는 많은 음식들은 각기 다른 문화가 한데 모여 현지의 특성을 담아 비로소 완성되었다. 미국이 이러한 독특한 음식 문화를 갖추게 된 계기는 무엇일까?

미국이라는 국가가 본격적으로 시작되기 전부터 그 땅에 거주하고 있던 이들이 있다. 바로 토착 아메리카 원주민이다. 아메리카 대륙에 거주하고 있던 원주민의 인구는 약 1,500만 명이었다. 체로키(Cherokee), 모히칸(Mohican), 크리크(Creek) 등의 각 부족은 아메리카 전역에서 체계적인 도시 구조를 갖추고 있었고, 평등한 사회구조와 체계적인 경제체제 구조를 확립해 평화롭게 생활하고 있었다. 아메리카라는 광활한 대륙에서 이들이 오랜 시간 자족적인 생활을 해낼 수 있었던 원동력에는 옥수수의 역할이 컸다. 옥수수는 오늘날 전 세계 곡물 생산량의 40%를 차지할 정도로 주요 식량 중 하나로 손꼽힌다. 옥수수는 생장기간이 80~100일 안팎으로 매우 짧은 편이며 토질을

---

4. 14세기경, 몽골계 기마민족 타타르족은 유목 생활을 하며 주식으로 들소 고기를 날로 먹었다. 고기를 연하게 먹기 위해 말안장 밑에 고기 조각을 두었는데, 이렇게 연해진 고기에 소금, 후추 등의 밑간을 하여 먹었다. 이후 이 조리법은 독일의 함부르크(Hamburg) 상인에 의해 독일로 넘어가면서 '함부르크 스테이크'가 되었고, 햄버거라는 이름은 여기에서 비롯되었다(중앙일보, 2014년 12월 8일 자).

가리지 않아 쌀과 밀에 비해 어디서든 쉽게 재배할 수 있다. 또한, 옥수수는 다른 곡식에 비해 생산 효율성이 매우 높은 편이다. 쌀과 밀은 한 알을 심으면 30알 정도를 거둘 수 있는 반면, 옥수수는 평균적으로 100~300알을 거둘 수 있기 때문이다. 중남미 열대지방이 원산지로 알려진 옥수수는 본래 온화한 기후에서 잘 자라는 식량이지만, 일찍이 원주민들은 옥수수를 교배해 변형시켜 다양한 품종을 개발했다. 이들은 수수, 대맥, 연맥과 같은 새로운 품종을 재배하면서 독자적인 음식 문화를 만들었다(김태곤, 2004; 안용흔, 2012; 조선멤버스, 2020년 5월 22일 자; 미국 국립공원관리청 사이트).

한편, 15세기 무렵 유럽에서는 대형 선박과 범선이 등장하며 바다 위 패권 싸움이 본격적으로 심화되고 있었다. 포르투갈, 스페인, 프랑스, 영국 등의 열강은 치열한 권력 다툼 속에서 세력을 넓히고자 했고, 마침 이 당시 인구가 폭발적으로 증가하면서 '새로운 땅'에 대한 열망이 커졌다. 이러한 상황 속에서 신대륙 탐험을 꿈꾸었던 크리스토퍼 콜럼버스(Christopher Columbus; 이하 콜럼버스)는 '불가능에 가까워 보이는 꿈'을 후원해 줄 국가를 찾았다. 이에 응한 곳은 바로 스페인이었다. 콜럼버스는 스페인의 후원을 받아 힘차게 출발했고, 유럽에서 서쪽으로 나아가다 보면 동양에 도착할 것이라고 믿었다. 하지만 실제로 그가 도달했던 곳은 현재의 아이티, 도미니카공화국 등이 위치한 중앙아메리카였다. 이렇게 발견된 아메리카라는 신대륙은 유럽인들에게 완전히 새로운 세상이었다. 이에 많은 탐험가, 선교사, 노동자 등 각계각층의 유럽인들은 각자의 목적을 갖고 머나먼 땅에 정착하기 시작했다. 호기롭게 신대륙에서의 삶이 시작되었지만, 그들은 금세 큰 난관에 봉착하고 말았다. 바로 음식이었다(강준만, 2010; 최준채 외, 2020).

이곳에 오기 전, 유럽인은 살아생전 '옥수수'라는 작물을 본 적이 없었다. 옥수수가 가득한 새로운 땅에서 유럽인은 무엇을 먹어야 할지, 또 옥수수라는 새로운 주식을 어떻게 받아들여야 할지 고민했다. 이런 그들에게 원주민은 다양한 음식 재료와 조리 방

그림 5. 호박(좌), 허시 퍼피(우)
출처 시카고 푸드뱅크 사이트(좌), 월마트 사이트(우)

법을 전수했다. 사냥과 낚시를 어떻게 하면 좋을지, 음식은 어떻게 저장하고 보관하는지, 또 옥수수를 어떻게 조리하는지에 대해 원주민으로부터 상세하게 배운 유럽인은 조금씩 원주민의 음식 문화에 동화되기 시작했다. 신대륙에서만 자라던 식재료, 그리고 두 문화가 한데 어우러져 등장한 요리법에는 훗날 유럽의 주식이 된 감자부터, 고구마, 야생 벼, 삶은 콩, 인디언 푸딩(Indian Pudding), 칠레고추, 호박(Squash) 등이 있다(그림 5의 좌). 옥수수 요리는 더욱 다양했는데, 수프와 스튜 요리로 만들어지기도 했지만 옥수수로 빵을 만들기도 했다. 우유와 계란을 넣지 않고 만든 콘 폰(Corn Pone), 옥수수 가루로 만든 튀김 빵인 허시 퍼피(Hushpuppies), 옥수수 가루에 우유와 계란 등을 섞어 만든 스푼 브레드(Spoon Bread) 등은 이들의 주식이 되었다(그림 5의 우). 유럽에서 건너와 주로 동부에서 처음으로 정착했던 유럽의 정착민은 새롭게 배운 음식 조리 및 저장법으로 힘을 얻고 서부 및 남부 등 아메리카 전역으로 퍼져 나갔다. 이후 각 지역의 정착민은 훗날 다음 세대의 이주민과 함께 또 다른 요리 문화를 만들어 나갔지만, 그 뿌리는 모두 원주민의 음식 문화로부터 시작되었다고 할 수 있다(김형곤 역, 1999; 한국경제 생글생글, 2020년 9월 14일 자).

호모트래블쿠스의 지리답사기

콜럼버스에 의해 아메리카 대륙이 발견된 이후, 스페인은 가장 먼저 미국에 도착한 국가였다. 이들은 중앙아메리카의 마야(Maya) 문명과 멕시코의 아즈텍(Aztecs) 문명, 페루의 잉카(Inca) 문명을 정복하는 것을 시작으로, 금세 남아메리카의 대부분을 지배했다. 또한 미국의 플로리다주에 유럽인 최초의 영구 정착지를 설립하고, 미국의 남동부와 서부 지역 일대까지 그들의 영향력을 떨쳤다. 이 시기에 스페인은 북아메리카와 중남미 아메리카 일대에 모두 지대한 영향을 미치게 되었으며, 자연스럽게 두 곳의 문화도 서로 닮아가고, 또 동화되었다. 그리고 그 흔적은 음식에 고스란히 남아 있다. 간단하고도 확실한 예시로, 전 세계의 많은 사람들이 간식으로 선호하는 초콜릿이 바로 그 주인공이다. 16세기, 멕시코의 아즈텍 문명을 정복한 스페인은 원주민들이 먹는 초콜릿 음료를 발견하고는 곧바로 북아메리카와 유럽에 전파했다. 스페인은 정복 활동 내내 유럽에서 신대륙으로 새로운 식재료를 들여오거나, 혹은 반대로 신대륙에서 발견한 새로운 음식을 유럽에 소개했다. 다채로운 식량이 유입되면서, 주로 곡물과 채소 중심의 식단이 주를 이루었던 원주민의 식생활도 점차 바뀌었다. 포도, 오렌지, 올리브와 같이 유럽의 지중해성 기후에서 주로 재배되는 식품은 물론이고, 스페인에 의해 새롭게 유입되거나 발견된 향신료는 그들의 식생활에 한층 풍미를 더해주었다. 남아메리카와 중앙아메리카, 서인도 제도에서 발달한 음식과 양념, 향신료와 같은 새로운 식문화는 곧 미국의 플로리다주로 흘러들기 시작했다. 이 과정에서 라틴아메리카의 음식과 양념의 문화도 확립되어 갔고, 역으로 이 문화는 훗날 스페인 본토까지 전해지게 되었다. 콜럼버스에 의해 카리브 해안 지역에서 처음 발견된 200여 종류의 고추부터, 펌킨 시드(Pumpkin Seed), 케이퍼(Caper), 오레가노(Oregano), 말린 잇꽃 등은 오늘날 아메리카 대륙과 스페인 음식의 기반이 되었다(그림 6의 좌). 한편, 무엇보다도 중요한 사건이 있었으니, 바로 닭과 돼지, 그리고 소의 등장이다. 닭은 1493년 콜럼버스의 제2차 항해 때 아메리카 대륙에 첫 발을 딛게 되었고, 돼지와 소는

1500년대 플로리다주에 처음 유입되어 이후 아메리카 대륙에 퍼져 나갔다. 기존에 낙타와 알파카 이외에는 별다른 대형 가축이 없었던 신대륙은 혁명에 가까운 식재료를 얻었고, 드넓은 땅은 머지않아 목축업의 무대가 되었다. 이후 돼지고기를 이용한 햄과 같은 가공품이 새롭게 등장하고, 육류가 도입되면서 유제품도 만들어지기 시작했다. 치차(Chicha)라고 불리는 약한 곡물 발효주 외에 딱히 '술'이라는 개념이 없었던 아메리카에 포도주와 증류주를 들여온 이들 역시 스페인이다(김형곤 역, 1999; 우문호 외, 2006; 정승희, 2009; 권은혜, 2021).

이후 미국은 전 세계로부터 많은 이민자를 받았다. 항해 길이 열린 후 프랑스, 네덜란드와 같이 잘 알려진 유럽의 열강 국가들부터, 유럽인들의 노예무역으로 인해 미국으로 처음 건너왔던 아프리카 대륙의 흑인 문화, 1900년대 후반 아메리칸 드림(American Dream)[5]을 꿈꾸며 미국에 건너 온 아시아 민족까지, 전 세계 곳곳의 고유한 문화가 미국이라는 드넓은 땅에 모이게 되었다. 미국의 주류 사회에 끼기 어려웠던 이민자들은 그리운 고향의 음식을 그들끼리 나누어 먹으며 정체성을 간직했다. 이처럼 음식과 식습관은 낯선 환경에서 가족과 공동체의 전통적인 관계를 유지하는 역할을 맡았다. 하지만 완전한 타지에서 온 대다수 이민자들의 고유한 식생활은 미국인들에게 다소 낯설었다. 이러한 까닭에 음식은 '차별의 창구'가 되기 일쑤였다. 일례로 차별에 시달리던 이탈리아인들은 이탈리아 고유의 음식과 식재료에 '육류 섭취'라는 미국적인

---

5. '아메리칸 드림'이라는 말은 제임스 트러슬로 애덤스(James Truslow Adams)라는 역사학자가 1931년 발표한 『아메리칸 서사시(The Epic of America)』에서 처음 사용하였다. 그는 아메리칸 드림을 "남녀 모두 누구나 타고난 재능을 한껏 펼칠 수 있고, 출생이나 지위라는 우연에 따른 배경과 무관한 본연의 모습으로 인정받을 수 있는 사회질서를 바라는 것"이라 정의했다. 이후 미국 대통령들은 국민에게 밝은 미래를 약속할 때 이 단어를 줄곧 사용했고, '열심히 일하면 누구나 성공할 수 있다'는 뜻의 대명사가 되었다(경향신문, 2022년 8월 22일 자).

호모트래블쿠스의 지리답사기

그림 6. 연두색의 케이퍼가 들어간 연어 샌드위치(좌), 미트볼 스파게티(우)

소비 스타일을 추가해 완전히 새로운 음식과 관행을 창조했다.[6] 이렇게 태어난 음식 중 하나가 바로 '미트볼 스파게티'이다(김형곤 역, 1999; 권은혜, 2021)(그림 6의 우)[7].

머나먼 타지로부터 유입된 이민자들의 음식이 기존에 존재하던 미국의 식문화와 일종의 교집합을 이룬 채 발달해왔다면, 미국과 같은 식생활을 공유해 온 이들이 있다. 바로 멕시코다. 앞서 스페인에 의해 북아메리카와 남아메리카 사이의 문화와 관습, 특히 음식이 자연스럽게 섞여 같은 기반을 두게 되었다는 점을 일러두었다. 한편, 멕시코 총 인구의 2/3가 미국에 친척을 두고 있을 정도로 각별한 이 두 국가의 관계는

---

6. '데고(Dago)', '기니아(Gunea)', '웝(Wop)', '그리즈볼(Greasebal)' 등은 당시 이탈리아 이민자들을 모욕하는 속어들이었다. 17세기 말에서 18세기 말까지, 백인의 범위는 '영국계 기독교인'만을 포함했다. 이에 백인 취급을 받지 못한 이탈리아인들은 약 20세기 중반까지 '백인'의 범주에 들지 못한 채 차별받았다(국민일보, 2020년 10월 14일 자).

7. 접시의 오른쪽 위에 떨어져 있는 조그만 원 모양의 연두색의 재료가 바로 케이퍼다. 향신료의 한 종류로, 훈제 연어와의 조합이 잘 맞아 주로 훈제 연어 요리에 사용된다.

미국에서 멕시코 음식이 발달하는 데에 크게 기여했다. 남아메리카의 많은 국가들 중에서도 미국이 멕시코와 유달리 깊은 관계를 가지게 된 이유는 무엇일까? '맞닿아 있는 국경'이라는 지리적 요소에 그 답이 있다(임상래, 2003). 그리고 이들 사이를 잇는 그 가운데에 텍사스가 있다. 텍사스가 두 국가의 문화를 받아들이고, 또 서로 다른 문화가 '함께' 살아가는 방법을 터득하게 된 역사에 대해 깊이 알아 볼 필요가 있다. 지금부터, 독자 여러분을 텍사스로 초대한다.

_ 미국과 멕시코를 잇는 외로운 별 하나, 텍사스의 고된 역사

텍사스에 대해서 독자 여러분은 무엇을 알고 있는가? 최근에는 드넓은 사막 위를 거니는 카우보이(Cowboy)라는 텍사스의 고전적인 이미지보다도, 바비큐(Barbecue)가 조금 더 친숙한 듯하다. 미국의 남서부 지역 일대와 텍사스의 분위기를 물씬 풍기는 '텍사스 로드하우스(Texas Roadhouse)'는 현재 미국에서 매출 규모가 가장 큰 스테이크 전문점이다.[8] 지난 2020년 우리나라에 진출한 이후 큰 인기를 끌어 2022년까지 3개의 지점이 문을 열고, 사업 규모가 점차 확대되고 있다. 그 어느 때보다도 '맛있는 음식을 경험하는 것'에 진심인 오늘날의 인류에게, 텍스멕스와 바비큐의 고향 텍사스는 너무나도 매력적인 곳이다. 모든 음식에는 유래가 있는 만큼, 침샘을 자극하는 텍사스의 음식 역시 하루아침에 만들어진 것은 아닐 터. 텍스멕스(Tex-mex)라는 이름에

---

8. 사실 텍사스 로드하우스는 텍사스 출신 음식점이 아니다. 텍사스 로드하우스는 켄터키(Kentucky)주의 루이빌(Louisville)에 본사를 두고 있으며, 첫 매장은 1993년 인디애나(Indiana)주 클락스빌(Clarksville)에서 시작되었다. 텍사스와는 전혀 다른 곳에서 출발했지만, 텍사스의 음식과 분위기를 잘 재현한 덕에 아이러니하게도 텍사스를 대표하는 음식점이 되었다(텍사스 로드하우스 사이트).

서부터 유독 텍사스의 음식에서 도드라지는 멕시코의 흔적, 그 이유가 궁금하지 않은가? 미국과 멕시코를 잇는 텍사스만의 경관이 독특하게 형성된 역사도 모두 여기에 그 답이 있다(매일경제, 2022년 7월 21일 자).

텍사스는 사실 본래 멕시코 소속이었다(그림 7의 좌). 영국과 프랑스의 직물산업이 발전하면서 미국의 면화 생산과 공급이 증가하고 있었는데, 미국에서는 텍사스 동부 지역을 새로운 생산지의 후보로 탐내고 있었다.[9] 스페인이 멕시코를 점령하고 있던 1820년대부터 미국은 목화 플랜테이션의 확대를 위해 스페인에 수차례 텍사스를 구매하고 싶다는 의사를 밝혔지만, 스페인은 번번이 거절했다. 멕시코가 스페인에서 독립한 이후[10] 텍사스의 소유권은 자연스럽게 멕시코로 넘어갔는데, 멕시코 정부는 교역 활동을 벌이기 위해 스페인과는 다르게 북부지역을 외국인에게 개방했다. 텍사스 땅을 호시탐탐 노리고 있던 미국에게는 더할 나위 없는 기회였고, 반대로 멕시코는 미국에게 땅을 순순히 내어준 셈이 되었다. 개방 이후 수많은 미국인이 텍사스로 이주해 주류를 차지했고, 텍사스와 남서부 지역 일대의 교역을 장악했다. 멕시코의 북부 교역 중심지였던 뉴멕시코에서의 멕시코 제품은 미국의 대량생산 공산품에 밀리기 시작했다. 엎친 데 덮친 격으로 텍사스에 미국인이 급증하면서 멕시코는 점차 북부에서 힘을 잃었다. 한편, 당시 텍사스로 이주한 미국인, 즉 앵글로색슨 계의 백인들은 주로 목화 경작에 관심을 갖고 이주한 경우가 많았다. 이들은 목화 경작에 아프리카에서 유

---

9. 목화는 고온다습한 환경에서 재배하는 것이 가장 적합한데, 텍사스 동부 지역은 마침 습하고 나무가 많아 목축에 적합하지 않아 정착민이 많지 않았다. 따라서 당시 텍사스 동부 지역은 목화 플랜테이션을 위한 최적의 입지 조건을 갖추고 있었다(임상래, 2011).

10. 약 300년간 스페인의 통치 아래 있던 멕시코는 1810년, 스페인을 향해 독립 전쟁을 시작했다. 이때부터 시작된 독립 전쟁은 무려 1821년에야 막을 내렸으며, 멕시코는 이 기나긴 전쟁 끝에 승리를 거머쥐었다. 멕시코는 전쟁이 시작된 1810년의 9월 16일을 독립기념일로 지정해 매년 크게 축제를 벌인다(한국국제문화교류진흥원 홈페이지).

입된 흑인들을 착취해 노예로 일하게 하였다. 1829년, 미국을 견제하던 멕시코 정부는 노예제를 폐지하고 새로운 노예의 유입을 전면적으로 금지했으나 텍사스의 백인들은 멕시코의 노예제 폐지에 반발했다. 1830년 멕시코는 한층 더 강경한 태도로 미국인들이 북부지역에 추가적으로 이주하는 것을 금지했다. 이 즈음 텍사스의 미국인들 사이에 멕시코 정부가 본래 미국인들에게 부여했던 토지 및 면세와 같은 특권을 폐지할 것이라는 소문까지 돌기 시작했다. 갈등이 점차 격해지는 상황에서 텍사스의 미국인들은 멕시코 정부에게 면세 기간 연장, 토지 제공과 같은 요구를 담은 청원서를 제출했으나, 멕시코 정부는 거절했다. 결국 1835년, 반(反)멕시코 감정이 고조된 텍사스에서는 멕시코를 상대로 전쟁을 일으켰다. 텍사스 반란군은 수적인 열세에도 불구하고 멕시코군을 급습해 전세를 역전시켰고, 텍사스는 독립에 성공했다. 이렇게 출발한 텍사스 공화국은 곧바로 미국에 연방 가입을 신청했으나, 예상과는 다르게 텍사스 공화국의 연방가입은 유보되었다. 당시 미국의 잭슨 대통령이 노예제를 인정하는 주가 늘어날 것을 우려했기 때문이고, 또 합병 반대 세력의 거부가 있었기 때문이다. 하지만 미국에게 서부로 영토를 확장하고 세력을 넓히는 데에 있어 텍사스는 매우 중요한 위치에 있었다. 마침 유럽 열강의 영향력이 텍사스에 미치기 시작하면서, 미국은 부랴부랴 텍사스를 자국 영토로 편입하게 되었다. 우여곡절 끝에 1845년, 텍사스는 미국의 땅이 되었다(임상래, 2011).[11]

멕시코에게는 모든 것이 불리하게 흘러가고 있었고, 그들은 텍사스의 독립을 인정하지 않았다. 이들은 텍사스 합병에 항의하는 뜻으로 미국과 단교했고, 급기야는

---

11. 여러 가지 문제를 딛고 겨우 미국으로 편입할 수 있었던 텍사스는, 이러한 역사를 담아 스스로를 '외로운 별(Lone Star; 이하 론스타)'로 여겼다. 론스타는 오늘날 텍사스의 상징이 되었다(서울경제, 2016년 3월 2일자).

호모트래블쿠스의 지리답사기

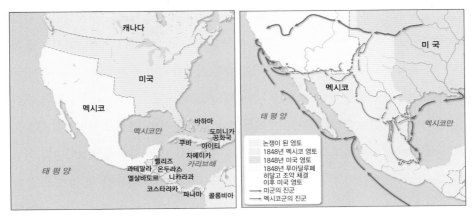

그림 7. 최초의 멕시코 영토(좌), 미국-멕시코 전쟁 이후 확립된 국경선(우)

1846년 텍사스에 군대를 파견했다. 양측 간의 국경 분쟁이 점차 빈번해졌고, 결국 미국-멕시코 전쟁이 발발하게 되었다. 멕시코의 입장에서는 텍사스를 되찾고자 한 시도였으나, 오히려 이 전쟁으로 멕시코는 북부지역의 대부분을 잃게 되었다. 미국은 이전부터 눈여겨보던 뉴멕시코와 캘리포니아를 점령했고, 애리조나(Arizona)까지 손에 넣게 되었다. 이 일로 미국과 멕시코의 국경이 새롭게 설정되었으며, 현재 우리가 알고 있는 미국과 멕시코의 영토가 비로소 정해지게 되었다(그림 7의 우).

텍사스와 캘리포니아, 뉴멕시코 등 미국 남서부 지역에 거주하던 멕시코인들은 하루아침에 바뀐 모든 상황을 그저 받아들여야만 했다. 이들의 대부분은 '미국이 된 멕시코'에 그대로 남았고, 멕시칸-아메리칸(Mexican-Americans)의 역사가 시작되었다. 이후 멕시칸-아메리칸은 주류의 지위를 잃고, 오히려 차별을 받는 처지가 되었다. 하지만 이들은 굳세게 버텼고, 19세기 중반부터 일자리를 찾아 떠나온 멕시코인들이 더해져 미국 사회에서 점차 자리를 잡았다. 멕시코 이민자는 현재 미국에서 가장 큰 규모의 이민자 집단을 형성하고 있고, 그중 70%는 미국에서 출생해 미국 국적을 가지고 있다. 곱지 않은 시선 속에서 고된 미국 생활을 버티던 이들에게도 정체성이자 힘이 되어주는 것은 다른 국가의 이민자들과 마찬가지로, 음식이었다. 한편, 멕시코 음식은 미국 음식과 원주민과 스페인 문화라는 같은 역사를 공유하고 있었기 때문에 미국인들에게 좀 더 친숙한 맛을 제공했다. 완전히 새로운 맛을 선보였던 타 국가의 음식은 해당 국가의 전통 음식이라는 이미지를 강하게 품은 반면, 멕시코 이민자의 음식은 보다 쉽게 미국 사회에 동화될 수 있었다(임상래, 2003). 미국 사회에서 살아남기 위해서, 텍사스가 받아들인 전략은 무엇일까? 또, 그 전략이 불러일으킨 '맛'의 열풍은 어떤 특성에서 기인하게 되었는지, 지금부터 재료 하나까지 모두 차근차근 살펴보도록 하겠다.

_ 텍스멕스, 그래서 네 정체가 뭔데?!

미국 전역 어디에서나 쉽게 찾아 볼 수 있는 한 패스트푸드 체인점이 있다. 바로 '치폴레(Chipotle)'다(그림 8의 좌). 치폴레에서는 타코, 나초, 부리토 등의 텍스멕스식 음식을 간단하고도 푸짐하게 먹을 수 있는 메뉴로 구성해 판매한다. 우리나라에서도 찾아볼 수 있는 체인점인 '타코 벨(Taco Bell)'은 전 세계적으로 4,600개 이상의 지점을 가진 거대 체인점으로 알려져 있는데, 마찬가지로 미국에서 시작되었으며 텍스멕스 요리를 제공한다. 두 지점은 미국 전역 패스트푸드 체인점 규모 및 매출 순위에서 각각 12위, 4위를 차지할 정도로 미국인들에게 많은 사랑을 받고 있다. 한편, 이제는 미국을 대표하는 음식이 된 텍스멕스의 위력은 본고장인 텍사스에서 더욱 도드라진다. 약 45,000여 곳의 멕시코 음식 레스토랑이 분포한 텍사스에서는 우리가 서울의 길거리를 거닐다 한식을 마주하는 것만큼이나 쉽게 텍스멕스를 접할 수 있다(USA Today,

호모트래블쿠스의 지리답사기

그림 8. 치폴레에서 판매하는 부리토 볼(좌), 샌안토니오의 밤거리에서 마주한 멕시코 음식 레스토랑(우)

2014년 1월 4일 자; IBISWorld 사이트; Titlemax 사이트)(그림 8의 우).

텍스멕스는 스페인, 멕시코 원주민, 그리고 이주해 온 백인의 요리가 한데 어우러진 형태로, 테하노(Tejano)[12]에 의해 만들어진 요리법의 하나이다. 넓게는 멕시코 지배 아래 있던 캘리포니아, 뉴멕시코, 텍사스 등의 지역 일대의 음식 문화를 통칭하는 용어로도 쓰인다. 하지만 텍스멕스는 그 이름에서부터 짐작할 수 있듯이, 바로 텍사스에서 그 문화의 시작을 찾아볼 수 있다(김형곤 역, 1999; 미국 관광청 사이트).

1800년대 후반, 미국에서는 동부와 서부를 잇는 대륙횡단철도가 건설되면서 관광이 활성화되자 각 지역의 문화가 더 빠르게 확산되었다. 미국과 멕시코의 접경지대에 거주하던 멕시칸-아메리칸의 음식 역시 널리 퍼지게 되면서 백인의 입맛을 사로잡

---

12. 테하노는 텍사스에 거주하는 스페인과 멕시코인의 후손을 일컫는다(Texas A&M Today, 2021년 10월 7일 자).

았다. 해당 음식에 대한 관심도가 높아지자 1870~1990년대, 텍사스의 샌안토니오에서 테하노 여성들이 평소 즐겨 먹던 음식에 미국인들이 선호할 만한 스타일을 가미하여 손수레 가판대에서 판매하기 시작했다. 이것이 바로 텍스멕스의 시작이다(권은혜, 2021). 그렇다면 텍스멕스와 멕시코의 전통 요리법에는 어떠한 차이가 있을까? 텍스멕스는 크게는 두 가지로 분류할 수 있다. 첫 번째로 타코, 엔칠라다와 같이 멕시코의 전통 음식과 같은 요리이지만, 미국만의 식재료로 바꾸어 새롭게 탄생한 텍스멕스가 있다. 두 번째로는 칠리 소스와 함께 제공되는 나초 혹은 파히타와 같이 멕시코의 전통 요리에는 없는 메뉴로 만들어진 온전한 '미국식' 텍스멕스가 있다.

멕시코의 전통 음식으로 가장 잘 알려져 있는 타코는 옥수수 토르티야(Tortilla)를 반 접어서 튀긴 후, 안에 고기, 내장, 채소 등을 싸서 먹는 음식이다. 옥수수 토르티야는 멕시코인의 주식인데, 우리나라의 빈대떡과 비슷한 모양새를 보인다. 말린 옥수수를 밤새 물에 불려 잘 으깬 뒤 '마사'라는 옥수수 단자를 만들어 동그란 전병 모양으로 얇게 눌러 구워서 만든다.[13] 옥수수 토르티야는 주식으로서 멕시코 음식으로 알려진 대다수의 요리의 기본 재료가 된다. 옥수수 토르티야에 고기, 혹은 해산물로 만든 소를 넣어 둥글게 말아 소스를 발라 구워낸 엔칠라다, 토르티야에 고기, 밥 등 다양한 재료를 넣고 돌돌 말아 낸 부리토, 부리토를 튀겨낸 형태인 치미창가(Chimichangos) 등은 바로 옥수수 토르티야를 응용해 만들어진 멕시코 전통 음식이면서, 멕시코 전통 음식 중에서도 가장 대표적인 음식들이다. 그만큼 옥수수 토르티야는 멕시코인들의 삶에

---

13. 옥수수 토르티야를 만드는 방법은 콜롬버스가 신대륙을 발견하기 이전부터 오늘날까지 고스란히 전해지고 있다. 아즈텍 문명의 인디언 여성들은 옥수수를 닉스타말(Nixtamal) 형태로 변형해 오래 보관하면서도 영양가를 높이는 방법을 개발했다. 닉스타말은 말린 옥수수 알을 염기성 용액에 담가 껍질을 제거하고 살과 씨를 남긴 것인데, 이를 갈아 뭉친 반죽이 '마사'이다. 마사를 구우면 토르티야가 되고, 옥수수 껍질에 싸서 찌면 타말리(Tamile)가 된다(권은혜, 2021).

호모트래블쿠스의 지리답사기

깊숙하게 배어있는 식생활이자, 자랑스러운 문화이다(정정희 외, 2020).

한편, 텍스멕스는 방금 살펴 본 멕시코 전통음식과 같은 이름의 같은 요리를 제공하면서도, 가장 첫 시작인 토르티야부터 다른 재료를 쓴다(그림 9). 멕시코가 스페인의 지배를 받던 식민지 시절에 밀 토르티야가 처음 등장했는데, 당시 멕시코 원주민들은 식민지배의 상징인 밀로 만든 토르티야를 거부하고 옥수수 토르티야를 고집했다. 그러나 현재의 미국 남서부 일대가 미국의 땅으로 영입된 후에는 해당 지역에 밀 제분기와 미국산 베이킹파우더가 도입되어 옥수수 토르티야보다 만드는 과정이 훨씬 쉽고 간단해지면서 밀 토르티야의 소비가 증가했다. 더불어 샌안토니오의 테하노 여성들이 밀 토르티야로 만든 음식을 백인들에게 판매하면서 밀 토르티야는 서서히 텍스멕스의 기본 재료로 자리 잡게 되었다. 이 토르티야를 튀긴 것이 바로 나초이며, 신선한 토마토 살사 소스와 함께 바구니에 담은 나초를 함께 제공하는 것이 최초의 텍스멕스 음식이라고 알려져 있다. 토르티야로 감싼 텍스멕스 음식의 내부를 들여다보면, 멕시코 전통음식과는 다른 텍스멕스만의 재료가 우릴 반긴다. 치즈는 텍스멕스에서 찾아볼 수 있는 대표적인 재료다. 멕시코의 정통요리는 치즈를 거의 사용하지 않아 맵고, 달고, 짠 맛이 강하다. 하지만 텍스멕스는 미국인들이 선호하는 치즈를 필수적인 재료로 이용하는 편이다. 치즈의 맛이 더해지며 멕시코의 전통적인 맛보다 조금 더 부드러운 인상을 준다(그림 10). 멕시코 전통음식에 주로 돼지와 닭이 이용되는 것과 달리, 쇠고기가 들어가는 것 역시 텍스멕스의 특징이다. 1800년대 후반, 소가 남아돌아 텍사스의 소 값이 1마리 당 1달러까지 추락하게 되었고, 이에 텍사스의 롱혼 쇠고기 (Longhorn Beef)가 유럽산 쇠고기를 대체했다. 이후 미국인들, 특히 텍사스에서는 누구나 더더욱 풍요로운 쇠고기를 즐길 수 있게 되었다. 이외에 검은 콩과 커민 등의 재료 역시 텍스멕스만의 독특한 재료인데, 이러한 재료들이 모두 모여 텍스멕스만의 풍미와 정체성을 선사하고 있다(최정희 외 공역, 2017; 권은혜, 2021; 머니투데이, 2019년 6월

그림 9. 텍스멕스식 타코(좌), 텍스멕스식 타코 음식점의 메뉴판(우). 메뉴판에서 밀 토르티야, 치즈와 같은 미국식 재료가 대부분 포함되는 것을 확인할 수 있다.

그림 10. 텍스멕스 토르티야, 엔칠라다, 나초(좌), 텍스멕스식 딥치즈 나초와 치미창가(우)

15일 자; 미국 관광청 사이트).

　멕시코에는 없지만 텍스멕스에는 있는 새로운 요리와 재료 역시 매력적이다. 칠리(Chilli) 소스를 먹어 본 적이 있는가? 많은 경우 서양식을 먹을 때 제공되는 소스 중 하나인 만큼 우리나라에서도 그 인지도와 선호도가 높은 편이다. 사실 칠리소스는 '칠리

호모트래블쿠스의 지리답사기

콘 카르네(Chilli Con Carne)'라는 음식에서 비롯된 양념이다. 칠리 콘 카르네는 1800년대 후반 샌안토니오의 테하노 여인들로부터 처음 등장한 음식인데, 당시 백인들은 소고기와 강낭콩, 칠레고추를 넣고 끓인 이 매콤한 스튜에 사로잡혔다. 샌안토니오 주민들은 이 기회를 놓치지 않고 1893년 일리노이(Illinois)주 시카고(Chicago)에서 열린 세계 콜롬비아 박람회(World's Columbian Exposition)에서 칠리 콘 카르네를 소개했다. 이 날 이후 미국 전역에서 칠리는 큰 인기를 끌게 되었고, 칠리는 각 지역의 색을 입고 칠리 파우더, 칠리 통조림, 칠리 맥(Chilli Mac)과 칠리독(Chilli-Dog) 등으로 발전해 나갔다. 이러한 과정을 거쳐 칠리는 더 이상 텍사스만의 것이 아닌, 미국인의 필수 식품으로 거듭나게 되었다(권은혜, 2021; msn, 2022년 11월 26일 자).

하나의 음식을 여럿이서 나누어 먹는 것이 익숙한 우리나라 국민에게 가장 익숙한 멕시코풍 음식 중 하나인 파히타 역시 멕시코에는 없는 텍스멕스 음식이다(그림 11의 좌). 주로 뜨거운 철판 위에 고기와 야채, 치즈 등이 제공되고, 밀 토르티야 위에 기호대로 싸먹는 파히타는 주로 치맛살 스테이크와 함께 곁들인다. 파히타, 치즈 소스와 함께 제공되는 나초와 같이 오롯이 미국, 그리고 텍사스만의 특성을 담은 텍스멕스는 비록 멕시코의 전통 음식은 아니지만, 미국과 멕시코 모두가 공유하는 역사를 기반으로 한다는 점에서는 다를 바가 없었다. 이에 미국과 멕시코 문화권에서 자라 온 두 민족, 혹은 그 사이에 있는 이민자들의 입맛까지 사로잡을 수 있었다. 이후 미국 내 멕시코 이민자는 꾸준히 증가하여 상당한 규모를 유치하게 되었고, 텍스멕스 역시 덩달아 이러한 추세를 따라 미국 전역에서 찾아 볼 수 있는, 이른바 '국민 음식'이 되었다(Austin Chronicle, 2005년 3월 4일 자; 미국 관광청 사이트)(그림 11의 중과 우).

텍사스의 음식 이야기를 들으면서, 내심 바비큐 이야기를 기대했을 독자들이 있을 것이다. 텍스멕스의 경우, 멕시코의 전통 음식으로 잘못 알려지거나 잘못 이해하고 있는 경우가 꽤나 많은 편이다. 따라서 아마 많은 이들에게 '텍사스의 정통 요리'를 논

그림 11. 파히타(좌), 미국 한 마트의 토르티야 코너(중)와 치즈 코너(우). 미국 내 마트에서는 텍스멕스 요리를 위한 재료를 쉽게 구할 수 있고, 종류도 매우 다양하다.

한다면, 텍스멕스보다 바비큐가 좀 더 친숙할지도 모르겠다(그림 12의 좌).

　바비큐는 인류가 불을 이용하기 시작했던 그 옛날 원시시대부터 시작된 요리이다. 커다란 동물을 몇 주 간 쫓아 사냥에 성공하면, 집단의 모든 사람들이 함께 먹을 수 있도록 불로 천천히 조리한 것이 그 시작이다. 전 세계의 모든 인류가 향유하는 문화였지만, 오늘날 바비큐를 대표하는 국가는 미국이 되었다. 바비큐가 유독 미국에서 크게 발전하게 된 까닭 역시 원주민, 그리고 스페인과의 역사와 깊은 관련이 있다. 바비큐라는 말은 고기를 천천히 익히거나 건조시키는 데에 쓰이는 장작을 일컫는 타이노(Taíno)어의 바바코아(Barbacòa)로부터 비롯되었다. 나무로 만들어진 그릴 위에 그대로 올리면 조리 중에 불이 쉽게 붙기 때문에 어느 정도 간격을 두어야 했고, 그러다 보니 자연스럽게 낮은 온도에서 천천히 익혀지게 되었다. 이 과정은 약 섭씨 65도에서 진행된다. 보통 이 방식은 돼지고기에 적합한데, 돼지고기에는 주로 지방이 많아 고기가 마르기 전 콜라겐을 젤라틴으로 바꾸는 것이 용이하기 때문이다. 값싸고 질긴 부위도 쉬이 부드럽게 만들어주는 바비큐 조리법은 하루아침에 미국 남부로 건너 온 흑인

호모트래블쿠스의 지리답사기

노예들에게 위안이 되었다. 훗날 흑인들이 미국 남부에서 북동부로 이주하면서 미국 전역으로 바비큐 문화가 퍼지게 되었는데, 텍사스에서는 이 바비큐 문화가 사뭇 다른 방향으로 발전했다. 당시 축산업의 발달과 맞물려 남아 돌 정도로 쇠고기가 풍부했던 텍사스에서 쇠고기는 넉넉하지 않은 형편에 놓여있던 이민자들에게 훌륭한 식재료가 되었다. 특히 1900년대 초. 목화를 따던 일부 멕시코 이민자와 흑인 노예들은 음식점에 마음대로 출입할 수 없었기 때문에 독일계 이민자들의 정육점에서 종이에 싼 쇠고기 립(Rib, 갈비)과 소시지(Sausage)를 주문해 그 자리에서 먹곤 했다. 그들은 그 고기를 바비큐라고 불렀으며, 이것이 바로 텍사스만의 바비큐로 거듭나게 되었다. 텍사스 바비큐는 텍사스에서 많이 찾아 볼 수 있는 나무 '메스키트(Mesquite)'에 불을 피워 그 열과 연기로 오랜 시간 익히는 것이 특징이다. 텍사스에서는 보통 500g의 고기당 1시간 정도의 시간을 두고 천천히 익힌다. 훈제된 쇠고기는 벌레나 박테리아에 강해 보관하기 편리했으며, 메스키트의 연기는 고기에 풍미를 더한다. 오랜 시간 동안 열과 연기로 고기를 천천히 익히는 방법인 '로우 앤 슬로(Low and Slow)' 방식은 모든 종류의 고기 요리에 사용될 수 있지만, 쇠고기에서 유독 빛을 발한다. 돼지고기에 많은 엘라스틴 성분은 너무 오랜 시간 구울 경우 간혹 퍽퍽한 질감을 제공하기도 하지만, 쇠고기는 그렇지 않다. 로우 앤 슬로 방식으로 요리된 쇠고기의 내부 조직은 시간이 지날수록 수분을 더한다. 그중 근육과 지방 성분이 적절히 섞인 차돌양지(Brisket, 브리스킷)는 바비큐 요리를 하기에 가장 좋은 부위다. 차돌양지가 텍사스 바비큐를 대표하는 부위인 것도 이 때문이다(최정희 외 공역, 2017; 신유진 역, 2018; 중앙일보, 2015년 2월 16일 자; 텍사스 역사 위원회 사이트)(그림 12의 우).

텍사스 바비큐는 또 한 번 특별한 과정을 거친다. 텍사스에서는 고기를 굽기 전 쇠고기에 별다른 양념을 하지 않는다. 소금, 후추, 칠리와 같은 최소한의 밑간을 거칠 뿐인데, 이 모든 과정은 바비큐 본연의 맛을 위한 것이다(그림 13의 좌). 이렇게 완성된 텍

그림 12. 오스틴에 위치한 한 텍사스 바비큐 전문점 내부의 모습(좌), 브리스킷을 자르는 모습(우)

사스의 바비큐, 아직 완성되었다고 판단하기엔 이르다! 바비큐의 풍미를 한층 더하는 사이드 디시(Side Dish)를 빼놓을 수 없다. 텍사스의 바비큐 가게에 들어가면, 쟁반의 유선지 위에 원하는 부위의 바비큐를 고르고 사이드 디시를 선택하게 된다. 사이드 디시 외에는 주로 피클과 절인 양파, 그리고 빵이 무상으로 제공되는데, 이러한 전통은 과거 이민자들이 정육점에서 바비큐를 사먹던 시절의 이야기로 거슬러 올라간다. 정육점은 음식점이 아니었기 때문에 별다른 차림이 없었다. 대신 가게의 선반 위에서 반찬의 형태로 판매하던 것이 생 양파, 아보카도, 토마토, 피클과 같은 종류였다. 그런 의미에서, 입맛에 맞게 고르는 사이드 디시는 바비큐의 맛을 한층 더해주는 요소가 되었다. 그래서 각종 샐러드, 감자, 코울슬로(Coleslaw) 등은 사이드 디시의 보편적인 메뉴가 되었다. 한편, 텍사스에서는 텍스멕스의 성격을 갖는 사이드 디시를 만나볼 수 있다. 가장 대표적인 음식인 멕시칸 라이스(Mexican Rice)가 그것인데, 이것은 붉은색의 볶음밥으로 토마토 소스, 텍스멕스 요리에만 사용되는 향신료 커민 등이 들어간다. 이외에도 사워크림(Sour Cream)이 얹어진 나초, 멕시코 스타일의 코울슬로 등은

호모트래블쿠스의 지리답사기

그림 13. 바비큐를 굽는 과정(좌), 브리스킷과 립, 그리고 멕시칸 라이스, 멕시칸 코울슬로와 빵, 피클, 절인 양파가 제공되는 사이드 디시(우)

'텍스멕스 바비큐'로서의 정체성을 더해준다(그림 13의 우).

_ 음식과 텍사스가 속삭이는, '하나' 된 사회의 축복

로제 소스를 곁들인 떡볶이, 모짜렐라 치즈가 얹어진 닭갈비, 불고기가 들어간 햄버거, 햄이 들어간 부대찌개, 우리는 이미 셀 수도 없이 많은 퓨전(Fusion) 음식에 둘러싸여 있다. 원조 그대로의 우리 음식도 훌륭한 맛을 선사하지만, 과거에는 우리가 생각할 수 없었던, 혹은 구할 수 없었던 새로운 세계의 재료를 더하니 색다르면서도 풍미가 가득한 전통음식을 만나 볼 수 있게 된 것이다. 멕시코에서 이민자의 국가 미국으로 편입된 놀라운 역사 속에서 발전한 텍사스의 음식 역시 마찬가지다. 서로 다른 식생활이 어우러져 '텍사스 고유'의 음식은 한층 더 맛있는 방향으로 성장할 수 있었다. 우리 모두의 일부인 음식은 지금 이 순간에도 계속해서 SNS와 같은 다양한 창구

를 통해 또 다른 세계의 음식과 어울리고 있다.

2019년, 텍사스에서 멕시코를 바로 마주하고 있는 지역 엘파소(El Paso)의 한 대형 마트에서 총기 난사 사건이 벌어졌다. 이 사건으로 인해 23명의 무고한 시민이 생명을 잃고 22명의 시민이 중상을 입었다. 사망자의 대부분은 히스패닉계 이민자로, 범인들은 히스패닉계 이민자들을 표적으로 삼아 증오 범죄를 일으킨 것에 대해 인정했다. 실제로 지난 2020년, 텍사스에서 발생한 증오 범죄 중 인종과 관련해 벌어진 범죄의 비율이 무려 70%를 차지하는 것으로 나타났다(미국 법무부 사이트).

중남미 이민자, 특히 그중에서도 가장 많은 수에 해당하는 멕시코 이민자에 대한 독자 여러분의 인식은 어떤가? 미국의 전 대통령 도널드 J. 트럼프는 재임 기간 당시 멕시코 이민자를 '마약밀매상, 인신매매범, 범죄자'라는 단어들로 규명한 바 있다. 이는 현재 미국이 '멕시코 이민자'에 대해 어떠한 생각과 인식을 갖고 있는지에 대해 단적으로 나타난 발언이었다. 대중매체는 날마다 미국과 멕시코 사이 국경에 위치한 리오그란데(Rio Grande)강을 넘는 불법 이민자들의 모습을 조명하며, '불법적 외부인'들이 미국의 국경을 '침범'하는 상황을 계속해서 노출한다. 이러한 이미지 때문에 멕시코 이민자뿐 아니라 히스패닉계 이민자들의 대부분이 불법 체류자인 것처럼 비춰지지만, 현실은 그렇지 않다. 히스패닉계 이민자 인구의 80%가 합법적 이민자 1세대와 그 자녀들인 이민자 2, 3세대로 구성되어 있다. 또 멕시코 이민자 중 70%는 미국에서 출생한 미국 국적자이고, 나머지 30%가 멕시코 출생의 이민자 1세대인데, 이 중 절반만(약 550만 명)이 불법 이민자이다. 따라서 80% 이상의 중남미 출신 이민자들이 미국에 합법적으로 거주하고 있는 것이다(이은아, 2021).

적도와 가까울 정도로 미국 영토의 가장 아래쪽에 위치한 텍사스의 날씨는 우리나라에 비해 연중 내내 따뜻한 편이다. 구름도 보기 힘들 정도로 맑은 날씨와 따사로운 햇빛이 일반적이라는 이곳에서, 필자는 열흘에 가까운 시간 동안 해를 거의 보지 못했

호모트래블쿠스의 지리답사기

다. 영하의 날씨가 며칠간 이어지며 진눈깨비가 내리고, 매서운 바람이 뼛속까지 시리게 할 정도였다. 이곳에서 만난 현지인들은 모두 필자에게, 먼 곳까지 왔는데 '1년에 있을까 말까 한 이상한 날씨'가 이어진다며 안타까워했다. 하지만 현지인들의 이러한 증언에도, 여전히 필자에게 텍사스는 '런던보다도 흐리고, 비가 자주 오는 곳'으로 기억되고 있다. '편견'이 무서운 이유는, 바로 이 때문이다. 빙산의 일각은 결코 빙산의 모든 모습을 보여주지 못한다. 때로는 일부로 전체를 판단하고 규정짓는 것이 더 편리하기도 하다. 편견을 갖지 않으려고 노력하는 것은 쉽지 않은 일이지만, 마음을 먹는다면 노력의 크기만큼 더 넓은 세상을 마주할 수 있다. 마치 우리보다도 더 열린 마음으로 '다름'을 받아들이고 매번 색다른 길을 찾아 떠나는 음식처럼 말이다.

　문을 열고 바깥으로 나가면, 우리가 가장 먼저 바라보게 되는 것은 문 밖에 펼쳐진 경관 속 셀 수도 없이 다양하고 다채로운 '색'의 향연이다. 색은 각자의 가치와 매력을 간직한 채 풍경의 일부분을 채우고, 비로소 '하나'가 된다. 우리의 삶이자 분신인 음식은 '하나'된 삶의 지혜를 아주 먼 옛날부터 깨달은 듯하다. 수많은 문화를 거치며 다양한 색상을 통해 텍사스라는 공간에서 가꾸어 진 아름다운 식문화는 서로 다른 이들을 포용하는 법을 우리에게 넌지시 전해주고 있다. 텍사스의 이야기를 이 세상 모든 '편견'에게 전하면서, 더 넓은 세상으로 알을 깨부수고 나올 용기와 힘을 건넨다.

참고문헌

—

• 권은혜, 2021, "에스닉 음식(Ethnic food)에서 에스닉 아메리칸 음식(Ethnic American food)으로: 1850년대에서 1940년대 사이 이민자와 미국의 음식 문화," 사림, 77, 407~439.

• 강준만, 2010, 『미국사 산책 1: 신대륙 이주와 독립전쟁』, 인물과사상사.

• 김제림, 2021, "텃밭에서 옥수수 키우기," 그린매거진, 189, 52~53.

• 김태곤, 2004, "미국, 사료용 옥수수 생산 유통동향," 사료, 11, 52~57.

• 김형곤 역, 1999, 『미국의 음식문화』, 역민사(Elaine N. McIntosh, 1995, *American Food Habits in Historical Perspective*, Praeger).

• 신유진 역, 2018, 『음식과 전쟁: 숨겨진 맛의 역사』, 루아크(Tom Nealon, 2018, *Food Fights & Culture Wars: A Secret History of Taste*, Overlook Press).

• 이은아, 2021, "중남미 사람들의 미국 이민의 역사와 위기," 기독교사상, 749, 41~53.

• 임상래, 2003, "라틴아메리카의 국경과 이민: 멕스아메리카와 치카노," 라틴아메리카연구, 16(2), 199~233.

• 임상래, 2011, "미국-멕시코 전쟁의 이해: 간과된 성격들과 멕시코사적 의의를 중심으로," 라틴아메리카연구, 24(3), 97~119.

• 안용흔, 2012, "미 연방정부의 인디언원주민 정책," 민족연구, 0(49), 4~17.

• 우문호·엄원대·김경환·권상일·우기호·변태수, 2006, 『글로벌시대의 음식과 문화』, 학문사.

• 정승희, 2009, "중남미 음식 문화," 대한토목학회지, 57(2), 57~61.

• 정정희·정수근·권오천·한재원·이상민·조미정, 2020, 『흥미롭고 다양한 세계의 음식문화』, 광문각.

• 최준채·윤영호·안정희·남궁원·조미영·정선아, 2020, 『고등학교 세계사』, 미래엔.

• 최정희·이영미·김소영 공역, 2017, 『인류 역사에 담긴 음식문화 이야기』, 린(Linda Civitello, 2011, *Cuisine&Culture: A History of Food and People*, Wiley).

- 경향신문, 2022년 8월 22일, "미국인의 꿈이었던 아메리칸 드림, 이제는 '공화당만의 꿈'으로."
- 국민일보, 2020년 10월 14일, "20세기 중반까지 미국에서 이탈리아인은 '백인'이 아니었다."
- 대한민국 정책브리핑 뉴스, 2022년 11월 18일, "아는 만큼 보이는 '2022년 식품소비 트렌드'."
- 머니투데이, 2019년 6월 15일, "[맛보세]멕시코엔 없는 멕시코음식? 텍스멕스(Tex-Mex)!."
- 매일경제, 2022년 7월 21일, "현대그린푸드, 美인기 스테이크점 판교에 문연다."
- 서울경제, 2016년 3월 2일, "[권홍우의 오늘의 경제소사]텍사스 공화국과 론스타… 호갱."
- 중앙일보, 2014년 12월 8일, "'미국음식' 아니라고? 햄버거의 기원, 알고보니…."
- 중앙일보, 2015년 2월 16일, "바비큐의 역사, 초기의 바비큐는 어떤 모습이었을까?."
- 조선멤버스, 2020년 5월 22일, "[식탁 위 경제사] 신대륙서 건너온 '불길한 음식', 지금은 사료로."
- 조선비즈, 2019년 5월 22일, "美 3대버거 인앤아웃 팝업스토어에 300명 줄 서… '햄버거 전쟁'."
- 현대카드·현대커머스 뉴스룸, 2023년 1월 27일, "[MZ주의] 맛보다 분위기! MZ세대가 미식을 즐기는 이유."
- 한국경제 생글생글, 2020년 9월 14일, "'콜롬버스의 교환'은 어떻게 인류를 기아에서 구했나."
- Austin Chronicle, 2005년 3월 4일, "Fajita History."
- msn, 2022년 11월 26일, "멕시코풍의 텍사스 음식, 칠리의 역사에서 토핑까지."
- Texas A&M Today, 2021년 10월 7일, "Understanding Tejano History."
- USA Today, 2014년 1월 4일, "America's 15 best Tex-Mex chain restaurants."

- 미국 국립공원관리청 사이트(National Park Service), https://www.nps.gov/index.htm
- 미국 관광청 사이트(Go USA), https://www.gousa.or.kr
- 미국 법무부 사이트(The United States Department of Justice), https://www.justice.gov
- 시카고 푸드뱅크 사이트(Greater Chicago Food Depository), https://www.chicagosfood-bank.org
- 오스틴 관광청 사이트(Visit Austin), https://www.austintexas.org

- 월마트 사이트(Walmart), https://www.walmart.com

- 캠브릿지 백과사전 사이트(Cambridge Dictionary), https://dictionary.cambridge.org/ko

- 텍사스 로드하우스 사이트(Texas Roadhouse), https://www.texasroadhouse.com

- 텍사스 역사 위원회 사이트(Texas Historical Commision), https://www.thc.texas.gov

- 텍사스 연감 사이트(Texas Almanac), https://www.texasalmanac.com

- 한국국제문화교류진흥원(KOFICE) 홈페이지, https://kofice.or.kr/index.asp

- IBISWorld 사이트, https://www.ibisworld.com

- Titlemax 사이트, https://www.titlemax.com

인형이 속삭이고 장난감이 유혹하는 추억과 동심의 세계,
경기 '파주 헤이리'

#파주 #헤이리 #인형 #장난감 #박물관

_인형에 관한 작은 단상

어린 시절을 떠올려보면, 가장 즐겁고 행복했던 시간은 아마도 (공부하고 있을 때가 아닌) 인형(Doll)이나 장난감(Toy)을 갖고 놀고 있던 순간들이 아니었을까 싶다(그림 1). 그래서일까? 유독 힘든 사춘기를 겪고 있던 어느 날 문득, 어릴 적 가지고 놀던 마론 인형[1]들을 모아놓은 상자를 들여다보고 싶어졌다. 아무리 찾아봐도 보이지 않아 어머니께 여쭈어보았더니, 청천벽력 같은 대답이 들려왔다. "너, 이제 다 컸잖아. 더 이상

---

1. 마론인형(Maron Doll)이란 바비·쥬쥬·미미 등 실제 사람의 1/6 비율로 축소시켜 만들어진 인형을 통칭한다. 세간에는 '마론'이란 이름이 미스 유니버스 수상자의 이름에서 왔다는 설이 있으나 불명확하며, 이름의 유래 자체를 정확히 알 수 없다. 다만, 바비라는 이름이 미국 마텔사에서 생산하는 인형 상표이기 때문에 이를 피하고자 만들어낸 명칭 정도로 알려져 있다(IT조선, 2017년 8월 19일 자; 비엔나인형박물관 홈페이지).

그림 1. 라라·미미와 함께 인형놀이(좌), 아기인형을 가지고 노는 어린이(우)

가지고 놀지도 않는 인형들인 걸. 교회 목사님 따님에게 선물로 줬단다." 하늘이 무너지는 것 같은 기분이었다. 형용하지 못할 서러움과 아쉬움 때문일까? 아니면 작별인사도 하지 못하고 품을 떠나보낸 인형들에 대한 미안함 때문일까? 다 큰 어른이 되어서도 인형이나 장난감을 보면 그냥 지나칠 수가 없는 것은 어쩌면 나와 닮은 모습을 지닌 친구 같은 존재에 대한 깊은 감정적 이입, 그리고 함께한 시간에 대한 추억과 미련 때문인지도 모르겠다. 어디 그뿐인가? 인형은 유독 우리가 좋아하는 동물들, 이를테면 곰, 토끼, 강아지, 고양이 등을 상상하여 귀여운 모습과 사랑스러운 감정을 담아내고 있으니 인간에게는 더없이 친숙할 수밖에 없는 존재일 수밖에! (아무리 생각해도 인형은 단순한 사물이 아닌 것이다.)

_ 인형의 기원과 역사

　　인형이라는 말은 우상이라는 뜻을 지닌 그리스어 '에이돌로(εἴδωλο/eídolo)'를 어원

호모트래블쿠스의 지리답사기

으로 한다(박해미·정종원, 2006). 고대 인형이 제의나 주술의 한 부분으로서 신앙이나 숭배의 대상으로서 사용되었음을 상기한다면 그 어원이 그리 어색하게 느껴지지 않는다(김영아, 2016). 인형은 인류 역사와 같이 출발하여 발생 장소도 인간이 존재한 곳이면 어디에나 있었는데, 최초의 인형은 약 3만 년 전인 구석기 시대의 '빌렌도르프의 비너스(Venus of Willendorf)[2]'라 불리는 여신상으로, 풍요와 다산을 기원하는 주술적, 종교적 의식물이었다(최효원, 2019). 이후 고대 로마와 이집트에서는 조상을 본뜬 인형을 신성한 장소에 안치하여 집을 지키는 신으로서 존경을 바치기도 하였다(유홍택, 2002). 우리나라 역시, 신라의 고분에서 발굴된 유물 속에서 인형의 기원을 찾아볼 수 있는 토우가 발견되었다(유주연·권기영, 2014).

근대로 오면서 서양에서는 실내장식을 위주로 한 아름다운 인형을 만드는 경향이 짙어지게 되었다. 따라서 소박하고 상징적인 것보다는 실용적이고 장식적인 목적으로 상품화된 인형이 만들어지게 되었고 이 당시의 주요 이용층은 성인이었다. 8~9세기경에는 아동들의 놀이를 위한 볏짚인형도 제작되었다. 그러다가 14세기 초, 파리의 의상점이 패션모델 대신 인형에 옷을 입힌 패션돌(Fashion Doll)을 외국에 보내면서 인형의 상품화가 본격화되었고, 19세기에 들어서서는 성인의 모습을 하고 있던 인형이 천진난만한 아기의 모습으로 다시 태어나게 되면서 인간의 놀이 역사가 새롭게 써졌다(Boehn, 1956).

한편, 동양에서 인형이라는 표현은 중국의 한나라 때부터였다고 알려져 있으며, 일본에서는 무로마치시대인 16세기 말부터 사용되다가 명치시대인 1872년에 닌교죠루

---

2. 오스트리아 다뉴브강에 있는 빌렌도르프에서 1909년 철도공사 때 발견된 돌로 만든 여인상(女人象)이다. 높이 11cm의 조그만 계란형 돌에 유방·배·둔부·성기 등을 과장되게 표현한 특징을 갖고 있다. 이 조각상은 출산과 풍요를 기원하면서 만들어졌기에 '출산의 비너스'라고도 불린다.

리(人形淨瑠璃)라고 부르는 인형극이 유행하면서 '인형'이라는 용어가 일반화되었다 (서연호, 2000). 그 영향을 받아 20세기 초 우리나라에 일본의 신학문이 수용된 이후, 인형이라는 용어가 널리 사용되기 시작하였다(박해미·정종원, 2006). 우리나라에서는 해방 전후로 관광공예품용 인형이 주를 이루다가 1960년대 산업화의 영향으로 어린 이를 주 고객으로 하는 종이인형이 활발하게 상품화되었다. 종이인형은 다양한 색상의 선명하고 예쁜 그림들과 여러 종류의 의상이 함께 제공되는 '옷 갈아입히기 신드롬(Syndrome)'을 일으키며 1970년대까지도 선풍적인 인기를 끌었다. 그러다가 1980년대로 들어서면서 이 종이인형을 입체화된 장난감으로 승화시킨 마론인형이 등장하게 되었고 그 인기는 지금까지 이어지고 있다(그림 2).

최근에는 바비·리카·미미·쥬쥬 등의 마론인형뿐만 아니라 구체관절인형[3], 그리고 스타의 모습을 본뜬 인형 등 다양한 종류의 인형들이 등장하고 발전하면서 수집인형 문화도 자리 잡은 상태이며, 따라서 이미 어른이 된 성인들도 본격적인 인형수집가로서의 길에 들어서는 사람도 많아지고 있다(그림 3과 4). 이러한 과정을 거치면서 이

---

3. 구체관절인형(Ball-Jointed Doll, BJD)이란, 관절 부위를 구형으로 만들어 팔다리를 자유롭게 가동할 수 있도록 만들어진 인형으로, 다양한 포즈를 취할 수 있다. 또한, 이 인형은 안구와 가발도 자신의 기호에 따라 갈아 끼울 수 있어 기존의 인형들과는 달리 자신만의 스타일로 완성시킬 수 있다는 장점이 있다. 목각으로 만든 구체관절인형은 인체 소묘, 포즈 등의 연구나 학습을 위해 미술을 공부하는 사람들 사이에서 널리 쓰인다. 하지만 1980년대부터 일본의 인형 작가들이 이를 응용하며 현대의 구체관절인형으로 발전시켰고, 이 문화가 2000년대 한국으로 들어오게 되어 국내에 많은 구체관절인형 회사들이 생겨났다. 현재에는 고가의 수집형 인형으로 발전하였다(Lee, 2020).

⋯ 비스크인형과 구체관절인형

호모트래블쿠스의 지리답사기

그림 2. 1980년대의 종이인형(좌)과 대성완구(현, 미미월드)의 미미·토토·라라(우)

그림 3. 미국 마텔사의 바비, 일본 다카라의 리카, 한국 미미월드의 미미, 한국 영실업의 쥬쥬

그림 4. 어린왕자를 표현한 구체관절 인형(좌), 마텔사의 BTS 인형(중), 인형수집가들의 모임(우)

들 인형은 대중문화의 아이콘으로 부상하였다(용진경·박규원, 2016).

_ 파주 헤이리, 박물관 수집품으로서의 인형과 장난감을 말하다

박물관이라는 용어는 고대 그리스의 무세이온(Mouseion)에서 유래되었으며, '뮤즈에게 헌납된 사원(the House of Muse)'이라는 뜻을 갖고 있다(나애리, 2020). 무세이온은 조형예술과 학문적 성과 등을 제례에 봉헌하고 이를 보관하는 역할을 했다. 즉, 박물관의 수집 및 보존의 기능이 여기에서부터 시작된 것이다. 박물관의 고전적인 기능을 처음으로 갖춘 곳은 기원전 280년경 지어진 알렉산드리아 무세이온(Museion of Alexandria)으로, 이곳에는 70만 권의 서적들이 소장된 박물관이자 도서관이었다. 중세 유럽에서는 귀족이나 부호의 후원으로 수집된 유물을 종교시설에 두면서 박물관 기능을 수행하였다. 르네상스 시대로 와서는 부유한 가문들이 재력을 과시하기 위해 해외에서 구입하거나 약탈한 진귀한 물건들을 수집하고 전시하는 '호기심의 방(Cabinet of Curiosity)'을 만들기도 하였다(정은혜, 2018). 작은 서재이기도 한 호기심의 방은 일종의 미적 취향으로서, 수집이 중요한 덕목으로 자리 잡았음을 보여준다. 17세기, 유럽 식민지 개척이 전성기를 이루고 전제군주가 출현하면서 호기심의 방은 보다 큰 규모로 확대되었고, 이들 소장품의 가치가 인정되면서 소장품들은 유물로서 보관하기 시작하였다. 프랑스 혁명 이후인 18세기부터 공공박물관들이 큰 규모로 잇따라 개관하였고, 19세기에는 제국주의의 팽창으로 유럽 강대국들은 식민지에서 가져온 유물을 기반으로 박물관 소장품들을 더욱 늘렸다. 그 외에도 당시 수집가들이 기증한 개인의 소장품도 함께 전시함으로써 제국의 문화적 우월성을 증명하기 위한 용도로 쓰였다. 사실상 영국이나 일본에 크고 작은 박물관들이 상대적으로 많이 분포하는 것은 이러

호모트래블쿠스의 지리답사기

한 박물관의 역사 때문이기도 하다. 즉, 다른 어느 나라보다도 영국이나 일본에서 다채로운 박물관들을 볼 수 있는 것은 제국주의의 산물이라는 해석이 일반적이다. 한편, 산업혁명 이후에는 과학적 사고방식에 의해, 박물관의 소장품들이 보다 체계적으로 분류되고, 세분화되면서 전문박물관이 설립되었다. 특히, 20세기 후반에는 박물관이 전시와 보존이라는 수동적인 역할에서 탈피하여, 대중에게 교육 및 서비스를 제공한다는 적극적인 역할을 수행하게 되었으며, 대형박물관이 아닌 하나의 작은 기관을 중심으로 특정 주제와 시대를 특화시켜 전시하는 공간의 개념으로 변화하고 있다(신상철, 2022).

이 같은 변화를 반영하기라도 하듯 파주의 헤이리에는 각기 특징적인 주제를 지닌 다양한 중소 규모의 박물관들이 옹기종기 분포하고 있다. 그렇다면 헤이리는 어떤 곳일까? 경기도 파주지역에 전해오는 전래농요인 〈헤이리 소리〉에서 유래한 헤이리는 통일동산 내에 위치해 있다(문선욱, 2011). 통일동산은 1980년대 후반 러시아와 중국의 개방정책과 같은 동서화합 및 교류협력 시대를 맞이하여 1988년 노태우 대통령의 유엔연설과 1989년 한민족공동체 통일방안에서 '평화 시 건설구상'이 제안되어 그 실천을 위해 '통일동산 개발촉진지구 조성사업'으로 국가적인 사업이 준비되며 만들어졌다. 1990년에는 특정지역 및 개발촉진지구로 지정되고, 동년에는 기본계획 결정과 조성사업 실시계획승인이 이루어져, 1999년 한국토지공사와 부지계약을 체결하고 2000년에 마스터플랜을 완성하여 2001년 파주시로부터 실시계획을 승인받았다(박태원·송문섭, 2012). 이러한 과정을 거쳐, 2004년 문화예술인 마을로 조성되면서 문화예술인들의 창작과 교류활동을 위한 문화예술 공간으로 탄생하였고 새로운 관광지로도 부상하였다(문재원·엄은희, 2012). 이 마을의 목적은 주로 예술인들의 이상적인 공동체 형성, 자유롭고 안정적인 창작과 교류활동, 새롭고 실험적인 문화예술의 창달을 도모하는 데에 두고 있다(박구원·김흥식, 2007). 아직도 완공된 것은 아니고, 지속적으

그림 5. 파주 헤이리 문화마을 지도. 헤이리에는 다양한 박물관들이 자리 잡고 있다.

로 마을을 구축하고 조성하고 있는 상태이다.

　파주 헤이리에는 정말 다양하고 재미있고 유익한 박물관들이 많이 있다. 그중에서도 '인형과 장난감 박물관'은 수집품들을 통해 어릴 적 시간을 추억할 수 있고 지나간 동심을 다시금 불러일으킨다는 점에서 흥미로운 공간이다(그림 5). 사실 파주 헤이리의 인형과 장난감 박물관은 아주 유명한 곳도 아니고, 또 방문객들의 기호에 따라 호불호가 나뉘는 곳이기는 하다. 종종 인형을 무섭다고 생각하는 사람들도 있기 때문이다.[4] 그럼에도 헤이리를 가게 된다면 적어도 한번쯤은, 인간 세계의 모습을 축소하여

---

4. 인형은 우리 인간에게 친숙한 존재이지만 때로는 두려움과 공포, 또는 불길한 대상으로 여겨지게 한다. 대표적인 예로 영화 〈사탄의 인형〉(1988)을 들 수 있다. 이 영화에 등장하는 처키(Chucky)인형은 나쁜 사람의 영혼이 깃든 존재로 인간들에게 해를 가하며 보는 이로 하여금 공포감을 배가시킨다. 이처럼 인형에 대한 이중적 감정은 인형이 인간과 닮았다는 친근함, 어릴 적부터 놀이의 대상이자 친구로 여겨왔다는 익숙함, 반면

담고 있는 인형들의 공간에 대해 호기심을 갖고 들여다보면 좋을 듯하다. 그렇다면 이 곳에 위치한 '세계인형박물관'과 '토이뮤지엄'을 함께 가볼까?

_ 요코하마에 '인형의 집'이 있다면, 파주 헤이리에는 '세계인형박물관'이 있다.

일본 요코하마에는 '요코하마 인형의 집(横浜人形の家)'이라는 인형박물관이 있다. 세계 최대의 인형관으로, 여기에는 게임 만화의 캐릭터, 피규어, 그 외 각종 완구인 형뿐만 아니라 100개국 이상의 국가에서 수집된 인형들 약 10,000여 점이 소장되어 있다(요코하마 인형의 집 사이트). 거의 모든 인형이 모여 있다고 해도 과언은 아니다.

그러한 인형이 인간처럼 살아서 움직이지 않는다는 낯설음이 교차하면서 생기는 불안감과 공포감으로 해석한다(Jentsch, 1906; Freud, 1919).

그림 6. 요코하마 인형의 집 외부와 내부

그림 7. 시기별로 정리된 인형의 역사

그림 8. 국가별로 정리된 세계인형들. 한국인형을 만나볼 수 있어 우리에게도 정겹다.

그림 9. 인형작가들의 창작인형 전시 공간

1978년 한 인형 수집가가 요코하마에 수집품을 기증한 것을 계기로 시작되었는데, 그
후 다른 소장가들에 의해 추가 기증이 이루어지고 장소도 더 좋은 곳으로 옮겨지면서
1986년부터 오늘의 모습을 갖추게 되었다(그림 6).

　그렇다면 왜 요코하마인가? 요코하마는 일본의 근대문명의 개항지로, 19세기 말

서구문명이 일본으로 유입되는 관문이었다. 그래서 19세기 말부터 외국인들의 취향에 맞춰 일본의 민속인형이 만들어지기 시작했고 수집가들이 생겨나면서 '요코하마 인형의 집'의 기초가 마련되었다(노창선, 2009). 사실 요코하마는 인형뿐만 아니라 실크박물관, 라면박물관, 차이나타운, 그리고 19세기 서양의 생활상을 보여주는 주거와 정원에 이르기까지 역사·문화적인 콘텐츠를 무수히 내장하고 있는 창조도시이기도 하다. 이러한 도시적 특성 가운데에서도 요코하마 인형의 집은 역사성을 포함하는 문화아이템으로서 가장 성공한 경우에 해당한다. 비교적 조용한 곳에 위치해 있는 이 인형박물관은 총 4층으로 되어 있다. 요코하마 인형의 집에는 시기별로 인형의 역사를 정리해 놓고 있을 뿐만 아니라(그림 7), 국가별 또는 종류별로도 인형을 분류하여 인형에 대한 상식을 넓힐 수 있도록 해 놓았다(그림 8). 또한 상설 인형극장이 있어 인형극과 음악회가 열리기도 하고, 인형작가들의 창작 인형전시 및 작업공방, 그리고 교육기관이 자리하고 있어 인형을 원소스로 하는 다양한 이용자들이 설계되고 생산되고 있다(그림 9). 그래서일까? 많은 나라들은 일본의 인형문화가 여타의 국가들보다 콘텐츠 개발이나 인형산업에서 상대적으로 앞선 양상을 보이고 있다고 생각한다. 그러한 이유로 좋은 인형박물관의 모델로 평가받고 있다.

요코하마 인형의 집이 조용한 곳에 입지해 진정한 덕후[5]들이 찾는 곳으로 알려져 있다면 파주의 '세계인형박물관(World Doll Museum)'은 헤이리 문화마을에 있다는 특성으로 인해 비교적 관광객을 대상으로 한다는 차이점이 있다. 하지만 점차 인지도가 높아지면서 가족 단위의 방문객뿐만 아니라 인형수집가들의 관심을 받으며 개별적으

---

5. 덕후란, 일본어 오타쿠(御宅)를 한국식으로 발음한 오덕후의 줄임말로, 초기에는 집안에만 틀어박혀서 취미 생활을 하는, 사회성이 부족한 사람이라는 의미로 사용되었으나 현재는 어떤 분야에 몰두해 전문가 이상의 열정과 흥미를 가지고 있는 사람이라는 긍정적인 의미로 사용된다.

로도 찾고 있는 새로운 명소로 떠오르고 있다. 규모로 보면 요코하마 인형의 집에 비해 조금 작은 3층 건물에 두 개의 층이 전시공간으로 활용되고, 인형의 수 역시도 세계 80개국의 1,000여 점 정도로 요코하마 인형의 집에 비해서는 적은 편이다(이스안, 2018)(그림 10). 하지만 이곳 인형박물관은 요코하마 인형의 집처럼 국가별로 인형을 전시하지 않고, 직업군, 유명한 인물, 유명한 인형회사, 그리고 전통의상 등에 따라 인형을 분류하여 보다 세밀하게 전시를 해 놓았다는 특징이 있다(그림 11과 12). 특히 전통의상과 관련해서는 자세한 설명을 곁들여 해당국가의 문화를 복식과 함께 공부

그림 10. 파주 헤이리 세계인형박물관 외부(좌), 마트료시카가 반겨주는 전시장 내부(우)

그림 11. 굴뚝청소부 인형(좌), 〈바람과 함께 사라지다〉의 비비안 리(스칼렛 오하라 역) 인형(우)

호모트래블쿠스의 지리답사기

그림 12. 유명한 인형회사 고햄(Gorham)사의 인형들

그림 13. 전통의상에 관한 설명과 함께 전시된 인형들

하며 살펴볼 수 있도록 하였다(그림 13). 주로 전통의상을 입은 인형들로 구성되어 있

지만 대중적으로도 익히 잘 알려져 있는 바비 인형, 마리오네트 인형, 호두까기 인형,

포세린 인형 등도 만나볼 수 있어 노랑·연둣빛 배경과 함께 어릴 적 동심의 세계로 돌

그림 14. 마리오네트 인형, 호두까기 인형, 포세린 인형

아가기에 적격인 공간이다(그림 14). 게다가 이 인형박물관에서는 (원한다면) 부관장님
이 직접 인형을 소개하고 설명해 준다는 장점이 있다. 그로 인해 인형에 별 관심이 없
던 사람들도 인형에 관한 지식을 넓힐 수 있는 공간이다. 또한, 인형 만들기 체험도 가
능하다. 단, 예약을 통해서만이 가능하다고 하니 방문 전 알아두면 좋겠다.

_ 런던에 '폴락 장난감 박물관'이 있다면, 헤이리에는 '한립 토이 뮤지엄'이 있다.[6]

　런던에는 유독 박물관이 많다. 그 이유는 앞서 언급했다시피 많은 식민지를 가졌

---

6. 폴락 장난감 박물관과 한립 토이 뮤지엄은 장난감(Toy)이라는 개념을 '어린이든 어른이든 누구나 갖고 싶은
물건이자 가지고 놀 수 있는 모든 물건'으로 지칭하고 있어 인형(Doll)까지 포함하는 포괄적 의미로 적용하
고 있다. 따라서 이들 박물관은 단순히 장난감뿐만이 아니라 인형도 함께 전시하고 있다.

호모트래블쿠스의 지리답사기

던 대영제국이 남긴 흔적으로 볼 수 있을 것이다. 식민지에서 가져온 다양한 종류의 물건들은 박물관이라는 별도의 공간에 놓이게 되었고, 그 중심지는 당연히 런던이었다. 이후 산업혁명과 과학의 발전으로 박물관 물건들이 더욱 체계적으로 분류·세분화되면서 런던에는 전문박물관으로 특화된 곳들이 많이 생성되었다. 그래서 런던에 가면 정말 크고 작은 다양한 크기의 박물관들을 만날 수 있고, 특히 런던은 역사와 결합하여 인형들을 전시하고 있는 중소 규모의 박물관들이 적잖이 분포한다. 대표적으로 세계적인 인물들이 밀랍인형의 형태로 한 자리에 모여 있는 '런던 마담 투소 박물관(Madame Tussauds London)', 중세 지하 감옥을 재현한 '런던 감옥(London Dungeon)',

그림 15. 마담 투소 박물관의 엘리자베스 여왕과 셰익스피어(좌상), 셜록 홈스 박물관(우상), 런던 감독(하)

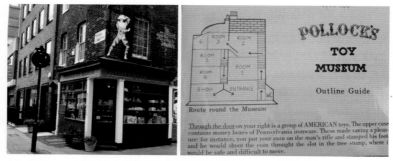

그림 16. 폴락 장난감 박물관(좌), 폴락 장난감 박물관 가이드라인 및 내부 도면도(우)
출처(좌) 폴락 장난감 박물관 사이트

셜록 홈스 팬들의 필수 코스로 알려진 '셜록 홈스 박물관(Sherlock Holmes Museum)', 그리고 오래된 장난감 인형들을 한곳에서 만나볼 수 있는 '폴락 장난감 박물관(Pollock's Toy Museum)'은 그 예이다(그림 15). 이 중에서도 관광책자에 소개된 유명세와는 달리 의외로 작은 규모에 적잖은 충격을 받는 곳이 있는데, 바로 '폴락 장난감 박물관'이다 (그림 16).

폴락 장난감 박물관은 1956년 런던에 문을 연 장난감과 완구 전문 박물관이다.[7] 설립자는 마거리트 퍼드리(Marguerite Fawdry)이지만 박물관 명칭은 빅토리아 시대의 마지막 인형 극장을 운영했던 벤저민 폴락(Benjamin Pollock)의 이름에서 유래하였다(폴락 장난감 박물관 사이트). 3층으로 된 건물이지만 다소 폭이 좁은 낡은 건물이다. 빨간색 간판에 초록빛 색깔로 칠해진 이 건물의 정문(나무로 되어 있는)으로 들어가면 비좁은 공간에 인형과 장난감들이 빼곡히 들어차 있고, 그곳에 매표소와 상점이 동시에 구

---

7. 원래 몬마우스 스트리트(Monmouth Street)에 있었으나 소장품이 많아져 1969년에 스칼라 스트리트(Scala Street)로 이전하였다.

호모트래블쿠스의 지리답사기

비되어 있다. 여기에서 표를 구매하면 바로 옆 칸으로 들어가 곧바로 인형과 장난감을 감상할 수 있는데, 워낙 규모가 작아 빙글빙글 나선형의 계단을 오르내리며 감상해야 할 뿐만 아니라 칸칸이 작은 칸막이 유리창 안에 가득 들어찬 인형과 장난감을 보기 위해서는 고개를 숙이고 허리를 구부리거나 아니면 잔뜩 몸을 웅크린 채 봐야 하는 수고로움을 감수해야 한다. 남녀노소를 불문하고 호기심 잔뜩 어린 눈으로 쪼그리고 앉아 인형들을 감상하는 관람객들의 모습을 보는 것도 흥미로운 감상 포인트다. 폴락 장난감 박물관에는 여러 시대의 세계 각국의 인형과 장난감이 전시되어 있는데, 유럽 인형들이 가장 많은 부분을 차지하지만 영국의 식민 지배를 받았던 아프리카, 인도, 라틴 아메리카 등의 인형이 놓여 있음도 지리학을 공부하는 사람의 시각에선 놓칠 수 없는 부분이다. 그리고 이곳엔 워낙 오래된 인형들이 많아 색 바랜 낡은 인형들이 대부분이다. 그런 이유로 혹자는 이곳을 조금은 으스스한 공간이라고 표현하기도 하지만 한편으로는 이러한 낡고 바랜 색상이 주는 세월의 흔적으로 인해 더 인간적이고도 본능적인 이끌림이 생기는 공간이기도 하다. 아마도 이는 세월의 깊이가 주는 익숙함이라고 생각되는데, 오래된 인형들의 손때 묻은 흔적들은 과거의 그 누군가로부터 사랑받았을 존재였을 거라는 추측, 즉 인간의 다정함에 대한 공감과 연민의 복합적 감정으로 설명될 수 있지 않을까 한다.

하지만 폴락 장난감 박물관은 인형과 장난감이 시기별·종류별로 말끔히 잘 정리되어 있지는 않다. 아기와 숙녀의 모습을 한 비스크 인형, 목각 인형, 플라스틱 인형, 테디베어 등의 인형들을 시크하리만치 '툭툭!' 대충 던져놓은 듯해서 자유분방함이 느껴진다(그림 17). 거기에 다양한 게임 도구, 기차와 자동차, 모빌과 같은 장난감 등이 뒤섞여 있다. 조명도 살짝 어두운 편인 데다 작은 프레임 속에 장식된 인형들은 사진을 찍으면 유리에 얼비쳐서 제대로 된 사진을 건질 수 없다는 점은 아쉬운 부분이다. 그럼에도 하얀색, 파랑색, 빨간색, 보라색 등 다양한 색상의 프레임은 다소 은은한 조명

그림 17. 유리장 속 색 바랜 낡은 인형들. 숙녀 인형, 아기 인형, 비스크 인형, 플라스틱 인형 등이 뒤섞여 있다.

그림 18. 원색의 프레임 속 장난감과 테디베어 인형. 테디 인형 칸에도 소녀 인형이 들어 있어 완벽히 정리된 공간은 아니라는 느낌이 든다.

아래서도 '장난감 박물관'이라는 이름 그대로의 재미와 동심을 유발하고 있으며(그림 18), 어찌 보면 시기별로 굳이 정리하지 않았기에 이곳이 공부하는 공간이라기보다는 그냥 즐기기 위한 공간이라는 발상, 즉 '놀기', '즐기기'라는 장난감 박물관 본연의 목적을 제대로 달성하고 있다는 생각이 들기도 한다.

이처럼 영국 런던에는 오래된 역사와 원색의 프레임이 결합된 아기자기한 폴락 장난감 박물관이 동심을 불러일으키고 있다면, 파주 헤이리에는 제법 큰 규모의 '한립 토이 뮤지엄'이 알록달록한 간판 글자로 사람들의 이목을 끈다(그림 19의 좌). 한립 토

호모트래블쿠스의 지리답사기

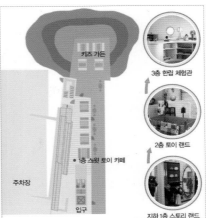

그림 19. 한립 토이 뮤지엄 외관(좌), 내부 구성(우)
출처(우) 한립 토이 뮤지엄 팸플릿

이 뮤지엄은 34년 전통의 어린이 완구업체 '한립 토이즈'가 장난감을 테마로 아이들에게 상상력과 놀이, 체험을 제공해 주기 위해 다양한 프로그램으로 구성한 어린이 놀이문화 공간으로서, 우리나라 최초의 완구 박물관이다(한립 토이 뮤지엄 홈페이지; 파주문화관광 홈페이지). 한립 토이 뮤지엄은 이곳 관장님이 30여 년간 전 세계를 돌아다니며 수집한 장난감들로 채워진 곳으로, 2007년에 문을 열었다(완구신문, 2015년 4월 9일자). 한립 토이 뮤지엄은 기존의 장난감 전시장들과 차별화되는 전시품과 전시 기획이 돋보이는 곳으로 입소문이 난 곳이다. 스토리랜드(Story Land), 토이랜드(Toy Land), 체험관, 토이비전룸(Toy Vision Room) 등으로 나뉘어 있는 건 그 예이다(그림 19의 우).

먼저, 스토리랜드는 말 그대로 이야기 공간으로, 다양한 역할놀이를 할 수 있는 공간이다. 미용실, 우체국, 동물병원, 법원, 비행장 등으로 재구성된 장소에서 직업 체험, 역할 놀이를 통해 다양한 스토리를 만들어내며 상상력을 확장시킬 수 있도록 구성되었다. 두 번째로, 토이랜드는 시대적인 구분을 통해 전시공간이 '현대전시관'과 '역

그림 20. 가까이에서 볼 수 있는 한정판 인형과 장난감, 그리고 트렌디한 장난감(위에서부터 시계 방향으로, 아톰 컬렉션, 연지 컬렉션, 사람만한 크기의 건담, 벽면에 걸려있는 미니어처 자동차)

그림 21. 인형을 통한 감성적인 전시. 인간의 탄생과 성장과정, 즉 삶을 인형으로 보여준다.

호모트래블쿠스의 지리답사기

그림 22. 나무로 만들어진 장난감 전시 및 체험

사전시관'으로 나뉘어 있다. 야외 정원이 한눈에 들어오는 트인 유리창으로 햇살이 들어오는 현대전시관에서는 외국 고가 브랜드의 한정판(Limited) 장난감과 현대적 감각의 트랜디한 장난감들을 전시해놓고 있다(그림 20). 한편, 토이랜드의 역사전시관은 놀이용품으로만 여겨졌던 장난감에 감성을 담아 사람을 꼭 닮은 인형들의 탄생과 성장과정을 담아 그들의 역사를 통해 우리 인생을 자연스레 습득할 수 있도록 했다(그림 21). 이에 더해 또 다른 공간에는 나무로 만들어진 장난감들을 전시하고 체험함으로써 가족이 함께 세대 공감이야기를 풀어낼 수 있도록 구성되었다(그림 22). 무엇보다 토이랜드가 지닌 가장 큰 장점은, 이러한 보기 드문 인형과 장난감들을 꽁꽁 싸매놓지 않고 오픈하여, 아이들을 비롯한 많은 관람객들이 이들을 좀 더 가까이에서 보고 즐길 수 있게 배려하고 있다는 점이다. 대부분의 박물관들이 인형과 장난감 전시물을 유리장 안에 가두고 있는 것을 본다면, 한립 토이 뮤지엄의 전시는 확실히 '차별화'되는 부분이다. 세 번째로, 체험관은 아이들이 직접 완구를 가지고 놀면서 교육적 효과를 누릴 수 있는 곳이다. 즉, 장난감은 기능적 놀이와 구성적 놀이, 가상 놀이, 규칙성 있는 놀이와 게임 등으로 분류되어 있다. 하지만 체험관이 마음 편하게 노는 개념으로서의

그림 23. 토이비전룸. 작은 구멍을 통해 바라보는 또 다른 작은 세상은 어릴 적 창호지로 만든 문을 손가락으로 뚫어 다른 공간을 호기심 어린 눈으로 살펴보던 옛 시절을 떠오르게 한다.

공간이 아니라 교육적인 '목적'이 크게 주어진다는 점에서 런던 폴락 장난감 박물관과는 차이가 느껴진다. 충분히 매력적인 공간이긴 하지만 한국의 교육열이 놀이문화마저 잠식하고 있는 것 같아 약간은 불편한 마음이 든다. 마지막으로, 토이비전룸은 장난감(Toy)과 시각(Vision)의 합성어를 가리키는 말로서 향후 장난감이 나아갈 방향을 박물관의 시각과 영감에서 실현하고자 하는 기획전시실이다(그림 23). 이 토이비전룸의 전시 기획은 주기적으로 변경되는데, 보통 한립 토이 뮤지엄의 관장님이 직접 아이디어를 내고, 기획하고 있다.

이처럼 한립 토이 뮤지엄은 정말이지 모든 구성이 잘 구분되어 있고, 전시품들과 관람자 모두가 잘 배려되고, 또 정돈까지 말끔한 장난감 박물관이라 할 수 있다. 흠 잡을 곳 없이 훌륭한 공간이라 생각하는데, 그중에서도 가장 인상적인 것은 바로 '장난감 병원'이 있다는 것이다. 이 장난감 병원은 고장이 난 장난감을 가지고 오면 마치 사람의 병원처럼 장난감의 상태를 살피고 진단서를 발부해 주는 것이 특징이다. 부품 교

호모트래블쿠스의 지리답사기

그림 24. 장난감 병원. 고장 난 인형과 장난감을 고쳐 준다.

환과 같은 서비스도 해 주고 있는데, 정말 좋은 발상이 아닌가! 특히 단순한 놀이도구로서의 장난감에 대한 인식을 전환시켜 장난감을 친구로 인식하도록 만드는 이러한 정서 함양 방식은 물건의 소중함까지 일깨워 줄 수 있다는 점에서 더없이 좋은 아이디어라 생각한다(그림 24).

아이들은 물론 어른들에게도 잊은 줄만 알았던 동심을 깨워주고, 가족 간 그리고 친구 간의 심리적 거리를 좁혀주는 한립 토이 뮤지엄이다! 편하게 놀기만 하는 공간이 아닌, 좀 더 교육적 목적을 지닌 공간이기에 대한민국의 교육현실이 느껴지기도 하지만, 그럼에도 불구하고 이 공간을 통해 장난감의 역사를 생각하고 장난감과 함께 건전한 상상력을 키워갈 수 있다는 점에서 상당히 매력적인 공간이 아닐까 한다.

_ 인형이 속삭이고 장난감이 유혹하는 박물관, 이 어찌 즐겁지 않을 수 있으랴!

또 다른 나를 마주하는 공간이자 어릴 적 동심의 세계로 돌아가 즐거운 놀이와 상상을 할 수 있는 곳, 바로 인형과 장난감 박물관이다. 어디 그뿐인가? 인형의 모습을 통해 인간의 역사와 돌아보고 장난감을 통해 현재의 놀이문화를 재확인해 볼 수 있기까지 하니, 어찌 이 공간이 즐겁지 않을 수 있으랴!

　요코하마에도, 런던에도 인형과 장난감 박물관이 있지만, 특히 우리나라의 파주 헤이리에 위치한 세계 인형 박물관과 한립 토이 뮤지엄이 지니는 독특한 매력을 속속들이 알아보았다. 각각의 매력이 다르기 때문에 그 어느 곳이 더 낫다고 단언할 수는 없을 것이다. 그런 의미에서 단순 비교는 지양하길 바라는 마음이다. 나름 객관적으로 각 박물관들의 장단점을 분석해보겠다고 하였지만 이 역시 주관적임을 배제할 수 없기 때문이다. 다만, 이 글을 통해 독자들이 각각의 박물관에 대한 매력을 느끼고 이들 공간에 대한 추가적인 정보를 받아볼 수 있는 정도의 선에서 활용해주길 바라마지 않는다.

　인형이 속삭이고 장난감이 유혹하는 이들 작은 박물관에서 잠시 시간의 흐름을 잊고 동심으로 돌아가 행복을 느껴보면 어떨까 한다. 인형은 여전히 자신을 닮은 인간들에게 관심과 애정받기를 원하고 있을 것이며, 장난감 역시 자신과 놀아주기를 기다리고 있을 것이기 때문이다. 그들을 너무 오래 기다리게 하지는 말자. 지금껏 충분히 당신들을 기다려 준 존재들이 아니던가? 과거로부터 이어진 당신의 손길을 기억하고 있을 인형과 장난감들을 위해 우리 인간들도 한 템포 시간을 늦추고 과거로 이어지는 추억의 통로로 발을 들여놓아 보자. 앞으로도 우리 인간들과 함께 많은 이야기를 써 나가길 기대하고 있을 인형과 장난감들이 당신을 반겨줄 것이다.

호모트래블쿠스의 지리답사기

참고문헌

- 김영아, 2016, "인형의 역할과 가능성에 대한 연구," 한국연극학, 60, 297~320.
- 나애리, 2020, "유럽 박물관의 역사," 유럽문화예술학논집, 11(2), 77~87.
- 노창선, 2009, "세계민속인형의 축제콘텐츠 개발방안 연구," 인문콘텐츠, 16, 7~27.
- 문선욱, 2011, "창조도시의 문화예술 어메니티와 조성에 관한 연구: 파주 헤이리 아트밸리를 중심으로," 한국디자인포럼, 30, 189~198.
- 문재원·엄은희, 2012, "파주 관광경로의 전환과 로컬리티의 재구성," 문화역사지리, 24(2), 167~185.
- 박구원·김홍식, 2007, "커뮤니티 문화타운의 관광사업적 특성과 발전과제에 대한 연구: 파주 출판문화단지와 헤이리아트밸리를 중심으로," 동북아관광연구, 3(2), 71~95.
- 박태원·송문섭, 2012, "헤이리예술마을의 장소성인식 요인분석," 한국도시설계학회지, 13(6), 177~194.
- 박해미·정종원, 2006, "인형에 담긴 사회문화적 의미에 대한 고찰," 어린이미디어연구, 6(1), 109~129.
- 서연호, 2000, 『꼭두각시놀음의 역사』, 연극과 인간.
- 신상철, 2022, "프랑스 박물곤 역사에서 계몽주의 전시 담론의 유산: 백과전서식 전시에서 보편사적 전시 개념으로의 전환과 확장," 한국프랑스학논집, 118, 145~167.
- 용진경·박규원, 2016, "인형 디자인으로 본 시각적 동일시 표현에 관한 연구: 바비인형을 중심으로," 브랜드디자인학연구, 14(2), 101~110.
- 유홍택, 2002, 『알기 쉬운 완구이야기』, 미학사.
- 유주연·권기영, 2014, "현대 패션쇼에 나타나는 인형과 인형이미지의 내적 의미," Human Ecology Research, 52(1), 33~42.
- 이스안, 2018, 『한국 인형박물관 답사기』, 토이필북스.
- 정은혜, 2018, 『지리학자의 공간읽기: 인간과 역사를 담은 도시와 건축』, 푸른길.

- 최효원, 2019, "바비인형의 동향에 비춰 본 한국인형 '미미'의 조형성 분석," 한국디자인학회, 336~337.

- Boehn, M., 1956, *Dolls and puppets*, Branford.
- Lee, S., 2020, *Doll Town*, Toyphilbooks.
- Freud, S., 1919, Das Unheimliche, *Gesammelte Werke*, XII, 229−268.
- Jentsch, E., 1906, *Zur Psychologie des Unheimlichen*, Universitätsbibliothek Johann Christian Senckenberg.

- 완구신문, 2015년 4월 9일, "가정의 달, 더욱 주목 받는 이 곳! 한립토이뮤지엄에 가다."
- IT조선, 2017년 8월 19일, "바비·리카·미미, 한 시대를 풍부한 패션인형 이야기."

- 비엔나인형박물관 홈페이지, http://www.viennadollmuseum.com
- 요코하마 인형의 집 사이트(横浜人形の家), https://www.doll-museum.jp
- 파주 문화관광 홈페이지, https://tour.paju.go.kr
- 파주 세계인형박물관 홈페이지, http://www.worlddoll.net
- 폴락 장난감 박물관 사이트(Pollock's Toy Museum), https://www.pollockstoymuseum.co.uk
- 한립 토이 뮤지엄 홈페이지, http://www.hanliptoymuseum.co.kr
- 헤이리예술마을 홈페이지, https://www.heyri.net

에도시대의 정취가 남아 있는 가구라자카의 역사·문화 재생,
일본 '도쿄'

#골목길 #도시재생 #역사문화 #일본사

_ 우리나라의 역사·문화 재생 관련 정책의 문제성 제기

시대가 변화하고 있다. 문화재로 지정된 것만을 전통의 대상으로 삼던 편협한 시각에서 벗어나, 면(面) 개념의 지역과 지구, 일상과 관련된 생활유산, 문화재로 지정되지 못한 근대문화유산, 비가시적인 역사적·문화적 분위기와 경관도 새로운 개념으로서의 전통으로 바라보고 있다. 최근에는 역사·문화 재생과 관련된 국가의 정책도 놀라울 정도로 다변화되고 진보화되는 경향을 보이고 있다. 그런데도 아직 우리나라는 이러한 사회 전반에 걸친 흐름과 의욕에 비해 역사·문화 재생과 관련한 총체적인 도시 패러다임 변화에는 크게 미치지 못하고 있다(도시재생사업단, 2012). 그 이유는 전통문화에 대한 다소 왜곡된 우리의 시각 때문이다. 즉, 전통문화를 예로부터 내려오는 관습 정도로 여기고, 전통문화에 대한 보존과 관리는 공공(국가)이 주체가 되어야 한다고 생각하고 있으므로, 일반적으로 전통문화의 필요성은 인정하지만 정작 본인의 삶과는 유리된 대상으로 이해하는 데에서 문제가 발생하는 것이다.

특히 제도와 의식과 소통의 문제는 큰 문제점이다. 즉, '제도의 경직성과 중앙집권형 정책 시스템'은 문제의 근원이라고 생각된다. 도시의 역사·문화를 다루는 데에는 장기적이면서도 세밀한 접근이 필수적이지만, 우리나라의 경우 어떤 상황에서든 언제나 '법대로'를 외치며 정치적·행정적 임시방편에 익숙해져 있다. 그러다 보니 지역성의 왜곡과 획일화 현상을 효율적으로 제어할 수 있는 제도적 융통성을 지니고 있지 않다. 그 다음으로, 공공의식의 왜곡과 민간의식의 부재라는 '의식'의 문제를 들 수 있다. 뚜렷한 역사의식의 부재 속에서 지역의 역사·문화와 관련된 대부분의 일을 관광개발의 대상으로 오인한 과잉투자와 문화상업화 현상의 결과는 이를 대변한다. 거기에 역사·문화와 관련된 일련의 조치를 민간 소유 토지에 대한 재산권 침해로 여겨 지역갈등으로 이어지는 현상은 비일비재한 일이 되었다. 어디 그뿐인가? 지역문화가 삶의 방식이나 생활양식의 총체라는 주장에 동의는 하면서도 주민참여를 기반으로 하는 지역의 통합발전과 공생의 수준에는 도달하지 못하는 '소통의 문제'도 고질적이다. 대개 역사·문화를 다루는 일은 공공성의 확보라는 궁극적 목표를 지향하기 때문에 진행속도가 느린 편인데, 이러한 점진적인 공공성에 익숙하지 않은 우리나라는 주민참여조차도 단기적 성과주의에 머무르게 하는 경향이 있다.

이러한 상황에서 역사·문화 재생과 관련된 우리나라의 공공정책은 그간 매우 폐쇄적인 상태로 진행되었다(도시재생사업단, 2012). 일제강점기에 형성된 근대사에 대한 양면적 시각, 광복 이후의 문화유산에 대한 관리 소홀, 창의적 판단과 실천을 도모할 수 없는 사회의 경직성, 역사·문화의 공공성에 대한 왜곡된 시각, 역사·문화와 개발에 대한 상치된 판단 등은 도시가 가진 차별적 장소정체성을 스스로 무너뜨리는 계기가 되었다. 그런 의미에서 이 글은 우리나라의 역사·문화 재생과 관련된 정책의 문제

호모트래블쿠스의 지리답사기

점을 극복하기 위한 하나의 사례로서, 장소정체성에 기반을 두고 골목길의 역사·문화를 재생한 가구라자카(神楽坂, かぐらざか)를 들여다보고자 한다.

_ '가구라자카'는 어떤 곳인가?

가구라자카는 일본(日本) 도쿄도(東京都) 신주쿠구(新宿区)의 동북쪽 끝에 위치한 700m가량의 가구라자카 골목과 그 일대를 일컫는다(그림 1). 현재는 가구라자카 역사지구(歷史地区)로도 명명된다.

가구라자카라는 지명은 17세기 에도시대(江戸時代)[1] 당시, 신사에서 연주하는 신악 소리가 들렸다는 데에서 유래한다. 이러한 가구라자카는 에도시대에는 무기 장인과 무사의 거주지로, 메이지시대(明治時代)부터는 중심상업지로 이름을 알렸고, 메이지시대부터 관동대지진(關東大地震) 이후까지는 서부 도쿄 최대의 번화가로, 게이샤 요정이 밀집된 지역이기도 했다. 그러나 시부야(渋谷), 신주쿠(新宿), 이케부쿠로(池袋)의 역사복합개발(驛舍複合開發)에 밀려 점차 쇠락의 길을 걸었다.[2] 그런데 가구라자카는 오히려 개발의 눈길이 닿지 않은 채 반세기를 지나온 덕에 전통적 경관과 풍류를 간직

---

1. 에도(江戸)시대란, 일본 역사의 시대 구분 가운데, 1603년 도쿠가와 이에야스(德川家康)가 쇼군(將軍)이 되어 에도에 막부(幕府)를 개설한 때부터 15대 쇼군 도쿠가와 요시노부(德川慶喜)가 정권을 천황에게 반환한 1867년까지의 시기를 말한다. 이 시기에 일본의 봉건사회 체제가 확립되었으며, 쇼군이 권력을 장악하고 전국을 통일·지배하였다. 정권의 본거지가 에도(현 도쿄)여서 에도시대라고 부르며, 정권 주인공의 성을 따서 도쿠가와 시대라고도 부른다. 에도 막부 시기 일본은 체제 안정을 통해 오랫동안 평화를 누렸으며, 이 평화를 바탕으로 사회경제, 문화적으로 많은 발전을 이룰 수가 있었다. 오늘날 '일본적이다'라고 할 수 있는 많은 것들이 이 시기에 마련되었다.
2. 가구라자카 역사지구는 도쿄역(東京駅), 신주쿠역(新宿駅), 이케부쿠로역(池袋駅)에서 각각 3.5km 정도 떨어져 있다.

한 마을로서 독특한 잠재력을 가질 수 있었다.

그렇게 정체되어 있던 마을에 1988년 신주쿠구가 가구라자카를 마을 만들기(まち づくり) 추진지구로 지정하면서 역사·문화를 통한 지구재생이 이루어졌다. 1990년대 후반 고층 건물의 급증과 오래된 점포의 폐업에 대응한 경관 보존 운동, 1997년 가로 환경 정비사업, 2007년 지구계획 지정 등 시기별 목표를 세우고 마을의 점진적인 발전을 도모한 가구라자카는 도쿄의 역사·문화 거점으로 다시금 주목받았다. 특히 이 과정에서 주민들과 시민단체들의 역할은 골목의 정체성을 지키는 데에 일조를 했다 (매일경제, 2015년 4월 3일 자). 가구라자카 지구의 마을 만들기 과정은 역사·문화적 가 치를 재조명하는 계기가 되었고, 가구라자카는 '도쿄 속의 작은 에도'라는 명칭을 이 어갈 수 있었다. 정취 있는 상점이나 유서 깊은 신사와 불각 등을 보기 위해 이곳을 찾 는 이들이 점차 증가하게 되었고, 이는 현재의 가구라자카를 도쿄 도심 내의 전통적이 고 우아한 인기 관광명소로서 구가하게 되는 결과를 낳았다.

그림 1. 가구라자카의 위치

호모트래블쿠스의 지리답사기

지리학, 도시계획, 도시사회학 등에서는 후기근대사회를 다양성, 혼종성, 열린 공간 등을 특징으로 보고, 대도시의 획일성이 사회병리를 촉발하는 근본원인이라고 주장하며 도시 내 다양성의 복원을 주장한다(Jacobs, 1961; 이경은, 2015). 즉, 도시의 재생은 생태적 다양성, 대중교통 지향형, 보행 친화적 도시, 자족성을 추구하면서 다양한 요소를 혼합해야 함을 피력한다(김흥순, 2006). 그리고 이러한 맥락에서 최근에는 도시 내 골목길에 대한 연구와 도시재생 및 계획이 한창 진행 중이다. 데이비드 브라우어(David Brower)는 "무한한 수요의 결과가 될 끊임없는 장소 박탈에 대적할 수 있는 가장 좋은 무기는 장소에 대한 사람들의 감성을 재생시키는 것"이라고 하였다(Gussow, 1971). 그러한 의미에서 골목길이라는 장소는 상대적으로 장소애와 장소감, 그리고 장소정체성이 편안하게 형성될 수 있는 공간이다. 따라서 골목길은 집 혹은 고향의 의미소를 내포하는데(김홍중, 2008), 골목길은 자신이 태어나 떠나온 지역이 주는 정서적이고 상징적인 감각을 제공한다는 점에서 양적이고 기하학적인 척도에 의해 측정되는 공간이라기보다는 정체성과 기억과 감정이 배어 있는 장소, 그리고 사람들의 집합적이고도 다양한 체험이 배어 있는 장소라고 할 수 있다(Relph, 1976). 하지만 이러한 골목길은 도시화의 진전으로 점차 현실의 공간에서 소멸해갔다. 건축학자 임석재는 "골목길이란 이름을 붙일 정도의 흔적을 조금이나마 가지고 있는 동네는 서울에서 잘해야 마흔 곳 정도인데, 그나마 절반 정도는 파편적으로 골목길을 품고 있다"고 말했다(임석재, 2006).

많은 학자들은 장소상실의 시대로 접어들면서 얼마 남지 않은 골목길은 대부분 노스탤지어의 공간으로 남아 진정성이 사라져 가고 있다고 안타까워한다. 이에 골목길의 장소정체성을 역사적으로 설명하고, 이제라도 골목이 지니는 공동체의 사회적 자본을 바탕으로 주민들의 내발적 발전을 이끌어내는 커뮤니티 공간으로 생성시켜야 한다는 연구가 등장하고 있다(김홍중, 2008; 허준영·이병민, 2017). 더 나아가 방법론적 차원에서 골목길의 도시재생 및 건축설계를 통한 정책적이고 전략적인 연구도 병행되고 있다(정신, 2003; 김재원, 2005; 민현석, 2010; 도시재생사업단, 2012). 특히 장소성과 역사성을 중심으로 한 옛길 가꾸기의 필요성을 언급하기도 하고(민현석, 2010), 역사·문화 보존 및 재생이라는 장기적인 대안이 시민의 삶과 환경을 더 풍부하게 할 것이라는 의식의 전환이 필요하다는 지적도 있다 (도시재생사업단, 2012).

한편으로는 골목길을 현대사회의 포스트모던 관광유형으로 분류하여 골목길을 유산관광으로 보고 경제적 창출을 유도해야 한다는 연구도 있다(Chandler and Costello, 2002; 조아라, 2010; 류태희, 2014). 이들 연구는 현실에서 점차 소멸해가던 골목길이 최근 몇 년에 걸쳐 문화적 영역의 풍경으로, 기호로, 미학적 표상으로 되살아나고 있다고 말한다. 따라서 사진과 영화를 포함한 영상매체들도 골목길을 풍부한 장소감을 환기시키는 아우라의 공간으로 재현하고 있을 뿐만 아니라, '머무르고 싶은 그곳에서 살고 싶은 욕망을 불러일으키는 장소'로서(Barthes, 1980), 상징적 자본(Collective Symbolic Value)으로 차별화되기 때문에 도시재생의 대상이 된다고 보고 있다(Harvey, 2012). 다시 말해, 현대의 자본주의 속에서 골목길이라는 공간이 기호가치가 되면 차별화된 상징적 자본으로서 그 자체로 낭만화·명소화되고 관광 상품화될 수 있기 때문에 충분한 역사·문화적 재생의 대상이 된다고 본 것이다. 이처럼 실제의 삶에서 소멸되어 가던 골목길은 이제 역사와 문화적 표상의 공간에서 재생이라는 이름으로 부활하는 역설이 일어나고 있다.

_가구라자카의 과거: 역사거리의 형성

가구라자카는 도쿠가와 이에야스(德川家康, とくがわ いえやす)가 교토에서 도쿄로 천도했을 당시 신주쿠구에서 유일하게 마을의 모습을 갖추고 있던 지역이었다. 에도 시대에는 무기장인과 무사들의 마을이었다가 메이지시대부터 무가주택이 철거되고 상업지가 들어서면서 서부 도쿄 제1의 번화가로 번성했다(장준호 역, 2006).[3] 쇼와시대 (昭和時代)의 초기에는 가구라자카가 가장 번성했던 시기로, 관동대지진(1923) 때에 도 피해를 거의 입지 않아, 당시 폐허가 된 긴자의 유명 상점과 백화점의 분점들이 앞 다투어 출점하며 '야마노테(山手)의 긴자'라는 별칭이 붙을 정도로 성황을 이루었다(矢原有理, 2008). 1940년대 초까지 도쿄에서 시내를 나간다는 것은 동부의 긴자 또는 서부의 가구라자카에 가는 것을 의미했다. 특히, 도쿄에서 가장 오랜 역사를 지닌 가 구라자카의 환락가는 한때 600명이 넘는 게이샤가 활동하며, 밤에도 대낮처럼 불빛 이 환하고 축제일이면 이동이 어려울 만큼 인기가 높은 곳이었다(그림 2).

하지만 1945년 미군의 폭격으로, 가구라자카 일대는 전소되었다. 그런데도 전쟁 후 화류계를 중심으로 빠르게 상권이 부활하며 1960년대 철강 분야 기업가, 고위 정 치가들의 교류의 장이 되면서 다시 한 번 인기를 구가하였다. 그러나 1920년대부터 급속히 성장하던 도쿄 서부 3대 부도심인 신주쿠, 시부야, 이케부쿠로가 1960년대 수 도권정비위원회의 부도심 정비계획 등으로 대규모 개발대상 지역이 되면서 상업의 중심축은 차츰 가구라자카에서 멀어지게 되었다. 이렇게 가구라자카는 소상권을 이

---

3. 메이지시대의 가구라자카는 나쓰메 소세키(夏目漱石), 오자키 고요(尾崎 紅葉) 등 일본 대문호들이 활발한 활동을 벌이던 장소이기도 하였다. 그 영향으로 지금까지 가구라자카에는 인쇄·출판 관련 점포가 넓게 분포 해 있다.

| 에도시대(1603~1867) | 메이지시대(1868~1912) | 쇼와시대(1926~1989) |

그림 2. 가구라자카의 과거 경관: 에도시대(좌), 메이지시대(중), 쇼와시대(우)
출처 신주쿠 관광진흥협회 사이트

루며 과거의 흔적만을 간직한 채 대중의 기억에서 사라져갔으나 1980년대부터 역사적 자원 중심의 마을 만들기 활동이 시작되면서 새로운 전환점을 맞게 되었다(가구라자카 지역 사이트).

_ 가구라자카의 현재: 역사·문화 도시재생 추진과정 및 성과

가구라자카는 에도시대로부터 남아 있는 골목길을 필두로 하여 소규모 필지에 저층 건물이 들어선 전통적 형태의 마을로 유지되었다. 그러다가 1990년 들어 부지 합필을 통한 고층 건물이 속속들이 신축되면서 경관이 점차 변화하기 시작하였다. 고층의 신축건물이 들어서면서 오랜 역사를 간직하였던 전통과자점, 기모노집, 도기집, 칠기집, 문구점 등 개인상점들은 지속적으로 감소하였다. 대신 그 자리에는 흔하게 볼 수 있는 프랜차이즈점이 들어서게 되었다(가구라자카 지역 사이트). 특히 2003년 26층 규모의 맨션인 '아이스타워'의 완공과 2002년 지역주민의 자부심이자 상징적 상점

호모트래블쿠스의 지리답사기

인 '다하라야(田原星)'[4]의 폐점 결정은 경관 보전에 대한, 그리고 가구라자카만의 역사와 문화를 유지하려는 지역주민들의 의식이 모이는 계기가 되었다.

가구라자카 골목길의 역사·문화 재생 추진과정을 살펴보자. 가구라자카 마을 만들기는 과제인식기, 활동초기, 조직형성기, 조직연대기 등으로 구분할 수 있다(矢原有理, 2008). 첫째 과제인식기(1988~1992)는 신주쿠구에서 가구라자카를 '마을 만들기 추진지구'로 지정하면서 시작된 시기로, 이 시기에는 마을 만들기를 이끌어갈 '(구)마을 만들기회(마치회)'[5]를 일부 상인과 거주민으로 구성하여 마을 만들기 계획안 작성과 과제 토론 등을 수행하였다.

둘째 활동 초기(1993~1997)에는 지역 유지들을 주축으로 한 자체 주민단체 '마을만들기회'를 다시 새롭게 구성하여 마을 만들기 방침을 정하고, 전통과 현대가 접하는 '멋진 마을 가구라자카'를 목표로 하는 헌장을 작성하여 마을에 대한 역사·문화적 도시재생을 보다 구체적으로 실행한 단계이다(표 1). 또한, '가구라자카다운 것'에 대한 논의를 지속하여 이를 책으로 엮어 1993년에는 『마을 만들기 키워드집 1권』을 발간하였다. 미군의 폭격으로 건물 대부분이 소실된 마을이었으나 가로의 형태와 체계만큼은 에도시대와 크게 다르지 않은 채 그대로 남겨졌기 때문에(그림 3), 무엇보다 가로를 보존하는 것을 마을 만들기의 주요 과제로 삼았다. 또한 헌장만으로는 실행력에서 한계를 보여 상인을 주축으로 한 가로환경 정비사업을 신청·추진하고, 1997년에는 대로변을 중심으로 하는 마을 만들기 협정[6]을 체결하였다(이키마치 주식회사 사이트).

---

4. 다하라야(田原星)는 1910년 개점 후 1950년대까지 도쿄에서 가장 세련된 서양식 레스토랑이었다. 2004년까지 1,000엔 지폐의 도안 모델이었던 나쓰메 소세키 등 일본 근대문학의 주요 인사들이 드나들었던 곳으로 유명한 곳이었다(가구라자카 지역 사이트).

5. (구)마을만들기회(마치회)는 1991년 공모 방식으로 구성되었으나 결정 1년 만인 1992년 해산했다.

6. 마을 만들기 협정의 내용은 다음과 같다. 첫째, 건물의 기본 높이는 18m로 하되(이는 추후 31m 이하로 규정

특히, 마을 만들기 협정 체결은 '가로상인회'를 출범시키는 계기가 되었고 비교적 구체적인 조항의 가이드라인을 제시해 지역주민 중심의 협의를 유도할 수 있는 단초를 제시했다. 또한, 디자인 측면에 있어서도 전통을 고수하는 가로환경 정비사업을 통해 바닥 패턴에 회색돌을 혼합함으로써 가구라자카의 상징인 돌길을 연상시킬 수 있도록 하였을 뿐만 아니라 보도와 만나는 부분의 상점 입구에는 맞이공간(Buffer Space)을 두어 보도와 어울리는 재질을 사용하도록 권고하였다(그림 4).

표 1. 가구라자카 마을 만들기 헌장 내용

헌장 1	언덕과 돌길을 중심으로 보행자에게 편리한 마을을 만들자.
헌장 2	가구라자카의 역사와 전통을 배경으로 문화의 향기가 강한 도시를 만들자.
헌장 3	안심하고 물건을 살 수 있는 활기 있는 상점이 있는 마을을 만들자.
헌장 4	거주민이 살기 좋은 안락하고 편안한 마을을 만들자.
헌장 5	마을 만들기 협정을 체결하여 미래를 준비하는 가구라자카를 만들자.

출처: 矢原有理(2008); 도시재생사업단(2012)의 자료를 종합하여 필자 재구성.

이 바뀐다.) 그 이상의 부분은 가로 반대편에서 보이지 않도록 후퇴시킨다. 둘째, 보도와 만나는 부분의 상점 입구에 맞이공간(버퍼공간)을 두며, 보도와 어울리는 재질을 사용한다. 셋째, 벽면 혹은 발코니의 입면 선을 옆 건물들과 나란히 맞춘다. 마지막으로 건물의 벽면, 파사드, 간판, 설비 등의 디자인을 마을과 어울리도록 배려한다(아래 그림 참조).

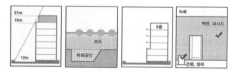

호모트래블쿠스의 지리답사기

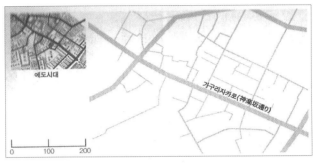

그림 3. 에도시대부터 이어져 오는 가구라자카의 가로 조직
출처 新宿区(2006); 도시재생사업단(2012)을 재구성.

그림 4. 가구라자카 골목길의 상징인 회색돌 바닥 패턴(좌·중)과 상점 입구의 맞이공간(우)

셋째 조직형성기(1998~2007)는 고층 맨션 반대 운동을 계기로 마을 만들기의 조직 체계가 자리를 잡게 된 시기다. 2003년 아이스타워의 완공을 기폭제로 삼은 주민들은 신주쿠구가 구성원으로 포함된 공식협의체인 '홍륭회(興隆会)[7]'를 조직했다. 또한, 전

---

7. 홍륭회는 가로상인회를 중심으로 지역회, 상점회, 조합회 등 가구라자카의 모든 지역조직과 신주쿠구, 지역

문가들의 체계적인 활동 지원이 가능한 'NPO 멋진 마을 만들기(클럽)'도 설립되었다 (세련된 마을 개발 클럽 가구라자카 사이트). 이들 기구는 지구계획 제정을 추진함과 동시에 강화된 고도제한 조항(신축건물 높이를 31m로 제한)을 추가하여 경관보존 규제를 이룰 수 있었다(서울경제, 2013년 12월 10일 자). 그런 이유로 현재까지도 가구라자카에서는 3층 정도의 낮은 건물들을 쉽게 만나볼 수 있는 곳이다(그림 5). 특히, 가구라자카에 들어선 복합 상업시설 '라 카구(La Kagu)[8]'는 쇼와시대 때 목재로 지은 창고를 허물지 않고 그것을 이용하여 제한된 높이에 맞게 건축가 구마 켄고(隈 研吾, くまけんご)가 현대적인 감각으로 재해석해냄으로써 가구라자카의 명물이 되었다(그림 6). 이처럼 가구라자카의 마을 만들기는 30년을 맞고 있지만, 과거와 현재를 오가며 여전히 진행 중이다.

그림 5. 가구라자카 골목길의 낮은 건물들

NPO(Non Profit Organization)가 참여하는 공식협의체이자 의사결정기구다.
8. 라 카구(La Kagu)는 문구와 팬시, 카페 등을 갖춘 편집숍에 책과 강의공간을 가미하여 지식요소를 융합시킨 신개념의 상점으로, 일본 특유의 정취와 이색적인 유럽 낭만이 공존한다.

호모트래블쿠스의 지리답사기

그림 6. 가구라자카의 라 카구(La Kagu)

    가구라자카의 역사·문화 도시재생 추진과정으로서 마지막 단계인 조직연대기 (2008~현재)는 '신주쿠구 협동사업'과 함께 'NPO 멋진 마을 만들기'를 주축으로, 골목 길의 면(面)적 보존에 더해 보존가치가 있는 개별 건물을 찾아내 지원하고, 연구 및 기 록 작업을 거치는 점(占)적 보존을 추가하는 시기로, 점차 조직적으로 사업을 펼쳐나 가는 기간이라고 할 수 있다. 특히, 건물에 대한 전수조사를 바탕으로 보존가치가 있 는 건물을 등록문화재로 지정하는 사업을 벌임과 동시에 역사·문화 재생을 통해 특 별지구로 지정하고 본격적으로 정책적·행정적인 작업을 본격화하고 있다. 가구라자 카역 인근의 '주식회사 다카하시(高橋) 건축사무소[9]'는 등록문화재로 지정된 대표적인 사례이다(그림 7). 무분별한 개발과 대규모 개발의 진행을 규제하고자 빈집 매입과 문 화강좌 등 수입사업이 가능한 '주식회사 멋진 마을'을 설립하여 가구라자카의 마을 만 들기는 정부 보조금에만 의존하던 사업에서 벗어나 조금 더 창의적이고 유동적으로 조절할 수 있게 되었다. 또한, 가구라자카의 지역자원과 마을 만들기 관련 정보를 모

---

9. 다카하시 건축사무소는 국토의 역사적 경관에 이바지하였다는 기준에 접목하여 2011년 등록문화재로 지정 되었다.

그림 7. 가구라자카의 등록문화재, 다카하시 건축사무소

아 2010년에는 『마을 만들기 키워드집 2권』을 발행하였다(矢原有理, 2008). 이처럼 가구라자카 는 골목길 공간에 대한 역사적인 기록과 문화적인 연구를 함께 도모함으로써 지속적인 경관을 유지하고 있다.

가구라자카 골목길을 중심으로 한 마을 만들기는 앞서 언급한 네 가지 추진과정을 통해 지역 주민과 상인을 주축으로 하여, NPO 멋진 마을 만들기, 주식회사 멋진 마을, 그리고 행정 등에 이르기까지 점증적으로 그 추진 주체를 확대해 나가며 현재의 모습을 이루어내었다. 특히, 지역 주민과 상인으로 구성된 각종 협의회(시민단체)에서는 각자의 특성을 살려 자생적이고도 역사·문화적인 지역재생 활동을 수행하고 있다. 이러한 추진과정과 주체세력은 가구라자카 골목길만의 장소정체성을 회복하며 에도시대의 역사·문화적 재생을 이룬 좋은 사례가 되었다.

고층 건물이 즐비한 중심업무 지구 한복판에 예기치 않게 나타나는 에도 스케일의 오밀조밀한 도시조직은 가구라자카를 방문하는 사람들에게 낯선 시간과 장소성을 경험하게 해 준다. 굳이 교토나 오사카를 가지 않고도 도쿄 내에서 지하철을 타고 쉽게 만날 수 있는 전통적 공간이 도심 한가운데에 건강하게 작동하고 있다는 것은 분명 가구라자카만의 훌륭한 도시자산임이 틀림없다(그림 8). 사실상 가장 도시적인 지역에서 가장 도시적이지 않은 기능에 공간을 내어주기란, 굉장히 어려운 법이다. 강한 개발의 압력과 마주해야 하기 때문이다. 법규를 통한 규제로 경관을 보존하는 방법도 있지만, 지역거주민의 공감대가 폭넓게 형성되어 있지 않은 상태에서는 그 어떠한 규제

그림 8. 가구라자카 지하철역(좌), 가구라자카 골목길(중·우)

도 부작용이 따르기 마련인데, 가구라자카는 행정 주도의 강력한 규제 대신 지역주민과 시민단체가 주도하는 점진적 타협의 방법을 택하였다. 무엇보다 지역주민이 주요 주체가 되어 지역의 특성을 연구하고 이를 바탕으로 경관의 보존을 법제화하는 절차를 진행해 왔다. 이러한 가치의 보존에서 한발 더 나아가 방치된 근대유산을 발굴해 등록문화재로 지정하는 작업을 통해 마을의 새로운 가치를 창조해나가며 가구라자카 골목길만의 장소정체성을 지켜나가고 있다.

이처럼 가구라자카 골목길을 중심으로 한 마을 만들기를 추진하는 과정에서, 하드웨어적인 접근의 비중은 상대적으로 높지 않았지만, 가로환경 정비사업, 등록문화재 제도, 살고 싶은 마을 만들기 담당자 사업, 신주쿠구 협동사업 등을 통해 워크숍을 지원하고, 현장 답사를 하고, 공간에 대한 실측 조사 등을 병행하는 소프트웨어적 지원의 비중을 더 많이 두었다. 그 결과 오히려 소프트웨어적인 접근이 이 지역의 장소정체성을 만드는 데 일조를 하였다. 즉, 가구라자카 골목길과 마을 만들기 추진 성과는 하드웨어적인 가시적 성과물에 치중하지 않고, 자료 조사와 연구를 통한 전통가옥과 골목길 조성, 문화축제 등 역사적·문화적 가치를 발굴하면서 지속 가능한 마을을 만

그림 9. 가구라자카 골목길에서 펼쳐지는 아와오도리

드는 노력을 게을리하지 않고, 이를 널리 알렸다는 점에서 의의가 있다. 특히, 가구라자카 축제는 매년 7월 넷째 주 금요일과 토요일에 열리는데, 이 축제는 1972년(쇼와 47년)부터 가구라자카 상인회가 중심이 되어 시작하게 된 축제로 그 역사가 깊다. 중심 행사로 아와오도리(阿波踊り) 대회가 개최된다(그림 9). 아와오도리는 매해 여름마다 중심 상권가를 중심으로 열리는 마을 축제로서 사업 번영과 마을 안전, 개개인의 안녕을 바라는 마음을 모아 한뜻으로 율동과 함께 거리를 행진하는 참여형 축제이다.

결국 가구라자카는 대도시 속에 있음에도 그 꼬불꼬불한 골목길에 예전에 있던 전통과자점, 기모노집, 칠기집, 고급 가이세키 요리(会席料理)[10]집 등 정취가 묻어나는

---

10. 가이세키 요리는 에도시대부터 차려졌던 일본의 연회용 요리로, 작은 그릇에 다양한 음식이 조금씩 차례대로 담겨 나오는 일본의 연회용 코스 요리이다. 현재 가구라자카에는 5채의 요정과 약 25명의 게이샤가 있어 고급 가이세키 요리를 즐기며 춤 등을 감상할 수 있다(라이브 재팬 사이트). 지금도 가구라카자 거리에서는 기모노를 입은 게이샤를 마주칠 수 있다.

호모트래블쿠스의 지리답사기

그림 10. 역사·문화 공간으로서의 가구라자카 골목길의 상점들

전통적인 상점들이 그대로 유지될 수 있었고, 또한 유서 깊은 신사와 불각 등을 되살리며 역사와 문화적 정서를 간직한 마을을 완성할 수 있었다. 또한, 나쓰메 소세키(夏目漱石, なつめそうせき)와 오자키 고요(尾崎 紅葉, おざき こうよう)[11]와 같은 일본의 문예가들이 많이 살아온 동네라는 차별성을 살려 이를 장소와 연관해 마을에 서점과 문구점 등을 배치하여 장소의 정체성을 유지하고 있기도 하다(그림 10과 11).

물론 가구라자카가 골목길을 중심으로 역사·문화적 재생을 잘 도모하고 유지해왔

←··· 가구라자카 거리의 게이샤(필자 촬영)

11. 나쓰메 소세키(夏目漱石)는 일본 소설가 겸 영문학자로, 그의 작품은 당시 전성기에 있던 자연주의에 대하여 고답적, 관상적(觀賞的)인 입장이었는데, 주요 저서로는 『나는 고양이로소이다』, 『마음』 등이 있다. 오자키 고요(尾崎 紅葉)는 일본 메이지시대의 소설가로, 대표작으로는 『다정다한』이 있다.

그림 11. 역사·문화 공간으로서의 가구라자카의 신사와 서점

그림 12. 가구라자카에 새로 들어선 서양 음식점들

지만, 도심 상업지구에 자리한 역사지구로서, 앞으로도 개발의 압력과 역사·문화적 마을 경관의 보존 사이에서 균형을 맞추는 것은 더 어려워질 수 있을 것이다. 실제로 가구라자카에는 여전히 새로운 건물이 속속 들어서고 있으며, 재생이 진행되어 인기가 높아질수록 프랜차이즈점과 서양 음식점의 입점도 줄을 잇고 있기 때문이다(그림 12). 그런데도 '가구라자카만의 것'을 지켜나감으로써 도쿄의 역사·문화적 거점으로 다시금 주목받게 된 장소라는 점에서, 그리고 지역주민과 상인과 같은 시민단체가 주도하여 점진적인 타협을 모색한 결과라는 점에서 그 성과는 작지 않다.

호모트래블쿠스의 지리답사기

_ 가구라자카가 우리에게 주는 시사점

단순히 골목을 보존하자는 말이 아니다. 낙후된 골목은 각종 범죄가 발생할 우려도 적지 않고 경제적인 측면에서도 낭비가 될 수 있기 때문이다. 다만, 모든 골목과 마을을 밀고 아파트만 빼곡하게 짓는 지금의 방식이 과연 얼마나 더 유지될 수 있는지에 대해 이제 고민해 볼 시점이라는 것이다. 일본 역시 과거 대규모 신도시 개발 사업과 재건축 사업을 진행했지만, 인구가 감소하고 주택구매 능력이 저하되면서 신도시 내 빈집이 늘고 있다. 그들은 30년 이상 장기 대출을 받아 도쿄와 인근 도시에 평생 살 주택을 마련하고 있다(최민욱·김오석·김걸, 2018). 이러한 상황에서 가구라자카는 매우 오래된 마을임에도 불구하고, 여전히 살고 싶은 마을이라는 칭호를 받는다. 필자는 이러한 점에 주목하였다.

가구라자카는 꼬불꼬불한 골목길에 오래된 음식점과 상점들을 곳곳에 위치시키며 에도시대로부터 약 400여 년의 시간을 간직하고 있다. 골목길 주변의 건물은 3~6층 정도로 나지막하고 신사와 불각과 서점들이 자리하고 있어 도쿄의 다른 상업지와는 다른 경관을 보여준다. 이러한 역사·문화적 차별성은 이곳을 현대적인 '롯폰기힐스(Roppongi Hills)' 이상으로 사람들의 발길을 붙잡게 만드는 요인이 되고 있다. 그들이 낡은 건물 수선하고 보수하는 것은 그 가치를 알고 있기 때문이 아닐까?

가구라자카는 지역의 역사와 문화를 적극적으로 활용하여, 골목길이라는 장소의 경험을 능동적이고 주체적으로 이룰 수 있었다는 점에서 문화적 장소정체성을 고려한 도시재생의 좋은 사례이다. 그런 의미에서 가구라자카의 골목길 역사·문화 재생이 시사하는 바는 다음과 같이 정리될 수 있을 것이다.

첫째, 전면에 나서지 않는 행정의 지원 방식이다. 신주쿠구에서는 물리적 성과물을 목표로 한 성급한 지원과 사업추진이 아닌, 마을 만들기 공감대의 확산과 저변 확대를 위한 소프트웨어적 사업을 위주로 재생사업을 지원했다. 등록문화재 발굴 및 지정과 마을 만들기 헌장 작성, 『마을 만들기 키워드집』 발행 등은 이러한 점을 뒷받침한다. 또한, 주민과 상인의 창의성과 유연성을 최대한 살려 민간이 제안하는 공공사업을 발주해 주민 스스로 목표를 세우고 사업을 실천하게 유도한 점은 되새겨 볼 만하다.

둘째로, 점진적인 합의 형성을 유도했다는 점이다. 이해관계자들 간 충분한 합의가 형성되어 있지 않다면 마찰이 생길 수밖에 없는데, 이러한 민감한 관계를 충분히 고려하여 재생사업은 가구라자카의 주민과 상인, 개발자, 지권자(땅 주인), 행정이 모두 합의할 수 있는 지구계획으로 끌어냈다. 따라서 1층은 점포, 2층은 임대, 3~4층은 주인의 거주 용도로 사용하는 것을 일반적 형태로 하여 상업 거리인 동시에 지권자들이 직접 거주할 수 있는 마을로 만들 수 있었고, 이는 마을에 대한 주민의 관심을 높이고, 점진적인 합의를 가능하게 한 또 다른 요인으로 작용하였다.

셋째로, 사회적 기업을 통해 자체적으로 자금을 조달했다는 점을 들 수 있다. 주식회사 '멋진 마을'을 설립하여 빈집 구매와 문화강좌, 공예 등의 활동으로 수익을 창출하고 이를 마을에 재투자함으로써 행정의 지원 없이 자체적으로 마을사업을 벌여나갔다는 점은 사회적 기업이나 마을기업을 통한 가구라카자의 역사·문화 재생이 지속할 수 있게 하는 원동력이 되고 있다.

마지막으로 면(面)적 보존 활동에 더해 점(占)적 창조 활동으로 사업이 확대되었다는 점에 주목할 필요가 있다. 이는 기존에 가구라자카가 지녔던 지역적 가치가 소멸하지 않도록 신축을 최소화하는 데 일조하였을 뿐만 아니라, 지금까지 빛을 발하지 못하고 있던 가치를 새롭게 창출하는 방향으로 마을 만들기의 영역을 넓혔다는 점에서 의미가 있다. 특히, 근대 일본 문화와 상업에서 적잖은 역할을 했던 가구라자카의 건물에서 역사·문화적 의미를 발굴하는 작업은 지역의 가치를 높이고 지역주민의 자긍심을 높이는 데에 큰 영향을 미쳤다.

결론적으로 장소정체성에 토대한 역사·문화 재생 사례로서 가구라자카를 본 것은 우리 것을 더 잘 보기 위함이요, 우리의 현재와 미래를 더 잘 가꾸기 위함이다. 이에 우리의 골목길 역시 고유의 정체성을 보호하면서 현대적 편의성을 가미하는 방향으로 개발되어야 함을 제안한다. 무엇보다 '역사·문화적 장소는 도시 정체성의 근간을 형성하면서 다양한 가치를 창출하는 자산'이기 때문이다.

　　이제 우리나라도 세계적으로 그리 뒤처지지 않은 경제력을 갖추었다. 일본 못지않은 골목길과 보행환경을 보여줄 만도 한데, 현실은 조금 다르다. 골목길에 관한 관심 및 예산은 늘어났지만 이에 대한 실질적인 개선, 나아가 보행 도시의 실현은 다소 먼 이야기인 듯하다. 골목길에서의 보행은 다시 우리 자신의 신체로 돌아가는 방법이자 정체성이다. 이제는 골목길을 보존·재생하고 보행을 위한 도시를 만들기 위해 사람들이 무엇을 선호하는지를 묻고, 사람들이 더 좋아하는 공간을 숙고해서 가꾸어갈 필요가 있다고 생각된다. 이를 위해서는 지금과 같은 '단편적 시각에서 종합적 시각으로의 전환'이 필요하고, '보존적 관리에서 창조적 활용으로의 전환'이 필요하다. 그리고 무엇보다 차별성이라는 전제하에서 '일방적인 관리가 아닌 참여적인 관리로의 전환'이 이루어져야 한다. 이러한 시각의 전환을 바탕으로 골목길을 과거의 역사와 문화가 살아있는 장소정체성으로 재생한다면, 공공공간에 대한 체험과 이와 접하여 이용되는 사적인 공간의 체험이 유기적으로 연결되고, 더 나아가 시간적으로도 연속적인 체험이 가능해질 것이다.

참고문헌

—

- 김재원, 2005, 소통을 위한 성북동 고목길 공동체 계획, 경기대학교 건축전문대학원 석사학위논문.
- 김흥순, 2006, "사회경제적 관점에서 바라본 뉴어바이즘: 비판적 고찰을 중심으로," 한국도시지리학회지, 9(2), 125~138.
- 김홍중, 2008, "골목길 풍경과 노스탤지어," 경제와 사회, 139~168.
- 도시재생사업단, 2012, 『역사와 문화를 활용한 도시재생 이야기』, 한울 아카데미.
- 류태희, 2014, "골목길로 떠나는 근대로(路)의 여행, 대구시 중구," 국토, 60~67.
- 민현석, 2010, "옛길 어떻게 가꿀 것인가," 정책리포트, 56, 1~22.
- 장준호 역, 2006, 『도쿄 도시계획 담론』, 구미서관(越澤明, 2001, 東京都市計劃物語, 筑摩書房).
- 이경은, 2015, "도심주거지의 여가공간화 변천과정 연구: 아쌍블라주 개념을 통해 본 부암동 골목길의 변화," 한국도시지리학회지, 18(3), 75~91.
- 임석재, 2006, 『서울, 골목길 풍경』, 북하우스.
- 정신, 2003, 커뮤니티공간으로서의 골목길: 저층 주거밀집지역에서의 공동주택 계획안, 건국대학교 대학원 석사학위논문.
- 정은혜, 2018, "장소정체성에 기반한 골목길 역사·문화 재생: 도쿄 가구라자카를 사례로," 한국도시지리학회지, 21(3), 63~78.
- 조아라, 2010, "일본 홋카이도의 지역개발 담론과 관광이미지의 형성: 전후 고도성장기 대량관광에서 포스트모던 관광까지," 문화역사지리, 22(1), 79~96.
- 최민욱·김오석·김걸, 2018, "일본 도쿄도의 도시재생 정책과 시사점: 특정 도시재생 긴급정비지역의 사례," 한국도시지리학회지, 21(1), 35~51.
- 허준영·이병민, 2017, "문화적 도시재생으로서 골목문화 형성에 나타난 주요 특성 연구 : 마을공동체를 중심으로," 문화콘텐츠연구, 9, 133~157.

—

- 矢原有理, 2008, 神楽坂における地域主導による保全まちづくりの展開: 地区の変容が組織体制に及ぼした影響に着目して, 東京大學大學院 工學系研究科 都市工學專攻 碩士論文.
- 新宿区, 2006, 新宿区 楽楽 散歩 地圖.
- Barthes, R., 1980, *La chambre claire: Note sur la photographie*, Gallimard.
- Chandler, J. and Costello, C., 2002, A profile of visitors at heritage tourism destinations in East Tennessee according to Plog's lifestyle and activity level preferences model, *Journal of Travel Research*, 41(2), 161~166.
- Gussow, A., 1971, *A Sense of Place*, Friends of the Earth.
- Harvey, D., 2012, *Rebel cities: from the right to the city to the urban revolution*, Verso Books.
- Jacobs, J., 1961, *The death and life of great American cities*, Penguin Books, Harmondsworth.
- Relph, E., 1976, *Place and Placelessness*, Pion.

—

- 매일경제, 2015년 4월 3일, "개발 속에서도 건재: 지구촌 곳곳 골목길."
- 서울경제, 2013년 12월 10일, "쇠락하는 도시 재생으로 활로 찾자: 〈2〉 작고 느린 재생이 글로벌 추세."

—

- 가구라자카 지역 사이트(神楽坂エリア), http://syoutengai-web.net/kagura/mokuji.html
- 이키마치 주식회사 사이트(粋まち), http://www.ikimachi.co.jp
- 세련된 마을 개발 클럽 가구라자카 사이트(粋なまちづくり倶楽部 神楽坂), http://ikimachi.net
- 신주쿠 관광진흥협회 사이트(新宿区觀光協会), https://www.kanko-shinjuku.jp
- 라이브 재팬 사이트(Live Japan Perfect Guide), https://livejapan.com/ko/in-shinjuku

04

네삐에시와 우르바노시의 공존,
헝가리 '부다페스트'

##

#도시경관 #그라피티 #빈부격차 #헝가리 역사

_ 부다페스트에서의 소녀의 죽음, 그리고 글루미 선데이

다뉴브강에 살얼음이 지는 동구(東歐)의 첫겨울

가로수 잎이 하나둘 떨어져 뒹구는 황혼 무렵

느닷없이 날아온 수발의 소련제(製) 탄환은

땅바닥에

쥐새끼보다도 초라한 모양으로 너를 쓰러뜨렸다.

순간,

바숴진 네 두부(頭部)는 소스라쳐 삼십 보(三十步) 상공으로 튀었다.

두부(頭部)를 잃은 목통에서는 피가

네 낯익은 거리의 포도(鋪道)를 적시며 흘렀다.

— 너는 열세 살이라고 그랬다.

네 죽음에서는 한 송이 꽃도

흰 깃의 한 마리 비둘기도 날지 않았다.

네 죽음을 보듬고 부다페스트의 밤은

목 놓아 울 수도 없었다.

죽어서 한결 가비여운 네 영혼은

감시의 일만(一萬)의 눈초리도 미칠 수 없는

다뉴브강 푸른 물결 위에 와서

오히려 죽지 못한 사람들을 위하여 소리 높이 울었다.

(중략)

다뉴브강에 살얼음이 지는 동구의 첫겨울

가로수 잎이 하나둘 떨어져 뒹구는 황혼 무렵

느닷없이 날아온 수발의 소련제 탄환은

땅바닥에 쥐새끼보다도 초라한 모양으로 너를 쓰러뜨렸다.

부다페스트의 소녀여.

— 김춘수, 「부다페스트에서의 소녀(少女)의 죽음」 중에서.

1956년 10월 23일, 부다페스트(Budapest) 시민들은 다뉴브강(Danube River)[1] 주변에 자리한 바므 광장(Bem József tér) 건물 옥상의 붉은 별을 떼어내며 구(舊)소련의 스탈린주의 관료집단과 공포정치에 반대하는 항쟁을 시작했다. 하지만 소련 진압군은 탱크

---

1. 다뉴브강은 영어식 표현이며, 독일어식으로는 도나우강(Donau)으로 표현된다. 볼가강에 이어 유럽에서 두 번째로 길다.

와 장갑차로 부다페스트로 진입하여 시민들에게 총부리를 겨눴다. 부다페스트에서만 3천 명의 사망자가 나온 이 항쟁[2]에 전 세계인들은 공분했고, 시인 김춘수는 『부다페스트에서의 소녀의 죽음』이라는 시를 썼다. 그런 이유로 헝가리의 '부다페스트' 하면 우리나라 사람들은 많이들 이 시를 떠올린다. 혹자는 영화 〈글루미 선데이(Gloomy Sunday)〉(2000)[3]를 떠올리는 사람도 있을 것이다. 이 영화는 '나치 군대의 헝가리 침공'과 '유대인 학살'이라는 역사적 사실을 포함하고 있다(한영현, 2018). 〈글루미 선데이〉는 부다페스트를 배경으로 하고 있지만, 헝가리어가 아닌 독일어를 구사하는 인물들을 통해 침략 피해국의 인물들이 독일에 종속된 상황을 언어로 전달하고 있다. 그리고 이러한 역사적 상황을 예술과 사랑에 접목함으로써 부다페스트만이 지니는 찰나성과 불안정성, 한계 등의 속성을 표현하고 있다.

이처럼 역사적 시공간의 우울한 숨결을 머금고 있는 다뉴브강의 바람을 맞으며 헝클어진 머리카락을 매만지고 있노라면, 영화 〈글루미 선데이〉에서 자전거를 타고 다

---

2. 헝가리혁명은 총 3번(1848년, 1918년, 1956년)이나 있었다. 그중에서도 이 항쟁은 '1956년 헝가리혁명'으로 명명된다. 1956년의 헝가리혁명은 소련에 의해 공산화된 헝가리가 10월 23일부터 11월 10일까지 자유를 갈망하는 시민들에 의해 일어난 민주화 운동으로, 소련군 철수, 표현과 사상의 자유, 정치범 석방 등을 요구하였다. 그러나 소련군의 무자비한 진압으로 실패로 돌아가 결국 친소정권이 수립되었다. 냉전 시기 동구권에서 벌어진 민주화 운동 중 가장 많은 희생자를 낸 사건이다. 많은 시민군이 교수형에 처했으며, 헝가리인 약 20만 명은 해외로 떠나 난민이 되었다(임근욱·이혁진, 2013).

3. 영화 〈글루미 선데이〉는 부다페스트를 배경으로 하는 영화로, 이 노래에 얽힌 실화를 바탕으로 하는 바르코프(Nick Barkow)의 소설 『우울한 일요일의 노래(The Song of Gloomy Sunday)』(1988)를 각색한 작품이다(서곡숙, 2020). 영화 제목은 헝가리의 피아니스트 셰레시 레죄(Seress Rezső)가 1933년에 발표한 노래를 따온 것으로, 이 곡은 많은 자살을 불러일으켰다. 실제로 1936년 레코드가 발매되고 라디오 방송이 시작된 지 불과 8주 만에 헝가리에서만 187명이 이 곡을 듣고 자살하였고, 유럽 전역에서도 수백 명이 자살하였다. 그래서 원곡 가사는 전해오지 않고 리메이크곡의 가사만 있는데, 그 이유는 헝가리 정부에서 이 노래를 금지하였기 때문이다. 이 곡의 작곡자 셰레시 역시 1968년에 자살했으며, 영화 속에서 '글루미 선데이'를 작곡한 안드라시 역시 자살한다. 그래서 이 노래는 '자살 찬가', '자살의 송가'로도 알려져 있다(뉴시스, 2016년 9월 20일자; 경기신문, 2021년 12월 27일 자).

호모트래블쿠스의 지리답사기

그림 1. 부다페스트의 세체니 다리(좌), 〈글루미 선데이〉에서 일로냐와 자보가 세체니 다리를 건너는 장면(우)
출처(우) 영화 〈글루미 선데이〉(2000)

뉴브강의 세체니 다리(Széchenyi Lánchíd)[4] 위를 달리던 주인공들이 연상된다(그림 1). 영화 속에서 아름다운 일로냐와 레스토랑 주인 자보가 자신이 만든 곡이 많은 이들의 자살을 불러왔다는 사실을 알고 절망하여 안드라스를 찾아가던 날, 영화 속에서도 바람이 불었으며, 구름은 우울하면서도 불안하게 흘렀더랬다. 그래서일까? 일찌감치 '진혼곡이 울리는 죽음의 도시'라는 수식어가 붙어있던 부다페스트는 '우울'이라는 키워드가 깊게 엮여 있다. 이러한 우울한 도시적 이미지는 아마도 헝가리가 지니는 역사적 상황이 가장 큰 역할을 했을 것이다.

---

4. 1849년 개통된 세체니 다리는 부다지구와 페스트지구를 잇는 다리로, 부다페스트의 대표적인 랜드마크이다. 밤에 빛을 밝히는 조명이 사슬처럼 보여 '체인 브릿지(사슬 다리, Chain Bridge)'라고도 한다.

헝가리는 오스트리아, 슬로바키아, 우크라이나, 루마니아, 세르비아, 크로아티아, 슬로베니아 등과 국경을 맞댄 유럽 중동부의 내륙국가로, 정식명칭은 헝가리 공화국 (Republic of Hungary)[5]이다(그림 2의 좌). 면적은 우리나라보다 조금 작은 9만 3,028km^2 이다(임근욱·이혁진, 2013). EU 정회원국이지만 유로가 아닌 포린트(ft)를 쓰는 헝가리는 그들 고유의 언어인 헝가리어(마자르어)[6]를 사용하고 있는데, 국민의 대부분이 몽골계 유목민 마자르족(96.6%)이기 때문이다.[7] 나머지 3.4%는 독일인(1.6%), 슬로바키아인·남슬라브인·루마니아인(1.8%) 등 다양한 인종으로 구성되어 있다(한국민족문화대백과사전 사이트). 그래서 인종의 섬으로도 불리지만 문화 역사적 측면에서 동양적인 요소를 많이 찾아볼 수 있고, 그만큼 다른 유럽국가들에 비해 종교도 다양한 편이다. 국민의 67.5%가 가톨릭교를 믿지만, 개신교가 20%이고, 그리스정교도 2.6%나 된다.

헝가리는 동서로 구분된 다뉴브강을 기점으로, 수도 부다페스트와 43개의 지방행정 구역이 있다. 부다페스트는 1873년 다뉴브강 서편 부다(Buda)와 오부다(Obuda), 다뉴브강 동편의 페스트(Pest)가 합쳐져 부다페스트라는 이름을 갖게 되었다(김성진, 2006). 일반적으로 부다와 오부다를 하나로 보고, 크게 '부다'지구(6개구)와 '페스트'지

---

5. 1989년 10월 23일 헌법 개정으로 소련 체제하의 명칭이던 '헝가리 인민공화국(Hungarian People's Republic)'에서 바뀐 명칭이다. 2012년 이전에는 그들 민족의 언어로 된 '마자르 공화국(Magyar Köztársaság)'이 정식 국호로 쓰였다. 지금도 헝가리 공화국을 마자르 공화국으로 부르기도 한다.
6. 헝가리어는 우리나라와 같이 알타이어족에 속하는 언어로 아시아로부터 기원하였다. 그래서 헝가리도 우리처럼 '성씨-이름' 순으로 이름을 쓴다.
7. 그렇다고 해서 헝가리인의 외모가 동양적이지는 않은데, 복잡한 역사적 과정을 거치면서 게르만족, 슬라브족, 라틴족 등과 함께 살았고, 유럽의 중앙에 자리한 특성으로 인해 헝가리 마자르족의 외모는 유럽화되었기 때문이다(Glatz, 1996).

그림 2. 헝가리 부다페스트의 위치(좌), 부다페스트의 구성(우)

그림 3. 부다지구의 부다성(좌), 페스트지구의 국회의사당(우)

구(17개구)로 나눈다(그림 2의 우). 산과 구릉이 많은 부다지구는 부다성(城)을 중심으로 한 역사적 전통이 남아 있는 곳이자 정치적 기능이 중시되는 지역인 반면, 평지인 페스트지구는 신시가지로서 국회의사당, 영웅광장 등과 같은 보다 웅장한 스케일의 건물과 반듯한 도로 및 교통이 특징이며 경제적 중심지 역할을 하고 있다(그림 3).

　헝가리는 다른 유럽국가와 다르게 우리와 유사한 점이 많다. 이는 헝가리 대다수

인구를 차지하고 있는 몽골계 유목민 계통의 마자르족과 연관이 많은데, 특히 어순(語順)과 단어가 유사하다는 점, 얼큰한 육개장과 비슷한 구야쉬 스프(Gulyas Leves)를 즐긴다는 점, 대중 온천 문화를 갖고 있다는 점, 그리고 DNA 접점 비율이 타민족보다 월등히 크다는 사실은 이를 뒷받침한다(김연수, 1987; 강윤경, 2017; 매일신문, 2021년 12월 1일 자). 게다가 일제강점기에는 마자르인들이 우리 독립군에게 무기를 공급하며 도움을 주기도 했다.[8] 이 모든 것들은 헝가리가 우리나라와의 관계에서 동질감을 배제할 수 없는 이유일 것이다.

마자르족이 헝가리에 정착한 것은 9세기경이다. 이전에는 고대 로마제국의 지배를 받고 있었는데, 이 로마제국의 동북부 끄트머리가 지금 헝가리의 일부였다. 당시 부다페스트는 로마의 국경도시로서 '아쿠인쿰(Aquincum)'으로 불렸다. 그러다가 476년, 서로마가 게르만족의 침입으로 멸망한 후 본격적으로 중세가 시작되었고[9], 이곳에 살던 부족들은 봉건제 속에서 각자의 삶을 이어나갔다. 이 부족 중 가장 강했던 마자르족은 우랄산맥 주변에 살다가 중앙아시아 서쪽으로 이동했고, 896년 부족장 아라파

---

8. 헝가리의 혁명운동가이자 폭탄전문가인 '마자르(이 이름은 '헝가리인'이라는 뜻이기도 하지만, 헝가리에는 이 성을 가진 사람이 많다.)'는 몽골에서 의사와 독립운동가로 활동 중인 이태준을 만나게 된다. 이태준의 소개로 의열단장 김원봉을 만난 마자르는 일제와의 투쟁을 위해 무기 제조와 운반 등을 직접 담당하였다. 이러한 사실은 영화 〈암살〉(2015)과 〈밀정〉(2016)에도 등장한다.

◀⋯ 영화 〈밀정〉에 등장하는 헝가리인 마자르.
출처 영화 〈밀정〉(2016)

9. 394년 로마의 테오도시우스 황제가 두 아들에게 로마를 나눠주면서 서로마와 동로마(비잔티움)로 나뉘게 되었으며, 476년 서로마는 멸망하였고, 동로마는 1453년까지 존속하였다. 오늘날의 주요 유럽국가인 이탈리아, 독일, 프랑스 등은 서로마 제국에 속했고, 튀르키예는 동로마 제국이었다. 참고로 당시 동로마 제국의 수도였던 콘스탄티노플은 현재의 이스탄불이다.

호모트래블쿠스의 지리답사기

그림 4. 페스트지구에 위치한 영웅광장(좌)과 그 중심에 있는 기마상(우). 이 기마상은 헝가리 건국의 주역인 마자르족 7개 부족장을 상징한다.

그림 5. 부다지구에 위치한 어부의 요새(좌)와 이슈트반 1세의 기마상(우)

드(Árpád)를 중심으로 7개 부족들[10]이 연합하면서 현재의 헝가리 영토 카르파티아 분지에 도착하였다. 이들은 헝가리의 조상이 되었다(그림 4). 이에 헝가리에서는 896년

---

10. 이들 7개 부족은 투르크계 오노구르(Onogur)족의 영향을 받았다. 현재의 헝가리(Hungary)라는 단어는 바로 이 오노구르족의 영향으로 Ungari가 되었다가 중세 말엽에 H가 첨가되면서 Hungary가 되었다.

을 건국 원년으로 보고, 국가수립 1천 년이 되던 해인 1896년에는 '건국 기념제'를 성대하게 열었다. 한편, 아르파드의 손자 게저(Géza)는 대지주로서 왕국 설립의 기반을 확립하였으며, 게저의 아들 이슈트반 1세(István)는 997년 헝가리 왕으로 즉위하고 가톨릭교로 개종함으로써 로마교황 그레고리오 7세로부터 왕관을 받아 본격적으로 유럽 가톨릭교 국가에 합류하였다(이상협, 1996). 이슈트반의 모습은 부다지구에 있는 어부의 요새(Halaszbastya)에서 확인할 수 있다. 이 요새는 시가지 전체를 한눈에 조망할 수 있는 곳으로 마자르족의 7개 부족을 상징하는 고깔모자 형태의 지붕을 특징으로 한다. 그 옆으로 이슈트반 1세의 동상이 있다(그림 5).

하지만 1241년 몽고군의 침입을 받게 되어 당시의 수도였던 에스테르곰(Esztergom)이 큰 타격을 받았고, 이를 계기로 1265년 벨러 4세가 다뉴브 강변에 부다 성을 지으면서 헝가리의 수도가 재탄생했다. 1301년 아라파드 왕조가 막을 내리고, 1458년 마차시 1세(Matyas Hunyadi) 때는 영토가 확장되면서 르네상스 문화가 꽃피는 황금시대를 열었다. 그렇지만 마차시 사후, 보헤미아와 헝가리 동맹 연합이 결성되었고, 1526년과 1541년, 두 차례의 오스만투르크(오스만제국, 현재의 튀르키예) 침입에 대패하여 ① 헝가리 중부와 남부는 투르크 점령지로, ② 북부와 서부는 합스부르크가(현재의 오스트리아) 지배지역으로, ③ 동부의 트란실바니아공국은 오스만투르크 보호령으로 세 분할되었다(임익성, 2008). 이 세 분할은 1699년 오스만투르크 군이 축출되기까지 지속하였다. 오스만투르크 보호령이었던 동부가 처참한 상황이었던 것과는 달리 합스부르크가의 지배지역이었던 북부와 서부는 상대적으로 평화로운 편이어서 아이러니하게도 헝가리와 합스부르크가와의 관계는 좋았다. 실제로 오스트리아 합스부르크가는 헝가리에게 상당 수준의 자치권을 부여했고 딱히 탄압하지도 않았다. 이런 이유로 지금도 헝가리와 오스트리아와의 사이는 좋은 편이다. 부다와 페스트는 제2의 비엔나로 불리며 합스부르크가의 또 다른 수도로서 발전하였다(박수영, 2002; 김지

호모트래블쿠스의 지리답사기

그림 6. 부다지구의 마차시 사원

영, 2021).[11]

　이러한 13~18세기의 역사를 잘 녹여낸 건축물이 있다. 바로 부다지구의 마차시 사원(Matyas Templom)으로, 이 사원은 13세기 중엽 벨러 4세 때 로마네스크 양식으로 건축된 이후 14세기 들어 고딕 양식으로 재건축되었고 16세기 오스만투르크 침입 때는 모스크로 사용되다가 투르크 지배가 끝난 후인 18세기에는 교회로 복원되었다. 그러한 이유로 현재에도 교회로 사용되고 있지만, 한때 모스크로 사용된 이력으로 인해 외관(특히 지붕)은 매우 이국적이다(그림 6). 마차시 1세의 이름을 붙인 이 사원은 이후 합

---

11. 부다페스트는 합스부르크의 비엔나와 쌍둥이 도시가 되었다. 이 과정에서 합스부르크는 노동력 확보 목적으로 독일인들을 헝가리로 이주시켰다. 합스부르크 추종자였던 부다의 주민은 보수적인 가톨릭교도로 독일어 사용자가 많았던 반면, 페스트는 헝가리 민족주의에 열광하는 급진적인 좌파와 개신교도가 많았다. 한때는 산업화가 진행되면서 주변의 슬로바키아인들과 독일인들이 유입되며 독일어 사용자도 증가했으나, 19세기 말경 페스트의 인구가 부다보다 많아지자 독일어 사용자는 급속히 줄었고, 이곳의 독일인은 동유럽에서 유일하게 정치·문화적으로 헝가리화 되었다(박수영, 2002).

스부르크가의 프란츠 요제프(Franz Joseph) 황제와 엘리자벳(Elisabeth) 황후[12]의 대관식이 열린 장소이며, 헝가리를 대표하는 작곡가 프란츠 리스트(Franz Liszt)가 미사곡 오라토리오를 작곡하여 직접 지휘한 곳이기도 하다.

근대로 들어오면서 유럽의 상황은 변화하였다. 프랑스 혁명과 나폴레옹의 몰락 이후 유럽에는 기존의 보수체제에 대항하는 자유주의, 민족주의의 물결이 퍼졌다. 마찬가지로 헝가리에서도 1848년 독립혁명이 일어났다. 비록 성공하지는 못했지만, 최초의 독립 내각이 구성되었고, 약 20년 뒤인 1866년에는 '오스트리아−헝가리 이중제국(Dual Monarchy)[13]'이 출범하였다(그림 7). 이를 통해 헝가리는 오스트리아에게 지배당하는 처지에서 벗어나 동등한 위치에 서게 되었다. 이후 1867년에서 1871년까지 헝가리의 총리를 역임한 언드라시 줄러(Andrássy Gyula)에 의해 부다와 페스트도 하나로 통합되었고, 앞서 언급한 1896년 '건국 기념제'를 통해 〈밀레니엄 프로젝트〉가 시작되면서 부다페스트의 공공건축 발전이 이루어졌다. 이를 기념해 페스트지구에 지어진 대표적인 공공건물로는 국회의사당, 이슈트반 대성당, 언드라시 거리, 파인 아트 미술관, 밀레니엄 지하철, 영웅광장 등이 있다. 특히, 부다페스트의 지하철은 런던에 이어 세계에서 두 번째로 개통된 것이자 유럽 대륙으로서는 최초의 지하철이기도 하다. 이로 인해 부다페스트는 동유럽 산업도시의 상징이 되었고 헝가리인들의 자랑거리가 되었다. 지멘스와 할스케(Siemens and Halske) 회사에 의해 1896년 완공된 밀레니

---

12. 오스트리아 역사상 가장 아름다운 황후로 알려져 있는데, 헝가리에 무척 우호적이었다. 그래서 헝가리에서는 그녀의 애칭인 시씨(Sissi)라는 이름으로 기념품을 팔고 있으며, 그녀의 이름을 딴 공원이나 지명도 쉽게 찾아볼 수 있다. 우리에게는 뮤지컬 〈엘리자벳〉이라는 작품으로 더 익숙하다.

13. 지도를 통해서도 알 수 있듯 '오스트리아−헝가리 이중제국'은 오늘날의 체코, 슬로바키아, 오스트리아, 크로아티아, 보스니아 헤르체코비아, 헝가리, 루마니아, 폴란드, 슬로베니아 등 중동부 유럽에 자리한 대부분 국가를 포함한다.

호모트래블쿠스의 지리답사기

그림 7. 유럽에 퍼진 독립 물결(좌), 오스트리아-헝가리 이중제국(우)

그림 8. 언드라시 거리의 밀레니엄 지하철 입구(좌)와 보행자를 위한 교통표지판(우)

엄 지하철은 뵈뢰슈머르치 역(Vörösmarty)을 시작으로 언드라시 거리를 지나 영웅광장까지 연결된다. 이 밀레니엄 지하철을 필두로 하여 추가로 건설한 4개의 지하철 노선과 29개의 노면전차는 현재 트롤리버스와 일반 버스노선으로 연계되어있다. 이로써 부다페스트는 지하와 지상의 교통이 모두 발달한 도시가 되었다(그림 8). 이는 당시 헝가리의 건축기술과 더불어 지하철을 운영해야 할 정도로 붐비던 거대도시 부다페스트의 위상을 다시금 깨닫게 해 준다.

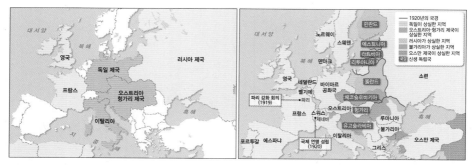

그림 9. 제1차 세계대전 당시의 유럽(삼국동맹 당시)(좌), 제1차 세계대전 이후의 유럽(우)

승승장구할 것 같은 오스트리아–헝가리 제국에도 전쟁의 기운이 서린다. 유럽의 화약고인 발칸반도[14]에서 제1차 세계대전이 시작된 것이다. 이 세계대전은 오스트리아–헝가리 제국의 범게르만주의와 새롭게 세력을 확장하려는 러시아의 범슬라브주의가 세력권을 두고 다툰 것이 촉발된 것이다(권상철, 2012). 오스트리아–헝가리 이중제국은 독일·이탈리아와 함께 삼국동맹을 맺고, 영국·프랑스·러시아와 대적하였으나 결국 패하고 말았다. 그리고 월슨의 민족자결주의 원칙에 따라 분리되어, 1918년 제1차 세계대전 종결과 함께 오스트리아–헝가리 이중제국은 해체되었다(그림 9).

이 같은 패전의 상황으로 인한 불가피한 독립은 헝가리의 상황을 애매하게 만들었다. 다소 원만하던 오스트리아 합스부르크가와의 이별로 인해, 헝가리가 지배하던 슬로바키아는 체코와 함께 체코슬로바키아로, 크로아티아는 세르비아와 보스니아와 손을 잡고 유고슬라비아로, 트란실바니아는 루마니아로 편입되었으며, 헝가리의 마자

---

14. 1914년 6월 28일, 오스트리아–헝가리 제국의 황태자 부부가 보스니아의 수도 사라예보를 방문했던 날, 이들은 세르비아의 한 청년에게 암살을 당하였고, 이것은 제1차 세계대전의 시작이 되었다. 이 사라예보 사건에 등장하는 보스니아와 세르비아는 모두 발칸반도에 있는 나라이다.

호모트래블쿠스의 지리답사기

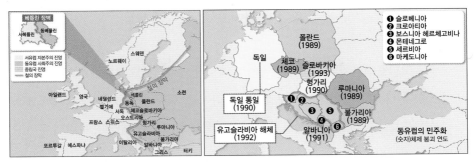

그림 10. 냉전체제의 유럽(좌), 냉전체제 이후의 유럽(우). 헝가리는 소련이 지배하는 철의 장막에 속해 있었으나 이후 독립하였다.

르족은 영향력을 상실하였다. 현재의 국경 역시 제1차 세계대전으로 인해 결정된 것으로, 이로 인해 원래 국토의 71%와 인구의 약 59%를 잃었다(성운용, 2005). 뒤이어 1939년 독일이 폴란드를 침공하면서 제2차 세계대전이 시작되었고, 헝가리는 잃어버린 영토를 회복하기 위해 나치독일의 주축국에 가담했으나 다시 패전해 수도 부다페스트가 70% 이상 파괴되었다. 그리고 1949년에는 소련의 세력권에 들어가게 되면서 사회주의국가의 길을 걸었다. 1956년 대학생과 노동자 등 시민이 주도하는 헝가리 혁명이 발생하였지만, 소련의 무자비한 진압으로 실패하였다. 이후 헝가리는 점진적인 체제 전환을 진행하다가 1989년 독일의 베를린 장벽이 철거되고 자유화의 물결을 맞으면서 민주주의 운동이 가속화되었다. 그리하여 마침내 1989년 10월, 자유민주주의 국가 '헝가리 공화국'이 탄생하였다(그림 10).

_ 네삐에시와 우르바노시의 공존, 부다페스트

이렇듯 고달프리만치 복잡하고 중층적인 역사적 과정에서도 부다페스트는 크나큰 도시 성장을 하였다. 고전적인 면모로서의 부다지구, 신시가지적인 면모로서의 페스트지구는 세체니 다리와 함께 하나가 되면서 조화로운 발전을 해왔다. 따라서 부다페스트는 '헝가리적인 것'과 '코스모폴리탄(Cosmopolitan)적인 것', 즉 '전통적인 것'과 '세계적인 것'의 조화로운 공존을 대표하는 도시로가 되었고, 이를 반영하듯 부다페스트의 건축물 역시 절충주의적인 양식을 가지게 되었다(Lukacs, 1994; 김지영, 2019).

헝가리에서 잘 쓰는 단어로 '네삐에시(Nepes)'와 '우르바노시(Urbános)'라는 것이 있다. '네삐에시'는 헝가리의 민족적 정서를 내포하는 단어로서 헝가리적인 것의 드러냄을 강조하는 민족주의적 경향을 의미한다. 반면, '우르바노시'는 헝가리의 근대성 및 유럽 지향성을 강조하는 단어로 유럽의 일원으로서의 헝가리를 추구하는 지향성을 표현하려는 세계주의적 경향을 나타낸다. 즉, 일반적으로 네삐에시는 전통적이면서 헝가리적인 것, 우르바노시는 근대적이면서 세계 지향적인 것을 의미한다. 부다페스트는 이러한 네삐에시와 우르바노시의 갈등과 투쟁 혹은 조화와 화합이 복합적으로 작용하면서 결국엔 이 모든 것이 공존하고 있는 전환적 공간으로 파악된다(김지영, 2021). 그런 의미에서 부다페스트는 헝가리만의 문화를 잘 보존함과 동시에, 헝가리의 근대성을 상징하는 도시적 문화를 합리적으로 잘 결합함으로써 헝가리만의 조화로운 도시경관을 가꾸어 냈다(그림 11). 이러한 점은 다른 유럽에선 찾아볼 수 없는 매력적인 경관을 갖추었다는 점에서 긍정적인 평가를 받는다. 특히, 〈밀레니엄 프로젝트〉로 부다페스트의 공공건축 및 교통의 발달이 이루어졌다는 측면에서 ① 상대적으로 짧은 기간에 효율적 성과를 이루었다는 점, ② 사회구성원의 공감대를 기술적인 해결로 모색하여 접근성을 높였다는 점, ③ 역동적인 도시풍경과 건축을 잘 조화시켰다는 점 등은 헝가리 건국 정신을 온건히 이어받아 도시를 발달시키고 응용하였다고 보고 있다(임근욱·이혁진, 2013; 오현숙, 2019).

흔히 보이는 부다페스트의 전통가옥

세련된 엘리자벳 다리

이슬람 건축양식(고대 비잔틱 양식)을 적용한 유럽에서 가장 큰 유대교 회당

지방행 기차의 종점역으로 출발하는 남부 기차역

그림 11. 네삐에시적인 것(좌)과 우르바노시적인 것(우)의 공존을 보여주는 부다페스트의 경관들
출처(우) 부다페스트 사이트(엘리자벳 다리, 남부 기차역)

그렇지만 역으로 지금과 같은 현대적 대도시로서의 면모를 형성하기까지 (부다와 페스트가 통합된 이후) 약 30년밖에 걸리지 않았다는 점, 즉 아주 짧은 기간에 매우 집중적이고 빠른 속도로 도시 성장이 이루어졌다는 점에서 도시민들이 가지는 혼란과 혼동도 적지 않았다(박수영, 2002). 그리고 그 과정에서 발생한 간극, 빈부격차, 그리고 불안은 어쩔 수 없는 현상이었다. 이러한 간극과 격차는 부다페스트 대순환로를 따라 건설된 임대주택(Bérházak)의 경관을 통해서도 살펴볼 수 있다. 급속한 도시발전 속에 생성된 임대주택은 가난한 도시민들을 위한 주택으로, 똑같이 생긴 건물들의 정면은 절충주의 양식으로 석고나 시멘트로 장식되어 있는데, 여기에 사는 사람들은 주로 도시 하층민(도시 외곽의 공장 노동자, 중산층 가정의 하인 등)이다. 이에 더해 제2차 세계대전의 환란(患亂)을 겪은 후에는 사회주의 체제에서 노동자와 서민을 위한 주택건설 계획이라는 명목하에 백만 채의 주택을 추가로 건설했는데, 대부분 조립식 고층건물들이 밀집한 주거단지의 형태로 조성되면서 삭막한 도시경관이 창출되었다(Gábor, 1995)(그림 12).

그림 12. 부다페스트의 임대주택

호모트래블쿠스의 지리답사기

부다페스트의 1층은 온통 그라피티(Graffiti)다! 그라피티는 보통 스프레이로 그려진 낙서 같은 문자나 그림을 뜻하는데, 낯선 여행자의 눈에도 이러한 상황이 쉽게 파악될 만큼 여지없이 사람의 손이 닿는 곳이라면 그 어디든 그라피티가 그려져 있다(그림 13). 시민들은 지저분해진 벽을 달갑지 않게 여겼다. 아무리 새 건물이라 할지라도 벽은 금세 그라피티의 낙서장으로 변했기 때문이다. 다시금 벽을 새로 칠해 놓아도 자고 나면 어김없이 그 자리에는 보란 듯 새로운 그라피티가 그려져 있었다. 시민들은 고심에 빠졌고 이에 정부 역시 그라피티를 자제하라는 권고안을 발표했다. 하지만 부다페스트의 그라피티는 줄어들지 않았고 오히려 증가하였다. 결국, 정부도 손을 들고 말았다. 이처럼 그라피티는 현재 부다페스트의 골치 아픈 문제 중 하나이다. 그렇다면 이 그라피티의 문제를 어떻게 바라볼 수 있을까?

그라피티는 '긁다, 긁어서 새기다'라는 뜻의 이탈리아어 그라피토(Graffito)와 그리

그림 13. 부다페스트의 그라피티. 1층 높이의 건물에는 대부분 그라피티가 칠해져 있다.

스어 스그라피토(Sgraffito)에서 유래한 단어로, 1960년대 후반과 1970년대에 뉴욕 도시와 필라델피아에서 나타나기 시작한 'Taki183'이라는 태그(Tag)[15]를 묘사하기 위해 자주 사용되었다(Ferrell, 1993). Taki183은 지하철 내부 벽면 여기저기에 마커(Marker)[16]로 칠해지며 『뉴욕타임즈(New York Times)』 기사로 실렸고, 이로 인해 이 행위가 뉴욕 전역으로 급속히 퍼져나갔다. 그 방식도 다양해져 스프레이 페인트가 등장했으며, 급기야는 그라피티 작가 집단이 여러 도시에서 우후죽순 생겨났다(임병우, 2016). 많은 전문가는 이러한 그라피티의 등장과 확산이 '아메리칸 드림'의 종말을 예고하는 경제적·정치적 혼란의 시기였다는 점에 주목한다. 당시 뉴욕과 필라델피아 같은 도시의 젊은이들은 사회 구조의 분열로 통제 불능상태의 악화한 환경을 통제하고 표현하기 위해 벽에 글씨를 쓰기 시작하였고, 그들은 자신들이 "여기에 있다"라고 선언하기 위해 그들의 별명을 올리는 행위를 벌였다(Ganz and Tristan, 2004). 이러한 그라피티 문화는 미국에서 끝나지 않았고, 유럽으로, 그리고 전 세계적으로 퍼져나갔다. 그라피티의 무분별한 낙서로 인해 해당 동네는 상당 부분 황폐화하기도 하였지만, 한편으로 이러한 장소는 젊은 예술가들에게 저렴한 임대료와 버려진 건물이 있는 창의적인 낙원으로도 활용되기도 하였다. 특히, 흑인 및 힙합 문화가 대중과 소통하면서 키스 해링(Keith Haring)이나 뱅크시(Banksy)[17] 등에 의해 그라피티가 정치적이고도 사회적인 비판과 풍자를 담아내게 됨으로써 대중들로부터 많은 인기를 얻었으며 그라피티에 대한 인식도 점차 변화하는 중이다(그림 14). 최근 들어 그라피티를 무질서 문제

---

15. 여기서 태그란, 그라피티에 써넣은 닉네임을 말한다.

16. 수채화의 느낌을 잘 살릴 수 있고 광택 효과도 좋아서 애니메이션 원화를 그리고 채색할 때 쓰는 도구 중의 하나이다.

17. 이들은 에이즈 퇴치, 인종차별 반대, 핵전쟁에 대한 공포 등의 주제를 익명성을 활용하여 공간에 과감히 정치적, 사회적 비판과 풍자를 담았다.

그림 14. 키스 해링(좌), 뱅크시(우)
출처 키스해링 공식 홈페이지(좌), 뱅크시 인스타그램(우)

로부터 파생된 현대미술로 인정하고 있는 것은 이를 반영한다(김문석·이승환, 2017; 양재희·홍지나·윤재은, 2018). 즉, 도시라는 환경 속에 형상화된 그라피티 작품들은 영원불멸한 아름다움의 열망에서 벗어나 순간적이고 유동적이며 우연한 도시적 아름다움, 상황에 따라 시시각각 변하는 도시적 상황과 감정, 문제, 생각 등을 표현하는 도구이자 결과물이며, 여전히 합법의 테두리 속에 갇히기를 거부하기에 감각적이고 세련된 현대미술로 간주할 수 있다는 것이다(Paul, 2002).

하지만 이러한 인식의 변화에도 불구하고, 여전히 많은 사람은 그라피티를 도시 빈민가의 소외감을 표출하는 것으로 보고 기성 사회에 대한 저항을 기저에 둔 행위로 본다. 그 시작부터 비주류문화 혹은 반사회적인 표현으로서 주인의 허락 없이 담벼락에 낙서하여 타인의 재산권을 훼손하는 범죄 및 무질서로 시작되었기 때문에, 사실상 이러한 해석도 무리는 아니다(류재우·이미정, 2007; Margo, 2009). 그런 의미에서, 아직 도시적 경관에 있어서 그라피티는 긍정적인 경우로만 해석되고 있지 않다. 즉, 그라피티를 도시라는 공간 속에 허락 없이 그려지는 불법적인 회화로 인식하는 경우가 적지 않은 것이다(김미성, 2018).

거리에서의 그라피티를 통한 낙서의 범람화는 비행 청소년들과 소수민족들의 주도하에 빈민가를 오히려 강렬하게 드러냄으로써, 도시와 거주지에 대한 불만, 불안, 반항, 차별 등을 거침없이 표현하는 수단이 되었다. 그로 인해 그라피티가 그려져 있는 모습은 아름답고 쾌적한 도시 공간이라기보다는 어둡고 혼란한 도시 공간, 심지어는 우범지역으로까지 인식된다. 그래서 실제로 많은 정부는 도시의 그라피티를 지우기 위해 막대한 예산을 들여 무질서 문제를 해결하고자 한다(Burke, 1998). 더 강력하게는 반달리즘(Vandalism)[18]으로 간주하여 공공기물을 파괴하거나 훼손하는 행위로 처벌을 하기도 한다(주하영, 2019). 이처럼 하위문화, 청년문화, 대항문화라는 단어와 연결되는 그라피티의 불법적 속성은 공간에 대한 익명성, 저항정신, 비주류문화 등의 가치와 결합하며 도시문화로 자리 잡았다. 그중에서도 '빠른 도시 성장'이라는 문제로 귀결되는 도시의 경우에는 어김없이 그라피티가 등장하였다(김강석, 2014). 부다페스트 역시 예외는 아니었다.

부다페스트는 1989년의 체제 전환 이후 국제화와 신자유주의의 흐름을 고스란히 맞닥뜨렸다. 이는 시민들의 삶과 도시의 경제적 부에 주요한 영향을 미쳤다. 도시 공간은 단일 중심에서 교외화(Suburbanization)와 함께 다중 중심으로 변했고, 급격한 사유화와 함께 주거, 서비스, 교통수단은 공공에서 사적 이용으로 바뀌게 되었다. 또한, 부다페스트에 외국 자본 투자가 집중되면서 이곳은 '부다페스트-빈-프라하-라이프치히-베를린-함부르크-코펜하겐'으로 이어지는 제2의 유럽 네트워크의 시작점이 되었고 도시는 급격한 발전을 이루었다(Földi and Weesep, 2007; Stanilov, K., 2007). 그러면서 부다페스트는 중심업무지구(CBD)의 개발, 젠트리피케이션, 교외화, 도시의 다

---

18. 반달리즘은 문화유산이나 예술품 등을 파괴하거나 훼손하는 행위를 가리키는 말로 쓰이지만, 넓게는 낙서나 무분별한 개발 등으로 공공시설의 외관이나 자연경관 등을 훼손하는 행위도 포함된다.

호모트래블쿠스의 지리답사기

핵화, 도심 불량주택지구 형성, 계층분화 등의 특성이 심화하였다(János, 2019). 특히, 1990년부터 시작된 외국인 직접투자로 부다페스트는 낙후된 도심을 개발시켰고 그 과정에서 자본가(Gentrifier)·지방정부·개발업자는 지가와 임대료를 상승시켜 거주하고 있던 세입자나 임대자를 몰아내는 젠트리피케이션 현상이 발생했다. 도심에는 사무실과 쇼핑몰 개발이 집중되었고, 2000년대에 들어서서는 교외화가 본격화되면서 도심에 거주하던 사람들(중산층)은 극심한 교통 혼잡과 공해, 사회적인 슬럼을 피하려고 부다페스트 외곽으로 이주하였다. 부다페스트의 다핵적인 도시 체계가 형성된 것이다(송은지, 2022). 한편, 이러한 도시의 급격한 개발과 변화, 예를 들면 교외화와 도심 부동산 개발, 그리고 사유화 등은 사회적·공간적 이동능력(Mobilities)의 차이에 따른 사회적 양극화와 공간적 분화를 극대화했다. 이민자, 소외계층, 실업자, 집시, 노숙자, 노인 등 도심의 저소득층은 중산층이 남기고 간 낡은 주거지에 거주했고, 이들은 빈민이 되어 현저히 열악한 주거환경과 높은 인구밀도 속에서 슬럼 형태의 게토지역에 모여 살았다. 이러한 분위기에서도 교외로의 이동보다 도심에 거주하기를 원하는 상류층들은 도심에 고소득층 폐쇄 주거지역을 형성하여 고급 환경을 조성하고, 거주자에게는 안전과 공간의 독점권, 그리고 사회적 위신을 제공하였다(Kovacs, 2013; 이시효·함승수, 2022)(그림 15). 이 같은 급격한 도시개발과 젠트리피케이션, 그리고 지역 격차와 간극은 부다페스트라는 도시에 대한 불만, 불안, 비판적인 시각을 형성하는 계기가 되었고, 이는 결국 손이 닿는 곳이라면 모두 그라피티로 얼룩지는 도시경관으로 표출되고 말았다(그림 16).

그림 15. 도심의 도로에서 대범하게 차창을 두드리며 돈을 요구하는 노숙자(좌), 고소득층 주거지역(우)

그림 16. 부다페스트의 불안정한 상황은 그라피티로 대변되는데 이는 도시적 이미지를 어둡게 한다.

_ 네삐에시와 우르바노시의 공존 속에서 불평등의 해소를 부르짖다!

부다페스트의 굴곡진 역사와 빠른 도시적 성장 속에서 도시민들이 그라피티를 통해 부르짖고 싶었던 가치는 '불평등의 해소'일 것이다. 이것은 아마도 전통적인 것 혹은 헝가리주의로 표현되는 '네삐에시'와 유럽주의 혹은 세계적인 것으로 대변되는 '우르바노시'의 조화와 공존을 지향해 오던 헝가리인들의 간절한 바람이자 목소리일 것

호모트래블쿠스의 지리답사기

이다. 그 누구보다 자유와 평등을 열망하던 헝가리인들이 아니던가? 결국, 부다페스트에서 흔히 볼 수 있는, 그래서 지저분하게 보이기까지 한 이 그라피티들은 급속한 성장이 가져온 도시의 불안과 사회적 차별, 그리고 그 간극 속에서 고립되어가는 사회에 대해 경종을 울리고자 하는 상징이자 의미론적인 경관일 것이다. 그런 의미에서 부다페스트의 그라피티는 받아들일 수밖에 없는 이 도시만의 특징이 되었다.

그래서일까? '부다페스트에서의 소녀의 죽음, 글루미 선데이, 진혼곡이 울리는 죽음의 도시' 등 다소 어두운 도시적 면모로서의 수식어가 붙는 부다페스트는 그라피티를 통해 더욱 황폐화한 모습으로 드러난다. 하지만 이와는 달리 '동유럽의 장미, 다뉴브의 장미, 동유럽의 파리, 다뉴브(도나우)강의 진주, 유럽의 3대 야경지, 빛의 도시' 등으로 표현되는 긍정적이고도 아름다운 수식어들은 '그런데도' 부다페스트가 지니는 매력이 무척이나 다양하다는 것을 예상케 한다. 그런 의미에서 분명 부다페스트는 '여러 개의 심장'을 가진 도시다. 겉으로 드러나는 그라피티가 내포하는 사회적 문제도 분명 무시할 순 없지만, 헝가리가 지녀온 복잡한 역사를 함께 들여다본다면 부다페스트가 제공하는 그라피티 도시 경관들은 더욱 다양하고 풍성한 문화, 도시적 공감, 그리고 감성적 스토리를 제공해주고 있기 때문이다.

부다페스트가 보여주는 낡은 것과 새로운 것, 민족적인 것과 국제적인 것, 시골적인 것과 도시적인 것의 헝가리적인 융합은 일견 모순의 조화처럼 보이기는 하지만 그것 자체가 부다페스트만의 특징이고 매력이라 할 수 있을 것이다. 아시아로부터의 이주, 서유럽과 러시아와의 역사적 관계, 발칸과의 교차로 등의 역할 속에서도 헝가리만의 문화적 융합으로 여타의 도시들이 지녔던 모순과 문제점들을 해결하기 위해 끊임없이 노력해 온 대단한 도시, 부다페스트! 정녕 헝가리만이 지니는 독특성을 내포하는 도시로 앞으로도 조화로운 공존의 도시로 성장하리라 기대해본다.

참고문헌

- 강윤경, 2017, "[Life] Travel – 다뉴브강의 황금빛 물결, 부다페스트," 연합뉴스동북아센터, 132~137.
- 권상철, 2012, "발칸의 관광자원과 지역 이해: 크로아티아의 세계문화유산과 보스니아-헤르체고비나의 순례성지," 한국사진지리학회지, 22(3), 75~87.
- 김강석, 2014, "거리의 미술 스토리텔링에 관한 小考: 뱅크시의 그래피티(graffiti)를 중심으로," 글로벌문화콘텐츠, 14, 63~83.
- 김문석·이승환, 2017, "공공미술이 젠트리피케이션에 미치는 영향 연구," 한국디자인문화학회지, 23(3), 47~56.
- 김미성, 2018, "낙서에서 거리예술로: 파리의 그라피티 연구," 人文科學, 112, 95~126.
- 김성진, 2006, 『부다페스트 다뉴브의 진주』, 살림지식 총서.
- 김연수, 1987, "통일논단: 변화하는 공산권 5: 동구의 파리 - 부다페스트," 통일한국, 45, 74~77.
- 김지영, 2019, "'접변과 수용, 재해석'의 문화 현상으로서의 헝가리 세체씨오(Szecessió) 연구," 역사문화연구, 71, 147~180.
- 김지영, 2021, "19세기말 20세기 초 부다페스트의 탈바꿈(Metamorphosis): '부다', '페스트'에서 '부다페스트'로," 역사문화연구, 77, 149~178.
- 김춘수, 1959, 『부다페스트에서의 소녀(少女)의 죽음』, 춘조사.
- 류재우·이미정, 2007, "공공디자인으로서의 그래피티 역할에 관한 연구," 일러스트레이션포럼, 15, 181~198.
- 박수영, 2002, "근대 유럽의 대도시 부다페스트의 역사와 문화," 동유럽발칸연구, 10(2), 247~268.
- 서곡숙, 2020, "영화 '부다페스트 느와르' 외 – 죽음과 빛의 도시에 흐르는 진혼곡, 부다페스트," 국토, 459, 82~87.
- 성운용, 2005, "루마니아의 지리지," 한국사진지리학회지, 15(1), 51~61.

호모트래블쿠스의 지리답사기

- 송은지, 2022, "유럽연합의 지원을 통한 부다페스트 도시재생," 통합유럽연구, 13(2), 27~51.
- 오현숙, 2019, "[Life] Hit the Road – 황금빛으로 기억되는 부다페스트," 연합뉴스동북아센터, 136~137.
- 이상협, 1996, 『헝가리사』, 대한교과서.
- 이성주·강소영, 2021, "그래피티 아트(Graffiti Art) 설계를 통한 주거안전 인식의 변화에 관한 연구," 한국범죄심리연구, 17(1), 177~192.
- 이시효·함승수, 2022, "체제전환 국가 도시교회 설립양상 연구: 헝가리 부다페스트를 중심으로," 신학과 사회, 36(3), 209~242.
- 임근욱·이혁진, 2013, "헝가리 부다페스트의 문화와 도시관광에 대한 연구," 한국사진지리학회지, 23(1), 141~150.
- 임익성, 2008, "터어키 서남부 지역의 고고–지리학적 전개," 한국사진지리학회지, 18(4), 1~9.
- 임병우, 2016, "그라피티(Graffiti)를 활용한 도시 문화콘텐츠 융합 디자인 방안", 디지털융복합연구, 14(7), 397~402.
- 양재희·홍지나·윤재은, 2018, "동·서양 그래피티 예술의 사회문화적 가치 특성연구," 한국공간디자인학회 논문집, 13(6), 303~314.
- 정은혜, 2023, "헝가리의 역사적 상황에서 그라피티가 지니는 의미: 부다페스트 경관을 사례로," 한국사진지리학회지, 33(1), 1~18.
- 주하영, 2019, "변방에서 중심으로: 영국 그라피티 예술의 정치성 비평," 미술사논단, 48, 237~262.
- 한영현, 2018, "영화 '글루미 선데이' – 역사적 시공간의 상처를 횡단하는 영화 그리고 부다페스트," 국토, 443, 86~92.
- 한이삭, 2021, "창의적 장소 만들기를 위한 거리 미술에 대한 고찰," 인문사회21, 12(6), 2345~2360.

—

- Burke, R., 1998, A contextualisation of zero tolerance policing strategies in Burke, R. (ed)., *Zero Tolerance Policing*, Perpetuity Press.

- Ferrell, J., 1993, *Crimes of Style: Urban Graffiti and the Politics of Criminality*, Northeastern University Press.
- Földi, Z., and Jan van Weesep, 2007, Impacts of globalisation at the neighbourhood level in Budapest, *Journal of Housing and the Built Environment*, 22(1), 33~50.
- Gábor, G., 1995, *A modern város történeti dilemmái*, Csokonai Kiadó Kft.
- Ganz, N. and Tristan. M., 2004, *Graffiti World*, H. N. Abrams.
- Glatz, F, 1996, *A magyarok krónikája*, Officina Nova.
- Kocsis, János, B., 2019, Patterns of urban development in Budapest after 1989, *Hungarian Studies*, 29(1−2), 3~20.
- Kovacs, Z., 2013, Urban Renewal in the Inner City of Budapest: Gentrification from a Post−socialist Perspective, *Urban Studies*, 50(1), 22~38.
- Lukacs, J, 1994, *Budapest 1900: A Historical Portrait of a City and Its Culture*, Grove Press.
- Margo, T., 2009, *American Graffitti*, Parkstone.
- Paul, A., 2002, *Un art contextuel: création artistique en milieu urbain, en situation, d'intervention, de participation*, Flammarion.
- Stanilov, K., 2007, *The Post−socialist city: Urban form and space transformations in Central and Eastern Europe after socialism*, Springer.

—

- 경기신문, 2021년 12월 27일, "김여수의 월드뮤직기행: 글루미 선데이(Gloomy Sunday)."
- 뉴시스, 2016년 9월 20일, "전 세계를 매혹한 죽음의 멜로디 '글루미 선데이' 재개봉."
- 매일신문, 2021년 12월 1일, "박미영의 코로나가 끝나면 가고 싶은 곳: '빛의 도시' 헝가리 부다페스트."

—

- 부다페스트 사이트(Welcome to Budapest), https://web.archive.org/web/20040402070041/http://www.fsz.bme.hu/hungary/budapest

- 부다페스트 관광가이드 사이트(Tourism information Portal of Budapes), https://www.bu-dapest.com
- 뱅크시(banksy) 공식 인스타그램, https://www.instagram.com/banksy
- 키스해링 공식 사이트(The Keith Haring Foundation), https://www.haring.com
- 한국민족문화대백과사전 사이트(헝가리 편), http://encykorea.aks.ac.kr

CHAPTER 03

아름다움의 이면에 숨겨진
우리 민족의 아픈 역사 속으로

#역사

#근대사

#일제강점기

딜쿠샤·서대문형무소·경교장을 통해
바라본 독립에서 해방까지,
대한민국 '서울'

#서울역사탐방 #서대문일대 #일제강점기 #역사

_ 역사는 생각보다 가까이에 있다

"우리는 실패해도 앞으로 나아가야 합니다. 그 실패가 쌓이고… 우리는 그 실패를 딛
고 더 높은 곳으로 나아가야 합니다."

– 영화 〈밀정〉(2016) 중 '정채산'의 마지막 대사

일제강점기 35년은 우리 민족에 있어서 가혹하고 힘든 시간이었다. 누군가는 일제
에 부역하고 누군가는 침묵했지만, 또 다른 누군가는 역사의 현장에서 용기를 내어 저
항했다. 당당히 일제에 맞선 많은 이들의 용기가 있었기에 우리는 1945년 해방을 맞
이할 수 있었고 현재의 대한민국이 존재할 수 있었다. 혹자는 그 기간에 일어난 일들

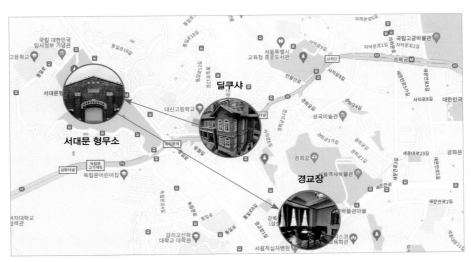

그림 1. 딜쿠샤, 서대문형무소, 경교장의 위치

이 이제는 역사책에서나 볼 법한 옛날 일이라 생각할 수 있지만 사실 그 일은 100년이 채 되지 않은, 생각보다 가까운 역사다. 심지어 그 역사는 우리에게 익숙한 곳에 자리해 있다. 독립선언을 세계에 알린 미국인 통신원이 살았던 '딜쿠샤(DilKusha)', 독립운동가들이 만세를 부르다 일제에 의해 강제로 끌려간 '서대문형무소', 그리고 해방 후 대한민국의 마지막 임시정부 청사로 사용된 '경교장(京橋莊)'이 바로 그것으로, 이 역사적 현장들은 모두 지하철 3호선 독립문역과 5호선 서대문역 사이에서 만나볼 수 있다(그림 1).

_독립선언을 세계에 알린 집, 딜쿠샤

서울 종로구 사직동과 행촌동을 연결하는 사직터널 위를 막 오르기 전, 빌라들 사이로 상당히 이국적인 건물 한 채가 눈에 들어온다(그림 2의 좌상). 바로 독립선언서를 세계에 알린 앨버트 테일러(Albert W. Taylor, 1875~1948)와 그의 가족이 살았던 '딜쿠샤'다. 우리가 흔히 볼 수 있는 현대의 빌라들과 대조되는 독특한 외관의 근대 건물 딜쿠샤는 2017년 8월 8일 국가등록문화재 제687호가 되었다. 눈에 띄는 이 건물이 이곳에 존재한 지 벌써 백년이 넘었지만, 아직도 우리에겐 조금 낯설기만 한데, 그 이유를 알기 위해서는 먼저 딜쿠샤를 만들고 그곳에 거주했던 '앨버트 테일러 가족'에 대해 알아볼 필요가 있다.

앨버트 테일러는 1879년, 미국에서 온 최초의 광산업자인 아버지 조지 알렉산더 테일러(George Alexander Taylor)를 따라 조선에 들어왔다. 성인이 된 테일러는 평안북도의 운산금광에서 감독관으로 일을 하며 경험을 쌓은 후, 충청도에 있는 금광을 직접 운영하며 광산업자로 살아갔다. 그러던 중 광산사업에 필요한 준설 장비 구입을 위해 잠시 방문한 일본에서 운명처럼 그의 아내 메리 린리(Hilda Mouat-Biggs, 1889~1982)[1]를 만나게 되었다. 둘은 곧 사랑에 빠졌고 1917년 6월 인도 뭄바이에서 결혼식을 올렸다. 그리고 그들의 신혼여행지였던 인도에서 (산스크리트어로) '기쁜 마음의 궁전'이라는 뜻의 '딜쿠샤 유적지'[2]를 방문했는데, 딜쿠샤가 풍기는 분위기와 이름의 뜻에 매료

---

1. 메리 린리의 본명은 '힐다 무아트 빅스(Hilda Mouat-Biggs)'로 '메리 린리'는 그녀가 배우로 활동하면서 쓴 이름이다. 하지만 그가 쓴 저서 『호박 목걸이(Chain of Amber)』에서도 자신을 '메리 린리'라 칭하고 있어 여기서도 '메리 린리'로 표기한다.
2. 인도 러크라우 지역에 있는 딜쿠샤 유적지는 18세기 영국 바로크 스타일로 지어진 궁전이다. 주로 영국의 관리들과 인도의 왕족들이 사냥을 즐기며 숙소로 사용했으나 1857년 세포이 항쟁 당시 상당 부분 파괴되었다

호모트래블쿠스의 지리답사기

그림 2. 서양식 건축물인 딜쿠샤(좌상), 권율 장군의 집터임을 알리는 표지석(좌하), 권율 장군이 심었다고 전해지는 은행나무(우)

된 메리는 자신이 집을 지으면 이름을 '딜쿠샤'로 할 것을 다짐하게 된다(최지혜, 2021). 신혼여행 후 다시 식민지 조선으로 돌아온 테일러 부부는 임진왜란 당시 일본군에 맞서 나라를 지켜낸 권율 장군의 집터였던 서울시 종로구 행촌동 은행나무 옆 대지를 매입해 자신들의 집을 짓기로 결정한다(그림 2). 하지만 행촌동 주민들은 권율 장군이 심었다고 믿어 의심치 않는 600년 된 신성한 은행나무 옆에 서양식 벽돌 건물이 들어오는 것을 극구 반대했고, 심지어 무당이 "집안에 악운이 내리고 화마가 집을 삼킬 것"

(조선혜, 2014). 앨버트 테일러와 메리 린리는 세포이 항쟁으로 이미 파괴된 딜쿠샤 궁전 유적을 방문했던 것으로 보인다.

이라며 저주까지 했다고 한다. 딜쿠샤는 이러한 주변의 반대에도 불구하고 1923년 완공되었다. 그렇지만 이러한 저주 때문이었을까? 완공 3년 후인 1926년 낙뢰로 인해 경성 시내 소방서가 총동원될 정도의 큰 화재가 발생하고야 말았다(이코노미조선, 2019년 8월 19일 자). 이는 앞으로 딜쿠샤와 테일러 가족에게 닥칠 시련의 전초전에 불과했다.

1919년 2월 28일은 앨버트 테일러 가족과 우리 민족 모두에게 잊을 수 없는 중요한 날이다. 왜냐하면, 테일러 부부의 외아들 브루스 테일러(Bruce Tickell Taylor)가 태어난 날이자, 우리나라 독립 역사의 커다란 한 페이지인 3·1운동의 하루 전날이기 때문이다. 이날, 앨버트 테일러 부부는 아이를 낳기 위해 세브란스 병원에 있었는데 공교롭게도 이 병원에는 3·1운동을 준비하던 기독교 측 독립운동 인사들도 머물고 있었다. 이들은 다량의 독립선언서 등사본(등사기로 복사한 독립선언서)을 보관하기 위해 이 병원에 있었다. 당시 세브란스 병원은 지금의 신촌이 아닌 서울역 앞에 자리 잡고 있어 등사한 독립선언서를 기차를 통해 지방으로 빠르게 전달할 수 있다는 장점이 있었다(신규환, 2018). 그런데 독립선언서 등사본 중 한 부가 우연히 간호사의 손에 의해 메리의 이불 밑으로 들어왔고,[3] 이를 발견한 앨버트 테일러는 일본 경찰의 눈을 피해 이를 AP통신(Associated Press, 미국 언론사 중 하나)에 제보하게 된다. 그리고 이 사건을 계기로 대한민국의 독립선언이 세계에 알려지게 되었다. 이후 앨버트 테일러는 조선의 AP 특파원으로 활동하면서 서양 언론인으로서는 유일하게 일제의 제암리 학살 사건, 독립운동을 주도한 민족지도자들에 대한 재판과정 등을 취재해 세계에 알렸다(이영

---

3. 후에 메리는 이 사건을 그의 책 『호박 목걸이』에서 다음과 같이 회고하였다. "어느 순간 눈을 떴더니 간호사가 아기가 아니라 종이 뭉치를 안고 있는 모습이 보였다. 그러다 그 서류를 내 침대의 이불 밑에 집어넣는 것이 아닌가. 바깥 거리도 온통 소란스러웠다. '만세, 만세' 하고 외치는 커다란 함성이 계속 반복됐다. '만세' 소리는 거의 포효와 같았다." (송영달 역, 메리 린리 테일러, 2014)

호모트래블쿠스의 지리답사기

미, 2016). 이러한 사실을 알게 된 일제는 1941년 태평양 전쟁이 발발하자 한국에 거주하던 적국 국민을 수용소에 가두면서 앨버트 테일러도 함께 수용소로 끌고 갔다.[4] 앨버트 테일러의 구금 생활은 무려 6개월이나 지속하였고, 이 동안 일제의 감시로 인해 메리 역시 딜쿠샤에 가택연금을 당하게 되어 집 밖에서 식량을 사 오는 것조차 어려웠다. 아이러니하지만 이러한 메리를 도와준 사람들은 딜쿠샤를 지을 때 저주를 퍼붓던 이웃 주민들이었다. 메리는 이때의 일을 다음과 같이 회고하고 있다.

> 때로는 누군가가 길게 엮은 달걀 한두 줄을 대문 안이나 창문턱에 놓고 간 것을 발견하기도 했다. 우리 집에서는 키우지도 않은 암탉들이 어느 날 나타나 집 안에서 꼬꼬댁거리며 돌아다녔고, 어느 날에는 죽은 꿩도 던져져 있었으며, 한국 사람들이 매일 먹는 김치가 어디선가 나타난 날도 있었다.
>
> – 메리 린리 테일러, 2014

이러한 고초에도 불구하고 앨버트 테일러 부부는 끝까지 조선에 남아 자신들의 손으로 직접 지은 딜쿠샤를 지키고자 했다. 그러나 결국 1942년 일제에 의해 미국으로 강제 추방당한다. 그런 후 시간은 흘러, 세계 역사상 가장 큰 피해를 남긴 제2차 세계대전은 일제의 항복으로 마무리되었다. 종전 후 앨버트 테일러는 딜쿠샤로 돌아오고자 했으나 끝내 한국 땅을 다시 밟지 못하고 1948년 미국 캘리포니아(California)에서 생을 마감했다. 하지만 죽어서도 한국에 묻히고 싶다는 그의 유언을 받들어 아내인 메

---

4. 이때 앨버트 테일러가 서대문형무소에 감금되었다는 주장도 있지만, 메리가 쓴 자서전의 내용에 의하면 서대문형무소가 아닌 그 옆에 있는 감리교신학대학교의 '사우어 하우스(Sour House)'에 구금되었던 것으로 추정한다(서울역사박물관 홈페이지).

리가 앨버트의 유골을 들고 한국에 방문했고, 앨버트는 가족들의 배웅과 함께 1948년 서울특별시 마포구에 자리한 양화진 외국인 묘지에 안장되었다.

그 사이 딜쿠샤는 1959년부터 1962년까지 3·15 부정선거에 가담한 자유당 조경규 의원의 소유였으나, 1963년 그의 재산이 국가로 넘어가면서 함께 국유화되었다(유제연, 2014). 이후 딜쿠샤는 국세청, 재무부, 경찰청, 기획재정부, 서울특별시 순으로 소유주가 변경되면서 간신히 존속되었다. 그러면서 우리의 독립운동과 맥을 같이 한 딜쿠샤의 문화재 등록에 대한 논의는 계속되었다. 그런데도 이곳은 집 없는 사람들의 불법 무단점유지가 되는 등 오랜 시간 동안 국가의 관리를 받지 못한 채 방치되었다(최아름, 2021). 다행히 가옥을 하나의 문화유산으로 바라보는 시류 속에서(Linda Young, 2007), 딜쿠샤는 2017년 등록문화재로 지정되었고 이를 복원하기 위한 학술용역이 진행되었다. 이듬해인 2018년 7월 딜쿠샤에 거주하던 주민들의 이주도 완료되었다. 이후 딜쿠샤는 2020년 12월까지 복원공사를 거쳐, 2021년 3월 앨버트 테일러의 손녀딸 제니퍼 테일러(Jennifer Taylor)의 축사와 함께 딜쿠샤 가옥전시관으로 재탄생하여 현재에 이르게 되었다(YONHAP NEWS AGENCY, 2021년 3월 1일 자)(그림 3).

그림 3. 딜쿠샤 가옥전시관 1층(좌)과 2층(우)

호모트래블쿠스의 지리답사기

_ 일제강점기, 독립운동가의 한이 서린 서대문형무소

가옥전시관으로 탈바꿈한 딜쿠샤와는 달리, 상당히 다른 분위기의 역사관을 딜쿠샤 근처에서 만나볼 수 있다. 바로 '서대문형무소 역사관'이다(그림 4). 서대문형무소는 1987년까지 교도소(구치소)로 쓰이다가 독립운동 유적지 성역화 사업을 통해 1998년 서대문형무소 역사관으로 개관했다. 서대문형무소는 앞서 소개한 딜쿠샤가 완공되기 15년 전인 1908년, 경성감옥이라는 이름으로 서울시 서대문구 현저동 101번지에 들어섰다. 이후 일제의 탄압이 심해지며 감옥의 규모가 점점 커졌는데 이때 이름도 바뀌어 1912년에는 서대문감옥으로, 다시 1923년에는 우리가 알고 있는 서대문형무소라는 이름으로 개칭되었고, 해방 후에도 1987년까지 서울교도소, 서울구치소 등으로 명명되며 감옥으로 활용되었다.

그런데 여기서 우리가 특히 주목해서 볼 점이 있다. 바로 딜쿠샤와 서대문형무소가 고작 500m밖에 떨어져 있지 않다는 것이다. 이는 서대문형무소가 우리가 일반적으로 알고 있는 구금시설들처럼 도심에서 멀리 떨어진 곳이 아닌 도심 한복판에 자리해 있다는 것을 의미한다. 심지어 서대문형무소는 경성역(지금의 서울역)과도 약 2km밖에 떨어져 있지 않다. 이는 누군가 서대문형무소에서 탈출하기만 한다면 곧바로 인파 속에 섞여 잡히지 않고 도망갈 수 있는 확률을 매우 높여줄 뿐 아니라, 경성역에서 기차를 타고 지방이나 해외로 도피할 가능성도 있게 해 준다는 것을 의미한다. 그런 의미에서 이곳은 사실상 구금시설이 들어서기에는 최악의 입지로 여겨질 것이다(정은혜·손유찬, 2018). 그런데도 일제는 왜 현저동 101번지에 대규모 '형무소'를 지은 것일까? 그것은 서대문형무소가 갖는 '상징적 의미' 때문이다. 당시 권력의 주체였던 일제는 그들의 통치가 일반 사람들에게 자연스럽게 받아들여질 수 있도록 상징적인 경관을 만들어 그들이 조선을 통치하는 상황을 자연화(Naturalizing)하고자 했는데, 그것이

그림 4. 대형 태극기가 걸려 있는 서대문형무소. 이곳의 옥사는 이제 과거와는 달리 '독립'이라는 상징적 경관을 연출한다.

바로 '서대문형무소'였다(송희은, 2007). 따라서 서대문형무소가 갖는 상징적 의미는 명료하다. 최대한 많은 사람이 서대문형무소의 높은 망루를 바라보며, 일제에 저항하면 언제든지 저 눈앞에 보이는 형무소로 끌려갈 수 있다는 자기검열에 빠지도록 만든다. 즉, 서대문형무소에는 '전 국민의 식민화', 그리고 '전 국토의 감옥화'라는 일제의 가치관이 내포되어 있었다.

이렇게 아픈 역사가 깃들어 있던 서대문형무소는 이제 우리나라 전시관·기념관·박물관을 통틀어 다섯 번째로 많은 사람이 찾는 곳이 되었다(KTV 국민방송, 2018년 3월 29일 자). 2019년 기준, 연간 70만 명의 관광객이 방문하는 것으로 알려져 있다(매일경제, 2019년 8월 13일 자). 그런데 생각해보면 서대문형무소는 여타 전시관이나 박물관과는 결이 조금 다른 것을 알 수 있다. 보통의 전시관이나 박물관이 우리 민족과 역사의 자랑스러운 면모를 드러내고자 하는 데 반해, 서대문형무소는 우리 민족의 아픈 면모를 보여주고 있기 때문이다. 게다가 일련의 역사적 사건들을 겪으며 발생한 훼손

호모트래블쿠스의 지리답사기

과 선택적 복원으로 인해 서대문형무소는 일제강점기 시절의 모습을 온전히 유지하고 있지도 못한 상태이다. 그렇지만 서대문형무소는 수많은 사람이 실제로 구금당했던 곳이고 사형이 집행되었던 곳이라는 점에서 분명 우리 민족의 아픈 역사를 반영하고 있다. 그런데 관광객들은 무슨 이유로 이렇게 무섭고 가슴 아픈 장소를 방문하는 것일까?

아마도 다크투어리즘(Dark Tourism) 차원에서 이해될 수 있을 것이다. 휴양이나 관광을 주목적으로 하는 일반 여행과는 달리 역사적으로 비극적이거나 잔학무도한 사건이 일어났던 곳, 또는 그런 사건과 관련이 있는 현장을 방문하여 반성과 교훈을 얻는 여행을 다크투어리즘이라고 하는데(한국관광학회, 2009), 서대문형무소는 식민지의 역사를 외면하지 않고 오히려 이를 적극적으로 드러냄으로써 (아픈 역사를 반복하지 않기 위해) 그 역사가 발생했던 장소에서 과거를 돌아보고 교훈을 얻고자 하는 목적을 충족시켜주고 있다. 그러한 점에서 이곳은 다크투어리즘 장소로 볼 수 있다. 다크투어리즘 장소는 지배계층과 피지배계층이 한곳에 머물며 특이하면서도 이중적인 경관을 나타내고, 그러한 이유로 다른 장소와 차별화된 분위기를 연출하는데(류주현, 2008), 서대문형무소는 대표적인 사례일 것이다.

서대문형무소를 방문하면 역사해설사(Docent)의 설명을 들을 수 있다. 여기에 참여하는 관람객의 연령대를 보면 일제강점기를 경험했던 백발의 어르신부터 부모님의 손을 잡고 온 어린이에 이르기까지 매우 다양하다. 그중에서도 가족 단위의 방문객들은 주로 부모님과 어린 자녀로 구성되어 있는데 이들은 해설을 들을 때 자녀들을 앞에 두고 '선생님 말씀을 잘 들어!' 하고 주의 주는 모습을 볼 수 있다. 이는 서대문형무소를 역사적인 비극이 자행된 사건과 사고의 현장으로서 과거를 되새기고 교훈을 얻는 공간으로 이해되고 있음을 보여주며, 더 나아가 다크투어리즘의 공간으로 바라볼 수 있음을 시사한다(그림 5).

그림 5. 서대문형무소에서 역사해설사의 해설을 듣는 관람객들(좌), 서대문형무소 내 사형장(우)
출처 (우) 서대문형무소·한국문화정보원 홈페이지

_ 해방 후, 대한민국 마지막 임시정부청사 경교장

1945년, 서대문형무소에 갇혀있던 독립운동가가 그토록 바라던 해방이 벼락같이 찾아왔다. 이에 중국 상하이(上海)에서 시작해 항저우(杭州), 전장(鎮江), 창사(長沙), 광저우(廣州), 류저우(柳州), 치장(綦江) 등으로 이동하며 일제에 항거하던 대한민국 임시정부도 중국 충칭(重庆)의 임시정부청사에서 일제의 패망 소식을 듣게 된다. 당시 임시정부는 '국내외 동포에게 고함'이라는 성명서에서 "임시정부는 최단기간 내에 환국할 것이며, 국내에 들어가 각계 대표들과 과도정권을 세우고, 그 정권에서 정식정부를 수립하는 것이 앞으로 추진할 정책"이라고 발표한다(국립중앙박물관 홈페이지). 이렇게 해서 국내로 돌아온 대한민국 임시정부가 바로 '경교장'이다. 현재의 서울시 종로구 평동에 자리한 경교장은 당시 주석이었던 김구와 임시정부 요인 및 수행원들이 머물렀던 곳이다.

하지만 경교장이 처음부터 대한민국 임시정부와 결을 같이 했던 장소는 아니었다. 1938년 지하 1층, 지상 2층 규모로 지어진 이 근대식 일본 건축물은 일제강점기 금광

호모트래블쿠스의 지리답사기

그림 6. 대한민국 최초의 국무회의 개최장소인 응접실(좌)과 2층 다다미방(우)

으로 많은 돈을 번 친일반민족행위자 최창학 소유의 별장이었다(조은빈, 2018). 이곳
이 본가(本家)가 아닌 별장인 이유는 최창학이 별장 뒤에 있는 상당한 규모의 한옥에
서 생활하며 경교장을 마치 접대용 장소처럼 사용했기 때문이다. 당시에는 건물의 이
름도 경교장이 아니라 일본식 이름인 죽첨장(竹添莊)이었다. 이후 김구가 건물의 이름
을 경교장으로 바꾸었는데, 해방 후 최창학에게 건물을 제공받은 그가 근처에 있던 경
구교(京口橋)에서 이름을 가져와 고쳐 부르기 시작했기 때문이다. 이로써 경교장은 자
연스럽게 김구와 뜻을 같이하며 건국·통일 운동을 주도하던 사람들의 집결지가 되었
다. 그러한 이유로 일제강점기 친일반민족행위자들과 일제 주요 인사들을 맞이했던
1층 응접실에서는 대한민국 최초의 국무회의가 개최되었고, 역시나 일제 부역자들
의 연회 장소로 사용되었던 건물의 2층 다다미방은 김구와 임시정부 사람들의 숙소로
활용되었다. 하지만 해방에 이어 광복까지 맞고도 1년이 지난 1949년 6월 26일, 김구
는 바로 이 다다미방 바로 옆 집무실에서 안두희에게 총을 맞고 서거하였다(그림 6).

　김구의 서거 이후 경교장은 다시 최창학에게 반환되어 한국전쟁 이전까지 중화민
국 대사관의 사택으로 사용되었다. 한국전쟁 당시에는 미군 특수부대와 임시 의료진

이 주둔하는 등 용도가 계속해서 변경되다가 정전 이후에는 월남(현 베트남)대사관으로 사용됐다. 이후 1967년 삼성재단에서 경교장을 매입한 후 고려병원(현 강북삼성병원) 본관을 경교장 후면에 붙여 건축하면서 경교장은 병원의 입구로 사용되기도 하였다(세계일보, 2009년 6월 26일 자). 이처럼 대한민국 최초의 국무회의가 열렸던 장소가 병원 원무과로 탈바꿈되는 황당한 역사적 사건 속에서도, 원형이 훼손된 경교장을 복원해야 한다는 의견이 끊임없이 제기되었다. 마침내 경교장은 사적으로서의 가치가 인정되어 2001년 서울시 유형문화재로 지정되었고, 2005년에는 국가 사적으로 승격되었다. 이후 2010년 실제 복원이 시작되며 경교장 내 병원 시설들이 이전되었다. 그리고 마침내 2013년 3월 2일, 일반인에게 개방됨으로써 많은 방문객을 맞게 되었다(서울역사박물관 홈페이지).

_ 역사는 가까이에 있어야 한다!

독립선언을 세계에 알린 앨버트 테일러의 집 딜쿠샤, 일제강점기 독립운동가들의 한이 서린 서대문형무소, 대한민국 마지막 임시정부청사이자 김구가 암살당한 경교장! 이들은 일제강점기 중요한 역사적 사건이 얽힌 장소라는 공통점 이외에 또 다른 공통점을 가지고 있다. 그것은 바로 이토록 중요한 역사적 가치를 지닌 공간임에도 불구하고 역사의 뒤안길로 사라질 뻔했다는 점이다.

앨버트 테일러의 아들 브루스 테일러가 서일대학교 김익상 교수에게 자신이 살던 집을 찾아달라고 의뢰하지 않았다면 딜쿠샤는 세상에 다시 모습을 드러내기 힘들었을 것이다(서울역사박물관 홈페이지). 딜쿠샤 거주민 이주의 문제, 집 원형의 복원문제 등에 있어 많은 시간과 노력이 소요됐지만 말이다. 서대문형무소 역시 한때 역사 속으

호모트래블쿠스의 지리답사기

로 사라질 뻔했다. 당시 서울구치소로 사용되던 서대문형무소 건물은 1987년 서울구치소의 의왕시 이전으로 공실이 되자 옥사들을 모두 철거하고 그곳에 대규모 아파트 단지를 건설하자는 논의가 있었다. 게다가 88올림픽을 앞두고 있던 정부가 개발 위주의 정책을 주장하며 서대문형무소 내 12개 옥사 중 8개 옥사, 격벽장, 여옥사, 공장, 교도관 숙소, 취사장 등을 모두 철거하기도 하였다. 그러나 독립운동가 유족들과 시민들의 지속적인 철거 반대요구와 보존 노력으로 지금의 모습이라도 유지할 수 있었다(한겨레, 2009년 2월 26일 자). 경교장도 마찬가지였다. 1996년 경교장을 소유하고 있던 삼성재단이 현재의 강북삼성병원을 건설하기 위해 경교장의 철거 계획을 밝혔으나, 다행스럽게도 '경교장복원범민족추진위원회' 등의 단체와 시민들이 '한반도에 유일하게 남은 임시정부 유적을 지켜야 한다!'며 반대해 철거를 막아낼 수 있었음을 우리는 상기할 필요가 있다(경교장복원범민족추진위원회 홈페이지).

하지만 아쉽게도 끝내 역사 속으로 사라진 장소도 있다. 바로 서대문형무소 옆(종로구 무악동 45-46번지) '옥바라지 골목'이 그것이다. 옥바라지 골목은 김구가 서대문형무소에 수용되어 있을 때 그의 어머니인 곽낙원 여사가 아들에게 사식을 넣기 위해 삯바느질로 돈을 벌며 생활했던 장소이자 1919년 사이토 마코토(斎藤実) 총독을 향해 폭탄을 던진 죄로 수감 중이던 강우규 의사의 누이와 동생들이 그의 옥바라지를 위해 머물렀던 골목이다(경향신문, 2019년 12월 19일 자). 이처럼 이 골목은 독립과 연관된 장소로 그 의미가 적지 않은 곳이었으나 2016년 행정기관의 강제집행으로 인해 결국 철거되고 말았다(전영옥, 2016). 그곳에는 현재 대규모 아파트 단지가 들어서 있어 개발과 역사적 장소의 보존 사이에서 갈등하고 있는 우리에게 많은 고민을 안겨다 준다. 그런 의미에서 다음의 말을 되새겨 본다.

"Those who do not remember the past are condemned to repeat it."

(과거를 기억하지 못하는 이들은 과거를 반복하기 마련이다.)

– 독일 아우슈비츠 강제수용소 입구에 새겨진 철학자 조지 산타야나(George Santayana)의 글

호모트래블쿠스의 지리답사기

📚 참고문헌

- 송영달, 2014, 『호박목걸이』, 책과함께. (Mary L. Taylor, 1992, *Chain of Amber*, The Book Guild Ltd.)
- 류주현, 2008, "부정적 장소자산을 활용한 관광 개발의 필요성," 한국도시지리학회지, 11(3), 67~79.
- 송희은, 2007, "창경궁의 장소성과 상징적 의미의 사회적 재구성," 문화역사지리, 19(2), 24~44.
- 신규환, 2018, "3·1운동과 세브란스의 독립운동," 동방학지, 184, 29~53.
- 유제연, 2014, 행촌동 알버트 테일러 가옥의 건축과 변화과정에 관한 연구: 현황실측과 자료 분석을 중심으로, 단국대학교 석사학위논문.
- 이영미, 2016, "정부조직들 간 협업을 통한 문화재 복원 정책 : 딜쿠샤(Dilkusha) 국가문화재 등록 과정을 중심으로," 한국정책학회 추계학술발표논문집, 59~78.
- 전영옥, 2016, "식민지기 서대문형무소 주변의 옥바라지: 이른바 '옥바라지 골목'의 역사성과 관련하여," 도시연구(역사·사회·문화), 16, 105~134.
- 정은혜·손유찬, 2018, 『지리학자의 국토읽기』, 푸른길.
- 조선혜, 2014, "[이 책을 말한다] 식민지 서울에서, 어느 서양 여성의 삶" 기독교 사상, 666, 142~150.
- 조은빈, 2018, 리빙 뮤지엄(Living Museum)의 한국적 적용을 위한 사례연구: 서울시 소재 역사 가옥박물관을 대상으로, 경희대학교 경영대학원 석사학위논문.
- 최아름, 2021, "하우스 뮤지엄의 전시 소재와 의미에 대한 고찰: '딜쿠샤(Dilkusha)' 사례를 중심으로," 인문콘텐츠, 63, 281~304.
- 최지혜, 2021, 『딜쿠샤, 경성 살던 서양인의 옛집』, 혜화1117.
- 한국관광학회, 2009, 『55인의 관광학 전문인이 집필한 관광학 총론』, 백산출판사.

- Linda Y., 2007, Is There a Museum in the House? Historic Houses as a Species of Museum, *Museum Management and Curatorship*, 22(1), 59~77.

- 경향신문, 2019년 12월 19일, "옥바라지 골목."
- 매일경제, 2019년 8월 13일, "박경목 서대문형무소역사관장 "비극과 통한이라도…과거 알아야 生도 분명해지죠"."
- 세계일보, 2009년 6월 26일, "경교장 복원은 굴절된 현대사 복원하는 것."
- 이코노미조선, 2019년 8월 19일, "[김경민의 서울탐방 18] 딜쿠샤의 추억(2) 화마 이겨내고 3·1 운동 알린 알버트 테일러."
- 한겨레, 2009년 2월 26일, "'민족 수난처' 서대문형무소 옛모습 복원."
- KTV국민방송, 2018년 3월 29일, "아픈 역사 체험…서대문형무소 역사관 발길 이어져."
- YONHAP NEWS AGENCY, 2021년 3월 1일, "(Yonhap Feature) Dilkusha: How the world learned of Korea's fight for independence."

- 경교장복원범민족추진위원회 홈페이지, http://www.kyungkyojang.or.kr
- 국립중앙박물관 홈페이지, https://www.museum.go.kr
- 서울역사박물관 홈페이지, https://museum.seoul.go.kr
- 한국문화정보원 홈페이지, https://www.kcisa.kr

[사진 출처]
- 그림 5의 '사형장 사진'은 공공누리 제1유형에 따라 서대문형무소·한국문화정보원의 공공저작물을 이용하였습니다. 해당 저작물은 공공누리 사이트(https://www.kogl.or.kr/)에서 무료로 다운로드 받을 수 있습니다.

익숙한 땅에서 펼쳐진 민족의 저항정신,
경기 '수원'

#도시 #성장 #일제강점기 #역사

_ 경기도 제1의 수부(首府)도시, 수원

2022년 기준 전국의 지방자치단체는 총 226개가 있다. 이 중 인구가 가장 많은 지방자치단체는 어디일까? 그곳은 바로 121만 6,958명의 인구(2021년 기준)를 기록하고 있는 경기도 수원이다(수원시청 홈페이지). 지방자치단체를 기준으로 삼지 않아도 수원은 전국에서 7번째로 인구가 많은 도시인데, 심지어 지방자치단체보다 규모가 큰 울산광역시[1]보다 많은 인구를 기록하고 있다. 2021년 경기도의 인구가 1,356만여 명, 전국 인구가 5,174만여 명인 것을 감안하면 경기도 전체 인구의 약 9%, 우리나라 전체 인구의 약 2%가 수원에 살고 있는 것이다(통계청 홈페이지).

---

1. 울산광역시 인구는 2021년 기준 112만 1,592명이다(통계청 홈페이지).

인구가 많은 만큼 수원의 경제 규모도 상당하다. 수원의 지역 내 총생산(GRDP)[2] 은 36조 원으로 전국에서 11번째로 경제규모가 큰 도시인데, 이는 제주특별자치도와 세종특별자치시의 지역 내 총생산을 합한 수준이다(통계청 홈페이지). 대한민국 최대 다국적기업인 삼성전자 본사를 포함하고 있는 삼성디지털시티 또한 수원에 자리하고 있으며, 국내 재계 2위 대기업인 SK그룹이 탄생한 곳도 바로 수원이다. 이외에도 나노 테크, 바이오 테크 등을 다루는 국내외 200여 개 첨단기업과 서울대학교, 경희대학교, 아주대학교 등의 연구소가 있는 광교테크노밸리, 경기 남부의 신흥 상권으로 떠오르고 있는 영통지구와 매탄지구도 수원에 속해 있다.

수원은 경기도의 정치와 행정의 중심이기도 하다. 수원 팔달구에 위치한 경기도 구청사는 1967년 경기도청이 수원으로 이전한 후 2022년까지 55년간 경기도청사로 사용되어왔고, 그 역사성과 상징성을 인정받아 2017년 대한민국 근대문화유산에 등록되었다(그림 1의 좌). 새로 이전한 경기도청사도 다른 지자체가 아닌 수원 영통구 광교신도시에 자리하고 있다(그림 1의 우). 행정부를 견제할 경기도의회 또한 수원에 있다. 지역민주주의의 산실이었던 경기도의회는 1993년부터 30년간 구경기도청사(팔달청사) 옆에 있었으나 경기도청사가 광교신도시로 이전함에 따라 2022년 함께 이전해, 현재 수원 영통구 광교신도시에 자리하고 있다. 정당들의 경기도당 또한 수원에 있는데, 21대 국회 원내교섭단체에 속해 있는 더불어민주당과 국민의힘 경기도당이 수원에 자리를 잡고 1,359만 경기도민들을 대표해 행정부를 견제하고 있다.

이처럼 수원은 경기도의 정치·경제·행정의 중심지로서 기능하고 있는데, 현재 수

---

2. 지역 내 총생산(Gross Regional Domestic Product : GRDP)은 일정 기간 동안에 일정 지역 내에서 새로이 창출된 최종 생산물가치의 합. 즉, 각 시·도 내에서 경제활동별로 얼마만큼의 부가가치가 발생되었는가를 나타내는 경제지표이다(통계청 홈페이지).

그림 1. 경기도청 구청사(좌), 경기도청 신청사와 경기도의회(우)
출처(우) 경기도청 홈페이지

원이 경기도에서 중요한 지위를 차지할 수 있도록 도와준 이러한 기능들은 조선 정조 시기부터 시작해 일제강점기를 거치며 굳어졌다고 볼 수 있다. 이 글에서는 정조가 농업개혁과 상업개혁을 통해 새로운 조선을 만들 목적으로 수원을 택한 점, 그리하여 조선시대 서울만큼 발전한 수원을 일제가 가혹하게 수탈한 점, 이러한 수탈에 맞서 수원 시민들이 전국에서 손꼽힐 만큼 강렬하게 저항한 점, 그 중심에 수원의 여성 독립운동가가 있었다는 점들을 중점적으로 살펴보고자 한다.

_ 수원의 위치와 역사

수원은 경기도에 속한 도시로 경기도 중남부에 자리하고 있다. 서쪽으로는 안산시, 북쪽으로는 의왕시, 동쪽으로는 용인시, 남쪽으로는 화성시와 접해 있다(그림 2). 전국에서 7번째로 많은 인구가 살고 있는 도시임에도 불구하고 면적은 121.05km²로 작은 편인데, 경기도 전체 면적의 약 1.2%만을 차지하고 있다. 이는 인구 100만이 넘는 특례시[3] 중 가장 작은 면적으로 같은 특례시인 용인시(591km²), 고양시(268km²)의 절반도 되지 않는다. 하지만 수원이 처음부터 이렇게 작은 면적을 가지고 있었던 것은 아니다.

수원이라는 지명이 역사 속에서 처음 등장한 때는 1271년인데, 고려시대 '수원도호부(水原都護府)'가 설치되면서부터이다. 이후에는 수원이라는 지명이 계속 유지되어 수원부, 수원군 등으로 바뀌다가 조선 초기인 1413년(태종 13년) 다시 수원도호부(水原都護府)로 개편되면서 현재의 수원, 오산, 화성 동남부, 평택 서부를 아우르는 거대한 행정구역이 되었다. 이후 수원군, 수원부, 다시 수원도호부 등으로 명칭이 계속 바

그림 2. 수원의 위치
출처 경기도청 홈페이지 지도를 재구성

---

3. 특례시는 2022년 1월부터 시행되는 지방자치법 개정안에 따라 '인구 100만 명 이상의 도시와 실질적인 행정 수요, 국가균형발전 및 지방소멸위기 등을 고려해 대통령령으로 정하는 기준과 절차에 따라 행정안전부 장관이 지정하는 도시'로 2022년 기준 수원시, 고양시, 용인시, 창원시 등이 있다(국가법령정보센터 홈페이지).

호모트래블쿠스의 지리답사기

뀌다가 일제강점기인 1914년 일제에 의해 행정구역이 개편되면서 현재 의왕시 일대와 인천 옹진군 일대까지도 수원(당시 수원면)으로 편입되었다. 이렇게 넓은 면적을 가지고 있던 수원은 해방 후 화성, 평택, 오산, 의왕 등이 분리되어 나가고 인접한 화성, 용인 등에 행정구역을 이관하면서 현재의 모습을 갖추게 되었다(수원시청 홈페이지).

그렇다면 수원에 사람이 살기 시작한 것은 언제부터였을까? 수원 고색동, 이의동, 지동, 파장동 일대에서 중기 구석기시대 유적이 발굴됨에 따라 구석기시대 인류가 이곳에 살고 있었음을 알려주고 있다. 화성동 꽃뫼유적, 율전동유적과 광교신도시 부지 내 유적 등에서는 신석기시대 유적이, 과거 수원의 일부였던 화성 천천리유적에서는 청동기시대 유물들이 출토되어 구석기시대 이후에도 수원에 사람들이 꾸준히 살아왔음을 보여준다(최홍규, 2000; 수원역사박물관 홈페이지).

철기시대에 들어서면서 한반도 중남부 일대에 많은 소국들이 성립되었고 이들은 마한·진한·변한 등의 삼한을 구성했다. 이 중 마한의 54개 소국 가운데 수원이 속해 있었는데 당시의 이름은 '모수국(牟水國)'이었다. '모수'란 이두(吏讀)식 표기[4]로 '벌물'이라는 뜻을 가졌는데 풀이하자면 '벌판과 물'이다. 삼국시대 들어 수원지역을 최초로 차지했던 국가는 백제였다. 하지만 고구려의 남하정책으로 한강유역을 고구려에게 빼앗기는데 이때 수원지역의 명칭은 '매홀(買忽)'이었다. '매홀'의 매는 '물'을 홀은 '고을'을 뜻해서 풀이하자면 '물 고을'이라는 뜻이 된다. 이후 통일신라가 삼국을 통일하고 수원 지역을 다스리게 되는데 이때 '수성군(水城郡)'으로 개칭된다(최홍규, 2000; 수원시청 홈페이지). 이후 고려를 건국한 태조 왕건이 남쪽 지방을 점령할 때 수원 사람 김칠과 최승규 등이 도움을 준 공을 인정해 수성군을 '수주(水州)'로 승격시킨다(국사

---

4. 구전되어 내려오던 한국어를 한자의 음과 뜻을 빌려 우리말을 적은 표기법이다(국립국어원 표준국어대사전 사이트).

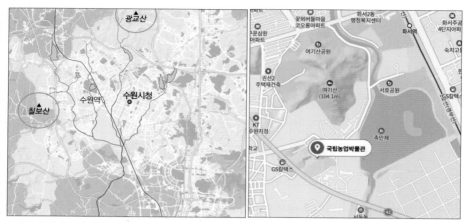

그림 3. 수원분지 내 광교산, 칠보산과 수원지역 하계망(좌)과 국립농업박물관 위치(우)

편찬위원회 한국사데이터베이스). 수원의 옛 지명이었던 모수, 매홀, 수성군, 수주 모두 물(水)과 관련이 깊은 지명인데(최홍규, 2000) 이는 고대부터 광교산, 칠보산에서 내려 오는 지역 하천이 수원분지에 풍부하게 물을 공급해(그림 3의 좌) 하천유역의 충적지 를 따라 농경지가 비옥하게 유지되었기 때문으로 보인다(기근도·이상환, 2004). 이로 인해 수원 지역은 예로부터 논농사가 크게 발전하였고, 이러한 장소성은 최근까지 이 어져 내려와 해방 이후부터 비교적 최근까지 농촌진흥청[5]이 수원에 위치해 있었으며, 2022년 12월 개장 예정인 국립농업박물관[6]도 수원에 자리하고 있는 등 아직까지도 농업과 관련된 장소가 많이 존재한다(그림 3의 우).

---

5. 현재는 2014년 전북혁신도시 조성으로 인해 전라북도 전주시 완산구로 이전했다(농촌진흥청 홈페이지).
6. 국립농업박물관은 조선 후기에 축조된 저수지인 축만제(祝萬堤) 옆, 2014년까지 농촌진흥청이 있던 자리에 건립되어 2022년 12월 개관했다(국립농업박물관 홈페이지).

호모트래블쿠스의 지리답사기

_ 새로운 조선을 위해 만들어진 신도시 수원

수원을 상징하는 랜드마크(Landmark)는 단연 수원화성이다. 수원 팔달구 장안동 일대 411,534m² 면적에 펼쳐진 수원화성은 일제강점기와 한국전쟁 등을 거치며 일부 파괴되었지만 1970년대 대대적인 복원을 거쳐 현재의 모습을 갖추게 되었다. 수원화성은 수원의 랜드마크를 넘어 일종의 상징물로서 사용되고 있는데, 수원시의 로고도 수원화성을 형상화한 것이며(그림 4의 좌) 수원을 연고지로 하고 있는 축구단인 수원 FC(그림 4의 중), 수원삼성블루윙즈의 엠블럼(그림 4의 우)도 수원화성을 형상화한 이미지를 사용하고 있다.

수원화성은 독립적인 문화재로 존재하는 것이 아니라 수원 시민들과 함께 수원의 일상경관을 만들어 내고 있기도 하다. 수원화성의 성벽은 현재 시민들과 관광객들의 산책로로 이용되고 있으며, 성벽 바로 아래에는 주택단지와 상점들이 자리하고 있다. 성벽은 또한 자연스레 전통시장인 수원지동시장과 수원영동시장을 가로지르고 있고 (그림 5의 좌), 통행량이 많은 팔달문 로터리 중앙에는 팔달문이, 화서문 교차로에는 화

그림 4. 수원시 심벌(좌), 수원FC 엠블럼(중), 수원삼성블루윙즈 엠블럼(우)
출처 수원시청 홈페이지(좌), 수원FC 홈페이지(중), 수원삼성블루윙즈 홈페이지(우)

그림 5. 수원영동시장에서 바라본 팔달문(좌)과 화서문 교차로(우)

서문이 서 있으며(그림 5의 우), 시민들의 휴식처인 팔달산에는 수원화성 서암문이 위치해 오래도록 시민들과 삶을 함께하고 있다.

수원화성이 축조되었던 18세기 조선은 과거 농업만을 중시하던 국가에서 조금씩 변화하기 시작했다. 농업기술이 발달하면서 농업 생산량이 이전보다 증가했고, 대동법[7]의 시행으로 인해 상업이 활기를 띠었다. 상업의 발달은 곧 시장과 포구의 발달로 이어졌는데 먼 거리까지 상품들의 유통이 원활해지면서 도시의 모습과 기능에도 변화를 가져왔다. 18세기 이전 도시는 중앙의 명령을 집행하는 행정도시의 성격이 강해 평양이나 한양처럼 역사적인 도시들을 제외하고는 인구가 많지 않아 도시의 면모를 제대로 갖추지 못했다. 그러나 18세기 상업이 발전하면서 새로운 기회를 찾아 농촌을 떠나 도시로 유입되는 인구가 많아지고, 상품의 유통으로 발생한 경제적 이득이 도시로 몰리면서 이전에는 행정의 중심지 기능만을 담당하던 도시가 경제 중심지로서의

---

7. 과거 나라에서 필요한 물품을 직접 바치게 하는 공납과 달리 토지 면적에 따라 쌀로 세금을 내게 하는 제도로, 선조 때 율곡 이이가 제안, 1608년 경기도 지역에서 시범적으로 실시된 것을 시작으로 1894년 갑오개혁 때까지 유지된 제도이다. 조정은 세금으로 거두어들인 쌀을 팔아 필요한 물품을 조달해야 했는데, 이로 인해 조선의 상업이 크게 발전하였다(한국민족문화대백과사전 사이트).

호모트래블쿠스의 지리답사기

역할도 수행하게 되었다(김준혁, 2008).

정조는 이러한 시대의 흐름 속에서 영조의 뒤를 이어 왕으로 즉위했다. 조선에서 안경을 쓴 최초의 군주로 조선의 개혁을 이끌었던 정조는 '청'이라는 거대한 제국에 속박받지 않는 자주적인 국가, 양반의 적자뿐만 아니라 서얼도 능력이 있으면 관직에 진출할 수 있는 평등한 국가, 농업과 상업이 두루 발전한 근대 국가를 건설하고자 했다. 이를 실현하기 위해 이미 오랜 세월 노론에 의해 정치·경제·문화적으로 독점되어 온 한양과는 다른 새로운 도시를 건설하고자 했는데 그곳이 현재의 수원이었다.

조선시대 서울과 지방을 연결하는 큰 길이 세 곳 있었는데 바로 서울에서 평양을 거쳐 의주를 연결하는 '의주대로', 서울에서 충주를 거쳐 안동과 상주, 대구 등으로 이어지는 '우로', 서울에서 수원을 거쳐 공주, 전주까지 연결되는 '좌로'가 그것이다. 이중 '의주대로'는 주로 중국 사신들이 오갈 때 사용되었고, 영남지방과 서울을 연결하는 '우로'는 선비들이 과거시험을 치르기 위해 서울로 향할 때 주로 이용됐다. 호남지방과 서울을 연결하는 '좌로'는 각종 물자의 유통에 활용되었는데, 큰 산들이 많이 있는 우로와는 달리 지대가 평탄하여 물자소통이 원활하였다. 이러한 이점과 더불어 충청도와 전라도 지역에서 생산되는 각종 물품들의 유통이 늘어남에 따라 우로의 중요성도 자연스레 커지게 되었다(김동욱, 2002). 이 우로의 중심에 바로 수원이 있었다. 정조는 수원이 교통의 요지에 있다는 점을 강조하며 수원화성의 장안문 상량문에 이러한 글을 남기기도 했다.

이 화성은 큰 도읍지요 수호해야 할 땅이니 실로 우리나라의 우부풍(右扶風)이라. 땅은 바다를 등지고 한강에 임해서 서울 백리의 경계에 걸터앉았고 영남을 당기고 호남을 눌러서 큰 길이 사방으로 통하는 곳에 자리 잡았네.

교통이 발달한 장소는 상업의 발전을 이루기도 유리하다. 1792년 작성된 『수원부읍지』에는 입색전, 어물전, 목포전, 상전, 미곡전, 관곽전, 지혜전, 유철전 등의 시전이 수원 성내에 신설되었다는 기록이 있다. 시전은 나라에서 특정 상품에 대한 독점판매권을 인정해 주는 대신 국가에서 필요한 물품을 바칠 의무가 있는 상점이었다. 조선시대 종로 주변에 시전이 있었다는 기록은 있지만 지방에 시전이 있었다고 명확히 기록된 곳은 수원이 유일하다(이성주, 2005). 그만큼 정조는 신도시 수원을 서울에 버금가는 상권으로 성장시키고자 했다는 것을 알 수 있다. 정조가 주도하는 조선정부의 상공업 진흥정책으로 인해, 상업을 하고자 하는 사람들이 전국에서 수원으로 몰려들었다. 정조는 여기서 그치지 않고 양반들 중에서도 상행위를 통해 나라의 부강에 힘쓰고자 하는 사람에게는 무이자로 1만 냥을 대여해 주겠다고 하며, 양반과 평민을 가리지 않고 수원에서 상공업 부흥에 힘써줄 것을 촉구했다. 이에 부응해 당시로서는 이례적으로 지방의 명문가 중 한 곳인 고산 윤선도의 후손이 수원으로 올라와 상업행위를 하기도 했다(김준혁, 2008). 이러한 점을 비추어 보았을 때 수원은 상업의 중심지로서 전국 각지의 사람들이 몰려들고, 신분의 제약이 비교적 덜한 사회적으로 개방적인 도시였음을 유추해 볼 수 있다.

교통의 요지는 곧 국방의 요충지를 뜻하기도 한다. 수원은 삼남(三南, 충청도·전라도·경상도)을 통제할 수 있는 교통의 요지로 이곳에 군사기지를 건설하면 한강을 통해 침입한 적군이 삼남지방으로 내려가는 것을 효과적으로 저지할 수 있었다. 실제로 수원은 외적이 자주 출몰하였는데, 고려시대 말 왜구가 500척이 넘는 배에 3000명의 군사를 싣고 서해안 지역에 침입했다. 수원은 이러한 왜구의 침입을 12차례나 겪었다. 임진왜란 당시에도 왜군들이 수원으로 쳐들어왔으나 권율 장군과 홍계남, 김천일 의병장이 수원 백성들과 힘을 합하여 물리쳤다. 청나라가 침입해 온 병자호란 때에도 청나라 군사가 수원으로 진격해 들어왔으나 김준룡 장군을 위시한 수원의 백성들이 광교산 인

호모트래블쿠스의 지리답사기

근에서 목숨을 걸고 적들과 싸워 청나라 부대를 세 번이나 무찌른 기록이 있다(수원시청 홈페이지). 정조는 이러한 군사적 요충지인 수원에 수원화성을 건설하여 수도 서울과 삼남을 방어하고, 그곳에 왕의 정예부대였던 장용영 군사들의 주둔과 동시에 대규모 군사 훈련을 실시해 임진왜란과 병자호란으로 당한 치욕을 극복하고 백성들에게 국가가 백성들을 자주적으로 지킬 힘이 있음을 보여주고자 했다(김진국·김진현, 2010).

정조는 마지막으로 수원 건설을 통해 농업의 개혁을 이루고자 했다. 지명에서 알 수 있었듯이 수원은 예로부터 비교적 넓은 분지지형과 더불어 수자원도 풍부해 농업이 발전하였다. 그러나 도시의 규모가 커짐에 따라 이전보다 농산물에 대한 수요가 크게 증가했고, 더욱이 비교적 기름진 땅이었던 수원의 남쪽과는 달리 팔달산 서쪽 주변과 북쪽은 거의 개간되지 않아 황폐했으며, 땅에 소금기도 있어 관리의 필요성이 꾸준히 대두되어 왔다(김동욱, 2002). 이에 정조는 수원화성 주변에 만석거(萬石渠), 만년제(萬年堤), 축만제(祝萬堤) 등의 대규모 저수지를 조성함으로서 농업용수의 공급을 원활하게 해 수원의 농업 진흥에 힘썼다. 특히, 만석거에는 당대 최신식 기술이던 물 높이를 임의로 조절할 수 있는 수문을 설치해 안정적으로 논에 물을 댈 수 있도록 했다. 이렇게 확보된 농업용수는 만석거 옆 국영농장이었던 '대유둔(大有屯)'을 운영하는데 사용되었는데, 정조는 대유둔에 경제 기반을 잃고 길거리를 떠돌던 백성 1만여 명을 불러들여 농사를 짓게 했다. 이들은 만석거 덕분에 흉년 걱정 없이 대유둔에서 농사를 지을 수 있었으며, 조선정부는 이들이 수확한 농산물의 30%를 세금으로 거두어들여 정조의 정예부대인 장용영 군사들의 급여를 충당케 했다. 정조는 당시로서는 획기적이었던 제도들을 수원에서 시험해보며 백성들에게 큰 고통을 안겼던 '군포(軍布)' 납부 제도[8] 또한 개혁하려 한 것이다(김진국·김진현, 2010). 대규모 저수지와 수문 등의 혁신

---

8. 조선시대 병역 의무자에게 현역 복무에 나가지 않는 대신에 부담하였던 세금으로 점차 수탈의 수단으로 변

적인 기술을 활용한 저수농법으로 농업적 혁신을 이루어낸 수원은 다른 지역이 흉년으로 힘들어할 때에도 저수지에 보관중인 풍부한 농업용수 덕분에 대풍(大豐)을 맞을 수 있었다.

정조가 단행한 농업개혁으로 인해 수원은 조선에서 농업을 선도하는 도시가 되었다. 이러한 도시의 특징은 일제강점기까지 이어져 내려왔는데, 일제는 이미 잘 조성된 수원지역의 농업 인프라를 이용해 이곳에 '권업모범장'을 만들어 수원을 일제의 병참기지로 만들고자 했다(그림 6의 좌). 해방 후에도 권업모범장은 '농사개량원'으로 이름이 바뀌었지만 여전히 수원에 위치하며 그 역사가 이어졌는데 현재는 '농촌진흥청'이 되었다(농촌진흥청 홈페이지). 이와 같은 맥락에서 볼 때, 현재 우리나라의 농촌 진흥과 각종 시험 및 연구, 농촌 지도자 육성에 힘쓰고 있는 국가기관인 농촌진흥청이 조선의 임금인 정조가 수원에서 단행한 농업개혁보다 일제강점기에 만들어진 권업모범장을 기관의 뿌리라고 생각하고 있다는 점[9]은 안타까움을 자아낸다.

일제가 수원에 권업모범장을 지으며 식량수탈에 힘썼던 것에 발맞춰 민간에서도 1923년 종묘회사인 부국원(富國園)을 수원향교 근처에 세웠다(그림 6의 우). 이곳은 단순한 종묘회사가 아니라 총독부에서 독점적으로 기술과 종자를 공급받아 영업하던 회사였다(최예선, 2021). 농업의 기본인 종묘와 종자가 나라를 부유하게 한다는 뜻의 부국원은 한국에 일본식 농업을 이식하고 일본 품종 보급에 앞장서 수많은 국내 종자를 사라지게 만들었다(수원시청 홈페이지). 이후 부국원은 대규모 시험장과 온실을 운영하며 씨앗을 개발해 국내 주요 도시는 물론 만주까지 종자를 보급하는 거대 농업회

모해 이를 견디지 못한 농민들이 농민항쟁을 일으키기도 했다(한국민족문화대백과사전 사이트).

9. 농촌진흥청 홈페이지에서 확인할 수 있는 기관의 연대표에는 농촌진흥청의 시작이 '권업모범장'임을 알리고 있다.

그림 6. 권업모범장(좌)과 부국원(우)
출처(좌) 수원화성박물관 홈페이지

사로 성장했다(최예선, 2021). 이렇게 수원은 서울에서 가까운 곳에 자리하고 있다는 지리적 특성과 전국에서 손꼽히는 넓은 면적의 농경지, 정조 이후부터 꾸준히 농업이 발전했다는 이유 등으로 일제의 표적이 되어 끊임없는 수탈을 당해야만 했다. 이처럼 가혹한 일제의 수탈은 오랜 세월 왜적과 싸워왔던 수원지역 사람들의 거센 저항을 야기해 농민을 중심으로 한 소작쟁의[10], 학생들과 시민들의 만세시위, 의병들의 항일투쟁이 수원에서 들불처럼 일어나게 만들었다.

---

10. 1930년대 경기도에서 발생한 소작쟁의 7,072건 중 수원에서 발생한 쟁의가 833건으로 경기도에서 가장 많았다. 이는 수원 내에 가난한 농민들과 소상공인들을 대상으로 삼았던 고리대금업자들이 다른 지역보다 많았던 점과 권업모범장, 부국원 등을 통해 일제가 조직적으로 수원을 수탈했던 점 때문이었다(한동민, 2021).

_ 일제에 저항한 수원의 여성들

일제의 탄압에 저항하는 3·1만세운동이 1919년 3월 1일 전국 각지에서 시작되었다. 수원도 일제의 수탈에 저항하며 마을 단위로 만세시위가 진행되었는데, 특히 수원지역 여학생들의 맹렬한 저항은 다른 지역보다 더 많은 사람들이 시위현장으로 모이게 하는 기폭제 역할을 했다. 만세시위 이후에도 달라지는 것이 없는 일제를 보며 좌절하고 있었던 수원시민들이 구치소로 끌려가는 여학생들의 모습에 분노를 느껴 더욱 격렬히 일제에 저항한 것이다. 특히 3월 28일 송산면 사강리(현재는 화성시에 속해 있다)에서 있었던 만세시위에 1,000여 명의 시민이 군집해 일제에 저항하며 독립만세를 외쳤는데, 이를 해산시키고자 군중들에게 총격을 가한 노구찌(野口廣三) 순사부장을 시민들이 처단하는 일도 있었다. 4월 3일 있었던 우정면·장안면의 시위에는 이전보다 더 많은 2,500여 명의 시민이 참여했고 이날도 수원시민들은 가와바타(川端豊太郎) 순사를 처단하며 격렬한 만세시위를 이어갔다(한동민, 2021). 이 사건은 3·1운동 역사상 유일하게 일본 순사를 처단한 것이었다. 전국에서 유일하게 순사를 두 명이나 처단하며 강력한 항쟁을 이어나가던 수원에 일제는 1919년 4월 15일 제암리 학살 만행[11]으로 대응했다. 당시 일제는 "조선에 주둔한 지 얼마 안 되어 현지 상황에 익숙하지 못한 일부 군인이 일본인의 희생에 흥분하여 일으킨 '우발적인' 사건"이라 주장하며 사건을 은폐하고 왜곡했다(조선일보, 2017년 4월 14일 자). 하지만 AP통신원이었던 앨버트 테일러가 학살사건이 일어난 다음날 제암리를 방문해 현장을 취재하고 기사

---

11. 일제가 제암리 마을 주민 30여 명을 제암리 교회로 모이게 하고 문을 막은 후 집중사격을 가해 남녀노소를 가리지 않고 참혹하게 살해한 뒤 교회와 마을 전체에 불을 질러 현장을 은폐한 사건이다(제암리 3.1운동 순국기념관 홈페이지). 당시 제암리가 경기도 수원군 향남면에 속해 있어 '수원사건'으로 불리기도 했다. 현재 제암리는 경기도 화성시에 속해 있다.

를 작성해 다행히도 세상에 진실이 알려지게 되었다(그림 7의 좌).

1919년 3월 말, 수원에서 시들어가던 만세시위에 불을 붙인 사건이 또 하나 있었다. 바로 3월 29일 수원 기생들이 주도한 만세시위였다. 이날은 수원화성 내 화성행궁 봉수당(奉壽堂)에 설치된 자혜의원(慈惠醫院)[12]으로 기생들이 위생검사를 받으러 가야 하는 날이었다(그림 7의 우). 조선의 기생은 일본의 창기(倡妓)와는 다르게 춤과 노래를 전문으로 하는 직종이었는데 일제는 이들을 창기 취급하며 매주 토요일마다 봉수당 앞마당에서 위생검사를 받도록 강제한 것이다(김정인 외, 2019). 이에 격분한 수원 기생 김향화는 동료 기생들과 모의해 자혜의원과 근처에 자리하고 있던 수원경찰서 앞에서 치마폭에 숨겨두었던 태극기를 꺼내들고 독립만세를 외쳤다. 그날 현장에

그림 7. 제암리 학살 사건을 다룬 뉴욕타임즈 기사(좌), 복원된 화성행궁 봉수당(우)
출처(좌) 딜쿠샤 가옥박물관에서 촬영

---

12. 일제가 근대문명의 혜택을 베푼다는 명목 하에 1911년 화성행궁 안에 설치한 의료시설이다. 자혜(慈惠)는 자비로운 은혜를 베푼다는 뜻이다(한동민, 2021).

서 붙잡힌 김향화는 2개월이 넘는 감금과 고문 끝에 징역 6개월을 선고받고 서대문형무소 여옥사 8호실 감방에 갇히게 되었는데, 이때 같은 감방에는 천안 병천면 아우내 장터에서 밤새 만든 태극기를 군중들에게 나눠주며 시위를 주도한 유관순이 옥고를 치르고 있었다. 서대문형무소에서 유관순과 함께 생활한 김향화[13]는 다행히 1919년 10월 27일 수원으로 살아서 돌아왔지만 유관순은 끝내 천안으로 돌아오지 못했다.

우리나라 최초의 여성 서양화가이며 근대소설 작가인 나혜석 역시 수원의 독립운동가다. 1896년 수원 신풍동에서 태어나 1910년 수원 소재 삼일여학교의 제1회 졸업생이 된 나혜석은 이후 서울 진명고등여학교에 진학해 1913년 최우등으로 제1회 졸업생이 되었다. 같은 해 역시 우리나라 여성으로는 최초로 일본에 있는 동경여자미술학교에 입학한 나혜석은 1918년 학교를 졸업한 뒤 귀국해 동료들과 함께 1919년 3·1운동에 참여했다(정은혜, 2022). 특히, 나혜석은 김마리아·황애시덕과 함께 '조선여자유학생친목회'를 만들어 여성들이 3·1운동에 조직적으로 참여할 수 있는 방안 등을 모색했는데, 이들은 나아가 파리강화회의[14]에 여성 대표를 파견해 조선의 독립의지를 널리 알리고자 하는 계획도 세웠다. 하지만 나혜석은 1919년 3월 8일 이화학당 식당에서 일제 경찰에 의해 체포되었고 5개월간 구속되어 옥고를 치렀다(한동민, 2021). 현재 수원에는 나혜석의 행적을 기념하는 장소들이 많이 조성되어 있다. 나혜석이 태어난 수원 신풍동 골목에는 나혜석의 생가 터를 알리는 기념비가 서 있고(그림 8의 좌),

---

13. 대한민국 정부는 김향화의 독립유공을 인정해 2009년 4월 건국훈장 대통령표창을 수여했다(수원역사박물관). 하지만 김향화의 자손을 찾을 수 없어 표창장과 훈장 메달은 수원박물관에 기탁되어 전시 중이다.

14. 파리강화회의는 프랑스 파리에서 제1차 세계대전의 전후 처리 문제를 논의하기 위해 1919년 1월부터 6월까지 영국, 미국 등 30여 개국 대표들이 참석한 회의다. 대한민국 독립운동 진영에서도 여운형 등이 중국 상하이에서 만든 신한청년단이 김규식을 파리강화회의에 파견해 식민지 조선의 상황을 알리고자 했다(한겨레, 2019년 4월 29일 자).

호모트래블쿠스의 지리답사기

그림 8. 나혜석 생가 터 기념비(좌)와 나혜석 거리 입구(중), 나혜석 거리 내 나혜석 동상(우)

수원의 핵심 상권 중 하나인 수원 팔달구 인계동에는 나혜석의 업적을 기리는 나혜석 거리가 조성되어 있다(그림 8의 중, 우).

나혜석과 함께 삼일여학교를 제1회로 졸업한 박충애, 차인재 등도 수원이 배출한 여성독립운동가다. 박충애는 평양에서 3·1운동에 참여했고, 차인재는 이화학당을 졸업한 후 수원으로 돌아와 삼일여학교의 교사로 근무하며 수원지역 학생 비밀결사인 '구국민단'에 참여했다. 차인재는 후에 남편 임치호와 함께 미국으로 건너가 상해 임시정부와 안창호에게 독립자금을 지원하기도 하였다(한동민, 2021). 이렇게 많은 여성 독립 운동가를 배출한 삼일여학교는 현재 매향여자정보고등학교로 개칭해 같은 자리를 지키고 있다(경기일보, 2022년 7월 13일 자).

차인재가 속해 있던 구국민단에는 수원의 유관순으로 불리는 이선경도 있었다. 1902년 수원면 산루리에서 태어난 이선경은 수원공립보통학교를 졸업하고 서울에 있는 숙명여고에 진학했는데, 1919년 서울역에서 발생한 학생만세운동에 참여했다가 일제에 의해 구속되었다. 다행히 얼마 지나지 않아 방면된 이선경은 구국민단 활동을 이어가기 위해 매주 서울에서 수원을 오갔는데, 금요일마다 삼일여학교에서 박선태, 차인재 등과 모여 독립신문 배포하고, 간호사가 되어 독립전쟁이 발발했을 때 지원할 것 등을 논의했다. 하지만 수원에서 벌인 구국민단의 활발한 활동은 얼마 지나지 않아 일제의 눈에 띄었고 1920년 8월 이선경이 체포되어 심한 고문을 당하게 된다. 안타깝게도 재판에 참석할 수 없을 정도로 몸이 망가진 이선경은 이듬해 4월 19세의 나이로 순국하였다(한동민, 2021).[15]

해방 후 일제강점기에 겪은 고초를 세상에 알리며 일본군 위안부 문제 해결을 위해 힘쓴 안점순도 수원 시민이다. 1941년 일제에 의해 강제로 연행되어 위안부로 끌려간 안점순은 2018년 세상을 떠나기 전까지 수원에 거주하며 일본군 위안부 문제 해결을 위해 적극적으로 활동했다. 2017년 유럽 최초로 독일 남부 바이에른주 레겐스부르크 인근에 세워진 평화의 소녀상 건립에 참석하고 같은 해 여성인권상을 수상한 안점순은 2018년 아흔 살의 나이로 세상을 떠났다(연합뉴스, 2017년 3월 8일 자). 수원시는 수원시민사회장으로 그를 배웅하고 2021년 수원시 가족여성회관 별관 1층에 세계 최초로 일본군 위안부 피해자 이름으로 조성된 '기억의 방'을 조성했다(수원시 가족여성회관 홈페이지). 그런데 수원시가 조성한 '기억의 방'의 위치가 조금 특별하다(그림 9의 좌). 현재 수원시 가족여성회관 별관으로 사용되고 있는 건물은 국가문화재 제 597호인 '구 수원문화원'이다(그림 9의 중). 구 수원문화원은 일제강점기였던 1920년대 건축된 건물로 금융·대부업 회사인 중앙무진회사(中央無盡會社)가 사용했었다. 무진업(無盡業)이란 서민을 대상으로 하는 일본식 금융제도로, 일제는 전역에 퍼진 무진회사를 통해 식민지 조선의 금융 시장을 장악하고자 했다(수원시가족여성회관, 2016). 이러한 역사적 맥락이 있는 공간에 일본군 위안부 이름으로 조성된 기념공간을 만든다는 것은 주한 일본대사관 앞에 설치된 '평화의 소녀상'만큼이나 일본 제국주의에 저항하는 상징적 경관을 연출한다(정희선, 2013). 일제는 무게가 어느 정도 나가는 건강한 여

---

15. 대한민국 정부는 2012년 3월 1일 이선경에게 군국포장 애국장을 수여했다(경인일보, 2012년 3월 1일 자).

그림 9. 구 수원문화원에 조성된 기억의 방(좌), 구 수원문화원(중), 기억의 방 안에 조성된 저울(우)

성을 위안부로 선발하기 위해 동네 여자들을 저울에 달았다. 안점순도 이때 저울에 올라 무게를 잰 후 트럭에 실려 전쟁터로 끌려갔다. 기억의 방을 찾은 방문객은 안점순이 경험했던 것처럼 저울에 올라서서 전면에 상영되는 영상을 통해 그가 겪은 고통을 간접적으로 체험해 볼 수 있다(그림 9의 우). 일제가 경제적 수탈을 목적으로 만든 건물이 보존되어 내려와 현재는 위안부 할머니를 기리는 공간으로 조성된 곳에서 일본군 위안부의 고통을 체험한 방문객은 위안부 할머니들의 경험이 단순히 그들만의 과거가 아니라 현시대까지 내려오는 역사적 문제들과 이어져 있음을 느끼며 그들이 가지고 있는 상처에 공감할 수 있게 한다(윤지환, 2019).

_ 익숙한 땅에서 펼쳐진 민족의 저항정신

수원은 경기도의 경제·행정·정치의 중심지 역할을 수행하고 있는 도시로 120만이 넘는 많은 인구를 보유하고 있다. 예로부터 교통의 중심지였던 수원은 현재까지도 서울과 각 지방을 연결하는 교통의 요지이며 경기 남부를 아우르는 중요한 상권이다.

지금도 수원역 주변에 만들어진 상권의 하루 유동인구가 40만 명에 달할 정도로 많은 사람들이 수원을 방문하고 있다(경인일보, 2021년 2월 16일 자). 수원이 가지고 있는 이러한 현대적 모습들로 인해 수원의 또 다른 모습인 역사적 경관과 그 속에 살아 숨 쉬고 있는 여성 독립 운동가들의 장소는 상대적으로 잘 알려져 있지 않고 있다. 게다가 수원화성은 세계문화유산에 등재된 이래로 많은 관광객이 찾는 명소가 되었지만, 수원화성 내 조성된 화성행궁이 일제강점기 기생들이 태극기를 흔들며 당당히 독립만세를 외쳤던 장소라는 것을 아는 이는 많지 않다. 어디 이뿐인가? 한국에 일본식 종자를 퍼뜨리며 정조 임금 때부터 이어져 내려온 수원의 농업적 위상을 빼앗아간 부국원과 대부업을 통해 식민지 조선의 금융시장을 장악해 나갔던 구 수원문화원 건물의 위치를 알려주는 표지판 또한 수원시내에서 찾아보기 힘들다. 그나마 해방 후 수원법원과 검찰청사, 수원교육청 등을 거쳐 인쇄소로 사용되다가 철거 위기에 내몰린 부국원을 수원시에서 매입해 등록문화재로 지정하게 만든 점, 그리고 구 수원문화원 건물을 보존해 위안부를 기리는 기억의 방으로 조성한 점 등은 유구한 역사 속에서 끊임없이 왜적과 싸워온 수원이라는 도시의 역사성을 지키는 데 일정 부분 기여한 것이라고 볼 수 있을 것이다.

　필연적으로 도시는 시간이 흐르면서 발생한 다양한 사건들로 인해 경관이 사라지거나 새로 생기며 그 모습이 변해간다. 끊임없이 변화하는 세상 속에서, 취사선택되어 도시에 남겨진 역사적 경관들은 그 도시를 살고 있는 사람들이 어떤 기억들을 간직하고 싶은지를 나타낸다. 이러한 측면에서 현재 수원에 남아있는 역사적 장소들이 앞으로도 오래도록 잘 보존되어 불의에 끊임없이 저항한 우리 민족의 정신이 후대까지 이어질 수 있기를 바라본다.

호모트래블쿠스의 지리답사기

참고문헌

—

- 기근도·이상환, 2004, "수원 분지의 지형 환경," 한국지역지리학회지, 10(2), 300~312.
- 김동욱, 2002, 『실학정신으로 세운 조선의 신도시 수원화성』, 돌베개.
- 김정인·소현숙·예지숙·이지원·독립기념관 한국독립운동사연구소·한국역사연구회, 2019, 『3·1운동에 앞장 선 여성들』, 역사공장.
- 김준혁, 2008, 『이산 정조, 꿈의 도시 화성을 세우다』, 여유당.
- 김진국·김진현, 2010, 『우리가 몰랐던 정조, 화성 이야기』, 수원화성박물관.
- 수원시가족여성회관, 2016, 『공간, 시간을 품다』, 수원시가족여성회관.
- 수원화성박물관, 2016, 『화성성역의궤 : 역주 : 수원화성 완공 220주년 기념 출판』, 수원화성박물관.
- 윤지환, 2019, "평화의 소녀상을 통해 형성된 위안부 기억의 경관과 상징성에 관한 연구," 대한지리학회지, 54(1), 51~69.
- 이성주, 2005, 水原地域의 朝鮮後期 商業動向에 관한 研究, 경기대학교 대학원 박사학위 논문.
- 정은혜, 2022, "나혜석의 구미여행기와 모빌리티 이론의 접목: 교통과 젠더의 측면에서," 문화역사지리, 34(1), 15~36.
- 정희선, 2013, "소수자 저항의 공간적 실천과 재현의 정치: 일본군 '위안부' 문제 해결을 위한 수요시위의 사례," 한국도시지리학회지, 16(3), 101~116.
- 최예선, 2021, "씨앗으로부터 씨앗으로 : 수원 부국원(富國園)," 월간 샘터, 612, 84~87.
- 최홍규, 2000, "수원지방의 역사적 변천과 행정구역의 변화," 京畿史學, 4, 5~52.
- 한동민, 2021, 『수원을 걷는다, 수원 독립운동 현장을 찾아서』, 수원문화재단.

—

- 경기일보, 2022년 7월 13일, "[경기도 독립운동단체를 조명하다] 5. 수원 여성독립운동의 산실 '삼일여학교'."

- 경인일보, 2012년 3월 1일, "'경기도의 유관순' 이선경선생 3·1절 기념 독립유공자 포상."
- 경인일보, 2021년 2월 16일, "경인일보 : AK·롯데이어 KCC까지…하루 유동인구 40만 '수원역 유통 삼국지'."
- 연합뉴스, 2017년 3월 8일, "유럽 최초 '평화의 소녀상' 독일 비젠트 공원에 서다."
- 조선일보, 2017년 4월 14일, "[특별한 흔적들] 일본의 학살로 참혹했던 그 곳, 제암리."
- 한겨레, 2019년 4월 29일, "'파리강화회의'라는 헛된 꿈…파리 곳곳에 남은 독립운동의 흔적들."

—

- 경기도청 홈페이지, https://www.gg.go.kr
- 국가법령정보센터 홈페이지, https://www.law.go.kr
- 국사편찬위원회 한국사데이터베이스, https://db.history.go.kr
- 국립국어원 표준국어대사전 사이트, https://stdict.korean.go.kr
- 국립농업박물관 홈페이지, http://www.namuk.or.kr
- 농촌진흥청 홈페이지, https://www.rda.go.kr
- 수원시가족여성회관 홈페이지, https://www.suwonudc.co.kr
- 수원시청 홈페이지, https://www.suwon.go.kr
- 수원역사박물관 홈페이지, https://swmuseum.suwon.go.kr
- 수원화성박물관 홈페이지, https://hsmuseum.suwon.go.kr
- 제암리3.1운동순국기념관 홈페이지, https://www.jeam.or.kr
- 통계청 홈페이지, https://kosis.kr
- 한국민족문화대백과사전 사이트, http://encykorea.aks.ac.kr

대한민국 독립운동의 중심지,
중국 '상하이'

#일제강점기 #역사 #임시정부

_ 중국의 100년을 보고 싶으면 상하이를 보라

상하이의 발전상과 관련해서 '중국의 2000년을 보고 싶으면 시안(西安)을 보고, 500년을 보고 싶으면 베이징(北京)을 보고, 100년을 보고 싶으면 상하이(上海)를 보라.'는 말이 있다. 즉, 시안과 베이징이 중국의 역사를 대표한다면, 최근 100년간 중국을 대표한 도시는 상하이라는 의미이다(주간동아, 2010년 11월 22일 자). 실제로 상하이는 금융, 물류, 관광 등에서 고속성장을 이루어 현재 중국을 대표하는 경제도시, 물류도시, 관광도시로 불리고 있다. 코로나19로 세계 경제가 힘들었던 2021년에도 상하이는 8.1%의 경제성장을 이룩하며 중국 도시 중에서 최초로 지역 내 총생산(GDP)이 4조 위안(2021년 환율로 약 720조 원)을 넘는 도시가 되었는데, 이는 같은 해 한국 전체 GDP인 1,915조 8천 억 원의 약 37%를 차지할 정도로 큰 규모이다(KOTRA해외시장뉴

그림 1. 와이탄에서 바라본 황푸강 건너편의 푸동지구(상)와 진마오타워(좌하), 푸동지구 내 빌딩들(우하)

스, 2022년 2월 23일 자; 국가지표체계 사이트). 이처럼 거대한 상하이 경제의 중심에는 푸동(浦東)지구가 있는데(그림 1), 여기에는 상하이의 랜드마크인 동방명주(东方明珠塔), 진마오타워(金茂大厦), 상하이 세계금융센터, 그리고 중국에서 가장 높고 세계에서는

274

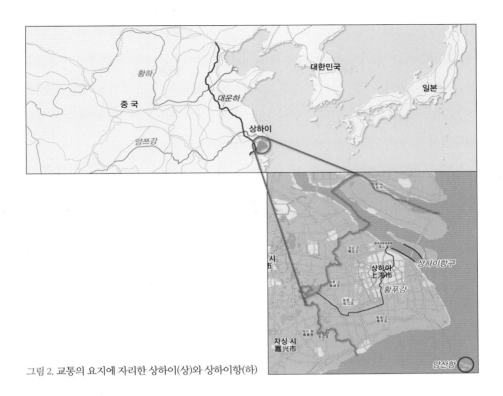

그림 2. 교통의 요지에 자리한 상하이(상)와 상하이항(하)

2번째로 높은 상하이 타워[1] 등이 자리하고 있다. 이 푸동지구에는 1만 7천 개 이상의 외국계 기업이 진출해 있는데, 전 세계 500대 다국적 기업 중 절반 이상이 푸동지구에 투자하고 있을 만큼 푸동이 지니는 잠재력은 크다. 이러한 푸동을 품고 있는 상하이는 세계적인 경제도시이다(KOTRA해외시장뉴스, 2010년 5월 10일 자).

상하이는 경제도시일 뿐만 아니라 세계 물류의 중심지이기도 하다. 1930년대부터

---

1. 2023년 기준 세계에서 가장 높은 빌딩은 아랍에미리트 두바이에 자리한 부르즈 할리파로 830m이다(연합뉴스TV, 2023년 1월 1일 자).

세계 10대 항구에 들어갈 정도로 세계적인 항구인 상하이항(上海港)[2]의 위상이 현재까지도 계속되고 있기 때문이다(옥한석 외, 2005)(그림 2). 상하이항의 컨테이너 물동량은 중국 내 1위이자 세계에서도 가장 많아 세계 물류 흐름에 큰 영향을 주고 있는데, 2022년 코로나19의 확산을 막기 위해 중국 정부가 상하이를 봉쇄하자 세계 각지에 물류대란이 발생할 정도였다(동아일보, 2022년 3월 30일 자).

어디 그뿐인가? 상하이는 중국을 대표하는 관광도시이기도 하다. 2018년 중국 내에서 상하이를 방문한 내국인 관광객은 3억 4천만 명, 외국인 관광객은 893만 7천여 명으로 2018년 한 해에만 상하이를 찾은 관광객이 약 3억 4,893만 명이다. 2018년 상하이 인구가 약 2,423만 명임을 고려한다면 상하이 전체 인구보다 약 14배나 많은 관광객이 상하이를 찾은 것이다. 이를 통해 벌어들이는 수입 또한 상당한데 2018년 상하이의 연간 관광수입은 5,092억 3,200만 위안, 당시 환율로 계산해 보면 우리나라 돈으로 약 84조 원에 달한다(한국무역신문, 2019년 6월 4일 자).

상하이로 많은 관광객이 모여드는 이유 중 하나는 상하이를 가로지르는 황푸강을 사이에 두고 푸동지구[3]의 현대적 건축물과 강 건너편에 있는 와이탄(外灘)의 근대적 건축물을 동시에 볼 수 있다는 점을 꼽을 수 있다(그림 3). 영국에 의해 강제로 개항 당한 후 와이탄 일대에 열강들의 조계지(租界地)[4]가 들어서며 근대적 건축물이 상하이

---

2. 동중국해와 맞닿는 해안선의 중간지점, 양쯔강(長江) 하구 남단에 자리한 상하이는 황푸강(黃浦江)을 통해 중국 내륙수로로 연결된다. 도심을 가로지르는 강 연안에 상하이항이 자리하고 있는데 중국 내륙과 동중국해를 연결하는 상하이항의 입지는 상하이를 세계적인 무역도시로 성장하게 만들었다(김걸, 2018). 날로 증가하는 물동량을 소화하고, 수심이 얕아 대형선박의 접근성이 떨어지는 문제점을 보완하기 위해 2005년 상하이 남쪽 양산 섬에 양산항(洋山港)을 추가로 건설했다(김윤희, 2008).

3. 공식명칭은 푸동신구(浦東新區)이고 우측 그림처럼 상하이에서 황푸강을 기점으로 우측 대부분 지역이 행정구역상 푸동신구이지만, 좌측 그림처럼 동방명주와 상하이타워 등의 고층빌딩이 밀집한 좁은 구역을 근대 건축물들이 있는 와이탄과 구분해서 일반적으로 푸동지구라 부른다.

4. 19세기 후반에 영국, 미국, 프랑스 등 8개국이 중국 내 개항 도시에 만든 외국인 거주지로 보통 열강들에 의

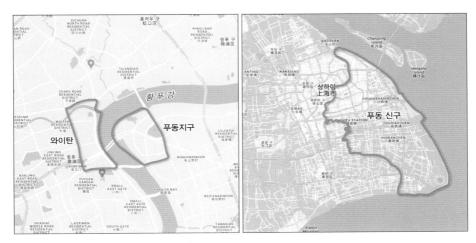

그림 3. 황푸강을 기준으로 나누어진 와이탄과 푸동지구

그림 4. 조계지였던 와이탄에 남아있는 근대 건축물들

에 지어지기 시작했다. 제2차 세계대전이 끝난 후 열강들은 상하이를 떠났지만, 건축
물은 그대로 남아 아직도 이국적인 경관을 연출해 관광객들을 불러들이고 있다. 이러
한 상하이의 아픈 역사는 아이러니하게도 현재 도시를 대표하는 관광지가 되어 상하

해 치외법권, 관세 주권 제한, 외국 화폐 통용 등이 강제되어 중국의 주권이 미치지 못하는 곳이었다(조용래,
2013; 국립국어원 표준국어대사전 사이트).

이의 부흥을 이끌고 있다(그림 4).

　한국인들에게도 상하이는 익숙하고 친숙한 도시이다. 대한민국 임시정부를 비롯하여 윤봉길 의사의 상하이 의거, 김익상 의사의 일본 육군 대장 암살시도 등이 상하이에서 이루어지며 상하이가 대한민국 역사의 중요 무대가 되기도 하였고, 상하이를 배경으로 한 독립운동을 다룬 영화들이[5] 흥행에 성공하며 많은 사람에게 상하이가 해외독립운동의 중심지로 알려졌기 때문이다. 실제로 상하이에는 일제강점기 대한민국 임시정부로 사용되었던 건물을 복원해 만든 '대한민국 임시정부 유적지'와 윤봉길 의사의 의거를 기념하기 위해 만든 '매헌 윤봉길 의사 기념관'이 있어 많은 한국인이 방문하고 있다. 그런데 왜 많은 도시 중 유독 상하이가 독립운동의 중심지가 된 것일까? 이를 알아보기 위해서는 먼저 상하이의 역사를 살펴볼 필요가 있다.

_ 금단의 땅, 굴욕의 상징이었던 상하이 조계지

　우리나라의 7차 교육과정에서는 동아시아가 근대화된 기점을 제1차 아편전쟁[6]으로 보고 있다(손준식, 2016). 중국 또한 청나라(淸)를 멸망시키고 중국 최초의 근대적 공화국인 중화민국(中華民國)을 세운 신해혁명(辛亥革命)보다 제1차 아편전쟁을 더

---

5. 일제강점기 독립운동을 주제로 만들어져 1,279만 명의 관객을 불러들인 〈암살〉(2015)과 750만 명의 관객을 불러들인 〈밀정〉(2015) 모두 상하이를 무대로 삼고 있다.
6. 19세기 청나라에서 홍차, 비단, 도자기 등을 수입하던 영국은 청나라와의 만성적인 무역적자를 해소하고자 영국산 아편을 청나라에 팔기 시작했다. 이로 인해 아편 중독자가 증가하고 무역에서도 손해를 보자 청나라는 아편수입을 금지하고 영국 상인들에게 아편을 빼앗아 불태웠는데 영국이 이 사건을 빌미로 1840년 6월 대규모 함대를 이끌고 청나라를 공격했다. 영국군의 막강한 화력을 이겨내기 힘들었던 청나라는 1842년 8월 영국에 항복하고 최초의 근대적 조약이자 불평등 조약인 '난징조약'을 체결한다(조용래, 2013).

호모트래블쿠스의 지리답사기

중요하게 생각해 중국 근대의 시작으로 가르치고 있다(고려대 중국학연구소, 2012). 그만큼 제1차 아편전쟁은 동아시아 전체를 뒤흔든 역사적 사건이었는데 청나라의 항구 도시였던 상하이도 이 역사의 소용돌이 속에서 큰 변화를 맞이하게 된다. 아편전쟁에서 청나라가 영국에 패배하면서 체결한 '난징조약'으로 광저우(廣州), 샤먼(廈門), 푸저우(福州), 닝보(寧波) 등과 함께 상하이가 영국에 의해 강제로 개항된 것이다. 특히, 영국은 이 중에서도 상하이를 중요하게 생각했는데 수로를 통한 교통이 탁월해 무역과 선교에 쉬웠기 때문이다. 상하이는 북쪽으로 흐르는 양쯔강을 통해 중국 남부 내륙지방으로 쉽게 이동할 수 있을 뿐 아니라 양쯔강과 연결된 대운하(大運河)[7]를 이용해 베이징, 항저우(杭州) 등에 접근할 수도 있고, 역시 대운하와 연결된 황하(黃河)를 통해

그림 5. 양쯔강과 황하를 잇는 대운하

---

7. 베이징과 항저우를 잇는 운하로 2012년 유네스코 세계문화유산에 등재되었다. 수나라(隋) 시기부터 시작해 현대에 이르기까지 수백 년에 걸쳐 만들어진 거대한 운하로 2022년 1,789km에 달하는 전 구간이 복원되어 현재도 화물 운송에 사용되고 있다(연합뉴스, 2022년 4월 29일 자).

중국 북동부 내륙지방까지도 진출할 수 있었다(그림 5). 이러한 이유로 영국에 의해 개항되기 이전부터 이미 상하이는 양쯔강 삼각주[8] 일대의 교통과 상업의 중심지였다(조영헌, 2021).

상하이가 가지고 있는 지리적 이점을 알아본 영국이 1845년 세계 최초의 조계지를 상하이에 설정하자 곧 미국과 프랑스 등의 열강들도 앞다투어 상하이에 조계지를 설정했다. 이렇게 만들어진 열강들의 조계지는 공통된 특징이 있었는데 바로 중국 땅임에도 불구하고 중국인들이 마음대로 들어갈 수 없었다는 것이다(신규환, 2018). 중국인에게는 금단의 땅, 굴욕의 상징이었던 조계지는 1850년 태평천국의 난(太平天國의 亂)[9]이 일어나며 상황이 바뀌게 된다. 청나라 군대와 태평천국의 봉기를 피하려, 오히려 그들이 쉽게 들어올 수 없는 조계지가 안전하다고 생각한 피난민들이 중국 전역에서 상하이로 몰려들기 시작했다. 이러한 상황에 위협을 느낀 미국과 영국이 조직된 서양식 군대를 만들었지만, 이는 더 많은 피난민이 상하이를 안전하다고 생각하게 만드는 요인이 되어 더욱더 많은 중국인을 상하이로 불러들였다. 결국, 1854년 중국인이 조계지 안으로 들어올 수 없었던 원칙이 철회되며 중국인도 조계지에서 거주할 수 있게 되었지만, 열강이 조계지 내 재정, 토목, 교육, 소방, 위생 등을 담당하는 자체적인 행정기관을 만들 수 있게 청 정부가 허락하면서 조계지는 완전히 청나라의 영향력에서 벗어나게 되었다. 19세기 후반에는 영국과 미국, 프랑스의 뒤를 이어 독일과 포르투갈, 일본 등이 상하이에 조계지를 만들며 상하이로 들어왔는데, 특히 1894년 청

---

8. 양쯔강 하구에 만들어진 삼각주로 동중국해(東中國海)와 맞닿아 있다. 상하이를 비롯하여 난징(南京), 항저우, 소주(苏州) 등의 대도시가 이곳에 자리하고 있다.

9. 1850년에서 1864년까지 벌어진 대규모 내전으로 기독교 구세주 사상을 가진 홍수전(洪秀全)이 평등사상과 토지균등분배 등을 주장하며 청나라에 항거했으나 내부 분열과 외국 군대의 힘을 빌린 청나라에 의해 패배했다(국립국어원 표준국어대사전 사이트).

호모트래블쿠스의 지리답사기

일전쟁(淸日戰爭)[10]에서 승리한 후 새로운 열강의 반열에 오른 일본인이 많이 유입되었다. 이처럼 열강들이 앞다퉈 상하이로 몰려들며 상하이는 중국 내 다른 도시들보다 매우 빠르게 성장할 수 있었는데, 각국이 만든 조계지를 유지하기 위해 전기, 통신, 가스, 수도 등의 인프라를 상하이에 구축했기 때문이다.

이러한 변화는 상하이를 당시 아시아에서 가장 모던하고 발전된 도시로 만들어주었다(김윤희, 2008). 상하이의 발전은 외국인뿐 아니라 신문물과 새로운 사상을 접한 중국인 엘리트, 혁명가들을 도시로 끌어당겼다. 특히 혁명가들이 상하이 내 프랑스 조계지에 많이 모여들었다.

_프랑스 조계지에 들어선 대한민국 임시정부

혁명가들이 다른 열강의 조계지보다 프랑스 조계지를 선호했던 이유는 간단하다. 1789년 발생한 프랑스 대혁명[11]의 자유·평등·박애의 원칙이 상하이의 프랑스 조계지에서도 통용되었기 때문이다(김삼웅, 2019). 이렇게 상하이에 모여든 혁명가 중에는 오른쪽 눈을 실명한 신규식도 있었다(그림 6의 좌). 1880년 충청북도 문의군에서 태어난 신규식은 대한제국의 육군무관학교를 졸업하고 1902년 육군 보병 참위에 임관된

---

10. 동학농민운동을 진압하기 위해 조선정부가 청나라에 파병을 요청하자 이를 구실로 일본군이 조선에 들어오며 발생한 청일 간의 전쟁으로 일본군이 평양과 황해 등지에서 승리한 후 1895년 청나라와 시모노세키조약을 맺었다. 이 조약으로 청나라는 막대한 배상금을 일본에 지불했을 뿐 아니라 대만과 요동반도 또한 일본에 할양하게 된다(박찬승, 2015).

11. 군주제 국가였던 프랑스에서 발생한 시민혁명으로 군주에게 집중되어 있던 주권이 국민에게 이양되어 근대 국가인 공화국(共和國)이 만들어지는 계기가 되었다(이종광, 2011).

다. 그러던 1905년 일제에 의해 을사늑약[12]이 강제된 것을 반대하며 음독 자결을 시도했지만, 집안사람들이 발견해 다행히 목숨을 건졌다. 하지만 이때 오른쪽 눈을 실명했는데 신규식은 이를 계기로 자신의 호(號)를 '왜놈들을 흘겨본다'라는 뜻의 예관(睨觀)으로 짓는다(동아일보, 2022년 9월 23일 자). 신규식은 1910년 일제에 의해 나라를 빼앗기자 국외 독립운동 기지 건설을 위해 중국으로 망명하는데 베이징, 톈진(天津), 칭다오(靑島)를 거쳐 1911년 혁명가들의 도시 상하이 내 프랑스 조계지에 집을 마련한다. 신규식이 상하이에 도착한 시기에 중국 역사를 바꾼 두 명의 혁명가도 프랑스 조계지에 있었는데, 바로 신해혁명을 통해 청나라를 멸망시키고 중화민국을 세운 쑨원(孫文)과 1921년 중국공산당 창당의 주역인 천두슈(陳獨秀)다. 쑨원이 이끄는 중국혁명동맹회(中國革命同盟會)에 가입한 신규식은 신해혁명의 시발점이 되는 우창봉기(武昌蜂起)에 참가했다. 이 과정에서 프랑스 조계지 내 집을 마련한 것인데 당시 거주하던 집 맞은편에 천두슈가 살고 있었다. 이처럼 신규식은 프랑스 조계지에서 중국의 혁명 지사들과 활발히 교류하며 상하이 지역의 독립운동 기틀을 마련했는데, 여기서 그치지 않고 1912년에 박은식, 신채호 등과 함께 한국의 독립운동 단체를 조직, 후원하기 위한 무역회사인 '동제사(同濟社)'를 상하이에 설립한다. 이후 한인 청년들을 교육하기 위해 프랑스 조계지 안에 '박달학원(博達學院)'을 설립하고 중국 학생들에 의해 만들어진 '환구중국학생회(寰球中國學生會)'에 가입해 상하이를 거쳐 해외에서 유학하고자 하는 한국 학생들에게 학교를 알선하는 일까지 도맡아 했다(김종훈 외, 2019; 박걸순, 2022). 신규식의 이러한 노력으로 많은 한국 학생들과 독립운동가들이 상하이로

---

12. 1905년 11월 17일 일제에 의해 강제로 체결된 조약으로, 일제는 대한제국의 외교권을 빼앗고 통감부(統監府)와 이사청(理事廳)을 설치해 사실상 대한제국을 식민지 상태로 만들었다(한국민족문화대백과사전 사이트).

호모트래블쿠스의 지리답사기

그림 6. 예관 신규식(좌)과 신규식이 활동했던 1920년대 상하이(우)
출처 충북일보, 2015년 4월 19일 자.

모일 수 있었고, 이는 상하이에 대한민국 임시정부가 만들어지는 계기가 되었다(그림
6의 우).

　신규식의 노력이 빛을 발해 여운형 등 '동제사' 간부들을 주축으로 하는 '신한청
년단(新韓靑年黨)'이 1918년 상하이에서 창립되어 1918년 12월 미국의 우드로 윌슨
(Thomas Woodrow Wilson) 대통령에게 독립청원서를 전달하고, 1919년 1월 파리강화
회의에 김규식을 파견해 조선의 독립을 요구하는 등 적극적인 외교 독립운동을 펼쳤
다. 신한청년단의 활약은 일본에서는 유학생들을 주축으로 하는 2·8 독립선언을, 국
내에서는 3·1만세 운동을 촉발하는 계기가 되었다. 국내에서 활동하던 김구도 상하
이에 와서 신한청년단에 합류했는데 각지에서 많은 독립운동가가 합류한 신한청년단
은 대한민국 임시정부의 초석이 되는 단체로 성장했다. 3·1만세 운동 이후 임시정부
수립에 대한 논의가 활발히 진행되면서 만주와 일본, 미국 등지에서 활동 중이던 독립
운동가들도 상하이로 모여들었다. 한자리에 모인 독립운동가들은 프랑스 조계지 내

보창로(寶昌路) 329호 건물에 '독립임시사무소'를 차리고 대한민국 임시정부를 만들기 위한 논의에 착수했다. 이처럼 독립운동가들이 일제의 간섭을 받지 않고 비교적 자유롭게 프랑스 조계지 안에서 독립운동을 할 수 있었던 것은 프랑스가 망명정부의 활동을 일정 부분 용인해줬기 때문이다(김삼웅, 2019; 전국역사지도교사모임, 2019). 이렇게 모인 독립운동가들은 1919년 4월 11일, 제1회 임시의정원 회의에서 '대한민국 임시헌장[13]'을 통한 입법, 사법, 행정의 3권분립이 이루어진 민주공화국 정부를 선포하며 대한민국 임시정부를 출범시켰다(모지현, 2019). 상하이에서 지금의 대한민국의 만들어지는 역사적인 순간이었다.

프랑스 조계지에서 활동한 신규식과 망명정부의 활동을 용인해 준 프랑스의 배려뿐 아니라 당시 상하이가 가지고 있는 위상과 지정학적 위치도 최초의 대한민국 임시정부가 상하이에 수립되게 하는 요인이 되었다. 앞서 설명했듯이 상하이에는 영국과 미국을 비롯한 세계열강들이 조계지를 건설하고 있었다. 이러한 이유로 상하이에서는 ① 독립운동에 관한 소식을 열강들에 쉽게 알려 우리의 독립 의지를 전달할 수 있었고, ② 수로를 통해 중국 전역과 연결이 되는 교통의 요지였기 때문에 중국 내에서 활동하는 독립운동 단체와의 교류도 비교적 원활하게 진행할 수 있었다. 또한, ③ 대부분 일제의 영향력에 놓여있는 동아시아 지역 중에서 일제의 손길이 가장 닿기 힘든 곳이 바로 서구열강들의 조계지였기 때문에 일제의 감시를 피해 비교적 자유롭게 독립운동을 진행할 수 있었다. 이러한 이유로 인해 다른 도시가 아닌 상하이에서 대한민국 임시정부가 출발할 수 있었다(전국역사지도교사모임, 2019).

---

13. 대한민국 임시정부의 첫 헌법으로 제1조 대한민국은 민주 공화제로 함 등의 내용을 담고 있다(국가법령정보센터 홈페이지).

　　　　　　　　　　　　　　호모트래블쿠스의 지리답사기

_ 대한민국 임시정부의 위치

하지만 안타깝게도 1919년 4월 11일에 만들어진 대한민국 임시정부의 정확한 위치는 알 수가 없다. 다만 대한민국 수립을 선포한 제1회 임시의정원 회의록에는 임시의정원이 열린 장소가 프랑스 조계지에 자리한 김신부로(金神父路)[14]라고 적혀있어 대략적인 위치만 추측할 수 있을 뿐이다. 대한민국이 탄생한 김신부로 어딘가에서 제3회 임시의정원 회의까지 개최되었지만, 이후의 회의록에도 지번이 특정되지 않아 정확한 위치를 찾지 못하고 있다(이재호 외, 2020). 임시정부는 상하이 안에서 개인의 집이나 기관 등 여러 곳으로 장소를 옮겨 다니며 청사로 활용했다. 이 중 기록상으로 주소가 특정된 가장 이른 시기의 청사가 '하비로(霞飛路)[15]청사'다. 첫 의정원 회의가 열렸던 김신부로 청사에 이어 두 번째 임시정부의 정식 청사로 확인되고 있는 하비로 청사는 3·1만세 운동 이후 상하이와 한성정부, 연해주의 대한국민의회(大韓國民議會) 등을 하나로 통합하는 개헌안이 통과된 역사적인 장소이기도 하다. 하비로 청사는 다행히도 사진이 남아있었는데, 사진의 하단에 '대한민국 임시정부 임시 정청(政廳) 대한민국 원년(元年) 10월 11일 재(在) 중화민국 상하이 법계(法界·프랑스 조계) 하비로 321호'라는 설명이 적혀있어 위치를 가늠해 볼 수 있다(그림 7의 좌). 하지만 상하이의 주소체계가 여러 차례 바뀌며 '하비로 321호'라는 위치를 특정 지을 수 없었는데, 최근 1920년 제작된 '프랑스 조계: 확장지역(French Concession: Extention)' 지적도를 입수해 하비로 321호가 현재 회해중로 651호인 것을 찾아낼 수 있었던 것이다(동아일보,

---

14. 현재는 서금이로(瑞金二路)로 이름이 바뀌었다(김종훈 외, 2019).
15. 현재는 회해중로(淮海中路)로 이름이 바뀌었으며 정확한 주소는 상하이시 황포구 회해중로 651호(上海市 黃浦区 淮海中路 651号)이다(독립기념관 홈페이지).

그림 7. 하비로 임시정부청사(좌)와 하비로 임시정부청사 위치에 들어선 의류 매장(우)
출처 독립기념관 홈페이지

2018년 4월 10일 자). 그러나 회해중로 651호에는 현재 사진 속 건물이 남아있지 않고, 한 의류브랜드 상점 건물이 들어서 있다(그림 7의 우).

상하이 안에 자리한 프랑스 조계지가 독립운동을 하기에 비교적 자유로웠던 것은 사실이나 일제의 감시로부터 완전히 벗어난 곳은 아니었다. 하비로에 임시정부청사가 들어서고 독립운동가들의 활동이 활발해지자 일제는 프랑스에 임시정부청사 폐쇄를 끊임없이 요구했고, 결국 1919년 10월 17일 하비로 청사는 문을 닫게 된다. 이후 재정적인 문제와 1920년대 들어 상하이 임시정부 활동이 침체 국면에 빠지면서 새로운 임시정부청사 건물을 마련하지 못하고, 각 기관 책임자들의 주소지로 정부 기관의 주소지가 분산되었다(이재호, 2020).

힘든 시기에 임시정부를 이끌었던 것은 대한민국 임시정부의 제2대 대통령 박은식이었다. 1919년 9월 상하이에 도착한 박은식은 이미 임시정부에서 임시사료 편찬회

호모트래블쿠스의 지리답사기

를 조직해『한일관계사료집(韓日關係史料集)』을 편찬 중이던 안창호의 도움을 받아 갑신정변부터 3·1만세 운동까지의 역사를 다룬『한국독립운동지혈사(韓國獨立運動之血史)』를 편찬했다. 이후 하비로 청사에서 쫓겨나 혼란한 시기를 보내던 임시정부의 제2대 대통령으로 취임한 박은식은 제1대 대통령이었던 이승만을 탄핵하고, 헌법을 개정하는 등 임시정부를 바로잡기 위해 노력했다(한시준, 2016). 그러나 대통령으로 취임한 지 얼마 되지 않았던 1925년 11월 인후염으로 67세의 나이에 사망한다. 그의 장례식은 임시정부 최초의 국장으로 치러졌으며 유해는 상하이 정안사로(靜安寺路) 공동묘지 600번지에 안장되었다(연합뉴스, 2019년 3월 20일 자).

박은식의 노력으로 임시정부는 다시 한곳에 모일 수 있었다. 바로 마당로(马当路)[16] 임시정부청사다. 1926년 7월경부터 1932년 4월까지 6년간 임시정부청사로 사용되었던 건물은 다행히 앞의 두 청사와는 다른 운명을 맞이했다. 대한민국 정부와 상하이시가 1980년대 후반부터 임시정부 유적지를 찾기 위한 공동 조사를 진행해 마당로에 위치했던 임시정부청사 건물의 위치를 특정했고, 1992년 본격적인 복원에 들어가 1993년부터 관람객들을 받는 것이다(독립기념관 홈페이지). 이곳이 바로 현재 우리가 '대한민국 임시정부 상하이청사'라고 부르는 '대한민국 임시정부 유적지'다(그림 8).

_독립운동의 중심지 상하이에 울려 퍼진 의로운 총성

일제가 상하이에 조계를 설정하며 활동을 시작하자 독립운동가들에게도 기회가

---

16. 정확한 위치는 상하이시 황포구 마당로 306로 4호(上海市 黃浦区 马当路 306弄 4号)이다(독립기념관 홈페이지).

그림 8. 상하이에 마당로에 있는 대한민국 임시정부 유적지

찾아왔다. 첫 번째 총성은 와이탄에서 울려 퍼졌다. 1921년 9월 12일 전기수리공으로 가장해 조선총독부에 폭탄을 투척하고 유유히 빠져나와 상하이에 도착해 있던 의

열단(義烈團)[17]원 김익상은 1922년 3월 28일 오성륜, 이종암과 함께 당시 와이탄 세관 부두로 들어오는 일본 육군 대장 다나카 기이치(田中義一)의 암살을 시도했다. 오성륜과 김익상이 다나카를 향해 사격했으나 실패하고 이어 김익상과 이종암이 폭탄을 던졌으나 아쉽게 불발되었다. 암살 시도 후 이종암은 피신했으나 김익상 오성륜은 체포되었는데 압송되는 과정에서 오성륜은 탈출에 성공했지만, 김익상은 붙잡혀 일본 나가사키(長崎市)로 호송돼 무기징역을 선고받았다. 이후 감형되어 21년을 감옥에서 지내다 1943년 출소해 귀향했으나 일본 형사에 의해 암살되었다. 호송과정에서 탈출한 오성륜은 후에 광둥에 설치된 '중앙군사정치학교(中央軍事政治學校)'의 교관으로 활동하며 수많은 독립군 장교를 배출하였다(공훈전자사료관 홈페이지).

1926년 4월에는 상하이 중심가에서 총격전이 벌어졌다. 상하이 일본 영사관에 체포되어 있던 최병선과 장영환을 구출하기 위해 이덕삼이 일본 경찰들과 총격전을 벌인 것이다. 이때 이덕삼은 여러 명의 일본 경찰을 사살하기도 했으나 자신도 다리에 총상을 입어 한 달 남짓 병상 신세를 지게 되었다. 같은 해 4월 26일 순종이 서거하자 이덕삼은 순종의 장례식에 맞추어 거사하기 위해 김석용, 고준택 등과 함께 6월 1일 권총 한 자루와 폭탄 3개를 품에 안고 중국 기선에 탑승한다. 하지만 상하이 경찰에 발각되어 일본 영사관에 인계되어, 모진 고문을 받은 이덕삼은 6월 7일 순국해 여운형과 안공근 등에 의해 독립운동가 공장(公葬)으로 장례가 치러졌다(한국민족문화대백과사전 사이트).

1932년 4월에는 홍구공원(虹口公園)[18]에서 큰 폭발음이 들렸다. 1932년 4월 29일

---

17. 의로운 일을 맹렬히 행하는 단체의 약자로 1919년 약산 김원봉의 주도하에 조직된 항일 무장단체이다. 부산경찰서 폭파와 서장암살, 밀양경찰서 폭파 등 일본 고관의 암살과 관공서 폭파 등의 활동을 했다(한국민족문화대백과사전 사이트).
18. 현재는 루쉰공원(鲁迅公园)으로 이름이 바뀌었다.

홍구공원에서는 일본 천황인 히로히토(裕仁)의 생일과 일제의 상하이 점령[19]을 축하하기 위한 기념식이 진행되고 있었다. 기념식에 물병과 도시락, 일장기를 휴대하라는 보도를 접한 김구는 상하이 병창공장에서 일하던 김홍일에게 일본인들이 사용하는 물통과 도시락 모양의 폭탄 제조를 부탁했다. 그렇게 물병과 도시락 폭탄은 김홍일의 손에서 김구에게로 다시 윤봉길에게로 전해졌다. 폭탄을 들고 기념식에 참석한 윤봉길은 11시 40분 모든 참석자가 일본의 국가인 기미가요(君が代)를 부르고 있을 때를 틈타 물통 폭탄을 단상에 던져 일본군 육군 대장 시라카와 요시노리(白川 義則), 일본 거류민단장 가와바타 사다지(河端 貞次)를 처단했다(박도, 2007). 같은 자리에 있던 일본 해군 제3함대 사령관 노무라 기치사부로(野村 吉三郎)는 실명했고, 제9사단장 우에다 겐키치(植田 謙吉)와 주중국 공사 시게미스 마모루(重光 葵)[20]는 다리를 절단해야 했다. 윤봉길은 도시락 폭탄을 터뜨리며 자결하려 하였으나 불발되었고, 일제 헌병들에게 붙잡혀 사형을 선고받아 일본 가나자와(金澤市)에서 순국했다(동아일보, 2007년 4월 30일 자).

1933년 3월 상하이에 있는 육삼정(六三亭)에서 중국 주재 일본 공사 아리요시 아키라(有吉明)가 연회를 벌인다는 첩보를 입수한 백정기는 정현섭, 원심창, 이강훈 등과 함께 암살을 계획했다. 연회에 참석한 모두를 처단하기 위해 폭탄 2발, 권총 2자루, 탄환 20발, 수류탄 1개 등으로 무장하고 육삼정에 도착했으나 일본인 밀정으로 일제에 정보가 누설되어 뜻을 이루지 못하고 체포되었다. 이후 백정기는 나가사키(長崎市)로

---

19. 일제는 1932년 1월 28일 상하이사변(上海事變)을 일으키며 중국군과 한 달간 전투를 벌인 끝에 상하이에서 중국군을 철수시켰다(국사편찬위원회 우리역사넷 홈페이지).
20. 미국에게 원자폭탄을 맞은 일본이 패전 후 미국 군함 미즈리 호에서 항복문서에 서명할 때 직접 서명한 사람이 시게미스 마모루다. 당시의 상황은 영상으로도 남아 있는데 시게미스 마모루가 다리를 절뚝이는 모습을 볼 수 있다. 이는 윤봉길의 의거로 다리 한 쪽을 잃어 의족을 차고 있었기 때문이다.

호모트래블쿠스의 지리답사기

이송되어 징역 15년을 언도 받아 복역하던 중 지병으로 옥중에서 순국했다(공훈전자자료관 홈페이지).

이처럼 상하이에서는 대한민국 임시정부 주도의 독립운동뿐만 아니라, 일제에 저항한 많은 독립투사의 의거가 있었다. 상하이에서 독립투사들의 발자취는 어느 하나 중요하지 않은 것이 없다. 그런 의미에서 홍구공원에서 있었던 윤봉길 의사의 의거와 함께 김익상, 이덕삼, 백정기 의사의 의거도 많은 사람이 관심을 가지고 기억해주었으면 하는 바람이다.

_ 걷지 않는 길은 사라지고, 불리지 않는 이름은 잊혀진다

2019년 대한민국 임시정부 수립 100주년을 기념하기 위해 많은 방문객이 상하이에 있는 대한민국 임시정부 유적지를 방문했다. 2018년 20만여 명보다 많이 증가한 26만여 명이 임시정부유 적지를 방문했는데 코로나19의 여파로 2020년에는 2만여 명으로 방문객이 크게 줄었다(연합뉴스, 2021년 3월 1일 자). 2021년에는 한동안 폐관하기도 했고, 코로나19의 여파가 지속하고 있는 2023년 초까지도 상하이 임시정부 유적지를 찾아가는 일은 쉽지 않다. 대한민국 국민임에도 불구하고 지금의 대한민국 정부가 존재할 수 있게 해 준 장소에 쉽사리 가지 못하는 현실이 안타깝기만 하다.

대한민국의 유적지이지만 대한민국 땅에 있지 않기 때문에 적극적으로 관리하는 것에 많은 제약이 있을 수밖에 없다. 2022년 기준 독립기념관이 파악하고 있는 국외 사적지는 북아메리카, 아시아, 유럽의 21개국 총 639개소에 이른다. 이 중 69%에 달하는 사적지가 아시아에 몰려 있고, 전체 국외 사적지의 58%가 중국에 자리하고 있다 (표 1). 이 중에는 훼손된 곳도 있고 흔적도 없이 사라진 곳도 있으나 장소를 특정할 수

표 1. 2022년 국외 사적지 현황

대륙	국가	국외 사적지 수
아시아 (10개국)	중국	373
	일본	32
	카자흐스탄	9
	대만	8
	인도네시아	6
	우즈베키스탄	6
	인도	4
	말레이시아	2
	싱가포르	2
	필리핀	1
유럽 (8개국)	러시아	48
	프랑스	9
	네덜란드	4
	독일	3
	스위스	3
	벨기에	2
	영국	2
	이탈리아	1
북아메리카 (3개국)	미국	101
	멕시코	15
	쿠바	8
합계		631

출처: 독립기념관 홈페이지

호모트래블쿠스의 지리답사기

있으므로 정부의 의지가 있다면, 관리가 가능하다. 하지만 김신부로의 어딘가로 추정만 하는 대한민국의 첫 임시정부청사처럼 위치를 특정 지을 수 없는 곳들은 사적지 목록에 올릴 수조차 없는 실정이다. 마땅로 임시정부를 찾아내 유적지로 조성했던 것처럼 앞으로도 사적지가 있는 국가들과의 긴밀한 협조가 꼭 필요하다.

아무도 걷지 않는 길은 사라지고, 아무도 불러주지 않는 이름은 잊히기 마련이다. 상하이 마당로에 있는 대한민국 임시정부 유적지와 홍구공원에 조성된 윤봉길 의사의 의거지는 다행히도 기념관이 들어섰지만, 대부분의 국외 사적지는 표지석 하나 서 있지 않은 곳이 많다. 그래서 알고 찾아가지 않는 이상 그곳에서 독립운동가들이 일제에 맞서 치열하게 투쟁했다는 사실을 알 수가 없다. 우리에게 잘 알려진 상하이도 마찬가지다. 대한민국 임시정부가 상하이에 들어설 수 있게 초석을 다진 신규식의 거주지도, 하비로에 있던 임시정부청사 자리에도, 김익상이 일본 육군 대장을 향해 총부리를 겨누었던 와이탄에도 아무런 표식이 없다. 대한민국 정부가 더 적극적으로 후손들이 역사를 기억하고 느낄 수 있도록 독립운동 사적지 표지석을 세우는 일에 나서줬으면 하는 바람이다. 참고로 독립기념관이 2022년을 기준으로 파악한 상하이 내 27개 사적지는 〈표 2〉와 같다.

우리가 꾸준히 관심을 가지지 않으면 그들의 피와 땀이 서린 장소는 역사 속으로 사라지고 말 것이다. 이번 글에서 최대한 많은 장소와 독립운동가의 이름을 적으려 한 것도 그 때문이다. 목숨을 바쳐 나라를 되찾고자 했던 그들이 없었다면 지금의 대한민국도 없었을 것이기 때문이다. 우리는 분명 그들에게 부채가 있고 그들을 기억해야 할 책임이 있다. 치열하고 절절했던 우리의 역사가 장소에 아로새겨져 영원히 기억되었으면 하는 바람이다.

표 2. 2022년 상하이 사적지 현황

	사적지명(국문)	주소
1	상하이 신규식 거주지	상하히시 황포구 남창로 100롱 5호
2	상하이 윤봉길 의거 협의 장소 (중국기독교청년회관)	상하이시 황포구 서장남로 123호
3	대한민국임시정부 상하이 청사 (마랑로)	상하이시 황포구 마당로 306로 4호
4	대한민국임시정부 상하이 청사 (하비로)	상하이시 황포구 회해중로 651호
5	상하이 독립임시사무소 터	상하이 황포구 회해중로 717호 일대
6	상하이 한인집회장소 (부흥공원)	상하이시 황포구 부흥중로 516호
7	상하이 이유필 거주지 터	상하이시 황포구 회해중로 333호 일대
8	상하이 김붕준 거주지 터	상하이시 황포구 회해중로 333호 일대
9	상하이 김문공사 터	상하이시 황포구 회해중로 333호 일대
10	상하이 흥사단원동임시위원부	상하이시 포동신구 회해중로 1270호 30
11	상하이 '3.1독립선언일'기념식장 터 (올림픽대극장)	상하이시 정안구 남경서로 762호
12	상하이 김성숙 활동지 (중국좌익작가연맹)	다윤로 201롱 4호
13	상하이 한인집회장소 (삼일당 터)	상하이시 황포구 저해동로 262호
14	상하이 한인집회장소 (모이당)	상하이시 황포구 서장중로 316호 목은당
15	상하이 대한적십자회 설립지 터	상하이시○安○ 富民路 22弄 앞 공원
16	상하이 인성학교 터	상하이시 황포구 합비로 464호 부근
17	상하이 신채호 거주지 터	상하이시 노만구 태창로 233호
18	상하이 윤봉길 의거지 (윤봉길의사기념관)	상하이시 홍구구 사천북로 2288호(노신공원 내)

호모트래블쿠스의 지리답사기

19	상하이 독립운동가 묘 (만국공묘)	상하이시 능원로 21호 송경령능원
20	윤봉길 신문지 터 (상하이 일본 제1헌병 분대)	上海市 虹口○ 四川北路 2188○
21	상하이 육삼정 의거 터	상하이시 홍구구 당고로 346호
22	상하이 황포탄 의거지	상하이시 외탄공원
23	상하이 한국대일전선통일동맹결성 회의 개최지	상하이시 인민로 40호 갑을 근검여사
24	상하이 대한민국임시정부 요인 거주지 (영경방)	상하이시 황파남로 350롱 일대
25	상하이 《신대한》 발행지 터	상하이시 황포구 회해중로 333호
26	상하이 한국노병회 결성지 터	상하이시 홍안로 24호
27	상하이 윤봉길 의거 협의지 (사해다관)	상하이시 홍업로 169·171호

출처 : 독립기념관 홈페이지

참고문헌

- 고려대 중국학연구소, 2012, 『중국지리의 즐거움』, 차이나하우스.
- 김결, 2018, "상하이(上海)의 도시공간구조," 한국도시지리학회지, 21(2), 17~28.
- 김삼웅, 2019, 『3·1 혁명과 임시정부』, 두레.
- 김윤희, 2008, 『상하이 놀라운 번영을 이끄는 중국의 심장』, ㈜살림출판사.
- 김종훈·김혜주·정교진·최한솔, 2019, 『임정로드 4000km』, 필로소픽.
- 도선미, 2019, 『리얼 상하이 개정판』, 한빛라이프.
- 모지현, 2019, 『한국 현대사 100년 100개의 기억』, 더좋은책.
- 박도, 2007, 『항일유적답사기』, 눈빛.
- 박설순, 2022, "睨觀 申圭植의 국권회복운동 방략과 실천," 한국근현대사학회, 103, 61~93.
- 박찬승, 2015, "시모노세키 조약 120주년을 맞이하여," 역사와 현실, 95, 3~15.
- 손준식, 2016, "해방 후 세계사 교과서 중국근현대사 관련 서술 변천," 역사문화연구, 60, 191~224.
- 신규환, 2018, "상하이로 간 의사들과 대한민국 임시정부," 연세의사학, 21(1), 53~73.
- 옥한석·이영민·이민부·서태열, 2005, 『세계화 시대의 세계지리 읽기 전면개정판』, 한울아카데미.
- 이재호·오대록·유필규·김영장, 2020, 『국외독립운동사적지 조사보고서』, 독립운동관·국가보훈처.
- 이종광, 2011, "프랑스 정치세력의 형성과 정치체제의 변화," 한국프랑스학논집, 74. 323~344.
- 전국역사지도교사모임, 2019, 『표석을 따라 제국에서 민국으로 걷다』, 유씨북스.
- 조용헌, 2021, 『대운하 시대』, 민음사.
- 조용래, 2013, "동아시아 평화공동체 구축의 가능성," 일본공간, 13, 80~99.
- 한시준, 2016, 『대한민국 임시정부의 지도자들』, 역사공간.

호모트래블쿠스의 지리답사기

- 동아일보, 2007년 4월 30일, "'숭고한 정신, 모두에게 교훈'…윤봉길 의사 상하이 의거 75주년."
- 동아일보, 2018년 4월 10일, "[단독]상하이 임시정부 두번째 청사 위치 찾았다."
- 동아일보, 2022년 3월 30일, "상하이 봉쇄에… '물동량 세계1위 항구 멈추면 물류대란'."
- 동아일보, 2022년 9월 23일, "청주 출신 독립운동가 신규식 선생 업적 재조명."
- 연합뉴스, 2019년 3월 20일, "[3·1운동.임정 百주년](50) 상하이 외인묘지에 남겨진 지사들."
- 연합뉴스, 2021년 3월 1일, "한국인 발길 기다리는 '독립운동 성지' 상하이 임정(종합)."
- 연합뉴스, 2022년 4월 29일, "1천789㎞ 中 대운하 복원 개통…계획 세운지 100년만에."
- 연합뉴스TV, 2023년 1월 1일, "[현장연결] UAE 두바이, 세계 최고층 빌딩서 화려한 레이저쇼."
- 주간동아, 2010년 11월 22일, "'잘 봤지?' 중국 자신감 마음껏 과시."
- 충북일보, 2015년 4월 19일, "충북 독립운동가 열전 - 신규식."
- 한국무역신문, 2019년 6월 4일, "상하이, 연간 관광수입 84조원 돌파."
- KOTRA해외시장뉴스, 2010년 5월 10일, "中 푸동개발 20주년, 새로운 7+1 발전전략 제시."
- KOTRA해외시장뉴스, 2022년 2월 23일, "중국 경제중점도시: 상하이 2021년 경제실적 및 지방 양회 결과."

- 공훈전자사료관 홈페이지, https://e-gonghun.mpva.go.kr
- 국가법령정보센터 홈페이지, https://www.law.go.kr
- 국가지표체계 사이트, https://www.index.go.kr
- 국립국어원 표준국어대사전 사이트, https://stdict.korean.go.kr
- 국사편찬위원회 우리역사넷 홈페이지, http://contents.history.go.kr
- 독립기념관 홈페이지, https://i815.or.kr
- 한국민족문화대백과사전 사이트, http://encykorea.aks.ac.kr

극동의 땅에 숨겨진 우리 민족의 숨결,
러시아 '블라디보스토크'

#민족 #역사 #한인이주 #일제강점기

_ 러시아의 계획된 항구도시, 블라디보스토크

연해주(沿海州)[1] 중심도시인 블라디보스토크(Vladivostok, Владивосток)는 러시아 극동의 남단부 연안에 걸쳐 있다. 2015년부터 이곳에서 극동지역 개발을 위한 투자 유치와 주변국과의 경제협력 활성화를 목적으로 하는 동방경제포럼(Eastern Economic Forum)이 매년 개최되면서 점점 더 주변국들의 주목을 받고 있다. 블라디보스토크는

---

1. 연해주는 동쪽으로는 동해, 서쪽으로는 중국, 그리고 우리나라의 함경북도와 인접해 있는 지역으로 러시아 영토에 속해 있다. 러시아의 남하 정책의 결과 찾아낸 곳으로, 발해의 일부 영토이기도 하였으며, 조선 후기 청나라가 러시아와 싸울 때 조선에 원군을 요청하여 두 차례에 걸쳐 나선정벌을 한 곳이다. 또한, 1914년 대한광복군 정부(1919년 대한민국임시정부 수립에 영향)가 활동한 지역이다.

러시아가 계획한 항구도시로, 1860년 해군기지로 개항하여 러시아 해군의 태평양함 대 기지를 이곳에 만들어 러시아 아·태 지역 진출의 관문이자 군항 도시가 되었다. 또한, 19세기 말부터 러시아의 극동 정책이 활발해짐에 따라 경제적·군사적으로 중요성이 높아지기 시작하여, 1903년에는 시베리아 횡단철도 개통으로 러시아 중심부까지 이어지는 시발점의 역할을 하는 도시가 됨으로써 그 위상은 더욱 높아졌다(성원용, 2006; 박환, 2013).

이렇게 러시아 극동지역의 떠오르는 중심지인 블라디보스토크에는 최근 한국인 관광객들의 방문이 늘고 있다. 블라디보스토크가 갖는 지리적 근접성 때문이다. 즉, 블라디보스토크는 한국에서 항공편으로 두어 시간이면 갈 수 있는 위치에 있어, '한국과 가장 가까운 유럽'으로서 홍보된다.[2] 그런 의미에서 여행지로서의 블라디보스토크는 양 많고 신선한 킹크랩과 곰새우를 먹을 수 있는 곳, 영화 〈왕과 나(The King and I)〉(1957)의 주인공이었던 영화배우 '율 브린너(Yul Brynner)'의 생가를 만나볼 수 있는 곳, 그리고 시베리아 횡단열차를 이용해 러시아 전역을 이동할 수 있는 곳 등의 이미지를 떠올릴 수 있을 것이다(그림 1).

하지만 이곳은 우리나라 역사와 굉장히 밀접한 관계에 있는 지역이다. 일제강점기 독립투사들과 애국 지식인들이 활약했던 독립운동의 본거지였고,[3] 구한말부터 일제 강점기까지 우리나라 사람들이 살았던 신한촌(新韓村)이 있던 지역으로서 중국의 상

---

2. 러시아를 유라시아라고 하지만 문화적으로, 인종적으로 유럽에 가까워서 일반적으로 러시아는 유럽으로 간주한다. 사실상 러시아가 유럽이냐 아시아냐에 대한 명확한 답은 없다. 즉, '여기까지는 아시아', '여기부터는 유럽'이라는 식의 지리적 경계는 결코 없을뿐더러, 굳이 경계가 있다고 한다면 그것은 역사적으로 변동 가능한 것으로서 고정된 실체는 아니다. 러시아의 경우, 18세기 말이 되어서야 스스로 유럽임을 표방하며 유럽이 되었고, 서서히 유럽도 러시아를 유럽으로 받아들였다. 따라서 현재 러시아는 유럽에 속한다고 볼 수 있다.

3. 일제강점기 블라디보스토크는 최재형, 이범윤, 홍범도, 유인석, 이진룡 등의 독립투사들과 이상설, 이위종, 이동녕, 안창호, 박은식, 신채호, 이동휘, 장지연 등 애국 지식인들이 활약했던 독립운동의 본거지였다.

그림 1. 블라디보스토크의 킹크랩(좌)과 곰새우(중), 율 브린너 동상 및 생가(우)

하이와 함께 한국 독립운동가들이 가장 활발하게 활동을 벌인 해외 거점이었다. 이를 바탕으로 최근에는 여행업계가 이와 관련된 관광지를 발굴하여 소개하고 있기도 하다.

이 글에서는 지리학적 위상 속에서 극동의 땅, 블라디보스토크가 한민족 재외동포 이민사에서 빼놓을 수 없는 중요한 거점으로서의 공간이라는 점, 그리고 1992년 러시아의 시장개혁이 본격적으로 진행되고 블라디보스토크가 외부 세계에 다시 개방되면서 현재로 들어와 잊혀왔던 과거 역사에 관한 관심이 문화적 관광으로 이어지고 있다는 점에 주목한다. 그중에서도 특히 신한촌과 아르바트 거리(Arbat street, Арбат улица)의 경관을 중심으로, 우리 민족의 흔적을 찾아 그 숨결을 느껴보고자 한다.

_ 블라디보스토크의 위치와 역사

블라디보스토크는 연해주라 부르는 프리모르스키 지방(Primorskij kraj, Примóрский край)의 주도(州都)다. 블라디보스토크는 러시아 극동 연해주 남부에 있는 길이 30km, 폭 12km의 무라비예프–아무르스키 반도(Полуостров Муравьёва–Амурско

그림 2. 블라디보스토크 위치

ro) 남단부에 자리하고 있다. 1859년 항구개발의 적지가 된 후 1880년 시(市)의 명칭을 부여받으면서 자연스럽게 항구와 해군기지로서 중요한 역할을 해 왔다. 러시아 극동 정책의 하나로 건설된 블라디보스토크는 중국, 한국, 일본이 가까운 곳에 있는 탓에 일찍부터 무역, 외교, 상업의 중심지가 되었다(그림 2). 예전에 이곳은 중국령으로 해삼위(海蔘威)로 불리었으나 이후 러시아가 이 땅을 차지하면서 그곳의 이름은 블라디보스토크로 바뀌었다(주 7 참고). 블라디(vladi)는 '정복하다'라는 뜻이고 보스토크(vostok)는 '동쪽'의 의미를 지닌다. 결국, 블라디보스토크는 '동방을 정복하다'라는 의미로서 러시아 동진(東進) 정책의 의지가 담긴 것으로 해석할 수 있다.

1890년대부터 무역항으로 크게 발전한 블라디보스토크항은 러시아의 길고 혹독한 겨울 날씨로 결빙이 되는 곳이다. (보통 소금기를 머금은 바닷물은 어는점이 일반 물보다 낮아 겨울철에서 얼지 않는 것이 상식이지만, 러시아의 겨울은 이러한 상식을 비웃듯 러시아의 바다를 얼렸다.) 지금은 쇄빙선으로 인해 연중 이용이 가능한 부동항이 되었다. 블라디보스토크항 선착장 바로 옆에는 블라디보스토크 철도역이 있는데 바로 이곳에서 모스

그림 3. 블라디보스토크역(좌)과 시베리아 철도(우)

크바역까지 총연장 9,288km에 달하는 시베리아 횡단철도가 출발한다(그림 3). 러시아는 1891년 시베리아 횡단철도 기공식을 이곳에서 가졌으며 러시아의 마지막 황제 니콜라이 2세(Николай II)가 참석했을 정도로 블라디보스토크는 러시아 동진의 거점이었다(서종원, 2012). 1903년 시베리아 철도가 완전히 개통됨으로써 도시의 중요성은 더욱 커졌고, 20세기 초반까지 급속하게 성장하여 전 세계의 무역상, 자본가와 외교관들이 이곳에 몰려들기도 하였다. 특히 블라디보스토크는 제1차 세계대전 당시 미국에서 보낸 군수품과 철도 장비를 들여오는 태평양의 주요 항구였다. 그러나 러시아 혁명 직후인 1918~1922년에는 일본군의 '시베리아 출병[4]'으로 인해 수많은 러시아 주민이 무고한 피를 흘려야만 했다. 이 기간 전 러시아를 휩쓴 혁명과 내전의 와중에 크게 파괴되었던 이 도시는 1931년에 사회주의 도시가 되었으며, 이후 1950~1980년대

---

4. 러시아 혁명(볼셰비키 혁명)으로 집권한 볼셰비키당의 공산 정권을 붕괴시키기 위해 일본군이 러시아 영토에 출동한 사건을 말한다. 이를 계기로 1922년까지 한인독립을 탄압하였다. 그러나 일본군은 해산되었고 결국은 러시아 공산 정부가 승리하면서 소비에트 연방이 성립되었다.

호모트래블쿠스의 지리답사기

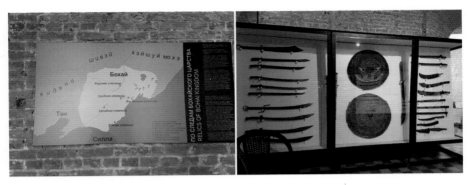

그림 4. 아르셰니예프 향토박물관의 발해 지도(좌)와 발해 유물(우)

를 통해 도시 인구와 면적이 세 배로 늘어나는 성장을 하게 되었다(성원용, 2006).

　미국과 소련 간의 냉전체제로 인해서 오랜 기간 외부와의 교류가 폐쇄되었던 블라디보스토크는 1992년 미하일 고르바초프(Mikhail Gorbachyev)의 개방(開放, Glasnost) 정책에 의해 다시 개방되면서 과거의 활기를 되찾았다. 현재는 부산, 다롄, 나가타, 아키타, 하코다테 등과 자매결연을 하며, 지리적·전략적 요충지로서 잠재적인 발전 가능성을 인정받아 세계 각국에서 이곳에 영사관을 개설하고, 무역대표부를 파견하였다. 그뿐만 아니라 외국 항공사들의 직항로 개설도 활발히 일어나고 있다. 따라서 현재 블라디보스토크는 러시아 해군의 태평양함대 기지가 있는 군항 도시로서, 러시아 아·태지역 진출의 관문이 되고 있다(안드레이 벨리츠코, 2015; 손용후, 2018). 무엇보다 한국인에게 모스크바 다음으로 가장 친숙한 블라디보스토크는 모스크바에서 9,302km 떨어져 있으나 서울에서 불과 780km의 거리에 있다. 항공편으로는 인천공항에서 2~3시간 정도면 도착할 수 있는 근거리에 위치하여 한국과의 인적·물적 교류 역시 활발히 일어나고 있는데, 하나의 사례로서 극동지방에서 가장 오래되고 유명한 극동연방대학교(Дальневосточный федеральный университет, 1899년 개교)에는 세계에서 가장 큰 규모의 한국학 대학이 설치되어 있다. 또한, 블라디보스토크 가장 오래된 박물관인 아르세니예프 향토박물관(Приморский Государственный музей им В К Арсеньева)에서는 발해 관련 유물들을 볼 수 있다(그림 4).

_ 우리 민족의 숨결이 깃든 개척리와 신한촌

한인의 러시아 이주는 1863년 함경도 농민 13가구가 굶주림과 억압을 피해 두만강을 넘어 포시에트(Posyet) 항구로 들어가 지신허(地新墟)[5]에 정착하며 시작되었다(김주용, 2014; 김현택 등, 2017). 이후 한인들이 늘어나면서 연해주에는 당시 지명으로 해삼위(海蔘威, 현 블라디보스토크), 쌍성자(雙城子, 현 우수리스크), 연추(延秋/烟秋/煙秋 혹은 안치혜, 현 크라스키노)[6], 추풍(秋風, 현 수이푼), 수청(水淸 혹은 빨치산스크, 현 파르티잔스크) 등 러시아식 지명이 아닌 고구려나 발해 때부터 전해 내려오던 한국식 지명을 가진 한인촌들이 우후죽순처럼 생겨났다(그림 5). 1882년에는 한인이 1만 137명으로 러시아인 8,385명보다 더 많았다(이상근, 1996). 지신허부터 시작된 이 지역 개척사는 한인 개척사라고 해도 과언은 아닌데, 러시아로의 한인 이주는 두 가지 역사적 사건에

---

5. 지신허는 계심하(鷄心河), 티진혜(Tizinhe)라고 불리는 강의 이름을 중국식 발음으로 부른 것으로, 한인들은 한자 발음에 따라 지신허(地信墟, 地新墟), 지신하(地新河) 등으로 표기하였다. 러시아어로는 레자노보(Rezanovo)로 불렸다. 지신허 마을은 1864년 60가구 308명이 살았지만, 1900년대에는 인구가 1,600명 이상이 되어 대표적인 한인 마을로 성장하였고, 의병활동가들이 마을에서 활동 자금과 의병을 모집하였다. 현재 지신허 마을은 1937년에 스탈린이 강제이주 조처로 한인들은 전부 분산되었고, 2004년에 가수 서태지의 기부로 건립된 지신허 기념비만이 마을 입구에 남아 있다(김현택 등, 2017).
6. 연추(안치혜)에는 상별리(上別里, 상부 안치혜), 중별리(中別里), 하별리(下別里) 마을들이 있었다.

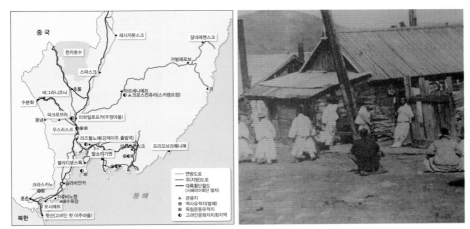

그림 5. 연해주 한인 마을 분포도(좌), 1890~1910년대 연해주 한인 마을(우)
출처(우) 연해주24(Приморье24) 사이트

의해 촉발되었다. 하나는 조선의 접경지역이던 연해주가 러시아 영토로 편입된 사건[7]
이고, 다른 하나는 러시아의 적극적인 이주 장려정책[8]이다.

　제정 초기의 러시아는 연해주 지역으로 이주해 오는 한인들을 환영하여, 한인들이
러시아 국적을 취득하면 15데샤티나(десяти́на=약 4만 9,550평)의 토지를 분배하도록
하였다.[9] 대신 귀화하려면 정교회로 개종해야 하는 조건이 있었다. 이러한 조건에도

---

7. 19세기 아편전쟁에서 패한 청국은 열강들과 불평등 조약을 맺게 되었고 그 과정에서 러시아는 청국의 영토
　였던 연해주 지역을 차지하게 되면서 극동으로 영토를 확장하였다.
8. 1884년 러시아는 조선과 조·러 수호조약을 맺고 이를 적극적으로 활용하기 위한 이주 장려정책을 펼쳤다.
　즉, 영토개간을 위한 목적과 더불어 러시아 초소가 없는 국경지대에 조선인들을 정착시켜 이들을 국경관리
　에 이용하겠다는 의도를 가졌다. 연해주 총독의 초소 소장 명령서에는 첫째, 한인이 이주신청을 할 때는 즉
　각 아무런 조치 없이 허락할 것, 둘째, 블라디보스토크 초소를 따라 정착하게끔 그들을 설득하고 정착지를
　선택하도록 할 것, 셋째, 이주한 한인들은 러시아의 법 아래에서 동등하게 보호하고 중국의 어떠한 간섭도
　허용치 말 것 등을 주 내용으로 삼고 있다(이채문, 1999).
9. 1데샤티나는 1,092ha(1ha는 3,025평)이다.

경제적인 이유로 당시 러시아에 귀화한 한인은 1만 2,837명이었다. 이들에게 준 분여지(分與地) 중 경지는 1,299데샤티나로 약 393만 평 정도였다(권희영, 2006). 이주 한인 중에서 러시아 국적에 입적하여 토지를 분여 받은 사람을 원호(元戶)라 하였고, 러시아 국적을 취득하지 못한 한인은 여호(餘戶)라 하였다. 러시아로 귀화한 한인들은 원호가 되거나 혹은 러시아인 토지를 경작하는 토지의 소작인이 되었다. 그러나 편하고 부유하게 살기보다 조선인의 문화와 정체성을 지키고자 개종과 국적 취득을 거부하는 한인들도 많았다.

물론, 총독에 따라 한인에 대한 정책은 우호와 적대를 오고 갔다. 대체로 러시아의 필요로 우호적인 정책을 펼쳤지만, 부정적이면 러시아 당국은 한인들이 하나의 장소의 개척을 완료하면 다른 미개척 지역으로 이동시켜 그곳을 새로이 개척하도록 했으며, 비옥한 토지를 소유하지 못하도록 했다. 토지를 분배받지 못하거나 소작도 할 수 없는 한인들은 거의 막노동에 종사했다. 이주 한인들은 농업, 광산노동, 부두노동, 산림 채벌, 공업(목수·석공·대장장이 등), 철도, 기타 운수 분야에 종사했다. 특히, 광산노동에 많이 종사했는데, 1907년 통계에 의하면 광산에서 일한 한인 노동자는 3만 명이었다. 또한, 러시아는 연해주에 도로와 항만, 군사시설을 건설하는 데 주력하였고, 국방상 필요로 1891년부터 1916년에 이르기까지 26년에 걸쳐 10억 루블(рубль)의 막대한 자금을 들여 시베리아 횡단철도 건설도 시작했는데, 한인들의 유입은 러시아가 시베리아 개발을 위해 절실히 필요로 했던 노동력의 원천이 되었다(한겨레, 2019년 2월 26일 자; 천지일보, 2019년 6월 3일 자)(그림 6). 시베리아 횡단철도 건설 이후 러시아는 자국민의 식민정책을 강력히 추진했고 러시아인도 대폭 증가하였다.[10]

---

10. 1908년에는 한인이 4만 5,397명인 것에 반해 러시아인은 38만 3,083명으로 증가했다. 이 시기 연해주 총인구의 73%는 러시아인이 차지했다(천지일보, 2019년 6월 3일 자).

호모트래블쿠스의 지리답사기

그림 6. 1891~1897년 철도건설에 투입된 연해주의 한인 노동자들
출처 고려사람(Корё сарам) 사이트

　　무엇보다 블라디보스토크에 한인들이 모여들자 러시아는 1893년 블라디보스토크 한 구역을 한인촌으로 설정해 주었다. 그 지역이 바로 개척리(開拓里)다. 개척리라는 발음과 비슷하게 현재에도 개체기(Gechegi)로 불리는 개척리에는 '카레이스키 스카야 (Korean Street, корéйский ская)', 즉 고려인(高麗人) 거리 혹은 한인 거리라는 공식 도로명이 붙여져 있다(그림 7). 지금은 포그라니츠나야(Pogranichnaya, Пограничная)라고 불리는 이 지역은 신한촌 성립 이전, 블라디보스토크의 한인 집단거주지로 비교적 시내 중심지에 자리 잡고 있었다.

　　하지만 1911년 콜레라와 페스트가 창궐하자 러시아 당국은 한인 집단 거주지를 시 중심에서 벗어난 외곽으로 옮기고 개척리를 강제 철거시켜 이 일대를 기병대 숙소로 삼았다. 새로 옮긴 거주지에서 한인들은 새로운 한국을 부흥시킨다는 의미로 이곳을 '신한촌(혹은 신개척리)'이라 명명하였다(김승화, 1989).[11] 신한촌은 구(舊) 개척리로부

---

11. 1910~1915년 연해주 한인은 약 10만 명으로 추산되고 있으며, 이 중 신한촌의 한인수는 약 1만 명에 달하였다(김승화, 1989).

그림 7. 블라디보스토크 개척리(옛 한인거리)의 과거(좌)와 현재(우)
출처(좌) 아르셰니예프 향토박물관 사이트

터 북쪽으로 2km 떨어진 아무르만의 동쪽 해안지대 라게르니곶과 쿠즈네초프곶 사이의 언덕 일대에 새롭게 형성되었다.[12] 이러한 곳에 한인들은 터를 잡고, 4~5칸 정도의 너비로 스보로프스카야, 아무르스카야, 하바로프스카야, 메리코브스카야, 체리 파노프스카야 등 5개의 간선 거리를 만들고 동서로도 넓고 좁은 골목길을 만들었다. 움막, 돌막집 등 한국식 집이 많았던 구개척리와는 달리 200여 동의 신한촌 가옥은 호당 건평이 12~13평에 불과한 소형의 러시아풍 목조건물로 지어졌다(김현택 등, 2017). 이처럼 도로망과 가옥 양식이 러시아식이었다는 점은 블라디보스토크에 이미 원호인들이 늘어나고 러시아식 삶에 익숙해졌음을 방증한다. 하지만 외형만 러시아식을 따랐을 뿐, 옥내 한쪽은 헛간을 두어 부엌으로 쓰며 솥과 옹기를 두고, 온돌구조 난방을 택함으로써 전통 생활문화를 이어갔다.[13]

---

12. 동서 약 6정(町), 남북 약 7정(町) 규모의 비교적 넓은 면적이었으나 대체로 잡초가 무성하였다. 1정(町)은 약 3,000평 정도이다.

13. 신한촌에는 세울 스카야(서울 거리)라는 주소가 남아 있는데, 지금도 이곳에 옛날 주소(세울 스카야 2A) 명패를 달고 있는 집이 잔존한다.

호모트래블쿠스의 지리답사기

게다가 신한촌은 단순한 촌락이 아니라 일본 제국주의의 식민통치에 항거한 독립 기지였다는 점에서 주목해야 한다. 즉, 항일 민족 지사들의 집결지, 국외 독립운동의 중추 기지로서 한민족의 의기를 충천시키는 도약의 발판이 되는 곳이었다(윤병석, 1990; 이동진, 2013). 특히 1910년대에는 이곳에서 항일독립운동 단체인 권업회(勸業會)[14], 노인동맹단, 한민학교, 고려극장, 선봉신문사 등 수많은 항일독립운동 단체가 조직되어 국내외 민족운동을 주도하였다. 그뿐만 아니라 3·1운동 직전에는 대한국민의회가 성립하여 지역 한인들의 구심체 역할을 함으로써 이후 상해 대한민국임시정부 탄생으로 이어지게 하였으며, 3·1운동 이후에는 신한촌이 서북 간도의 독립군에게 공급되는 무기의 대부분을 연해주로 조달하는 역할을 담당하는 지역으로 활약했다(김주용, 2014). 한편, 일제는 신한촌 외곽 약 1km 지점에 영사관을 두고 신한촌에서 이루어지는 항일민족운동의 동태를 감시하였다. 그러는 사이, 1920년 4월에는 신한촌 참변[15]이 발생하여 수많은 애국지사가 일본군에 의해 희생되는 슬픈 역사를 간직하게 되었지만, 신한촌은 '원동의 서울'이라는 애칭으로도 불릴 만큼, 1937년 강제이주[16] 전까지 변함없이 극동지역의 항일 운동 및 한인사회의 중심지 역할을 하였다(박

---

14. 이종호·김익용·강택희·엄인섭 등 연해주의 민족운동 지도자들이 1911년 5월에 결성한 블라디보스토크 독립운동 단체로 일제와 러시아 당국의 탄압을 피하려고, 한국인에게 '실업을 장려한다'라는 뜻으로 권업회로 명칭 하였다. 그렇지만 진정한 목적은 강력한 항일 운동을 전개하는 데 있었기에 '권업신문'을 발간하여 재연해주 한인의 대변자로서 항일민족정신을 높이는 데 큰 구실을 하였다. 러시아 당국의 공인을 얻어 초대 회장 최재형, 부회장 홍범도 등이 활동하였으나 1914년 대일 외교관계가 악화하여 일본의 요구를 받아들인 러시아에 의해 강제 해산되었다. 이후 권업회의 전통은 1917년 결성된 전로한족중앙회(全露韓族中央會)로 이어졌다.

15. 1920년 4월에 연해주 신한촌에서 일본군이 조선인을 대량 학살한 사건이다. 흔히 신한촌 사건 또는 사월 참변이라고 부른다. 300여 명 이상의 한인들이 체포되었는데 그중 주요 지도자였던 최재형이 포함되어 이후 우수리스크에서 처형당했다(김승화, 1989; 이원규, 2001).

16. 러시아 혁명과 연이은 시베리아 내전 이후 한인들은 잠재적인 일본의 스파이로 간주하여 적성 민족으로 분류되었다. 또한, 구소련 정부가 국경지대 소수민족에 대해 펼쳤던 유화적인 정책에서 인종청소와 같은 극단

그림 8. 블라디보스토크 신한촌의 기념비와 비문(좌), 방문객의 노란 리본(우)

환, 2013; 김현택 등, 2017).

　아쉽게도 신한촌의 현재는 과거의 모습을 찾아볼 수 없는 평범한 아파트단지가 되었다. 이제는 '신한촌 기념비'[17]만으로 옛 위치를 추정할 뿐이다. 이 기념비는 3개의 큰 기둥으로 이루어져 있는데, 가운데 기둥은 남한, 왼쪽 기둥은 북한, 오른쪽 기둥은 해외 동포를 의미한다. 기념비 옆에는 '민족의 최고 가치는 자주와 독립이며, 이를 수호하기 위한 투쟁은 민족적 정신'이라는 문구가 새겨진 비문이 놓여 있다(그림 8의 좌). 이 상징적 경관을 통해, 신한촌은 사라졌지만, 한때나마 존재했다는 것을 알 수 있다. 또한, 개체기, 카레이스키 스카야 등의 명칭은 한인들이 이방의 나라에서 뚜렷한 족

　　적인 방향으로 전환하게 되면서, 스탈린은 중앙아시아 개척이라는 명분으로 극동지역의 한인들을 모두 중앙아시아로 강제 이주시켰다(장은영, 2004). 이 과정에서 몸에 걸친 한 벌의 옷과 3일 치 식량이 담긴 가방을 제하고는 어떤 짐도 가져가지 못한 고려인들은 비위생적인 열차에서 굶주림과 추위, 병마에 시달렸다. 그들은 자신의 손으로 가족의 시신을 열차 밖으로 던져야 하는 비극적 강제이주과정을 겪었다(허혜란, 2016).

17. 신한촌 기념비는 1999년 8월 15일, 한민족 연구소가 3.1 독립선언 80주년을 맞아 신한촌을 기리기 위해 건립하였다. 기념비를 보호하기 위한 쇠창살 울타리와 출입문이 만들어져 있다. 현재 총영사관에서 관리하고 있다.

호모트래블쿠스의 지리답사기

그림 9. 블라디보스토크의 아르바트 거리 전경

적을 남기며 살았다는 것을 증명한다. 한국인 특유의 강한 끈기와 개척정신이 일군 신한촌은 이제 더이상 실물로 존재하지 않지만, 잊어서는 안 되는, 익숙하지만 낯선 우리 역사의 한 페이지로서 방문객들의 조문을 받고 있다(그림 8의 우).

_ 문화명소라는 이름 속에 숨겨진 우리의 역사, 아르바트 거리

　일반적으로 말하는 블라디보스토크의 '아르바트 거리'는 포킨 제독 거리(Admirala Fokina Street, улица Адмирала Фокина)에 자리 잡고 있다. 아무르만(Amur, Амур)에서 오케안스키 도로(Okeanskiy, Океанский)까지인 이 거리는 2012년 러시아 APEC 정상회담을 계기로 극동지방의 중심도시로 발전시킨다는 블라디미르 푸틴(Влади́мир Пу́тин)의 계획에 따라 도시 정비가 이루어졌다. 거리 이름은 모스크바의 중심가인 아르바트 거리의 이름을 따왔으며, 이 거리를 본떠 조성하였다. 이를 계기로 블라디보

그림 10. 블라디보스토크 아르바트 거리의 그라피티 아트

스토크의 아르바트 거리는 극동지역 중 가장 번화한 곳으로 변모했다(그림 9).

이 계획으로 아르바트 거리는 유럽적 분위기가 물씬 풍기는 문화거리가 되었다. 문화 거리의 조성은 다양한 계층과 취향을 지닌 사람들이 자유롭게 모여들 수 있는 공공 공간을 만들며 차별화를 시도한다는 특징이 있다(김학희, 2007; 최효승·김혜영, 2009). 아르바트 거리 역시 문화거리로 재편되면서 현재는 러시아인뿐만 아니라 외국 관광객들의 명소가 되었다. 여느 유럽의 거리처럼 예술적 분위기가 흐르며 고풍스러운 건물 곳곳 아름다운 카페나 레스토랑, 그리고 패션 및 기념품 관련 상점들이 많이 분포하여 상대적으로 젊은 쇼핑객과 관광객의 비중이 높다. 게다가 차도가 없는 보행자 거리여서 곳곳에 분수와 벤치가 마련되어 여유롭게 산책하듯 둘러보기 좋아 '젊음의 거리'로도 유명하다. 어디 그뿐인가? 러시아가 낳은 세계적인 문호 푸시킨(Пушкин)과 투르게네프(Тургенев) 등이 어린 시절을 보낸 곳이기도 하여 지금도 예술가가 많이 거주한다. 그런 의미에서 '예술의 거리'로도 불린다. 특히 건물의 벽에 그려진, 예술가들의 그라피티 아트(Graffiti Art)를 자주 접할 수 있는데, 이는 현대적인 대중 감각의 미

호모트래블쿠스의 지리답사기

적 표현과 자유를 여과 없이 드러내 준다(그림 10). 이처럼 아르바트 거리에는 문화와 예술에 대한 영감이 깃들어 있기에, 우리나라의 관광객들은 이곳을 한국의 대학로나 가로수길에 비교하기도 한다(오상용, 2018; 조대현·정덕진 2018).

하지만 문화적 명소인 아르바트 거리에서 기억해야 할 것이 있다. 바로 한인과 독립운동가의 흔적이다. 이 거리 곳곳에서 한글이 어렵지 않게 발견되는 것처럼, 이 거리 역시 한국과 한인의 역사가 남아 있다(그림 11). 자유롭고 예술적인 유럽의 감성이 풍기는 이 거리의 한 자락에 초라하게 남아있는 독립운동가 최재형 선생의 추정 거주지는 한국인이라면 눈여겨볼 만하다. 안타깝게도 아직은 결정적인 증거와 예산 부족으로 한국 정부가 나서서 보존 작업을 할 수 없는 상태이나, 일부 여행사에서 임시 표지판을 부착하여 최재형 선생의 거주지였음을 알리고 있다(그림 12).[18] 이곳에서 안중근 의사는 최재형 선생에 의탁해 3년간 함께 지내면서 이토 히로부미(伊藤博文)를 사살할 계획을 도모했다(이정은, 1996; 박종인, 2018). 또한, 아르바트 거리의 끝에는 2014년에 만든 표지석과 기념비가 상징적 경관으로 남아 있는데 거기에는 '1864~2014, 러시아와 한민족 우호 150주년 기념'이라는 말과 함께 이곳이 한인 거리였음이 새겨져 있다. 이들 표지석 뒤로는 블라디보스토크와 자매결연을 한 도시들의 지명이 적힌 기념비도 만들어져 있는데, 여기에는 부산 지명이 적힌 기념비가 있다(그림 13).

따라서 블라디보스토크의 아르바트 거리는 단순한 유럽 분위기가 흐르는 예술적 문화거리로서만 바라볼 것이 아니라 한국 및 한인과 관계된 장소로 재조명하고 이러한 점을 관심 있게 지켜보아야 할 필요성이 있다고 생각된다.

---

18. 최재형 선생의 우수리스크 생가는 현재 확인 작업이 완료되어 한국 정부가 매입해 박물관으로 운영 중이나 이 생가는 신한촌 참변으로 체포되기 전까지 잠시 거주한 곳이다. 오히려 블라디보스토크의 아르바트 거리에 있는 그의 거주지를 거점으로 독립운동이 전개되었으며 1909년 하얼빈 의거도 블라디보스토크의 최재형 선생의 집에서 준비된 것이라고 전해진다(이정은, 1996; 평화뉴스, 2018년 9월 7일 자).

그림 11. 아르바트 거리에서 흔히 볼 수 있는 한글

그림 12. 아르바트 거리의 최재형 선생 추정 거주지

그림 13. 블라디보스토크 아르바트 거리의 한인 거리 표지석과 자매결연 기념비

_우리에게 주어진 블라디보스토크의 잠재력

러시아 극동 정책으로 형성된 블라디보스토크는 러시아의 과거와 미래, 그리고 자유와 속박의 역사가 공존하는 곳으로, 무엇보다 한국 독립운동의 요람이자 3·1운동의 시발점이기도 한 역사적 의미를 간직한 곳이다. 현재로 와서는 한국과 가장 가까운 유럽이라는 기치하에 인적·물적 교류 역시 활발히 일어나고 있어 우리와의 관계에서 잠재력도 높은 지역이다. 하지만 상기하였듯 신한촌은 흔적도 없이 사라지고 아파트단지 속에 그 역사가 묻혀버렸다. 그나마 신한촌 기념비가 상징적으로 남아 있지만, 이는 역사의 매우 작은 단편일 뿐 이를 기억하고 찾는 이는 매우 소수에 불과하다. 또한, 아르바트 거리 역시 과거가 갖는 한인의 애달픈 역사는 러시아의 유럽풍 예술과 젊은이들의 문화거리라는 이름 뒤편에 숨겨져 있다.

그런데도 이들 경관 속에서 찾을 수 있는 것은 블라디보스토크가 갖는 우리 역사의 잠재력일 것이다. 특히 신한촌과 아르바트 거리는 한국인들에게 지역적 이해와 체험을 바탕으로 공감할 수 있는 지역이라는 점에서 내재한 차별성이 있다. 그런 의미에서 (이미 많이 잃어버리긴 했지만) 남아있는 블라디보스토크의 경관에 대한 보존과 발굴 노력이 필요할 것이다. 또한, 제대로 된 검증과 규명의 노력이 이루어져야 할 것이다. 낯설면서도 그 안에 감춰져 있는 우리의 역사로 인해 더욱 익숙하게 느껴지는 곳, 블라디보스토크! 그래서일까? 다시금 그 이름을 되뇌어 본다.

![참고문헌]

- 권희영, 2006, "20세기 초 러시아 극동에서의 황화론: 조선인 이주와 정착에 대한 러시아인의 태도," 정신문화연구, 29(2), 343~366.
- 김승화, 1989, 『소련한족사』, 대한교과서주식회사.
- 김주용, 2014, "러시아 연해주 지역 한국독립운동사적지 현황과 활용방안," 동국사학, 57, 512~545.
- 김학희, 2007, "문화 소비 공간으로서 삼청동의 부상: 갤러리 호황과 서울시 도심 재활성화 전략에 대한 비판적 성찰," 한국도시지리학회지, 10(2), 127~144.
- 김현택·라승도·이은경, 2017, 『포시에트에서 아르바트까지: 러시아 속 한국 발자취 150년』, 한국외국어대학교 지식출판원.
- 박종인, 2018, 『땅의 역사 1』, 상상출판.
- 박환, 2013, 『사진으로 보는 러시아지역 한인의 삶과 기억의 공간』, 민속원.
- 서종원, 2012, "시베리아 횡단철도(TSR)의 두 도시 블라디보스토크, 이르쿠르츠," 월간교통, 50~52.
- 성원용, 2006, "러시아 극동의 관문, 블라디보스토크," 국토, 292, 74~79.
- 손용후, 2018, "광역 블라디보스토크 경제자유구역에 관한 연구: GTI 다자협력과 한·몽 양자관계를 중심으로," 몽골학, 55, 197~237.
- 안드레이 벨리츠코, 2015, "블라디보스토크 자유항의 현황과 의의," 평화문제연구소, 157~160.
- 오상용, 2018, 『지금, 블라디보스토크』, 플래닝북스.
- 윤병석, 1990, 『국외한인사회와 민족운동』, 일주각.
- 이동진, 2013, "블라디보스토크의 한국인, 1863~1917: 여행기 자료를 중심으로," 도시연구, 10, 101~134.
- 이상근, 1996, 『한인 노령이주사 연구』, 탐구당.
- 이원규, 2001, "러시아 극동지역의 항일 운동 유적," 황해문화, 30, 191~222.

- 이정은, 1996, "崔才亨의 生涯와 獨立運動," 한국독립운동사연구, 10, 291~319.
- 이채문, 1999, "한인의 러시아 극동지역 이주: 역사와 이론," 한국사회학회 사회학대회 논문집, 122-137.
- 장은영, 2004, "러시아 블라디보스토크의 한인 거주지 이동," 대한지리학회 학술대회논문집, 90.
- 정은혜, 2019, "경관을 통해 살펴본 문화역사관광지로서의 블라디보스토크 고찰: 신한촌과 아르바트 거리를 중심으로," 한국도시지리학회지, 22(2), 63~77.
- 조대현·정덕진, 2018, 『트래블로그 블라디보스토크』, 나우출판사.
- 최효승·김혜영, 2009, "문화거리 조성을 위한 보행환경개선사업이 상업환경에 미치는 영향 분석: 충장로 특화거리 조성 시범 가로를 대상으로," 한국콘텐츠학회논문지, 9(8), 237~247.
- 허혜란, 2016, 『503호 열차』, 샘터.

―

- 천지일보, 2019년 6월 3일, "이정은 박사의 역사 이야기: 구소련 한인 강제이주의 역사 (1)."
- 평화뉴스, 2018년 9월 7일, "항일독립운동, 고려인의 한 서린 역사, 블라디보스톡."
- 한겨레, 2019년 2월 26일, "1919 한겨레: 각지 독립운동가는 왜 연해주에 모였나."

―

- 고려사람 사이트(Корёсарам), https://koryo-saram.ru
- 아르셰니예프 향토박물관 사이트(Приморский Государственный музей им В К Арсеньева), http://arseniev.org
- 연해주24 사이트(Приморье24), http://primorye24.ru

CHAPTER 04

당신의 이야기?
아니! 우리의 이야기!

#축제

#문화

#특수성

01

레몬의 상큼함이 팡팡! 노랑노랑해!
프랑스 '망통'

#축제 #레몬 #인문 #문화 #힐링

_ 프랑스 남부를 빛내는 코트다쥐르, 그리고 망통

"무궁화 꽃이 피었습니다!"

우리 국민끼리 즐겨 온 우리의 문화는 이제 K-Pop, 한드(한국드라마의 줄임말), 영화 등 한류가 되어 전 세계를 매혹하고 있다. 비영어권 드라마 중 최초로 미국의 대표 방송계 시상식 '에미(Emmys)'에서 무려 6관왕을 차지한 〈오징어 게임〉은 현재 우리나라가 문화계에서 어떤 위상을 누리고 있는지 똑똑히 보여준다(KBS, 2022년 9월 13일 자). 한편, 이러한 소식이 더는 놀랍지 않은 우리에게 익숙한 시상식이 있다. 바로 '칸영화제(Festival de Cannes)'다.

큰 성공을 거둔 봉준호 감독의 걸작 〈기생충〉(2019)이 칸영화제에서 최고의 영예

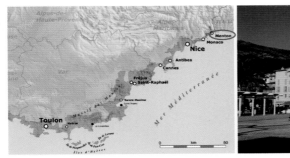

그림 1. 코트다쥐르의 주요 도시들과 망통의 위치(좌), 망통 시내 경관(우)

로 꼽히는 황금종려상(Palme d'Or)을 수상한 일은 당시 우리 국민에게 굉장한 소식이었다. 3년 뒤 박찬욱 감독과 송강호 배우의 수상 소식까지 전해지며 칸영화제는 더는 먼 나라의 이야기가 아니게 되었다(중앙일보, 2022년 5월 29일 자). 칸영화제가 열리는 고장 칸(Cannes)은 프랑스 남부에 자리한 프로방스-알프-코트다쥐르(Provence-Alpes-Côte-d'Azur) 지방의 도시 중 한 곳이다. '감청색 바닷가'라는 의미를 지닌 코트다쥐르는 해군 함대 기지가 있는 툴롱(Toulon)부터 이탈리아의 국경과 마주한 망통(Menton)까지의 지중해 일대를 일컫는다(그림 1의 좌). 사계절 내내 '봄날의 햇살'이 내리쬐는 이곳은 한겨울에도 따뜻한 날씨를 자랑하는 인기 휴양지이기도 하다(매일경제, 2008년 5월 16일 자).

망통은 특히 네이비블루 빛의 코트다쥐르와 함께 이색적인 경관으로 유명한 지역이다(그림 1의 우). '프랑스의 진주(La Perle de la France)'로도 불리는 망통은 과거 14세기부터 1860년 프랑스에 합병되기 전까지 서쪽으로 국경을 마주하고 있던 모나코 공국 소속이었다. 게다가 망통은 동시에 이탈리아와도 국경을 마주하고 있어 세 국가의 경관이 한데 어우러진 이국적인 풍경을 자랑한다. 망통의 아름다움은 아주 오래전부터 주목받아 왔는데, 19세기 말부터 본격적으로 '휴양 도시'로서의 유명세를 누리기 시작

그림 2. 왼쪽부터 차례로 생 미셸 교회, 비유 샤토 묘지, 그리고 망통 시내 올드타운의 풍경
출처 망통시 공식 인스타그램

하면서이다. 그 유명세로 영국, 러시아 등 유럽 각지의 귀족들이 망통을 찾아 그들의 별장과 건물을 지었다(OECD 대한민국 대표부 홈페이지). 그중 유명한 것이 생 미셸 교회(Basilique Saint-Michel-Archange), 비유 샤토 묘지(Le Cimetière du Vieux Château)다. 이러한 중세 건축양식의 아름다운 유적들은 오늘날 망통의 일부분이 되었다(망통 관광청 사이트)(그림 2).

또한, 프랑스 국민이 사랑하는 천재 예술가 장 콕토(Jean Cocteau)의 수려한 발자취는 망통의 눈부신 경관을 더욱 빛내는 요인이다. 당시 동시대 화가였던 파블로 피카소(Pablo Ruiz Picasso)를 비롯한 많은 예술가의 친구이자 영감이었던 장 콕토는 소설가이자 화가이며, 영화감독이기도 한 연극인이었고, 시인이었다. 예술의 모든 장르에서 두각을 나타낸 그는 우리에게 익숙한 오늘날의 칸영화제의 로고를 제작한 인물이기도 하다(그림 3의 좌). 장 콕토는 망통의 매력에 빠져 그의 작품과 흔적을 망통에 많이 남긴 것으로 유명한데, 망통 시청이 대표적이다(씨네21, 2003년 10월 10일 자). 망통 시청에는 장 콕토의 작품이 모여 있는데, 입구에서부터 벽화, 가구 등 많은 부분이 그의 작품으로 꾸며져 있다. 특히, 장 콕토가 설계한 망통 시청 안의 웨딩홀은 워낙 유명해

호모트래블쿠스의 지리답사기

그림 3. 망통 시청 웨딩홀 개관식 행사에서 서명을 남기는 장 콕토(좌), 장 콕토가 설계한 망통 시청 웨딩홀(우)
출처 장 콕토 박물관 사이트(좌), 망통 관광청 사이트(우)

서, 여기에서 결혼식을 올리고 싶어 하는 프랑스인들이 많다. 그런 의미에서 이곳은 장 콕토의 이름만큼이나 자국민에게 주목받는 명소이다(조선일보, 1994년 4월 18일 자; 매거진한경, 2006년 8월 30일 자)(그림 3의 우). 장 콕토 박물관(Musée Jean Cocteau)도 망통에 자리하고 있어 많은 관광객의 발길을 이끈다. 이러한 이유로 망통은 프랑스 정부가 공인한 '예술과 역사의 도시(Ville d'Art et d'Histoire)'로 널리 인정받고 있다(OECD 대한민국 대표부 홈페이지).

하지만 '예술과 역사의 도시'라는 말이 어쩌면 꽤 흔하고 익숙한 수식어로 여겨질지도 모르겠다. 그런 의미에서 '레몬의 도시', '노랑노랑한 도시'라고 한다면 어떨까? 제법 독특하지 않은가? 다채로운 문화의 흔적과 건축의 아름다움도 놓칠 수 없는 경관이지만, 망통을 이야기할 때 빼놓을 수 없는 것이 바로 '레몬 축제'이기 때문에 레몬의 도시라고 명명해 본다. 실제로 온통 노란 빛으로 수놓은 건물들 사이에서 상큼한 레몬의 내음이 배어 있는 가지각색의 제품을 판매하는 주민들의 모습은 망통의 또 다른 경관이자 일상이다. 그렇다면 망통은 어떤 계기로 레몬의 도시가 되었고, 또 레몬을 통해 지금의 장소성을 갖게 되었는지 한번 알아보자.

　　망통은 사시사철 온화한 지중해성 기후의 영향을 받는 지역이다. 일반적으로 지중해성 기후는 위도 30~40° 사이에 자리한 대륙 서안의 일부 국가들에 나타나는 기후대로, 1년 내내 온화한 기온이 큰 특징이다. 여름에는 아열대 고압대의 지배로 상당히 건조하고 겨울에는 편서풍대의 영향으로 습한 날씨를 보인다. 이는 여름철 장마로 습하고 더운 날씨가 익숙한 우리나라 국민에게는 매우 낯선 형태의 기후라고 할 수 있다.

　　지중해성 기후 지역에서는 한여름의 고온과 건조함을 견딜 수 있는 뿌리가 깊고 잎이 두꺼운 나무가 자라며, 포도, 오렌지, 레몬 등이 대표적인 식생이다. 망통 역시 지중해성 기후 지역으로 레몬 재배가 유명한 지역이다. 특이한 점은, 망통에서는 다른 레몬 재배지와는 달리 산턱에서 레몬을 재배한다는 것이다(그림 4의 좌). 레몬은 추위에 약해 주로 지대가 낮고 따뜻한 곳에서 재배가 이루어진다. 그런데도 망통의 레몬이 고지대의 산턱에서 재배되는 데에는 이유가 있다. 마주 보는 지중해가 따뜻하고 습한 바람으로 온기와 수분을 불어넣어 주고, 등지고 있는 산은 북쪽에서 내려오는 찬 기운을 막아주기 때문이다. 이와 같은 환경은 망통 레몬의 풍미를 더욱 살리는 요인이 되었고, 망통만의 고품질 레몬 재배에 큰 보탬이 되었다(KBS, 2020년 2월 22일 자).

　　망통 레몬의 맛은 강렬한 향과 풍부한 과즙, 그리고 높은 산도로 유명하다. 일반적인 레몬에 비해 좀 더 타원의 형태를 지니고 있고, 오돌토돌한 알갱이가 박혀 있는 쨍한 노란빛 껍질 역시 망통 레몬에서만 찾아볼 수 있는 특성이다(그림 4의 우). 다 익은 레몬은 오직 수작업으로 수확되고, 코팅 처리[1]와 같은 가공 과정 또한 전혀 거치지

---

1. 왁스 코팅은 주로 사과, 오렌지, 레몬 등의 과일에 이루어지고, 농약 처리 후 껍질 위에 왁스 처리를 하는 것

껍질
껍질에 식물 오일이 풍부해서, 향과 풍미를 더욱 살리는 효과가 있다.

표피
갓 수확 시에는 연한 노란색 혹은 초록빛의 노란색을 띠고, 다 익은 후에는 밝은 노란색을 띤다. 오돌토돌한 껍질 역시 망통레몬의 특징이다.

알베도
(감귤류의 껍질 안쪽의 흰 테두리)
망통 레몬의 알베도는 수확할 때쯤 상당한 두께를 자랑한다. 수확 후에는 점차 얇아지는 과정에서 레몬 과육의 즙을 증가시키는 역할을 한다.

레몬즙
맑은 액체로, 노란 빛이 도는 투명한 색을 띤다. 망통 레몬은 레몬 특유의 씁쓸한 맛이 나지 않으나, 산도가 강하고 풍미가 깊다.

그림 4. 레몬 묘목을 막 심은 망통의 계단식 밭(좌), 망통 레몬의 특성(우)
출처 망통 레몬 발전 협회 공식 인스타그램(좌), 망통 레몬 발전 협회 사이트 재구성(우)

않는다. 더군다나 망통의 레몬 생산자들은 지난 2004년 망통 레몬발전협회(APCM; Association pour la Promotion du Citron de Menton)를 설립해 오랜 기간 레몬의 높은 품질을 유지하면서 이를 더욱 향상하기 위해 꾸준히 노력해 왔다. 그 결과 2015년, 망통 레몬은 IGP(Indication Géographique Protégée) 등급을 획득하게 되었다. IGP 등급은 유럽연합에서 통용되는 프랑스의 지리적 표시제로, 생산부터 가공까지의 단계 중 최소 하나의 과정 이상이 해당 지역에서 이루어졌다는 점을 인증한다. 동시에 IGP 등급을 받은 생산물은 당해 품목의 우수성이 널리 알려져 있어야 하고, 품질등급이 최상이어야 하는 등의 엄격한 조건을 통과한 제품이어야 한다는 점에서 그 의미가 크다(이재영, 2007). 망통 레몬은 프랑스산 레몬 중에서 유일하게 IGP 등급을 받으며 그 가치를 더욱 인정받고 있다(프랑스 관광청 사이트).

을 의미한다. 이렇게 처리된 과일들은 보기에 반짝반짝 윤이 나 더욱 먹음직스럽게 보인다. 그러나 왁스에는 체내에 흡수되지 않는 성분이 포함되어 있어 설사나 복통을 유발할 수도 있으므로 왁스 코팅된 과일을 먹기 위해서는 충분히 세척 하여 코팅을 제거해야 한다(헬스조선, 2014년 10월 15일 자).

현재 망통에서 레몬이 가지는 지위와는 다르게, 뜻밖에도 레몬 축제의 첫 시작은 부흥하지 못한 '망통 카니발'에서였다. 천혜의 자연환경을 이용한 망통에서의 레몬 재배는 무려 15세기 초부터 시작되었는데, 레몬 생산의 황금기라 할 수 있는 1800년대에는 레몬 생산자 수가 무려 8만 명에 달할 정도였다. 그러나 1750년대부터 시작된 소빙기(Little Ice Age)[2] 현상으로 인해 전 세계가 강추위에 시달렸고, 프랑스 역시 예외는 아니었다(아시아경제, 2022년 3월 29일 자). 온화한 기후에서만 재배되는 레몬은 추위로 인해 재배되기 어려웠고, 결국 레몬 재배 산업은 쇠퇴하기 시작했다. 이에 레몬 재배 산업보다는 아름다운 바다 경관을 이용한 관광 산업이 발달하면서 레몬 재배지에는 호텔, 카지노 등의 관광시설이 들어서게 되었다. 관광 산업이 점차 자리를 잡으면서, 망통의 호텔 업주들은 비수기에도 관광객을 유치하기 위해 '망통 카니발'을 제안했다(프랑스 관광청 사이트). 그러나 이웃 도시에서 열리고 있던 '니스 카니발(Carnaval de Nice)'이 이미 140년이 넘는 역사를 자랑하는, 세계 3대 축제 중 하나였다. 매년 100만 명에 가까운 관광객이 이 축제를 보러 방문할 정도로 그 명성이 자자했기 때문에 망통 카니발은 차별성을 찾아야 했다(프랑스 관광청 사이트).

본래 카니발의 시작은 기독교의 절기인 사순절(Carême)로부터 비롯된다. 예수 부활 대축일 전 40일간의 사순절 기간에 프랑스인들은 회개의 시간을 가지며 금욕과 금식을 실천하였는데, 이 기간을 앞두고 그들은 미리 기름진 음식을 푸짐하게 먹으며 축제(카니발)를 즐기는 문화가 있었다(OECD 대한민국 대표부 홈페이지). 즉, 카니발이란 기독교 교리를 따르는 문화로 그 시기가 정해져 있는 것이다. 이러한 전통을 따라 니스

---

2. 소빙기는 1420~1850년 사이에 전 지구적으로 한랭했던 시기를 일컫는다. 고위도에서 남하하여 확장한 해빙과 빙하의 영향에 의해 지구의 평균기온이 하락했고, 유럽에서는 16세기 중반부터 150년 이상 동안 추위에 떨어야 했다. 소빙기 기후의 급격한 변동성까지 지속하여 흉작과 기근으로 이어졌으며, 영양실조와 인플루엔자의 유행까지 겹치며 유럽 사람들에게 고통을 안겨주었다(이준호·이상임, 2016).

호모트래블쿠스의 지리답사기

카니발도 망통 카니발도 사순절 기간을 앞둔 시기, 즉 같은 기간에 개최되었다. '이미 소문난 잔칫집'이었던 니스 카니발이 풍요롭고 화려한 먹거리와 볼거리를 선보였지만, 망통 카니발은 사실상 카니발이라는 정체성 외엔 별다른 특이점이 없었기에 별다른 주목을 받지 못했다. 많은 관광객이 니스 카니발로 발길을 돌렸고, 망통 카니발은 자연스레 외면받았다.

그러다 1928년, 당시 망통의 대표 호텔이었던 '리비에라 팔라스(Riviera Palace)' 호텔은 관광객을 이끌고자 화려하게 치장한 바구니에 꽃과 '감귤류'를 담아 꾸미는 전시회를 기획했다. 그런데 이 전시회는 예상 외로 많은 호응을 얻었고, 이를 놓치지 않은 망통시 정부와 주민들은 전시의 규모를 키우기 시작했다. 결정적으로, 레몬과 오렌지로 수놓은 퍼레이드 행렬이 큰 성공을 거두자 시 당국에서 기존의 카니발을 '망통 레몬 축제(Fête du Citron)'로 승격시켰다. 이렇게 망통 레몬 축제는 1934년, 그 시작을 알렸다(이가연, 2016).

새로운 망통 레몬 축제의 출범 이후, 시 정부는 가장 먼저 침체해 있던 레몬 재배 산업을 다시 일으키기 위해 노력하였다. 레몬 재배 농민들에게 재정적인 지원을 약속하고, 재배지를 보존했다. 또 재배 실험을 수행하는 등 레몬 재배 기술 개발에 대한 투자를 아끼지 않는 모습을 보이며 농민들을 레몬 재배지로 다시 불러 모았다(망통 레몬 발전 협회 사이트). 각고의 노력 끝에 현재 망통에서는 연 200t에 가까운 양의 레몬을 생산하고 있고, IGP 등급 선정으로 입증된 최고의 품질까지도 자랑하고 있는 상태다(프랑스 관광청 사이트). 이러한 이유로 망통의 레몬은 축제의 주인공을 넘어 망통 그 자체를 의미하는 상징물이 되었다.

단순한 축제의 특산품에서 망통의 얼굴이 되기까지, 그 과정에는 레몬 축제의 성공적인 독창성과 장소 마케팅 전략이 숨어 있다. 다음의 내용을 통해, 망통은 과연 100년 가까운 세월 동안 어떤 방식으로 레몬 축제를 이끌어왔는지 살펴보도록 하자.

약 3만 명이 거주하는 작은 도시 망통의 '노랑노랑'한 축제에 매년 30만 명 이상이 이곳에 방문하는 이유는, 망통 레몬 축제가 갖는 특징이 상당히 매력적이기 때문이다. 레몬 축제의 가장 큰 장점은 창의적이고 독특한 아이디어로 빚어낸 콘셉트(Concept)에 있다(이승권, 2007). 스토리텔링은 레몬 축제에서 가장 중요시되는 콘셉트이다. 친근하고도 흥미로운 축제가 되기 위해, 망통 레몬 축제는 전래동화 혹은 특정 지역 및 행사와 같은 '익숙한' 테마로 스토리텔링을 시작한다. 남녀노소 모두에게 환영받는 이야기에서 비롯된 친숙하고도 편안한 분위기는 가족 단위 관광객들의 발길을 이끈다(유지윤, 2013). 망통 레몬 축제에서는 이러한 콘셉트를 적용한 조형물과 프로그램을 선보이며 매년 성공적으로 축제를 개최하고 있다(표 1).

표 1. 망통 레몬 축제의 주제와 조형물

개최 연도	주제	조형물
2018	발리우드(Bollywood)	인도의 발리우드 영화 속 등장인물
2019	판타스틱 월드 (Des Mondes Fantastiques)	만화 캐릭터, 공룡 등의 환상 속 캐릭터
2020	세계의 축제 (Les Fêtes du Monde)	멕시코의 '망자의 날(El Día de Muertos)'과 같은 세계의 다양한 축제의 상징
2022	오페라와 춤 (Opéras et Danses)	전 세계적으로 유명한 오페라들의 등장인물

주: 2021년은 코로나19 사태로 인하여 축제가 한 해 쉬었다.
출처: 망통 레몬 축제 사이트

축제가 진행되는 17일간, 망통의 비오베 정원(Les Jardins Biovès)에서는 레몬과 오렌지로 만든 10개의 대형조형물이 매년 달라지는 테마에 맞게 전시된다. 주로 전 세계의 모든 사람에게 익숙한 캐릭터 및 이야기가 주인공이 되는데, 2004년의 '월트 디즈니 스튜디오(Walt Disney Studio)' 테마가 대표적인 사례이다. 모두에게 익숙한 동화 속 세상이 매년 망통에서 펼쳐지는 것이다. 또한, 축제 기간 중 망통을 방문하는 여행객들은 레몬과 오렌지로 이루어진 꿈과 환상의 나라를 경험하게 된다(이가연, 2016; 망통 레몬 축제 사이트). 그 속에서 관광객들은 망통 레몬 축제라는 세계관 일부가 되어 디즈니피케이션(Disneyfication)[3]의 마법 속으로 자연스럽게 빠져드는 것이다. 어른에게는 향수를, 어린이에게는 꿈을 선보이는 망통은 그 자체로 곧 환상의 공간이 된다. 그리고 이 공간에서의 아름다운 기억은 앞으로의 축제들에도 관광객을 불러 모으는 강력한 힘으로 작용하게 된다.

대형조형물의 볼거리 외에도 화려한 퍼레이드와 축제 내 다양한 운영 부스 역시도 눈길을 끄는 대목 중 하나인데, 레몬 축제의 꽃이라 불리는 '금빛 과일 행렬(Corsos Des Fruits d'Or)' 퍼레이드는 오렌지와 레몬으로 꾸며진 약 10대의 수레가 바닷가를 따라 행진하는 퍼포먼스이다. 화려한 의상을 입은 무용단이 함께 탑승하고, 곡을 연주하는 밴드가 함께 함으로써 오렌지와 레몬의 행진을 더욱 빛나게 한다(이승권, 2007). 저녁이 되면 아름다운 조명이 비오베 정원의 꽃들과 조형물을 빛내는데, 이러한 빛의 정원(Jardin des Lumières) 역시 빼놓을 수 없는 볼거리다(그림 5). 또 망통 주민들이 직접 제조한 조각품과 음식들을 파는 마켓이 한가득 펼쳐져 눈도 즐겁고, 입도 즐거운 축제를

---

3. 디즈니피케이션이란, 허구로 조성된 환상의 또 다른 세상과 경관에 흡수되어 나이, 직위, 성별 등을 뒤로하고 순간적으로 동심으로 돌아가게 되는 현상을 의미한다. 상업적으로 모든 것이 나열된 공간 속에서 현실을 망각하고 꿈의 공간 속으로 빠져들어 가는 것으로 설명할 수 있다. 이 단어가 파생된 디즈니랜드와 같은 테마파크 공간들이 대표적인 디즈니피케이션 공간의 예시가 된다(정은혜·손유찬, 2018).

그림 5. 망통 레몬 축제의 퍼레이드 장면(좌), 대형조형물의 모습(우)
출처 망통 관광청 사이트

즐길 수 있다.

매년 망통에서 축제에 들이는 막대한 노력과 투자는 망통 레몬 축제를 유럽의 대표적인 축제 반열에 오르게 한 가장 중요한 요소이다. 대형조형물이 메인 테마가 되어 축제를 이끌어 가는 만큼 망통 레몬 축제는 타 축제와 비교해 준비작업 기간이 긴 편이다(고두갑 외, 2016). 축제가 끝나면, 자체적으로 해당 축제를 평가하고 바로 다음 축제의 주제를 결정하여 곧바로 준비 과정에 돌입한다. 동시에 레몬 재배 농가와 정원사, 디자이너, 금속 틀 공예가 등 내년 축제 준비에 필요한 각 분야의 전문가들이 사전 준비작업에 착수한다. 축제 5개월 전부터는 본격적인 준비작업에 들어가는데, 단 17일간의 축제를 위해 준비작업에 소요하는 노동 시간이 무려 20,000시간에 육박한다니, 실로 놀랍기만 하다!

한편, 조형물의 제작과 정원의 장식에는 총 130t에 달하는 레몬과 오렌지가 사용된다(그림 6의 좌). 축제 기간 중 망가지거나 상하는 과일은 모두 계속해서 교체되는데, 하루에 교체되는 양만 무려 4~5t에 가깝다고 한다(고두갑 외, 2016). 하지만 이렇게

호모트래블쿠스의 지리답사기

그림 6. 대형조형물 제작에 쓰인 레몬들(좌), 지역 상인이 판매하는 수제 레몬 잼(우)
출처 프랑스 문화부 사이트(좌), 코트다쥐르 관광청 사이트(우)

130t에 달하는 과일들이 전시에만 사용된다는 것이 아깝다는 생각이 들지 않는가? 다행히도 그 걱정은 접어두어도 좋다! 이 축제에 사용되는 어마어마한 양의 레몬을 어떻게 처리할 것인지에 대해 망통시는 이미 오랜 시간 동안 고민해 왔기 때문이다. 그렇다면 어떻게 효과적으로 레몬을 처리하는 것일까? 첫째, 전시와 조형물 등에 사용되었던 레몬은 신속하게 해체하여 축제가 끝난 다음에만 상태가 좋은 과일들에 한해 일부 판매한다. 둘째, 겉모습이 너무 망가진 레몬들은 가공식품 공장에 보내져 훗날 잼, 시럽과 같은 맛있는 식품으로 새롭게 태어나도록 하고 있다(그림 6의 우). 마지막으로, 먹을 수 없는 상한 레몬들에 대해서는 훗날 자라게 될 레몬을 위한 거름으로 쓰이도록 하고 있는데, 망통 레몬은 친환경적인 농법으로 재배되기 때문에 이렇게 하는 데에 큰 문제점이 없다(홍지연, 2007). 어떠한가? 이처럼 효율적이고도 친환경적인 망통만의 마무리 방식이 감탄을 자아내지 않는가?

　망통 레몬 축제가 더욱 돋보이고 특별한 이유는, 무엇보다 레몬과 오렌지를 판매하는 것이 목적이 아니라는 점 때문이다. 흔히 특산품을 내건 축제들의 경우 해당 특산품을 알리는 것이 축제의 목표가 되고, 그 상품을 판매하여 경제적인 이익을 얻는 것이 일반적이다. 그러나 망통 레몬 축제는 축제 기간 내에 공식적으로 레몬과 오렌지를 판매하지 않는다는 점에 매력이 있다. 망통 레몬 축제가 추구하는 것은 특산물의 판매를 통한 수익이 아닌, '레몬 축제' 그 자체이다. 즉, 상품을 판매하는 것이 아니라 축제로서 그 장소와 경험을 판매하는 점은 망통 레몬 축제가 가지는 차별성이다. 사실상 레몬을 따로 판매하지 않더라도 망통 관광국이 망통 레몬 축제와 관련된 관람료 및 입장료로 3주간 벌어들이는 수익이 무려 15억 원이고, 망통 레몬 축제로 인해 부수적으로 발생하는 기타 관광 수익 역시 큰 규모로 파악되기 때문에 시 정부는 레몬을 판매해야 할 필요성을 굳이 느끼지 않는다(홍지연, 2007).

어디 그뿐인가? '레몬의 도시'가 되기 위한 망통의 노력은 단순히 망통을 노란색으로 표현하는 것에 그치지 않는다. 다소 지나치기 쉬운 사소한 부분에서도 확인할 수 있는데, 도시의 로고를 한번 살펴보자. 도시의 첫인상이자 공적인 서류에 모두 표기되는 망통시의 로고에는 레몬이 포함된 것을 확인할 수 있다(그림 7의 좌). 또 망통 레몬 축제의 홍보 마스코트인 레몬 캐릭터 '존 레몬(John Lemon)'은 전 세계 사람들이 사랑하는 밴드 비틀스(The Beatles)의 멤버였던 존 레논(John Lennon)의 이름을 떠올리게 한다(그림 7의 우). 존 레몬은 그 이름에 걸맞게 모든 세대의 관광객들에게 친근하고 환영받는 상징으로 활약하고 있는데, 축제 기간이 아닐 때도 길거리를 활보하며 온라인상(SNS 등)으로 꾸준히 망통시를 홍보하고 있다. 이처럼 망통을 유쾌하게 알리는 레몬 캐릭터를 통해 관광객들은 자연스럽게 망통과 레몬의 깊은 관계를 인식하고 있다(망통 레몬 축제 사이트).

비록 축제는 1년에 단 한 번뿐이지만, 레몬의 내음은 1년 내내 망통 전체를 포근하게 감싼다. 노란빛의 망통 거리 속에서, 늘 판매되고 있는 마을 주민들의 레몬 관련 상품들은 망통을 완성하는 경관이다. "Menton : Ma Ville est un Jardin(망통, 나의 마을

호모트래블쿠스의 지리답사기

그림 7. 망통의 레몬과 노란 풍경을 상징하는 로고가 새겨진 망통시 로고(좌상)와 망통 관광청 로고(좌하), 망통 레몬 축제의 마스코트 '존 레몬'이 망통의 마을을 거니는 모습(우)
출처 망통시 사이트 재구성(좌상), 망통 관광청 사이트 재구성(좌하), 망통시 공식 인스타그램(우)

은 정원이다)"라는 망통의 공식 표어에서는, 언제나 아름다운 레몬의 공간이 된 도시의 정체성과 자부심을 엿볼 수 있다.

_ 틀을 벗어난 끝없는 발돋움, 망통이 가르쳐주는 지혜와 용기

'틀'을 벗어나는 일은 매우 어려운 일이다. 가장 일반적인 것이 모두가 원하는 모습이기도 하고, 이를 벗어나 또 다른 세상을 창조하는 것 자체가 큰 용기가 있어야 하는 일이기 때문이다. 망통이 '레몬을 판매하는' 도시가 아닌 '레몬' 그 자체가 되기로 한 것 역시 틀을 넘어선 발상에서 시작되었다. 레몬을 판매하는 것을 과감하게 지양하고, 대신 망통이라는 공간과 그 속에서의 경험을 상품화하는 당찬 도전은 가히 놀랍다. 이 아이디어를 성공의 궤도에 올리기까지 망통시 정부와 주민들이 자신들의 고장

을 위해 얼마나 큰 노력을 들였는지 짐작할 수 있는 부분이다.

남부 프랑스에는 외적인 아름다움을 지닌 도시들이 많이 있지만, 그중에서도 망통이 단연 돋보이는 이유는 아마도 '레몬'이라는 망통만의 고유한 스토리텔링과 그 경관 속에 숨겨진 주민들의 진심 때문일 것이다. 레몬 축제는 1년에 단 한 번만 개최되지만, 꼭 그 기간이 아니더라도 망통이 품고 있는 레몬의 상큼한 향기, '노랑노랑'한 풍경을 듬뿍 느껴보기를 권한다(그림 8).

그림 8. 망통의 아름다운 마을 곳곳의 전경

호모트래블쿠스의 지리답사기

![참고문헌]

—

- 고두갑·곽수경·장훈, 2016, 『지역축제의 경제적 효과 및 지역경제 활성화 방안 -서남권 대표 축제를 중심으로』, 한국은행 목포본부.
- 이가연, 2016, "스토리텔링을 활용한 성공적 축제 사례 연구 -프랑스 망통 레몬 축제(Menton Lemon Festival)을 중심으로-," 유럽문화예술학논집, 13, 27~46.
- 이승권, 2007, "축제성(festivité)과 지역축제: 프랑스 망통 레몬축제와 보성 다향제를 중심으로," 한국프랑스학논집, 57, 363~384.
- 이준호·이상임, 2016, "중세 말에서 근대까지 유럽에서 범죄발생의 기후적 배경: '부랑자법과 교정'을 중심으로," 교정담론, 10(3), 237~263.
- 이재영, 2007, "프랑스의 AOC와 IGP 제도 연구," EU연구, 20, 123-137.
- 유지윤, 2013, 『올해의 관광도시 지정방안 연구』, 한국문화관광연구원.
- 정은혜·손유찬, 2018, 『지리학자의 국토읽기』, 푸른길.
- 홍지연, 2007, 『지방도시 축제, 세계를 향해 쏘다: 세계 지방도시 축제의 10대 성공포인트』, 한국무역협회 국제무역연구원.

—

- 매거진한경, 2006년 8월 30일, "천재 예술가 장 콕토 자취 묻어난 레몬축제의 도시."
- 매일경제, 2008년 5월 16일, "유럽 귀족 문화의 중심지 꼬뜨다쥐르."
- 씨네21, 2003년 10월 10일, "영상시인 장 콕토 Jean Cocteau(1889~1963)."
- 아시아경제, 2022년 3월 29일, "[金요일에 보는 경제사] 강추위가 프랑스대혁명 일으켰다? '한파경제학'."
- 조선일보, 1994년 4월 18일, "프랑스, 결혼식은 시청−성당에서/외국의 경우 1(결혼문화 14)."
- 중앙일보, 2022년 5월 29일, "기생충 이어 3년 만에 칸영화제 2관왕…한국 영화 저력 보였다."
- 헬스조선, 2014년 10월 15일, "과일 光내는 왁스(유동파라핀), 복통·설사 유발."

- KBS, 2020년 2월 22일, "걸어서 세계 속으로: 레몬과 오렌지 향기 가득한 망통 레몬 축제."
- KBS, 2022년 9월 13일, "'오징어 게임' 美 에미상 감독상·남우주연상 수상…비영어권 최초."

- 망통 관광청 사이트(Menton Riviera Merveilles), https://www.menton-riviera-merveilles.fr
- 망통 레몬 발전 협회 공식 인스타그램(Le Citron De Menton Officiel), https://instagram.com/citron_de_menton
- 망통 레몬 발전 협회 사이트(Association pour la Promotion du Citron de Menton), https://www.lecitrondementon.org
- 망통 레몬 축제 사이트(Féte du Citron Menton), https://www.fete-du-citron.com
- 망통시 공식 인스타그램(Compte officiel de la Ville de Menton), https://instagram.com/villedementon
- 망통시 사이트(Ville de Menton), https://www.menton.fr
- 장 콕토 박물관 사이트(Musée Jean Cocteau), http://www.museecocteaumenton.fr
- 코트다쥐르 관광청 사이트(Côte d'Azur France Tourism Board), https://cotedazurfrance.fr/en
- 프랑스 관광청 사이트(Atout France), https://kr.france.fr/ko
- 프랑스 문화부 사이트(Ministère de la Culture), https://culture.gouv/fr
- 프로방스-알프-코트다쥐르 관광청 사이트(Comité Régional de Tourisme Provence-Alpes-Côte d'Azur), https://provence-alpes-cotedazur.com/en
- OECD 대한민국 대표부 홈페이지, https://overseas.mofa.go.kr/oecd-ko/index.do

얼음 위를 걸으며 만나는 한탄강의 절경,
강원 '철원'

#한탄강 #화산지형 #축제 #트레킹

_ 분단의 아픔이 있는 곳, 철원

우리나라에서 추운 지역을 손꼽으라면, 우리나라 북단에 위치하는 철원을 빼놓을 수 없다(그림 1의 좌). 철원은 현대의 기상관측이 시작된 이래로, 전국에서 2번째로 가장 낮은 일 최저기온(2001년 1월 16일 -29.2℃)을 기록한 적이 있다(기상자료개방포털). 또한, 2011년 겨울(2010년 12월 ~ 2011년 2월)에는 우리나라에서 가장 추운 지역 중 하나인 대관령보다 영하 10℃ 이하인 날이 이틀 더 지속한 적도 있었다. 이처럼 철원은 영하 15℃ 이하인 날이 다른 지역에 비해 훨씬 잦아, 겨울철의 추위를 대표하는 지역으로 알려져 있다(이승호·장지원, 2014).

한편, 남북한 접경지역인 철원은 한국전쟁 당시 치열한 전투가 일어났던 곳이기도 하다. 그중 철원에서 벌어졌던 '백마고지 전투'는 한국전쟁 동안 단일 전투 중 가장 많

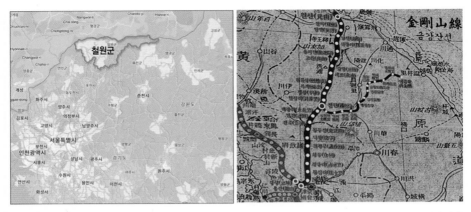

그림 1. 철원의 위치(좌), 철원 역사문화공원에 배치된 '조선선략도(朝鮮線略圖)' 일부에서 나타나는 경원선과 금강산선(우)

출처(우) 철원 역사문화공원에서 촬영

은 포탄을 소비한 전투로 기록될 만큼 최대 격전지 중 하나였다. 철원평야를 한눈에 볼 수 있는 백마고지를 차지하기 위해 1952년 10월 6일부터 15일까지 열흘간 26만 발 이상의 수많은 폭탄이 떨어졌고 총 17,000여 명의 사상자가 발생했다(연합뉴스, 2020년 6월 17일 자). 이처럼 철원이 치열한 전투를 겪은 것은 인근의 평강(현재는 북한 지역), 김화(1963년에 군사분계선 이남의 지역은 철원군으로 편입, 이북 지역은 현재 북한 김화군)와 함께 전략적 요충지인 '철의 삼각지대' 중 하나였기 때문이다. 즉, 일제강점기에 건설된 경원선(서울과 원산을 잇는 철도)과 5번 국도(한반도를 남북으로 횡단하는 도로)가 지나가기 때문에, 철의 삼각지대를 통해 중부 전선 지대의 병력과 군수물자를 수송할 수 있었다(그림 1의 우). 그래서 철원에서 국군과 중공군 간의 치열한 전투가 빈번하게 일어났었다(한국민족문화대백과사전 사이트).

우리 국민이라면 대부분 알고 있듯, 1953년 7월 27일은 약 3년간 이어져 왔던 한민족 간의 전쟁이 멈춘 날이다. 이때 정전협정을 체결하면서, 남한과 북한의 경계가 기

　　　　　　　　　　　　　호모트래블쿠스의 지리답사기

존의 북위 38도 선이 아닌 새로운 군사경계선으로 정해졌다. 이에 따라 철원은 북한에서 남한으로 편입되었다. 이러한 역사적 배경으로 인해, 광복 이후부터 잠시 동안 공산주의의 지배를 경험했던 철원에는 북한 공산당의 흔적이 남아 있는데 노동당사와 승일교가 대표적인 건축물이다(그림 2). 철원 구(舊) 시가지 지역 중심에 있는 노동당사는 철원과 그 인근의 김화·평강·포천 일대의 주민을 통제하고 공산주의를 강화할 목적으로, 광복 직후인 1946년에 북한 노동당에 의해 건설되었다. 한국전쟁 때 내부가 파괴되어 현재는 콘크리트로 구성된 외관만 남아 있지만, 외관만으로도 당시 공산당의 위신을 강조했다는 것을 살펴볼 수 있다. 일례로, 그리스·로마 시대 건축물처럼 아치와 기둥을 이용하여 수직성과 대칭성을 강조하고, 건물을 언덕 위에 배치해 사람들이 고개를 들어 우러러볼 수 있도록 하는 등 여러 가지 방법으로 공산당의 권위를 표현하고자 했다(국가문화유산포털; 철원군 홈페이지). 또 다른 독특한 건축물인 승일교는 자세히 보면 다리의 중심에서 각 양 끝으로 갈 때 아치의 크기나 모양이 다르게 나타나는 것을 볼 수 있다. 예를 들어 다리의 가운데 지점을 기준으로 한쪽은 아치의 모양이 둥근 원형이지만 다른 한쪽은 둥근 사각형으로 구성되어 있는데, 이는 각각 절반을 남북이 따로 만들었기 때문이다. 승일교가 1948년에 지어질 당시에는 북한 정권하에서 소련의 공법으로 지어지다가 한국전쟁으로 공사가 중단되었다. 전쟁 이후 철원이 남한에 속하게 되면서, 1958년에 미군의 공법으로 나머지 부분이 완공되었다. 그래서인지 승일교라는 이름이 당시 남북한의 각 통치자(이승만과 김일성)의 이름에서 한 글자씩 따왔다는 이야기가 있다(국가문화유산포털).[1]

---

1. 하지만 승일교는 한국전쟁 당시 한탄강에서 전사한 박승일 대령을 기리기 위해 그의 이름에서 따왔다고 하는 설도 전해진다. 문화재청(2013)에 따르면 1985년 10월 1일 국군의 날에 박승일 대령을 기념하는 기념비가 승일교 옆에 세워졌으므로, 승일교는 박승일 대령의 이름에서 유래된 것으로 보는 편이 좀 더 타당할 것이다.

그림 2. 언덕 위에 지어진 노동당사(좌)와 한탄강을 건널 수 있는 승일교(우)

철원에는 노동당사, 승일교 외에도 분단의 아픔을 간직하고 있는 유산이 많이 남아 있다. 북한의 원산 지역으로 철도가 이어져 있지만 이제 더는 운영하지 않는 경원선의 월정리역, 북한군이 대규모의 군수물자 및 인력을 나르기 위해 만든 제2땅굴, 한국전쟁의 격전지였던 백마고지, 화살머리고지, 아이스크림고지 등이 그것이다. 이 모든 장소는 철원평야와 이 평야 위를 흐르는 한탄강 위에 고스란히 남아 있다. 그래서일까? 계곡이 깊고 여울이 커서 '큰 여울'이라는 뜻을 가진 한탄강(漢灘江)을 '(한국전쟁 피난민 혹은 국군의) 한이 서려 있는 강(恨歎江)'으로 인식할 정도로 철원의 깊고도 슬픈 역사를 담고 있다. 때로는 한국전쟁보다 이전인 태봉(후고구려)의 왕인 궁예가 한탄했다는 이야기, 험난한 지형으로 인해 한탄강의 풍부한 물을 농업용수로 쓸 수가 없어 농부들이 한탄했다는 이야기도 전해 내려올 정도로 한탄강은 철원의 역사와 깊게 연관되어 있다(김추윤, 2005). 비록 한탄강은 이름과 관련하여 전해오는 여러 이야기처럼 아픈 상처를 간직한 곳이지만, 오늘날에는 방문객의 심신을 치유해주는 공간으로서 새로운 이야기를 써 내려가고 있다. 더 이상 현대인들에게 한탄강은 '한(恨)'이 서려 있는 곳이 아닌, 협곡을 따라 빠른 물길을 즐기는 래프팅(Rafting) 활동과 겨울철 꽁

호모트래블쿠스의 지리답사기

꽁 언 한탄강 위를 직접 걸어 다니는 트레킹(Trekking)을 통해 매력적인 자연경관 속에서 지친 몸과 마음을 치유하러 가는 여행지로서 변모하고 있다. 적어도 50만 년이라는 오랜 세월에 걸쳐 형성되어 현재까지도 심금을 울릴 정도로 아름답고 독특한 자연경관을 지닌 한탄강은, 이름에 관한 이야기에서부터 느낄 수 있듯이 과거부터 현재까지 철원 주민들의 삶과 밀접하게 연관되어 왔다. 한탄강에서 어떤 매력적인 경관과 역사를 마주하게 될까? 힐링을 느끼러 한탄강으로 떠나가 보자!

_ 철원평야에 흐르는 한탄강, 철원의 발자취를 그대로 담다

한탄강은 임진강의 가장 큰 지류로, 장암산(북한의 평강 근처)에서부터 철원, 포천, 연천에 걸쳐 흐르는 하천이다(그림 3의 좌). 학창 시절에 교과서를 통해 한 번쯤 들어봤을 정도로 한탄강이 유명한 데에는 다음의 이유가 있다. 첫째, 용암이 흐르면서 땅을 메꿔 형성된 '용암대지'라는 화산지형이 한탄강 유역에서 나타난다는 점이다(그림 3의 우). 용암으로 인해 넓고 평평한 지형이 형성되었고, 이 철원평야를 관통하여 한탄강이 흐르고 있다. 둘째로, 한탄강과 그 일대에는 역사적으로 가치가 뛰어난 장소와 유적이 많이 남아 있다는 점이다. 이곳은 전곡리 선사유적지, 영송리 선사유적지, 차탄리 고인돌, 고구려 때 축조된 은대리성, 궁예가 세운 태봉국(후고구려)의 성곽 등의 고고학 유적지를 비롯해 백마고지, 노동당사와 같은 현대사의 흔적까지 모두 고이 간직하고 있다. 이러한 지질학적 및 역사 문화적 가치들을 인정받아, 한탄강 국가지질공원은 국내의 제주도, 청송, 무등산권에 이어 2020년에 네 번째로 유네스코 세계지질공원으로 등재되었다(서울신문, 2020년 7월 8일 자). 특히 화산지형이 하천 주위에 나타난 경우가 매우 드문 데다가, 규모가 있는 하천과 화산지형이 상호작용하여 발달

그림 3. 한탄강과 철원 주변 지도(좌), 높은 곳에서 바라본 철원평야(우)

한 지형이 전 세계적으로 거의 없다는 희소성이 높게 평가되었다(한국자연유산연구소, 2018). 그렇다면 세계적으로도 손꼽히는 지질학적, 지형학적 가치를 지니는 한탄강과 철원평야는 어떻게 형성된 걸까?

  현재 우리가 보는 한탄강과 철원평야의 시작은 신생대 제4기(지질 시대 중 신생대의 가장 마지막 시기) 화산활동에서 비롯된다(그림 4). 아주 먼 과거에, 이 지역에서는 대교천(현재 한탄강의 지류)과 유사한 유로를 지닌 옛 하천이 중생대 화강암으로 구성된 골짜기에 흐르고 있었다. 지금으로부터 약 54만 년 전, 화산활동이 나타나기 시작했고 12만 년 전까지 대규모 화산활동이 3번 정도 발생하였다(한탄강지질공원 홈페이지). 화산활동 초기에는 서울에서 원산을 잇는 골짜기(추가령 구조곡)를 따라 지각의 틈새에서 현무암질 용암이 분출되었다.[2] 화산활동이 끝날 무렵에 이르러서는 북

---

2. 추가령 구조곡은 서울 노원구에서 의정부, 동두천, 연천, 철원을 지나 북한의 원산을 직선으로 잇는 약 160km 길이의 골짜기로, 지구조 운동으로 형성되어 직선상으로 좁고 길게 발달된 골짜기가 연속적으로 나

호모트래블쿠스의 지리답사기

한 평강 지역(현 한탄강 상류지역)에서 부분적으로 중심분출이 일어나 소규모 화산체(오리산과 680m 고지)를 형성하였다. 세 차례에 걸친 대규모 화산활동으로 점성이 작고 유동성이 큰 현무암질 용암이 대량으로 분출되었고, 상대적으로 고도가 낮은 한탄강의 옛 수로를 따라 골짜기와 낮은 평야 지대를 메우면서 주로 남쪽으로 흘러나갔다. 오리산으로부터 약 95km에 떨어진 파주의 율곡리에서도 용암의 흔적이 발견되었을 정도로 상당히 먼 거리를 퍼져나갔다(이민부 외, 2004). 특히, 평강과 철원 사이에 깊이 20~30m의 매우 큰 용암호가 형성되었고, 이 용암호가 서서히 굳으면서 면적 650km²의 용암대지가 되었다. 이 용암대지가 오늘날의 철원평야이다.

한편, 680m 고지 및 오리산에서 대규모로 분출된 현무암질 용암은 초기의 철원 용암대지 일부분을 다시 덮었다. 이에 따라 옛 한탄강의 수로가 가로막혔고, 이후 상대적으로 고도가 낮은 지역에서 물에 의한 침식이 활발히 이루어지면서 오늘날의 한탄강으로 새롭게 탄생하였다(원종관 외, 2010). 특히, 용암대지는 가운데가 볼록한 모양을 지녀, 고도가 낮은 가장자리로 물이 모여 흘렀다. 이로 인해 용암대지의 현무암과 옛 기반암인 화강암 사이의 경계부에 수로가 발달하여, 오늘날의 한탄강은 과거의 유로보다 동쪽으로 치우쳐지게 된다. 여기서 강수량이 풍부한 우리나라 기후가 한탄강이 진정한 '강'으로 탄생하고 거듭나는 데에 큰 역할을 하였음을 알 수 있다(한국자연유사연구소, 2018). 게다가, 과거의 계곡이 용암으로 덮이게 되면서 하천의 해수면 고도가 높아졌고, 덩달아 몇 차례에 걸친 분출로 상류 구간이 하류 구간에 비교해 상대적으로 용암층이 두꺼워지면서 하천의 경사가 급해지게 되었다. 이로 인해 한탄강에 의한 침식은 하천의 양안보다는 주로 하천의 바닥으로 작용하여, 골이 깊은 협곡을 생성

타난다는 특징이 있다(이민부·이광률, 2016). 지표의 갈라진 틈에서 마그마가 분출되는 화산 분출양식을 열하분출(裂罅噴出, fissure eruption)이라 한다(한탄강지질공원 홈페이지).

하였다(이의한, 2015).

　한탄강은 형성된 지 얼마 되지 않은 젊은 하천이기 때문에 하방침식이 우세한 데다가, 물의 침식을 주로 받는 현무암층은 틈새(절리)를 따라 큰 덩어리 채로 떨어져 나가기 때문에 침식의 효과가 상당히 컸다. 이러한 이유로 한탄강과 철원 용암대지가 형성될 때 과거(용암으로 덮이기 이전)의 지형 기복에 따라 쌓인 용암층 두께와 침식이 얼마나 진행되었는가에 따라 다채로운 지형과 지질 경관이 나타나게 되었다(권홍진 외, 2021). 구체적으로 한탄강의 계곡은 지형과 지질에 따라 크게 5가지로 구분된다. ① 계곡의 바닥과 양쪽 벽이 모두 현무암인 경우, ② 계곡의 양쪽 벽만 현무암인 경우, ③ 계곡의 한쪽 벽만 현무암인 경우, ④ 계곡의 바닥과 양쪽 벽에 현무암이 없고 모두 과거의 기반암(화강암, 변성암 등)인 경우, ⑤ 계곡의 양쪽 상부는 현무암이고 계곡의 바닥이 현무암과 기반암 둘 다 있는 경우이다. 예를 들어, 계곡이 모두 현무암으로 구성된 지점은 용암이 덮이기 전에 지형이 낮았던 곳으로, 이후에 용암이 두껍게 쌓여 침식을 받더라도 현무암이 수직 절벽과 협곡의 상태로 남은 것을 의미한다. 대조적으로 현재 현무암을 보기 어려운 계곡은 과거에 기반암의 지형이 높았던 곳으로, 용암이 얇게 쌓여 이미 침식으로 인해 기반암이 노출된 상태이다. 이렇게 다양한 한탄강의 모습은 용암대지가 하천에 의해 깎이는 역사의 한 장면을 직접 보는 듯하다.

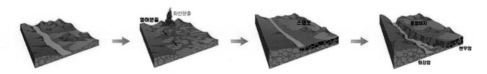

그림 4. 한탄강과 철원평야의 형성과정[3]
출처 한탄강지질공원 홈페이지

---

3. 세 번째의 그림에서 스텝보(steptoe)는 용암대지가 형성되는 과정에서 기존의 산지가 용암에 완전히 매몰되

　　　　　　　　　　　　　　　호모트래블쿠스의 지리답사기

앞서 언급했듯이, 현무암 위에 하천이 형성되는 것은 매우 희소한 경우이다. 일반적으로 구멍이 송송 난 현무암은 투수성이 높고 절리가 발달하여 있어 배수가 잘되기 때문에, 하천의 형성에 어려움을 주기 때문이다(김남주 외, 2019). 그렇지만 한탄강은 현무암층 아래에 옛 하천의 퇴적층(특히 화강암)이 존재하여 비가 충분히 지표면 위로 고일 수 있어서 하천으로 발달할 수 있었다. 이렇게 지형, 토양, 지질, 기후 등 자연지리적 요소를 종합해 유일무이한 경관을 갖춘 한탄강은 '국내 유일의 현무암 침식 하천'이라는 명성을 얻으며 높은 평가를 받고 있다. 또한, 한탄강과 그 지류들에 의한 퇴적물이 용암대지 위에 쌓였기 때문에, 철원에서는 물을 확보할 수만 있다면 벼농사가 어느 정도 가능했다(김종욱, 2019). 이러한 특성으로, 한탄강과 비슷한 시기에 형성된 철원평야(용암대지)는 강원도의 대표적인 곡창지대로서 철원의 대표적인 특산품인 '오대쌀'을 생산하여 지역주민들의 경제 활동을 책임지고 있다(정해용, 2021).

현재는 풍부한 한탄강의 물과 비옥한 철원평야의 토양으로 인해 현재 철원에서의 농업은 주민의 주된 경제 활동이 되었지만, 사실 철원에서 농업이 본격적으로 발달하기 시작한 것은 비교적 얼마 되지 않는다. 물이 풍부한 강과 넓은 평야(철원 용암대지)가 존재하여 농사에 적합한 자연환경을 갖추었음에도, 한탄강 일대의 지형은 농사를 위한 물을 구하기 어려운 형태였기 때문이다. 즉, 한탄강이 만들어낸 높이 20~30m의 가파른 계곡 절벽으로 인해 한탄강으로부터 물을 끌어오는 데에 어려움이 있었고, 그런 이유로 그나마 물을 쉽게 구할 수 있는 구릉 기슭 근처에서만 농사지을 수 있었다(정해용, 2021). 이러한 이유로, 철원에서 농사가 본격적으로 발전하기 시작된 시기는 관개(灌漑) 기술이 발달한 근대부터이다. 구한말 이후에 들어서서야 저수지를 비롯한 근대적인 관개시설이 마련되면서, 철원평야가 주목받기 시작했다. 산지가 많은 한반

지 않고 섬처럼 도출된 채 남겨진 지형을 말한다(한탄강지질공원 홈페이지).

도에서 찾아보기 드문 평야인 데다가, 국토의 정중앙에 위치하여 교통의 요지가 될 수 있는 지리적 이점이 있다는 점도 한몫했다. 실제로 철원을 지나는 경원선(1914년 개통), 금강산선(1924년 개통), 5번 국도 등 교통 기반 시설이 건설되면서, 철원평야와 한반도 북부지역에서 생산한 물자가 수도권으로 활발히 운반되었다. 이를 기반으로 수도 서울과 한반도 북부지역 간의 연결통로로서 춘천, 강릉 다음으로 크게 성장한 도시가 된다(권홍진 외, 2021; 정해용, 2021).

그러나 분단과 한국전쟁을 겪으면서 철원은 북한과 맞닿아 있는 접경지역이 되었고, 군사적으로 중요한 지역이다 보니 경제와 문화를 포함한 도시의 발전이 전반적으로 정체될 수밖에 없었다(신애경·이혁진, 2021). 분단 이전인 1930년대 당시 인구가 약 8만 명이었던 것에 비해, 불과 80여 년이 지난 현재는 이보다 훨씬 적은 4만 6천여 명이라는 점에서 단적으로 알 수 있다(정해용, 2019). 하지만 전화위복(轉禍爲福)이라는 격언처럼, 철원에서의 개발 제약은 천혜의 자연경관이 보존되는 데 일조하였다. 현재 철원에서는 지금까지 잘 보존되어 온 자연환경과 평화의 소중함을 더욱 많은 국민에게 알리고자, 군과 협력을 통해 민간인 통제구역을 일부 완화하고 이와 관련한 여러 관광 프로그램을 진행하고 있다. 예를 들어, 민간인 통제구역 내 '샘통'은 약 15℃의 수온을 유지하는 물이 일 년 내내 마르지 않고 솟는 샘으로, 겨울에 얼지 않고 주변의 논에서 먹이를 쉽게 구할 수 있어 많은 철새가 찾아오는 보금자리이다.[4] 샘통 일대에서 월동을 지내러 온 다양한 철새를 철원에서 운영하는 'DMZ두루미탐조관광'을 통해서 눈으로 직접 관찰하는 특별한 경험을 얻을 수 있다(철원군 홈페이지). 또한, 한탄강

---

4. 철원군 철원읍 내포리 일대에 위치한 샘통은 현무암층과 현무암층 사이 혹은 기반암과 현무암 사이의 층에서 흐르는 지하수가 지표 밖으로 나오는 용출수 지역이다. 철원 용암대지가 형성된 후, 용암이 생기면서 수직 혹은 수평 방향의 틈이 생겼고, 이 틈을 따라 지하로 내려가던 물이 기반암에 의해 가로막히면서 더 이상 지하로 배수되지 못하고 솟아 나오게 된다(원종관 외, 2010).

호모트래블쿠스의 지리답사기

과 같은 독특한 자연유산과 노동당사, 제2땅굴과 같은 아픈 역사의 유산이 남겨져 있어 평화의 소중함과 생태환경을 배우고 체험할 수 있는 관광도 활발히 진행되고 있다. 그중 철원이라는 공간을 세계자연유산인 '한탄강'이 있는 지역으로 이미지를 굳히는 지역축제가 있다. 바로 겨울철 한탄강에서 열리는 '한탄강 얼음 트레킹' 축제이다.

_ 한탄강에서 힐링을 제대로 즐기자! 철원 한탄강 얼음 트레킹 축제

북한 평강에서 발원하여 장장 136km의 거리를 흐르는 한탄강은 철원, 포천, 연천에 자리한 현무암 용암층 위를 지나간다. 이로 인해 현무암 침식 계곡으로서 독특하고 매력적인 경관을 보이는 한탄강은 철원, 포천, 연천, 이 세 지역에서 열리는 지역축제의 관광 자원이다. 대표적으로 포천은 한탄강의 주상절리 협곡을 배경으로 하는 EDM(Electronic Dance Music) 음악 축제인 '한탄강 지오페스티벌'을, 연천은 한탄강 주변의 전곡리 구석기 유적지를 중심으로 구석기 및 선사시대의 문화를 체험할 수 있는 '연천구석기축제'를 연다(한탄강지질공원 홈페이지). 하지만 포천은 예술공연, 연천은 전곡리 선사 유적을 중심으로 한 구석기 문화 체험을 주제로 하고 있으므로, 한탄강은 축제의 중심이 아닌 배경으로 이용되는 실태이다. 그러나 이와 달리 '철원 한탄강 얼음 트레킹'은 한탄강 자체가 축제의 중심이다. 축제는 한탄강의 기암절벽과 기암괴석 등을 가까이에서 제대로 만지고 구경할 수 있도록 기획되었기 때문이다.

'철원 한탄강 얼음 트레킹'은 겨울철에 고기잡이를 즐기던 주민들이 꽁꽁 언 한탄강을 건너던 것이 산악동호인들의 겨울철 탐방코스로 입소문을 타기 시작하면서 새로운 관광 자원으로서 2013년에 개발되었다(박창연·신창열, 2019). 매년 가장 추울 때인 1월 중순마다 '동지섣달 꽃 본 듯이'라는 주제로 열리는 한탄강 얼음 트레킹 축제는,

이 주제대로 얼어 있는 한탄강 위를 걸으면서 기이한 암석과 아름다운 겨울 풍경을 구경할 수 있다. 강 위를 걸어다닐 수 있는 것은 추운 겨울철 기후, 상대적으로 적은 유량과 폭이 좁은 상류지역이라는 철원만의 지리적 특징 덕분이다. 축제가 열 때쯤 한탄강 협곡 아래는 세찬 바람으로 인해 영하 20℃까지 내려가는 경우가 많고, 이로 인해 강이 일반적으로 40~50cm 두께로 두껍게 얼어 직접 그 위를 걸어 다닐 수 있는 특징이 있다(김영규, 2018a). 물론 얼음 트레킹 축제에서는 두께가 15cm 이상인 경우에만 얼음길을 직접 걸을 수 있고, 유속이 빨라 얼음이 잘 얼지 않는 구간에는 부교를 설치하여 안전하게 트레킹을 이어갈 수 있도록 하고 있다(KBS NEWS, 2022년 2월 1일 자). 한탄강은 깊은 협곡으로 구성되어 있어, 한탄강의 풍경을 제대로 즐기려면 협곡 아래로 내려가야 한다. 이러한 점에서 한탄강 얼음 트레킹은 희귀하고 차별화된 자연자원을 체험할 수 있고, 국내에서 단 하나뿐인 겨울 트레킹 축제라는 점이 높게 평가되어 '2022 대한민국축제콘텐츠'에서는 대상을 수상하였다(철원군 홈페이지). 한탄강에서 물 위를 직접 걸을 수 있는 구간은 태봉대교부터 순담계곡까지 약 8km에 달하는 '한탄강 물윗길' 코스로, 최근에는 강 위에 설치한 부교를 연장하여 겨울철이 아닌 가을철과 봄철에도 트레킹을 즐길 수 있도록 갖추고 있다(그림 5). 하지만, 두껍게 언 강 위를 직접 걷는 특별한 기회는 오직 한탄강 얼음 트레킹 축제가 열릴 때 뿐에만 얻을 수 있으니 이 점을 기억해두면 좋겠다. 그렇다면 우리도 한탄강을 따라가며 수려한 자연을 힘껏 만끽해보자.

얼음 트레킹에 참가하기 위해 철원에 도착하면, 추위의 고장 철원에 온 것을 다시 한번 일깨워주는 매서운 바람이 반겨온다. 온몸을 장갑, 목도리, 모자로 단단히 둘러싸고 아이젠(Eisen, 얼음 위에서 미끄러지지 않게 등산화에 붙이는 도구)을 착용한 후에 태봉대교부터 천천히 얼음 위에 꽂힌 깃발을 따라 걸어가 보자. 얼어붙은 강 위를 상류에서부터 하류 방향으로 천천히 걷다 보면, 가장 먼저 구멍이 송송 뚫린 현무암과 함

호모트래블쿠스의 지리답사기

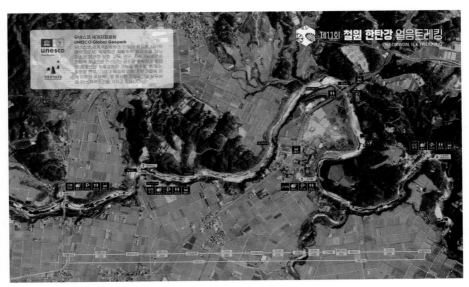

그림 5. 철원 한탄강 얼음 트레킹 코스
출처 철원문화재단 홈페이지

께 벌집 모양의 단면을 지닌 기둥이 양옆의 벽으로 나열된 채로 우리를 반긴다(그림 6). 이 육각형 모양의 현무암 기둥은 대표적인 화산지형 중 하나인 주상절리다. 주상절리는 용암이 식으면서 부피가 수축하여 형성된다. 용암이 흐르는 동안 주변의 차가운 공기와 직접 맞닿은 용암의 겉면은 불규칙적으로 굳지만, 용암의 내부는 서서히 굳어간다. 이때 내부에서는 모든 부분이 균일하게 식기 때문에 모든 방향에서 중심점을 향해 수축한다. 즉, 수축이 동일한 방향으로 나타나기 때문에 결과적으로 원에 가까운 육각형 모양으로 줄어들게 되고 이에 따라 육각형의 규칙적인 균열이 생긴다. 시간이 흘러 내부의 더 깊숙한 곳까지 냉각되면서 균열이 더 깊어진다. 이후 물에 의해 굳은 용암의 표면이 깎여 용암의 내부가 바깥세상으로 드러나면서 육각형의 기둥인 주상절리가 온전히 등장하게 된다(한탄강지질공원 홈페이지). 이러한 원리로 한탄강 주변

그림 6. 하천의 바닥과 양 벽이 현무암 주상절리로 구성된 직탕폭포(좌), 송대소의 거대한 현무암 수직 절벽(우)

에는 주상절리가 나타난다. 특히, 직탕폭포에서는 시원한 물소리를 내뿜는 폭포와 함께 주상절리가 하천 바닥과 양 벽에 나타나는 것을 볼 수 있다.[5] 직탕폭포에서 남쪽으로 이동하면, 송대소가 나타난다. 물이 깊은 소(沼)라는 의미를 지닌 송대소에서는 30m 높이의 거대한 현무암 주상절리 절벽 등 하천과 용암이 합작한 이색적이고 독특한 경관을 볼 수 있어 저절로 감탄사가 나온다.

송대소에서 승일교를 지나 하류 방향으로 걷다 보면 높이 약 15m의 거대한 화강암 바위가 홀로 툭 튀어나와 있어 눈길을 이끈다(그림 7의 좌). 이 바위는 '외로운 바위'라는 뜻의 '고석(孤石)'이라 불리고, 그 인근의 정자는 '고석정'이라 한다. 얼어붙은 강 위를 조심스럽게 걸어서 고석 인근으로 다가가 하천에 쌓인 모래사장을 보면 밝은색을 가진 모래와 검고 어두운 돌이 나타난다. 더 자세히 들여다보면, 모래는 기반암인 화강암이 풍화되어 남은 광물인 석영이고, 여기에 대비되는 어두운색의 돌은 구멍이 송

---

5. 직탕폭포는 얼음 트레킹 코스에 포함되어 있지 않으나, 얼음 트레킹 시작점인 태봉대교 인근에 있어 얼음 트레킹 축제와 함께 한탄강의 아름다운 경관을 즐겨 볼 수 있는 볼거리이다.

호모트래블쿠스의 지리답사기

그림 7. 고석정 인근 현무암 절벽과 퇴적된 현무암(좌), 고석과 화강암 절벽으로 구성된 아름다운 풍경(우)

송 뚫린 현무암이라는 것을 알 수 있다. 고석정 부근에는 송대소처럼 현무암 절벽이 뚜렷하게 보이지 않지만, 하천 절벽에 곳곳에 쌓여있는 현무암 돌무더기를 종종 발견할 수 있다. 이 현무암은 어디에서 온 걸까?

한탄강 주변에는 현무암이 많이 분포하여 어느 현무암 바위에서 나와 쌓인 돌인지 눈으로 봐서는 정확히 출처를 알기가 어렵다. 고석정보다 상류에 자리한 송대소 현무암 절벽에서 떨어져나와 강물에 의해 흘러온 것일 수 있다. 하지만 고석정 가까이에도 현무암 절벽이 존재하기 때문에, 어쩌면 여기서 나온 현무암일지도 모른다. 식생에 가려서 잘 보이진 않지만, 고석정이 있는 절벽의 상부는 현무암으로 구성되어 있고 대조적으로 고석을 비롯하여 고석정 반대편 절벽은 화강암 바위이다(그림 7의 우). 이 화강암은 한탄강과 철원 용암대지가 만들어지기 이전의 기반암인데, 화강암 위를 용암이 얇게 덮어 형성되었던 현무암층이 강물에 의해 점차 깎여 이 화강암 바위가 지표면에 드러난 것이다(한탄강지질공원 홈페이지). 계곡의 벽이 현무암과 화강암이라는 서로 색상이 대비되는 암석으로 이루어져 더 뚜렷한 차이를 보이는 경관을 보여준다. 고석정 가까이에는 용암에 의해 형성된 현무암 용암대지와 가파른 수직의 현무암 절벽이 함께 나타나는 한편, 맞은편에는 화강암으로 구성된 절벽이 상대적으로 오랜 시간 동안 풍화되어 완만한 경사로 나타나 비대칭적인 모습을 보인다(김주환, 1997). 이러한 지질적, 지형적 특징으로 고석정 부근은 아름다운 풍경을 자랑한다. 겨울철임에도 불구하고 유려하게 흐르는 강물과 이곳을 든든하게 감싸는 높은 절벽, 튀어나온 거대한 화강암 바위와 그 위의 소나무가 있는 경관은 자연의 웅장함과 아름다움 속에서 힐링을 느끼게 해준다. 이러한 감정은 과거의 사람들도 비슷하게 느꼈던 것 같다. 신라 시대 때 진평왕이 철원 지역을 순회하다가 이곳에 들려 누각(고석정)을 짓고 풍경을 즐겼다고 전해지니 말이다.

얼음 트레킹 코스의 마지막 도착지인 순담계곡 방향으로 내려오면, 점차 하천의 폭은 넓어지고 유량이 많아진다(그림 8). 유속이 빨라 강이 잘 얼지 않는 고석정 구간에서부터는 안전을 고려하여 설치된 부교 위를 걷게 한다. 또한, 지금까지 보였던 어두운색의 현무암보다는 밝은색을 지닌 화강암이 더욱 눈에 띈다. 이곳의 화강암은 현무암처럼 구멍이 뚫린 듯한 기이하고 신기한 모양을 가지고 있다. 이러한 기암괴석이 많은 것은 화강암이 물에 의한 침식작용을 받았기 때문이다. 예를 들어, 바위의 모서리가 둥근 것은 하천의 흐름에 의해 뾰족했던 모서리가 마모된 것이다. 또한, 군데군데 하천의 바닥에 구멍이 뚫린 자국(포트홀, Pothole)이 나타나는 것을 볼 수 있는데, 이 자국들은 하천에 의해 운반된 작은 돌이 기반암의 작은 틈새로 들어가 둥글게 회전하면서 깎아서 파인 자국을 만든 것이다. 이와 매우 유사하게 풍화로 형성되는 풍화혈이라는 지형도 있다. 물에 의해 바위의 광물이 화학적 작용으로 녹거나 분해되는 '화학적 풍화'와, 물이 암석의 틈새(절리)에 스며들어 얼고 해동되기를 반복하며 틈새를 점점 벌리거나(동결–융해작용), 압력의 감소로 지표면의 노출된 암석이 팽창하면서 암석이 깨지는 '물리적 풍화'가 함께 복합적으로 작용하여 형성된다. 포트홀과 비슷한 모양을 가지기 때문에, 하천 근처에서 생기는 포트홀과 풍화혈은 바로 구분하기가 어려운 경

그림 8. 고석정과 순담계곡 사이 구간에서 발견한 기암괴석

우가 종종 있다고 한다(권동희, 2020). 이러한 물의 침식을 받아 독특하게 생긴 바위는 관광 자원으로 활용될 가능성이 크다. 이곳 고석의 뒤편에 형성된 풍화혈은 조선 명조 때 의적으로 알려진 임꺽정이 관군의 추적을 피해 숨은 곳이라는 전설이 있는 유명 관광지라는 점은 하나의 예일 것이다(권홍진 외, 2021). 이렇게 기이하고 기묘한 바위들에 이름을 하나씩 붙이고 바위 위에 조그마한 돌들을 올려 탑을 쌓으면서 지나가다 보면, 어느새 마지막 코스인 순담계곡에 도착한다.

　　순담계곡에 도착하면, 지금껏 걸어오면서 조금씩이라도 보였던 현무암이 거의 발견되지 않고 밝은색의 화강암이 주로 보인다. 이는 한탄강이 주로 현무암 용암대지와 과거의 하천이 있었던 화강암 사이를 지나가며 형성되었지만, 순담계곡은 드물게도 순수한 화강암 지대를 하천이 통과하여 형성되었기 때문이다(이의한, 2015). 또한, 한탄강의 지류인 대교천과의 합류지이고 하천의 폭이 넓어, 추운 겨울철인데도 불구하고 상당히 많은 양의 물이 빠르게 흐르는 것도 관찰할 수 있다(그림 9의 좌). 이러한 특징으로 인해 '철원 한탄강 DMZ 전국래프팅 대회'가 이곳에서 개최될 정도로 여름철에는 래프팅으로 주목받는 곳이다(그림 9의 우). 순담계곡을 비롯하여 철원의 한탄강

그림 9. 철원 얼음 트레킹의 종착지인 순담계곡(좌), 순담계곡의 사변에서 본 경관(우)

은 여름철에 깊고 구불구불한 협곡을 빠른 유속으로 즐길 수 있다는 점에서 래프팅을 비롯한 여름철 관광이 주된 곳이었다. 하지만, 최근에는 얼음 트레킹 축제를 통해 겨울철의 관광지로도 재발견되면서 매력적인 경관을 여유롭게 누릴 수 있게 되었다.

8km의 긴 트레킹을 마치고 난 후에는 축제에서 제공하는 셔틀버스를 타고 주 행사장이 있는 승일교 부근(태봉대교와 순담계곡의 중간지점)으로 이동할 수 있다. 주 행사장에서는 먹거리와 대형 눈 조각, 얼음정원 등 다양한 볼거리 및 썰매, 빙판 놀이터 등 체험 행사가 이루어진다(그림 10). 거기에 철원의 특산품인 오대쌀로 빚은 막걸리와 함께 따뜻한 음식을 먹으면 얼어붙은 몸이 사르르 녹으면서 진정한 힐링을 느낄 수 있다. 주 행사장에는 이렇게 지역 특산품을 홍보하거나 판매하기도 하는데, 중앙에는 눈에 띌 정도로 큰 규모의 눈 조각이 자리 잡고 있어 자연스럽게 철원의 긍정적 이미지를 떠오르도록 유도한다. 2019년에 방문했을 때에는 황금 돼지띠의 해여서 황금색 선글라스를 낀 돼지 눈 조각상이 있었고, 또한 철원의 공식 캐릭터인 철루미 눈 조각상을 내세워 철원이 대표적인 두루미의 도래지임을 다시금 각인시켜주었다(그림 10의 하).

철원 한탄강 얼음 트레킹 축제를 통해 관광객들은 태봉대교부터 순담계곡까지의

호모트래블쿠스의 지리답사기

그림 10. 승일교 부근 주 행사장의 먹거리 부스(좌상), 먹거리 부스에서 파는 지역 상품인 오대쌀 막걸리(우상),
황금돼지해를 맞이하여 조각된 돼지 조형물 (좌하) 과 철원의 공식 캐릭터인 철루미의 대형 눈 조각상(우하)

아름다운 한탄강의 겨울철 절경을 구경하면서 재미와 즐거움을 느낄 수 있다. 특히
얼어붙은 강 위를 걷는 것은 기억에 남을 만한 이색적인 체험이다. 15cm 이상 두껍
게 얼어 있는 강을 직접 걷는다는 것은 쉽게 경험하기 어려운데, 강 양옆의 거대한 절
벽을 마주하고 강가에 높인 여러 가지 기암괴석들을 눈앞에서 보고 만지고 있노라면
자연의 위대함이 느껴진다. 이러한 경험은 철원 한탄강 얼음 트레킹 축제에 대한 이
미지를 관광객들에게 강하게 심어주고, 철원의 대표적인 브랜드로 인식하도록 만든

다. 즉, 관광객들은 얼음 트레킹 활동에서 겪은 오락적, 심미적 체험을 통해 철원 한탄강 얼음 트레킹 축제의 브랜드 가치를 높게 평가하고 있고, 이로 인해 높게 생성된 지역 브랜드의 가치는 관광객의 유입과 지역경제 활성화에 이바지하고 있다(박창연·신창열, 2019). 실제로 2019년 철원 한탄강 얼음 트레킹 축제에서는, 해당 축제에 참여한 관광객의 총 지출액은 투입예산(약 5.5억 원) 대비 약 15배에 해당하는 81억 6,564만 원이었고, 이에 따라 경제적 파급효과가 상당히 발생한 것으로 추정된다(신창열, 2019). 이처럼 얼음 트레킹이라는 이색적인 축제는 관광객들에게 긍정적인 감정을 유발해 한탄강을 아름다운 비경이 있는 힐링의 공간으로 인지하도록 만들고 있으며, 지역주민들에게는 지역의 대표적인 관광 자원으로서 경제 활동의 또 다른 동력원이 되고 있으며 새로운 역사를 써나가고 있다.

_ 철원, 힐링과 평화의 역사를 이어나가기를!

철원 한탄강 얼음 트레킹은 독특하고 아름다운 풍경을 이색적인 활동으로 즐길 수 있다는 점에서 끊임없이 관광객을 끌어모으고 있다. 2020년에는 따뜻한 겨울로 얼음이 얼지 않았는데도 불구하고 무려 30만 명이 축제장을 찾아와 한탄강의 수려한 풍경을 즐기고 갔다(연합뉴스, 2020년 1월 27일 자). 과거에 철원 일대가 민간인이 함부로 출입하기 어려운 곳이었다는 것을 생각해보면, 현재 한탄강이 즐겁고 포근한 추억을 쌓을 수 있는 곳으로 변모한 것은 60여 년간 이어져 온 평화 덕분인 것을 문득 깨닫게 된다. 철원을 오가는 도중에 보이는 군부대 차량, 그리고 얼음 트레킹 축제에서도 간간이 보이는 군인과 같이 다른 지역과는 차별화된 경관을 통해서 철원이 북한과 맞닿아 있는 최전방 지역인 것이 다시금 떠올려진다(그림 10의 좌상). 철원 주민들의 증언에 의하면, 철원은 한국전쟁 초부터 전초기지로서 주목받아 전쟁이 발발한 지 한 달도 안 되어서 폭격으로 인해 대부분의 시가지와 가옥이 파괴된 적이 있다고 한다(김영규, 2018b). 그래서일까? 치열한 전투가 벌어졌던 철원의 옛 시가지에 남은 노동당사의 콘크리트 외관은 참혹하고 쓸쓸한 철원의 역사를 대변하는 듯하다. 실제로, 당시 철원의 주민들은 이 폭격을 피하려고 아이들의 놀이터이기도 했던 한탄강의 천연동굴(굴바위라 부른다)에 숨어 있었다고 증언하였다(김영규, 2018a).

이처럼 철원은 여전히 분단의 상처가 남아 있고 군사적 긴장감이 높은 지역이다. 그렇지만, 한탄강 얼음 트레킹을 통해 이색적인 자연경관을 감상하다 보면 그 긴장감을 잠시나마 잊게 된다. 여기서 다 소개하지는 못했지만, 한탄강의 지류로서 천연기념물로 지정된 현무암 협곡인 '대교천', 100평이 넘는 넓고 평평한 화강암 바위인 '마당바위'와 한반도 모양의 지형 등 한탄강을 따라 협곡 사이를 걷다 보면 돌과 바위, 그리고 푸르고 투명한 색의 강물로 그려진 수려한 광경에 감탄이 절로 나온다. 한탄강 외에도, 철원에는 한 폭의 그림 같은 아름다운 풍경을 볼 수 있는 곳이 많다. 여름철에 소이산 전망대에 올라가 보면, 철원평야 위에 녹색 빛의 논이 지평선 위로 펼쳐진다. 겨울철의 철원평야는 두루미 수백 마리가 평화롭게 먹이를 먹고 쉬는 모습이 나타난다. 그런 의미에서 철원에서 만나는 고요하고 평화로운 풍경은 마치 최전방이라는 긴장감 속에서도 철원에 사는 사람과 생물이 평화와 힐링의 역사를 써나가는 것만 같다. 한탄강과 철원이 보여주는 평화롭고 고요한 분위기에 얼음 트레킹을 즐기러 온 관광객들은 한탄강의 비경 속에서 마음의 평안을 더 잘 느끼는 듯하다. 힐링과 평화의 길을 걷고 있는 철원! 추운 겨울에 집 밖으로 나와서 철원으로 얼음 트레킹을 즐겨보는 건 어떨까? 우리나라에서 가장 추운 곳, 북한과 맞닿은 최전방지역, 그리고 천혜의 자연경관인 한탄강이 있는 곳이라는 철원의 독특한 장소성과 함께 평화의 소중함 또한 느끼는 이색적인 힐링 여행이 될 것이다.

참고문헌

• 권동희, 2020, 『한국의 지형(개정판 2판)』, 한울아카데미.

• 권홍진·정병호·안락규·이문원, 2021, 『한탄강 세계지질공원으로 떠나는 여행』, 동아시아.

• 김남주·유영권·전병추·김대성, 2019, "제주도 투수성지형의 형태별 분류 및 오염 취약성 평가 기법 제안," 지질학회지, 55(2), 247~256.

• 김영규, 2018a, 『철원 한탄강 스토리텔링』, 철원군.

• 김영규, 2018b, 『38선과 휴전선 사이: 철원주민 20인의 구술사』, 진인진.

• 김종욱, 2019, 『지형학의 기초』, 서울대학교출판문화원.

• 김주환, 1997, "직탕폭포와 고석정 주변의 지형," 한국사진지리학회지, 5, 45~62.

• 김추윤, 2005, "한탄강 유역의 자연경관에 대한 사진지리학적 접근," 한국사진지리학회지, 15(2), 1~26.

• 문화재청, 2013, 『강원군 문화유산과 그 삶의 이야기』, 문화재청.

• 박창연·신창열, 2019, "체험경제이론에 따른 축제체험, 브랜드가치 및 행동의도 간 구조관계 연구: 한탄강 얼음 트레킹 축제를 중심으로," 관광레저연구, 31(6), 207~224.

• 신애경·이혁진, 2022, "접경지역의 안보관광의 개발 방향에 관한 연구: 인천 강화군, 경기 파주시, 강원 철원, 양구, 고성군을 중심으로," 한국사진지리학회지, 32(1), 84~95.

• 신창열, 2019, "지역축제 개최로 인한 지역경제 파급효과에 관한 연구: 2019 철원 한탄강 얼음 트레킹을 중심으로," MICE 관광연구, 19(2), 199~218.

• 원종관·이문원·진명식·최무장·정병호, 2010, 『한탄강 지질 탐사 일지』, 지성사.

• 이민부·이광률, 2016, "추가령 구조곡의 지역 지형 연구," 대한지리학회지, 51(4), 473~390.

• 이민부·이광률·김남신, 2004, "추가령 열곡의 철원–평강 용암대지 형성에 따른 하계망 혼란과 재편성," 대한지리학회지, 39(6), 833~844.

• 이승호·장지원, 2014, "기압배치형별 중부지방의 1월 최저기온 분포에 관한 연구: 철원의 최저기온을 중심으로," 대한지리학회지, 49(1), 32~44.

- 이의한, 2015, "철원의 야외답사 코스 개발: 지오파크를 중심으로," 한국지형학회지, 22(3), 87~98.
- 정해용, 2019, "지역원형 복원을 통한 지역발전 방안에 관한 연구," 한국사진지리학회지 29(1), 125~134.
- 정해용, 2021, "접경지역 발전을 위한 국가중요농업유산 도입 연구: 강원도 철원군을 사례로," 한국사진지리학회지, 31(3), 69~80.
- 한국자연유사연구소, 2018, 『한탄강지질공원: 세계지질공원 신청서』, 한탄강지질공원.

—

- 서울신문, 2020년 7월 8일, "'한탄강' 유네스코 '세계지질공원' 지정."
- 연합뉴스, 2020년 1월 27일, "철원 한탄강 얼음 트레킹 폐막…30만 명 찾아 축제 '만끽'."
- 연합뉴스, 2020년 6월 17일, "[6.25전쟁 70년] 최대 격전지 '백마고지'서 생환한 노병의 증언."
- KBS NEWS, 2022년 2월 1일, "철원 한탄강 얼음 트레킹 인기…유네스코도 인정한 주상절리의 비경."

—

- 국가문화유산포털, http://www.heritage.go.kr
- 기상자료개방포털, https://data.kma.go.kr
- 철원군 홈페이지, https://www.cwg.go.kr
- 철원문화재단 홈페이지, https://www.cwgfestival.com/hantangang2022
- 한국민족문화대백과사전 사이트, http://encykorea.aks.ac.kr
- 한탄강지질공원 홈페이지, https://www.hantangeopark.kr

통일 한국의 중심,
경기 '연천'

||||||||||||||||||||||||||||||||||||||||||||||||||||||||||||||||||||||||||||

#DMZ #분단 #역사 #생태관광 #축제

_ 경기도 최북단, 한반도의 중심 연천

　분단된 대한민국, 남한의 면적중심점은 충북 옥천군 청성면 장연리다. 좀 더 정확한 주소인 '장연리 산 86-1'에 가 보면 '남한 면적중심 마을'이라는 비석과 함께 '배꼽 마을'이라는 표지석이 세워져 있다(연합뉴스, 2021년 10월 27일 자). 그렇다면 통일된 대한민국의 중심은 어디일까? 바로 경기도 최북단에 자리한 연천이다. 섬을 제외한 한반도 육지의 중심점이 바로 연천 전곡읍 마포리에 있는데, 측량과 지도 제작의 기준이 되는 '중부원점'이 바로 여기에 자리하고 있다. 정확하게는 북위 38도선과 동경 127도선이 만나는 지점이 중부원점이다(연합뉴스, 2020년 4월 12일 자). 제2차 세계대전 종전 후 미국과 소련(현, 러시아)이 한반도를 분할점령하기 위해 임의로 그어놓은 군사분계선인 38도선상에 중부원점이 위치한 것이다. 이후 한국전쟁이 발발하고 휴전협정이

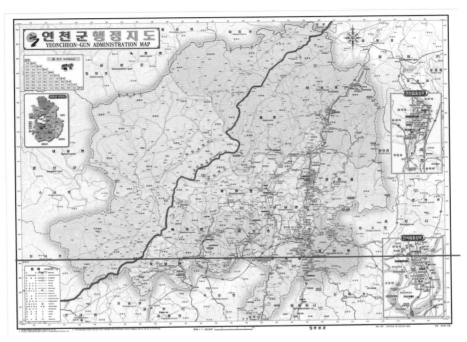

그림 1. 군사분계선과 38선이 지나는 연천군
출처 연천군청 홈페이지

체결되면서 남한과 북한의 군사분계선이 38도선 근처에 만들어졌고, 이로 인해 현재까지도 군사분계선을 '38선'이라고 부르기도 한다. 한반도의 중심에 자리한 연천은 이 38도선과 군사분계선이 모두 통과하는 지역이다(그림 1).

　말 그대로 연천은 남북분단의 상징인 셈인데, 특히 왕징면의 경우 전체면적 중 군사분계선 이북 지역이 군사분계선 이남 지역보다 넓다. 연천은 이러한 이유로 전 지역이 군사 보호구역으로 지정되어 있어 건물을 짓거나 농지를 개간할 때 관할 군부대의 협조를 구해야 하는 지리적 특수성을 지닌다(연천군청 홈페이지).

　하지만 연천이 남북분단만을 상징하지는 않는다. 예로, 중부원점 근처에는 '한반

그림 2. 한반도통일미래센터 내 38선과 베를린장벽
출처 한반도통일미래센터 홈페이지

도통일미래센터'가 건립되어 2014년부터 약 19만 명의 초중고 학생들이 이곳에서 숙
박하며 통일에 대해 다양한 활동을 체험하고 있다(한반도통일미래센터 홈페이지). 한반
도통일미래센터 안에 조성된 공원에는 38도선이 지나가는 자리를 표시해 둔 표지판
과 함께 독일인 엘마 프로스트(Elmar Frost)가 기증한 베를린장벽도 함께 서 있다(그림
2). 동독과 서독의 분리된 상황을 상징하던 베를린장벽이 독일 주민들에 의해 무너져,
이제는 한국의 남북분단 정중앙에 설치된 것이다. 장벽을 기증할 때 엘마 프로스트는
"장벽을 기증하는 이유는 단 한 가지로, 통일이라는 이상과 꿈을 버리지 않게끔 하려
는 것"이라 했는데, 그의 말처럼 베를린장벽은 남북분단의 현장에서 우리에게 '통일'
이 마냥 불가능한 일이 아님을 계속 상기시켜주고 있다(연합뉴스, 2016년 10월 4일 자).
　이처럼 경기도 최북단, 군사 보호구역에 자리한 연천군은 서울특별시보다 조금 큰
676.32km^{2}의 면적을 가지고 있지만, 인구는 경기도 내 기초자치단체 중 가장 적어
2023년 2월 기준으로 41,830명만이 연천에 거주해 수도권 지역 중에서 인구밀도가
가장 낮다(통계청 홈페이지). 적은 인구와 더불어 연천 내 많은 지역에 군부대가 주둔해

호모트래블쿠스의 지리답사기

있어 각종 규제로 인해 개발이 이루어지기 힘들었지만, 오히려 이러한 점 때문에 연천은 지질학적·생태학적으로 잘 보존된 경관과 함께 고고학적으로 매우 의미 있는 유물들을 발굴할 수 있었다. 또한, 통일·안보 관광이 주목을 받으면서 수도권에서 비교적 가까운 연천을 상대적으로 쉽게 방문할 수 있고, 다수의 통일·안보 관광 자원을 지니고 있어 이색 관광지로 주목을 받고 있다.

_ 주한미군이 우연히 발견한 전곡리 주먹도끼

연천은 경기도 파주시, 양주시, 동두천시, 강원도 철원군과 접해 있지만, 대다수 인구가 동두천과 인접한 전곡읍에 거주하고 있어 동두천과 생활권이 많이 겹친다(이상대 외, 2022). 실제로 연천은 동두천과 같은 국회의원 선거구로 묶여 있을 정도로 생활권이 거의 일치한다. 동두천 또한 연천과 더불어 북한과 인접한 지역이기에 과거부터 많은 군부대가 주둔해 있는데, 특히 연천과 인접한 동두천 북부지역에는 크고 작은 미군기지들이 들어서 있다. 이곳에 자리한 미군 부대 중 오래된 곳은 한국전쟁 직후에 만들어진 부대도 있는데, 이 부대 중 한 곳에 그렉 보웬(Greg L. Bowen)이라는 미 공군하사가 기상관측병으로 복무했었다. 캘리포니아 빅터밸리대학교에서 고고학을 전공한 보웬은 1978년, 우연히 동두천 주둔 군부대 가수이던 한국인 애인과 함께 연천에 있는 한탄강 유원지를 산책하다가 아주 특이한 모양의 돌을 발견하게 되는데, 이 발견으로 인해 '연천 전곡리 유적지'가 수 만 년의 깊은 잠에서 깨어나게 된다(국립중앙박물관 홈페이지)(그림 3).

그는 우연히 발견한 아주 특이한 모양의 돌이 주먹도끼임을 직감하고 정확한 발견 지점 등을 보고서로 작성해 당시 세계적인 선사고고학 전문가였던 프랑스의 프랑수

전곡리의 주먹도끼
Handaxe

그림 3. 그렉 보웬(좌)과 전곡리에서 출토된 주먹도끼(우)
출처 전곡선사박물관 홈페이지

와 보르도(Francis Bordes) 교수에게 전달한다. 보르도 교수는 당시 서울대학교 고고학과 교수이자 박물관장이던 김원룡 교수를 소개해줬는데, 보웬은 여주의 한 발굴현장에 있던 김원룡 교수를 찾아가 주먹도끼 발견 소식을 직접 전달하였다. 이후 주먹도끼는 프랑스에서 석기를 전공한 영남대학교 정영화 교수에 의해 아슐리안(Acheulean)[1]형 주먹도끼로 국내 학계에 최초로 보고되었다(유용욱 외, 2022). 보웬의 발견으로부터 얼마 지나지 않은 1979년 3월 첫 발굴이 시작되었으며, 역사적인 중요성을 인정받아 발굴현장(약 80만m^2) 일대가 같은 해 국가 사적 268호로 지정되었다. 이후 2022년까지 40년이 넘게 20회 이상의 발굴조사가 진행되었고 주먹도끼, 사냥돌, 주먹찌르개, 긁개, 홈날, 찌르개 등 약 8,500점의 석기가 연천 전곡리 유적에서 출토되었다(우리역사넷 홈페이지; 전곡선사박물관 홈페이지).

보웬의 주먹도끼 발견은 비단 연천 전곡리 유적을 세상에 드러낸 것만이 아닌 그

---

1. 아슐리안은 프랑스 생아슐(St.Acheul) 지방에서 최초로 확인된 석기공작(石器工作)이다. 타원형 또는 삼각형 모양으로 양쪽 면 모두를 고르게 가공한 것이 특징이다(전곡선사박물관 홈페이지).

이상의 가치가 있다. 전곡리 주먹도끼 발굴 전까지는 인도를 기준으로 동아시아에 비교적 정교한 가공이 필요한 아슐리안형 주먹도끼가 없고 단순한 찍개만이 존재한다는 모비우스(Movius) 학설이 정설로 받아들여지고 있었기 때문이다. 하지만 동아시아 끝자락인 한반도 전곡리에서 아슐리안형 주먹도끼가 출토되면서 기존의 학설을 완전히 뒤집으며 고고학과 역사학의 오류를 바로잡을 수 있었다(김민주, 2022).

_ 유적을 보존하고 지역도 살린, 연천 전곡리 구석기 축제

연천 전곡리 유적은 비교적 부지가 넓고, 연천 안에서도 많은 사람이 모여 사는 전곡리에 자리하고 있다. 이러한 점들을 고려한다면, 이 지역에서 유적이 문화재로 수용될 때 많은 어려움이 있었을 듯하지만 의외로 비교적 수월하게 문화재로 받아들여졌다. 그 이유는 유적지가 문화재로 지정될 당시였던 1979년만 하더라도 권위주의적인 중앙정부의 문화재 지정을 지역사회가 거부한다는 것이 사실상 불가능했고, 설령 누군가 불만이 있다 하더라도 이를 대변해 중앙정부와 논의해 줄 수 있는 주체가 존재하지 않았기 때문이다. 또한, 연천이 최전방에 자리하고 있어 개발에 대한 압력이 높지 않았고 같은 이유로 토지 가격이 매우 낮아 토지 소유자들의 불만이 다른 지역에 비해 상대적으로 덜했던 것도 하나의 이유였다. 여기에 고고학계가 적극적으로 대응하면서 다행히도 문화재의 훼손을 막아낼 수 있었다(김병섭, 2013).

한편, 지역주민이나 일반 시민들에게 연천 전곡리 유적의 존재는 크지 않았다. 그런 의미에서 여전히 지역주민들은 연천의 노른자 땅이었던 전곡리 초입에 자리한 유적지를 오히려 지역개발의 걸림돌이나 장애 요인으로 생각했다(그림 4). 그렇다고 이 구석기 유적을 보기 위해 먼 곳에서 방문객이 찾아올 정도로 잘 조성된 것도 아니었

그림 4. 연천 초입에 자리한 연천 전곡리 선사 유적지
출처 국토지리정보원 홈페이지

다. 그래서 지역경제에도 그다지 큰 도움이 되지 않았다. 유적지는 곧 발굴현장이었기 때문에 황량하기 그지없었고, 이곳의 유적은 멋진 갑옷이나 관람객의 시선을 사로잡는 화려하고 정교하게 장식된 유물들이 아니라 구석기 유물을 품고 있는 지층, 또는 석기 정도였기에 일반 대중의 흥미를 끌기도 힘들었기 때문이다. 유적의 가치가 아무리 높다 하더라도, 유적의 중요성에 대한 대중들의 이해가 떨어지면 유적을 보존할 때 여러 가지 악영향이 있을 수밖에 없다. 일반 대중들에게 유적에 대한 당위성을 설명하고 사회적 공감대를 형성하지 못하면 주로 지역개발 등의 문제로 인해 유적에서 발굴한 유물은 다른 곳으로 옮겨지고, 이러한 과정에서 유적은 단순한 터로 남아 종국에는 형태를 알아볼 수 없을 정도로 훼손될 여지가 다분하기 때문이다(배기동, 2006). 이

호모트래블쿠스의 지리답사기

모든 문제점을 한 번에 뒤집어 ① 연천 전곡리 선사 유적지를 원형에 가까운 모습으로 잘 보존하고, ② 지역주민에게 경제적인 파급효과와 지역에 대한 소속감을 불러일으키며, ③ 대외적으로 지역 이미지를 제고하고, ④ 학생들에게 교육과 체험의 기회를 선사한 것이 있다. 바로 '연천 구석기 축제'다.

현재 연천 구석기 축제는 민과 관이 합동해 진행하는 대규모 축제로 발전했지만, 처음부터 대규모로 조직된 축제는 아니었다. 축제는 9차 발굴조사를 진행하던 한양대학교 발굴조사단이 1979년부터 현장사무실로 사용해 오던 컨테이너에 작은 전시공간을 마련하면서부터 시작되었다. 이 작고 소박했던 시도는 어린이와 청소년들을 비롯한 일반 대중들에게 연천 전곡리 선사 유적지에 대한 볼거리를 제공하고 연천에 남아 있는 선사 문화를 알리고자 함이었다. 이렇게 1993년 4월 11일 '전곡리 구석기 유적관'이 건립되면서 개관식을 기념해 퍼포먼스 공연을 한 것이 '연천 구석기 축제'의 역사적인 시작이 되었다. 단 하루 동안 열렸던 '제1회 전곡리 구석기 축제'에서는 한양대학교 문화인류학과 학생들이 원시인 퍼포먼스를 선보이기도 했고, 유적 보존이 잘 이루어지도록 원시인에게 제사를 지내기도 했는데 특히 축제를 보러 온 어린이들이 직접 석기를 만들어보는 이벤트의 인기가 매우 높았다. 이를 계기로 이듬해인 1994년부터는 매년 어린이날인 5월 5일을 공식축제일로 제정해 더 많은 어린이가 연천 전곡리 선사 유적지를 방문해 석기체험을 해 볼 수 있도록 했다(전곡선사박물관 홈페이지).

이처럼 연천 구석기 축제는 1993년 작은 개관식 행사에서 시작했으나 2023년에는 세계 2대 구석기 축제에 이름을 올릴 정도로 축제의 규모가 커졌다(대한민국 구석구석 홈페이지). 이렇게 축제가 성공을 거두고 규모가 커지게 된 이유는 1993년 1회 축제에서 찾아볼 수 있다. 첫째는 '참신함'이다. 현재의 축제프로그램에는 많은 체험 활동이 포함되어 있지만, 당시만 해도 돌을 깨서 구석기시대의 주먹도끼를 직접 만들어본다는 체험은 상당히 참신한 시도였다. 이러한 참신함이 어린이들의 호기심을 자극했고 이를 본 부모들의 재방문 의사를 높였다(이장섭, 2003; 김철원·윤혜진, 2006). 둘째는 '미술과 문화유산의 결합'이다. 고고학 전문가가 아닌 이상 발굴현장이나 주먹도끼를 보고서 그 의미나 아름다움을 느끼기는 쉽지 않다. 이를 느끼기 위해서는 유적과 유물의 가치를 이해하려는 노력이 필요한데 이는 유적과 유물에 심리적인 장벽을 만들어낸다. 이러한 심리적 장벽을 낮출 방법의 하나가 바로 미술과의 연계다. 어린아이들과 함께 참여하는 사생대회라든가 유적에 조성된 설치미술은 유적과 유물을 아름답게 장식하며 심리적 장벽을 낮춰주었다(배기동, 2006). 셋째는 '유적과 유물에 어울리는 축제 프로그램'이다. 우후죽순으로 생겨나고 있는 지역축제 중에는 당시에 유행하는 활동 등을 중심으로 의미 없게 진행되는 경우도 있다. 그러나 연천 구석기 축제는 구석기시대 유물과 유적이라는 중심소재에 어울리는 원시인 퍼포먼스나 석기제작 활동 등으로 유적의 장소성을 극대화 시키며 방문객들의 호응을 이끌어내고 있다. 이러한 프로그램의 골조는 현재까지 이어져 구석기시대 복장을 갖춘 축제 가이드와 축제에 방문한 관광객도 구석기시대 의상을 대여해 입고 다니며, 함께 즐길 수 있다. 그 외에도 연천의 돼지고기를 나무 꼬치에 직접 꽂아 참나무 숯불에 구워 먹는 구석기 바비큐, 축제장 안에 있는 구석기 체험숲에서 1박을 할 수 있는 구석기 캠프 등의 프로그램도 있다(그림 5).

연천 구석기 축제에는 매년 수많은 관광객이 찾아와 구석기시대 체험을 즐기고 있다. 이러한 점을 인정받아 연천 구석기 축제는 문화체육관광부, 한국관광공사 등 공식 기관의 지원을 받아 더 발전하여 한국의 주요한 문화관광축제로 선정되기도 했다.[2]

---

2. 2020년 기준 문화체육관광부가 집계한 지역축제는 968건으로, 이 중 35건만이 문화관광축제에 선정되었는데 여기에 연천 구석기 축제가 포함된다(문화체육관광부 홈페이지). 또한, 경기도에서 주관하는 경기관광 대

그림 5. 구석기시대 의상을 입고 있는 축제 방문객들
출처 대한민국 구석구석 홈페이지

이러한 축제의 성공은 지역에도 긍정적인 영향을 미쳤다. 연천 구석기 축제는 축제가 시작한 지 얼마 되지 않은 2006년에 이미 연천 주민들의 92%가 축제에 참가해 봤을 정도로 연천의 대표적인 축제로 발전했으며, 2014년에 열린 제22회 축제에는 약 35만 명의 관광객이 다녀가 약 100억 원의 경제적 파급효과가 발생했다(한경수, 2006; 연천군청 홈페이지). 축제의 성공은 지역 브랜드의 구축과 홍보에도 긍정적인 영향을 미쳤다. 연천의 캐릭터인 고롱이와 미롱이는 구석기시대 복장으로 주먹도끼를 들고

표축제(2019)에 선정되기도 하였으며, 2012년~2013년도에는 경기도 10대 축제에 선정되기도 했다(경기도청 홈페이지).

그림 6. 연천 캐릭터 고롱이와 미롱이(좌), 고롱이와 미롱이가 그려진 DMZ연천쌀(우)
출처 연천군청 홈페이지(좌)

있는데, 연천군에서 생산된 농산물 포장지에서도 고롱이와 미롱이를 쉽게 찾아볼 수 있다(그림 6).

연천은 여기서 더 나아가 연천 전곡리 유적 안에 '전곡선사박물관'을 지어 축제가 가지는 시간적 제약을 넘어섰다(그림 7). '전곡선사박물관'은 2004년 문화재청이 전곡리 선사 유적지 종합정비계획을 승인한 것을 시작으로, 2005년에 경기도립박물관으로 건립이 결정되었고 건립부지의 발굴조사 후 국제공모전으로 선정된 건물을 2009년부터 건축하여 2011년 4월 25일에 문을 열었다(전곡선사박물관 홈페이지). 민간이 주도로 한 축제의 성공으로 인해 지자체도 축제에 관심을 지니게 되었고, 지자체의 행정력과 자본력이 더해져 축제가 더욱 풍성해지자 상위 지자체와 국가기관까지 나서서 전곡선사박물관 건축에 힘을 보탰다. 따라서 전곡선사박물관은 2011년 개관 후 2022년까지 약 29만여 명의 관광객이 찾은 명소가 되었고, 연천 구석기 축제와 함께 연천 전곡리 유적의 의미를 알리고, 유적을 보호하며 국내에 연천을 홍보하는 역할을 하고 있다.

호모트래블쿠스의 지리답사기

그림 7. 전곡선사박물관(좌상)과 내부 전시물(우상), 전곡선사박물관으로 가는 도로에 설치된 육교 조형물(하)

_ 분단이 만들어낸 관광 자원

가슴 아픈 이야기이지만, 남북분단이 없었다면 한국으로 파병 온 고고학 전공자 보웬 하사가 우연히 한탄강 유원지를 거닐다 주먹도끼를 발견하는 일은 없었을 것이다. 이것은 정말 우연과 우연이 겹쳐 만들어진 일로, 지금 우리에게 연천 전곡리 유적이 존재한다는 사실은 정말 기적과도 같은 일이다. 하지만 남북분단이 만들어낸 연천의 다른 관광자원들은 필연적으로 만들어진 것들이 대부분이다. 비교적 최근에 등재되어 잘 알려지지 않았지만, 연천은 2019년 연천 임진강 생물권보전지역 등재와 2020년 한탄강 세계지질공원 인증으로 유네스코 2관왕에 오른 도시다(유네스코 한국위원회 홈페이지). 분단으로 인한 접경지역에서의 불편함이 인구의 유입을 막았고, 군사 보호구역 지정 등의 규제로 오히려 오랜 시간 자연 그대로의 모습을 유지할 수 있었던 덕분이다. 대표적인 예로 두루미가 있다. 연천의 특산물인 율무를 좋아하며 연천의 군조(郡鳥)이기도 한 두루미는 동절기가 되면 군집을 이루며 연천으로 날아와 월동하고 간다. 두루미는 연천에서 어렵지 않게 볼 수 있지만 사실 세계적으로 3,000여 마리밖에 남지 않은 희귀 조류이다. 이에 문화재청도 두루미들이 많이 서식하는 '연천 임진강 두루미류 도래지'를 국가지정문화재 천연기념물로 제정하고, 유네스코에서도 생물권 보전지역으로 지정해 보호하고 있다(중앙일보, 2023년 1월 31일 자). 한편, 국가지질공원과 유네스코 세계지질공원에 모두 속해 있는 연천의 재인폭포는 한탄강 주변에 조성된 오토 캠핑장 다음으로 연천에서 관광객이 많이 찾는 명소다(관광지식정보시스템 홈페이지)(그림 8의 좌). 재인폭포 주변은 수도권에서는 유일하게 주상절리를 볼 수 있는 곳이기도 하다(그림 8의 우).

한반도 분단이 만들어낸 연천의 관광지는 또 있다. 바로 연천에 산재한 통일·안보관광지다. 북한을 바로 코앞에서 바라볼 수 있을 정도로 휴전선과 가장 가까운 전망

호모트래블쿠스의 지리답사기

그림 8. 3월 초에도 얼어 있는 재인폭포(좌)와 재인폭포 위 주상절리(우)

대인 '태풍전망대'부터, 1968년 김신조 외 30명의 무장공비가 침투했던 '1·21 무장공비 침투로', 민통선 내에 최초로 건립된 예술 공간인 '연강갤러리', 홍수와 북한의 황강댐의 영향으로부터 국민의 인명과 재산을 지키기 위해 만들어진 '군남댐', 북한과 불과 4km 떨어진 옥녀봉 정상에서 북녘땅을 향해 인사하는 '그리팅맨' 등 연천 곳곳에는 통일·안보와 관련된 관광지가 산재해 있다(한겨레, 2022년 6월 30일 자)(그림 9). 이뿐만이 아니다. 매년 7월 평화와 통일을 염원하는 마음으로 '연천 DMZ국제음악제'를 개최하고 있는 연천은 독일 바이에른주 호프군(Landkreis Hof, Freistaat Bayern)과 음악과 통일 분야에서 활발한 국제교류도 펼치고 있다. 호프군의 작은 마을 뫼들라로이트(Mödlareuth)는 실개천을 사이에 두고 한 마을이 동독과 서독으로 나뉘어 있었는데, 그 상황이 베를린과 비슷해 '리틀 베를린'으로 불리기도 하였다(파이낸셜뉴스, 2014년 12월 28일 자). 한편, 현재의 연천이 남북으로 갈라져 있듯, 과거 호프군은 동서로 나뉘어 있었다. 두 지역 모두 군사분계선을 지녔다는 점에서 동질감을 지닌다. 하지만 독일은 통일을 이루어 다시 자유롭게 실개천을 넘나들 수 있게 되었고, 그 자리에는 뫼들라로

그림 9. 연강갤러리(좌)와 그리팅맨(우)

이트 국경박물관이 들어서며 통일을 상징하는 공간이 되었다. 우리도 뫼들라로이트처럼 최전방 태풍전망대에서 북한으로 자유롭게 걸어갈 수 있는 날이 찾아오길 간절히 바라마지 않는다.

_ 진심이 통하는 통일 한국의 중심

학비를 벌기 위해 군에 입대해 한국에서 군 복무 중이던 보웬 하사는 고고학에는 진심이었다. 그는 파병 온 이곳에서 엄청난 고고학적 성과를 이루어 냈다(우리역사넷 홈페이지). 아마도 그가 항상 고고학에 진심이었기 때문이 아닐까 한다. 우연히 지나가는 돌멩이 하나 하나도 그냥 지나치지 않고 진심으로 대했기에, 30만 년 전 이 땅에 살았던 선조들이 사용한 주먹도끼임을 알아낼 수 있었다. 그의 진심은 프랑스를 거쳐 다시 한국으로 돌아와 한국 고고학계에 전해지게 되었다. 한국의 고고학자들 역시 진심이었다. 진정으로 유적을 보호하려 고민했고, 그 고민은 연천 구석기 축제를 만들어 냈다. 구석기 축제를 즐기기 위해 찾아온 사람들도 이 진심을 이어가고 있다. 이처럼

호모트래블쿠스의 지리답사기

한반도에 평화가 오기를 바라는 우리의 마음도 진심이다. 38선이 지나는 자리에 놓여 있는 베를린장벽과 그리팅맨은 이를 보여주는 사례가 아닐까 한다. 베를린장벽은 통일이 허황된 꿈이 아님을 상기시켜주고 있으며, 가까운자리에 있는 그리팅맨은 북한을 향해 고개를 숙이며 화해의 메시지를 전달하고 있다. 이러한 경관들은 남북의 소통과 화합이라는 메시지를 반영하고 있는 것이라 생각한다(연천군청 홈페이지).

마지막으로 통일 한국, 한반도 육지의 중심 '중부원점'의 바로 옆에는 '합수머리 전망대'라는 곳이 있음을 상기하고자 한다. 북한에서 발원하는 임진강과 한탄강이 이곳 합수머리에서 만나 하나의 강물로 연천을 흘러 서해로 빠져나가는 모습을 바라볼 수 있다. 우리도 언젠가 저 강물처럼 저 두루미처럼 자유로이 남과 북을 오갔으면 좋겠다. 그래서 북녘에 있는 우리 동포들도 언젠가 연천에서 구석기시대 복장으로 돌을 깨고, 고기를 구워 먹으며 다 같이 평화롭게 축제를 즐기는 날이 찾아왔으면 하는 바람이다.

—

- 김민주, 2022, "지방자치단체의 장소 기반 지역축제에 나타난 장소성 분석," 인문사회과학연구, 23(1), 397~434.
- 김병섭, 2013, "문화재활용 정책네트워크 비교분석," 도시정책연구, 4(1), 85~107.
- 김철원·윤혜진, 2006, "한국인의 가족주의와 자녀교육열이 축제 결과에 미치는 영향," 대한관광경영학회, 20(3), 79~95.
- 배기동, 2006, "유적보존과 활용 수단으로서 유적문화축제," 박물관학보, 10, 199~209.
- 유용욱·김형준·김민수·김진울, 2022 "충남대학교 박물관 소장 전곡리 석기들의 고찰," 한국구석기학회보, 45, 5~37.
- 이상대·이정훈·조성택·조희은, 2022, 『인구소멸위험 대응 연천군 발전전략 연구』, 경기연구원.
- 이장섭, 2003, 『전곡구석기문화축제 중장기 발전방안, 전곡리선사유적지 종합정비 기본계획』, 연천군 한양대학교 문화재연구소.
- 한경수, 2006, 지역축제의 주민참여에 관한 연구: 연천군 구석기축제를 중심으로, 서울시립대학교 석사학위논문.

—

- 연합뉴스, 2016년 10월 4일, "베를린장벽 실물 조각, 연천 한반도통일미래센터에 전시된다."
- 연합뉴스, 2020년 4월 12일, "중부원점."
- 연합뉴스, 2021년 10월 27일, "남한의 정중앙 '배꼽마을'…충북 옥천 장연리를 아시나요?."
- 중앙일보, 2023년 1월 31일, "[단독] 두루미 최대 서식지 사라졌다…임진강 장군여울 무슨 일."
- 파이낸셜뉴스, 2014년 12월 28일, "[광복 70년, 통일로 30년] (1·②) 한 마을이 작은 개울을 경계로 분단.. 비극 상징으로 남아."
- 한겨레, 2022년 6월 30일, "통일부 "북한, 사전 통보 없이 임진강 황강댐 방류한 듯…유감"."

- 관광지식정보시스템 홈페이지, https://know.tour.go.kr
- 경기도청 홈페이지, https://www.gg.go.kr
- 국립중앙박물관 홈페이지, https://www.museum.go.kr
- 국토지리정보원 홈페이지, https://www.ngii.go.kr
- 대한민국 구석구석 홈페이지, https://korean.visitkorea.or.kr
- 문화체육관광부 홈페이지, https://www.mcst.go.kr
- 연천군청 홈페이지, https://www.yeoncheon.go.kr
- 우리역사넷 홈페이지, http://contents.history.go.kr
- 유네스코 한국위원회 홈페이지, https://heritage.unesco.or.kr
- 전곡선사박물관 홈페이지, https://jgpm.ggcf.kr
- 한반도통일미래센터 홈페이지, https://unifuture.unikorea.go.kr

다양한 문화를 존중하는 곳,
오스트레일리아 '시드니'

#도시 #다문화 #다양성 #축제

_ 남쪽에 자리한 미지의 땅, 오스트레일리아

캥거루(Kangaroo), 코알라(Koala), 오리너구리(Platypus) … 이 세 단어만 들어도 연상되는 국가가 있으면, 바로 오스트레일리아(호주, 濠洲)일 것이다(그림 1). 캥거루라는 이름의 유래를 들어보았을 것이다. 오스트레일리아에 도착한 탐험가가 쥐처럼 생긴 동물을 보고 이름을 묻자 원주민이 '캉거루'라 하였는데, 이 의미는 모르겠다는 뜻이었다는 설이다. 이 이야기는 실제로 사실과는 다르지만[1], 캥거루가 확실히 독특하게 생긴 오스트레일리아의 대표 동물이라는 것을 확실히 각인시켜주었다. 캥거루를

---

1. 캥거루라는 이름은 오스트레일리아 퀸즐랜드 지역에서 원주민들이 회색 캥거루 종을 뜻하는 '강우루(Gangurru)'라고 쓴 토착어에서 유래된 것이다(YTN 사이언스, 2017년 11월 8일 자).

그림 1. 남반구에 위치한 호주(좌), 호주의 대표적 동물인 캥거루(우)

포함하여 코알라와 오리너구리까지 이 세 동물은 포유류이지만 태반이 없다는 점에서 다른 대륙에서는 보기 힘든 독특한 특징을 지니고 있다. 지구상에 존재하는 대부분 포유류는 태아가 완전히 성장한 후 출산할 수 있도록 태반을 지닌 태반류이다. 그러나 오스트레일리아의 대표적인 동물인 캥거루와 코알라는 불완전하게 출산한 태아를 모체의 주머니에서 성장시키는 유대류에 속한다. 또한, 오스트레일리아에만 서식하는 오리너구리는 젖과 털이 있으며 체온이 일정한 포유류의 특징과 알을 낳는 파충류의 특징을 모두 지닌 단공류에 속한다. 따라서 오스트레일리아는 다른 대륙에서는 보기 드문 생물이 사는 곳으로 유명하다. 그렇다면 왜 오스트레일리아에는 이러한 독특한 동식물이 살아가고 있는 것일까? 그 이유는 오스트레일리아는 오랫동안 고립된 섬이었기 때문이다. 지금으로부터 약 6,500만 년 전인 중생대 말기에 오스트레일리아 대륙은 다른 대륙들로부터 떨어져 남극과 함께 하나의 커다란 섬으로 분리되어 남반구에 홀로 남겨졌다(정은혜 외, 2019).

남반구에 있는 섬이라는 지리적 특징으로 인해, 유럽인의 역사 속에서 오스트레일리아는 오랫동안 상상 속에 존재하는 대륙이었다. 오스트레일리아(Australia)라는 이름도 고대 그리스인들이 붙인 'Terra Australis Incognita(알려지지 않은 남쪽의 땅)'에서 유래한 것이다(Pearson, 2005). 그들은 구 모양의 지구가 적도를 기준으로 균형을 이루고 있다면, 적도 이북에 유라시아 대륙과 쌍둥이인 대륙이 적도 이남에도 있을 것이라고 가정하였다. 즉, 유라시아 대륙처럼 온화한 기후를 가지며 남반구에 있을 것으로 상상한 대륙을 '알려지지 남쪽의 땅'이라 칭했다. 이후 고대 그리스인들의 상상에서 존재하던 '알려지지 않은 남쪽의 땅'은 과학의 암흑기였던 중세를 지나 16세기에 유럽인들에게 알려지면서 본격적으로 그 정체가 조금씩 밝혀지기 시작하였다.

르네상스(Renaissance) 시기는 가톨릭교회 중심의 세계관에서 점차 벗어나 유럽 각지에서 고대 그리스의 철학(인본주의)과 과학이 부흥하던 때였다. 고대 그리스인들의 문예를 주목하면서 미지의 땅을 알게 된 유럽인들은, 그들이 살던 유럽 대륙에서 벗어나 머나먼 이국의 땅으로 떠나기 시작하였다. 이러한 항해와 탐험을 통해 유럽에는 새로운 과학적, 지리적 발견이 전파되었다. 그중 하나는 마젤란(Ferdinand Magellan)의 세계 일주라 할 수 있다. 1480년에 마젤란은 태평양을 가로질러 지구를 한 바퀴 돌았고, 이를 통해 지구가 둥글다는 것이 입증되었다.

이 시기 동안 수많은 탐험가가 '알려지지 않은 남쪽의 땅'을 찾아 나섰고, 1644년이 돼서야 유럽의 탐험가는 그들이 그토록 찾아다녔던 남반구에 자리한 미지의 땅 일부를 밟게 된다. 네덜란드 항해사인 아벌 타스만(Abel Tasman)이 현재 오스트레일리아의 북부 및 서부 해안가를 발견한 것이다. 그들은 이곳을 '뉴홀랜드(New Holland)'라고 명명했다. 이후, 남쪽 미지의 땅이라 불렸던 오스트레일리아 대륙이 발견되었음에도 지도에는 여전히 'Terra Australis (Incognita)'을 뉴홀랜드와 함께 표시하였다(그림 2의 좌). 시간이 흘러 1770년에 영국의 탐험가인 제임스 쿡(James Cook)이 오스트레일리아 동부 해안 지역에 첫발을 디디면서 오스트레일리아라는 섬의 해안선이 완전히 밝혀졌음에도 오스트레일리아 대륙은 한동안 뉴홀랜드라고 불리었다. 왜냐하면, 당시 유

호모트래블쿠스의 지리답사기

럽인들은 뉴홀랜드가 유라시아 대륙처럼 크지 않아 '알려지지 않은 남쪽의 땅'이 아니라고 생각하였기 때문이다. 그래서 뉴홀랜드의 동쪽으로 가면 미지의 땅을 찾을 수 있을 거라 여겼다. 하지만 이후에 그들이 발견한 건 따뜻한 기후를 가진 대륙이 아닌 얼음으로 뒤덮인 남극이었다. 이러한 발견으로 'Terra Australis'는 애초에 없는 대륙임이 밝혀졌고 더 이상 지도에서 표기되지 않을 것 같았다. 하지만 이후 오스트레일리아를 차지한 영국 정부가 '뉴홀랜드'라는 네덜란드식 명칭 대신에 'Terra Australis'에서 이름을 본따 명명하기로 결정하였다. 따라서 고대 그리스인들의 가상 대륙은 오늘날 오스트레일리아(Australia)라는 표기로 이어지게 된 것이다.

현재의 이름은 19세기에 결정되었지만, 영국이 오스트레일리아를 지배하기 시작한 것은 그보다 100년 앞선 1788년부터이다. 제임스 쿡의 발견 이후, 영국 정부는 오스트레일리아 지역을 죄수들을 보내는 일종의 감옥으로 사용하고자 하였다. 당시 영국은 산업혁명의 영향으로 빈부격차가 커졌고 법이 엄하여 '장발장'처럼 죄수가 사람들이 많았다. 더군다나 미국이 독립한 1775년 후에는 급격히 증가한 죄수를 수용할 수 있는 공간이 부족했기 때문에, 오스트레일리아는 유럽 대륙에서 멀리 떨어져 있어 탈출이 어렵다는 점에서 죄수들을 가두는 데 효과적인 곳으로 여겼다. 따라서 1788년, 영국은 선원과 군인뿐만 아니라 죄수까지 태운 11척의 선박을 제임스 쿡이 정박하였던 '시드니(Sydney)'로 보냈다. 이리하여 시드니와 오스트레일리아의 근대 역사가 태동하기 시작한 것이다.[2]

---

2. 제임스 쿡이 상륙한 지역은 시드니의 보타니만(Botany Bay)이었다. 이 해안가가 식물학을 뜻하는 '보타니(Botany)'로 칭해진 것은 쿡 일행의 식물학자들이 처음으로 오스트레일리아의 식물 표본을 채집하여 논문으로 발표한 것을 기념하기 위한 것이다. 이후 1788년에 도착한 보타니만은 농사에 적합하지 않은 땅이었고 항구에 함선을 정박하기도 어려웠으므로, 보타니만에서 북쪽으로 약 12km 떨어진 곳에 정착하였다. 이곳이 바로 오늘날의 시드니 도심이다. 한편 시드니라는 명칭은 당시 내무부 장관의 이름을 따 온 것이다.

그림 2. 오스트레일리아를 뉴홀랜드와 Terra Australis로 표시한 1663년의 지도(좌), 시드니 오페라 하우스와 하버 브리지가 있는 시드니 항구(우)
출처(좌) 오스트레일리아 뉴사우스웨일스 주립 도서관 사이트

　오늘날, 시드니에는 '시드니 오페라 하우스(Sydney Opera House)', '하버 브리지(Sydney Harbour Bridge)' 등 곡선이 빛을 발하는 멋진 건축물과 부드러운 리아스식 해안이 어우러진 경관으로 인해 아름다운 항구도시로 손꼽히고 있다(그림 2의 우). 제임스 쿡이 시드니에 첫발을 디딘 1788년 1월 26일을 오스트레일리아의 건국기념일(Australia Day)로 기념할 만큼, 시드니는 오스트레일리아의 근대 역사와 함께 숨 쉬어온 도시이다. 다시 말해, 시드니는 다문화주의의 성공적인 국가 중 하나로서 명성을 널리 알리고 있는 현재까지, 오스트레일리아의 총체적인 역사를 담고 있는 도시라는 뜻이다. 그중에서도 특히 시드니에서 열리는 아시아인들의 '음력 설 축제'와 성소수자들의 '마디그라 축제'는, 후술하겠지만, 과거의 오스트레일리아가 단일 문화를 지향했던 역사를 지녔기에 더욱 의미가 깊은 축제이다.
　이 두 축제를 통해 오스트레일리아의 대표적인 도시인 시드니에서는 어떻게 다양한 문화를 수용하고 조화로운 삶을 추구하게 되었는지, 그리고 어떻게 문화적, 인종적 그리고 더 나아가서 성적 다양성까지 다양한 측면의 문화를 지향하고 있는지 알아

호모트래블쿠스의 지리답사기

보러 가 보자!

_문화의 다양성을 보여주는 시드니 음력 설 축제

시드니에는 우리나라처럼 새해가 두 번이 있다. 바로 양력 1월 1일과 음력 1월 1일
이다. 일반적으로 서방 국가로 보는 오스트레일리아에서 두 번의 새해를 맞이한다는
것이 신기하지 아니한가? 매년 음력 1월 1일에는 시드니시(City of Sydney)의 주관하
에 중국, 한국, 일본, 베트남, 인도네시아, 태국, 말레이시아 등 아시아 이민자의 설 문
화를 주제로 하는 '시드니 음력 설 축제(Sydney Lunar Festival)'가 개최된다. 아시아 민족
의 설 문화가 시드니의 공식적인 축제로 거듭나기까지는 상당한 우여곡절을 겪었다.
몇몇 독자는 믿기지 않을 수도 있지만, 불과 몇십 년 전만 해도 오스트레일리아는 남
아프리카의 '아파르트헤이트(Apartheid)'와 더불어 '백호주의(白濠主義, White Australia
Policy)'라는 인종차별정책으로 아시아계 이민자들에게는 악명을 떨쳤던 곳이기 때문
이다. 백호주의를 설명하기 위해서는, 지금으로부터 200여 년 전인 '골드러시(Gold
Rushes)' 시대로부터 거슬러 올라가야 한다.

1700년대 후반, 제임스 쿡의 정박 이후에 시드니에는 영국의 죄수들에 의한 정착
촌이 설립되었고, 1830년대부터는 죄수뿐만 아니라 일반 영국인들도 오스트레일리
아로 정착하기 시작하였다. 이 자유 정착민(Free Settlers)들은 죄수 출신과 사회적 갈등
을 빚어왔지만, 어느 순간부터 '오스트레일리아에 사는 영국인(이하 영국계 오스트레일
리아인으로 서술)'으로서 단합하게 된다(김범수, 2012). 그 어느 순간이란, 바로 1800년
대 중반에 금광이 발견된 이후를 말한다. 국토 대부분이 사막이어서 사람이 실질적으
로 살 수 있는 지역은 해안가 일부이었기 때문에, 쓸모없는 땅이라 판단되었던 오스트

레일리아에서 금이 발견된 것이다. 이에 따라 영국, 아일랜드, 유럽, 미국, 중국 등 세계 각지의 사람들이 몰려들었다. 1850년대 40만 명이었던 인구가 1880년대에는 223만 명까지 급격하게 증가할 정도였다. 다양한 국적의 사람들이 값싼 노동력을 제공하게 되면서, 영국계 오스트레일리아인들은 설 자리가 점차 좁아지게 된다. 특히, 중국인은 골드러시 초반인 1854년에 4,000여 명에서 불과 5년 사이에 42,000여 명까지 약 10배 이상 급증하게 되면서 영국계 오스트레일리아인들과의 사회적 갈등을 피할 수 없었다. 이러한 반감과 위기감 속에서 영국계 오스트레일리아인들은 영국계 백인 단일 인종으로 구성된 단일 문화권을 강력하게 유지하고자[3], 타 국적의 사람들을 배척하기 시작한다. 구체적으로, 1901년에 자치령(the Commonwealth of Australia)이 되면서 시행한 이민 제한법(The Immigration Restriction Act)에 명시된 받아쓰기 시험(Dictation Test)이 있다. 법 자체에서 인종차별을 명시적으로 규정하지는 않았으나(영국의 동맹국인 일본인의 유입을 막을 수는 없었기 때문에), 이민을 원하는 외국인은 받아쓰기 시험을 통과했어야 했다. 받아쓰기 시험에서 시험관의 재량으로 영어뿐만 아니라 다른 유럽 지역의 언어를 선택하여 시행했기 때문에 서유럽계 백인(특히 영국인) 외에는 거의 이민을 받아들이지 않겠다는 것이었다(주양중, 2012). 이러한 제도를 통해 오스트레일리아는 비유럽계인(특히 중국인, 인도네시아인 등 아시아인과 심지어 동유럽인도 포함)의 이민과 입국을 암묵적으로 제한하였다.

백호주의가 시작됨에 따라 골드러시 시대(약 1860년대)부터 시드니에 정착했던 중

---

3. 백인으로서의 우월성을 지닌 영국계 오스트레일리아인들은 정착 초기부터 오스트레일리아 원주민인 애버리진(Aborigine)을 탄압하고 소멸시키고자 하였다. 백인과 애버리진의 혼혈아들을 강제적으로 백인 가정에 입양시킴으로써 백인사회로 동화시키고자 한 것이다(김범수, 2012). 대다수 혼혈아는 고된 노동과 학대에 시달리는 경우가 많았으며, '잃어버린 세대(Stolen Generation)'로 불리게 된다. 이 동화정책은 1970년까지 60년 동안 이어져 왔으며, 2008년이 돼서야 오스트레일리아의 총리가 그들에 대하여 공식적으로 사과하였다(KBS, 2017년 6월 29일 자).

국인 공동체의 규모는 점차 축소되었고, 이에 따라 이들이 음력 설을 지내 온 전통 축제는 점차 사라졌다. 이전까지만 해도, 시드니 도심 내 중국 사원인 '유밍사원(Yiu Ming Temple)'과 '수엽사원(Sze Yup Temple)'에서는 매해 음력 설을 기념하는 축제가 열렸다. 당시에 중국인에 대한 반감이 점차 커지고 있었음에도, 이 축제의 하이라이트인 사자춤, 화려한 불꽃놀이는 시드니의 주류 신문과 방송에 보도될 정도로 영국계 오스트레일리아인들의 눈길을 이끌었다. 그러나 백호주의 정책의 시행으로 시드니 내 중국인 수가 점차 줄어들면서, 이러한 음력 설 전통 축제는 자연스럽게 사라지게 된다 (오스트레일리아 뉴사우스웨일스 주립 도서관 역사문화기록보관소 사이트).

영국계 오스트레일리아인의 의도대로 백호주의 정책은 성공적으로 이끌어지는 것처럼 보였으나, 2차 세계대전이 발발하면서 견고한 백호주의 장벽은 점차 무너지게 된다(김범수, 2012). 2차 세계대전 당시 오스트레일리아 북부의 다윈(Darwin) 지역이 일본군에 의해 폭격되는 사태가 발생한 것이다. 오스트레일리아의 안보가 위태로운 상황에서, 영국 정부는 독일의 히틀러(Adolf Hitler)가 주된 상대였기 때문에 오스트레일리아가 있는 태평양에서의 전투를 부차적으로 간주하였다. 그러나 영국과 달리, 오스트레일리아에 가장 위협적인 국가는 거리상으로도 가까운 일본이었고, 영국계 오스트레일리아인들은 영국의 도움 없이 스스로 본인의 국가를 지켜야 했다. 이러한 이유로, 오스트레일리아는 1942년에 영국으로부터 외교권과 국방권을 얻어 독립국의 지위를 획득한다.

전쟁이 끝난 후 자주국방을 이루기 위해서는 인구가 더 필요하다는 것을 깨닫게 된다. 더군다나 외국인 투자 증가로 경제가 성장했고 노동자에 대한 수요가 증가하였다. 더 많은 인구가 필요하게 된 것이다. 따라서 "인구를 증가시키거나, 아니면 멸망하거나(Populate or Perish)"라는 구호가 나올 만큼 오스트레일리아는 노동력의 확보가 시급했다(문경희, 2017). 이를 위해 문화적으로 동화될 수 있는 유럽계 이민자를 활발히 유치하는 정책을 시행하게 된다. 그러나 이 당시에는 유럽 또한 전후 복구 및 부흥 사업으로 인해 많은 노동력이 필요했기 때문에, 오스트레일리아에 이민을 원하는 유럽인 수는 점차 줄어들었다. 이러한 상황에서 오스트레일리아는 차선으로 비유럽계 출신을 이민자로서 받아들이기로 한다. 점차 백호주의의 문턱을 점차 낮추기 시작한 것이다. 1958년에 백호주의로 인해 악명 높았던 받아쓰기 시험이 폐지되면서 아시아인을 포함한 비유럽계 민족들은 오스트레일리아에 이민이 가능해지게 되었다. 그렇지만 이때 완전히 백호주의가 폐지된 것은 아니었다.

백호주의의 철회와 아시아인의 본격적인 유입은 세계의 상황과 맞물려 가속되었다. 전후 냉전 시대에 들어서면서, 영국보다는 미국이 자유주의 진영의 리더로서 부상한다. 이러한 세계질서의 변화 속에서 오스트레일리아는 지정학적으로 떨어진 영국과 유럽보다는, 미국과 아시아 태평양 국가를 더 중요하게 여기기 시작한다(문경희, 2017). 미국과는 굳건한 동맹 관계를 맺었으며, 베트남 전쟁에 파병하는 등 적극적으로 군사적 지원을 하였다. 또한, 동아시아의 신흥 경제국들이 나타남에 따라 이들과의 관계를 통해 경제적 발전을 도모하고자 했다. 그 결과 일본은 1970년대 초에는 영국을 제치고 오스트레일리아의 최대 수출국이 되었으며, 중국과의 외교적 관계도 정상화되었다. 한편, 이 당시 베트남 전쟁 이후에 공산주의의 확산에 대한 두려움이 서방 국가들 사이에서 만연해지면서, 영국 등 영연방국가들은 콜롬보플랜(Colombo Plan)을 설립한다. 콜롬보플랜은 아시아·태평양 지역의 공산주의 확산을 방지하기 위해, 이 지역의 경제 발전을 도모하기 위한 계획을 설립하는 기관이다. 그중 오스트레일리아에서는 교육적 지원으로서 우수한 아시아 학생들을 오스트레일리아 장학생으로 선발하였다. 이들은 오스트레일리아인에게 아시아인에 대한 인식을 바꾸게 하여 점차 유색인종의 이민을 수용하는 데에 상당한 영향을 미쳤다(주양중, 2012). 1973년, 마침내 오스트레일리아는 백호주의를 철폐하게 되었고, 대규모로 발생한 베트남 난

호모트래블쿠스의 지리답사기

민들을 받아들이면서 오스트레일리아 내 아시아인이 급격히 증가하게 된다(정상우, 2008). 다양한 국적의 이민자가 급증하면서, 오스트레일리아 정부는 이민 정책을 변경하였다. 영국계 오스트레일리아인의 문화로 동화시키는 것이 아닌, 이민자의 문화를 존중하는 다문화주의를 강조하기 시작하였다.

그중에서 특히 시드니는 다양한 문화적 배경을 지닌 사람들 간의 조화를 추구하는 오스트레일리아의 대표도시로 발전하고 있다. 2021년 기준으로, 시드니 인구의 약 37.4%가 가정에서 영어 외 다른 언어를 쓰는 다문화 가정일 정도로 이민자가 많이 살고 있다(시드니 시청 사이트). 이처럼 절반에 가까운 비율을 차지하는 이민자의 다양한 문화를 존중하고 수용하기 위해, 시드니시에서는 다문화 정책을 적극적으로 펼치고 있기 때문이다. 그중 아시아 지역의 음력 설 문화를 축제로 구성하고 있는 것은 상당히 눈에 띌 만하다. 시드니에 거주하는 아시아인은 약 11.1%로 소수 집단이라는 점, 또한 축제의 이름을 모든 아시아 문화를 반영하기 위해 중립적인 의미로 바꾸었다는 점 때문이다(시드니 시청 사이트).[4]

시드니 음력 설 축제는 2019년까지 '시드니 중국 설 축제(Sydney Chinese New Year Festival)'라는 이름이었다. 1970년대 백호주의의 빗장을 푼 후, 다문화주의 정책을 시행하면서 그 하나로 아시아인의 대다수를 차지하는 중국인 이민자의 공간을 조성하는 것이었다. 이에 따라 시드니의 헤이마켓(Haymarket) 지역에 위치한 딕슨 거리(Dixon Street)에 중국풍의 차이나타운(Chinatown)이 세워지게 되었다(그림 3). 물론 차이나타운의 건설에는 전 세계적 관광 산업의 발전에 힘입어 관광객들의 이목을 이끌고 도시의 경제를 활성화하려는 목적도 있었다(Mak, 2003). 차이나타운이 재단장한 이래

---

4. 시드니 인구의 7.8%는 중국어(광동어 5%, 만다린어 2.8%), 2.2%가 베트남어, 1.1%가 한국어를 사용하고 있어, 동아시아인이 약 11.1%나 차지하고 있다고 할 수 있다(시드니 시청 사이트).

그림 3. 차이나타운의 위치(좌, 붉은 박스)와 중국풍의 문이 세워져 있는 차이나타운 입구(우)

로, 중국인 이민자의 음력 설 축제는 1996년부터 '시드니 중국 설 축제(Sydney Chinese New Year Festival)'라는 이름으로 공식적으로 개최되었다. 그러나 음력 설을 쇠는 중국 외 아시아 공동체가 점차 커짐에 따라 축제의 명칭을 변경해야 한다는 의견이 제기되었다. 이에 따라, 음력 설은 중국만의 문화가 아닌 한국, 베트남 등 다른 아시아 국가의 문화도 해당한다는 점을 반영하고 축제의 프로그램 또한 다양한 아시아 국가의 문화를 소개할 수 있도록 확장하기 위해, 2020년부터 '시드니 중국 설 축제'는 '시드니 음력 설 축제(Sydney Lunar Festival)'로 이름을 변경하였다(시드니 시청 사이트).

　시드니 음력 설 축제 동안 시드니 곳곳의 거리에서는 십이지신(十二支神)을 형상화한 조명등이 설치된다(그림 4). 또한, 한국·중국·베트남 등 아시아계 예술가들의 작품이 모여 전시되고 아시아 문화와 관련된 다양한 볼거리, 먹거리 그리고 각종 문화 체험 행사가 마련된다. 이와 관련하여 올해 주시드니 한국문화원에서는 한복 입기를 비

호모트래블쿠스의 지리답사기

그림 4. 십이지신을 상징하는 토끼 모양의 조명등(좌), 용을 형상화한 드래곤 보트 경주(우)
출처 시드니 시청 사이트

롯한 K-뷰티 워크숍과 전통 술 체험 등이 진행되었다. 또한, 아시아 지역에서 길조를 의미하는 용을 형상화한 보트 경주가 이루어졌고, 차이나타운에서는 사자춤 공연과 아시아 여러 나라의 춤이 선보였으며, 이와 함께 음악, 연극 등의 공연도 다양하게 펼쳐졌다(오스트레일리아 공영방송 SBS, 2023년 1월 20일 자).

이처럼 시드니 음력 설 축제는 그 대상이 중국 중심에서 아시아 전체로 확장됨에 따라 경제적 이득뿐만 아니라[5], 다문화에 대한 교육적 효과까지 챙기는 일석이조를 거두고 있는 것으로 보인다. 다문화 축제를 통해 다양하고 다채로운 문화에 대한 이해를 높일 수 있고, 다문화에 대한 이해는 사회에서 조화로운 삶을 실천할 수 있는 원동력으로 작용하기 때문이다(정상우, 2008). 이러한 측면에서 음력 설 축제는 타 문화권의 사람들이 특색 있는 아시아 지역의 문화를 체험하고 즐길 수 있게 함으로써, 아시아 지역의 문화를 이해하고 수용할 수 있는 자리를 마련하였다는 데에 큰 의의가 있다. 더군다나 음력 설 축제는 같은 아시아인이라도 음력 설을 지내는 방식과 음식문화

---

5. 지난 2018년에 개최된 음력 설 축제에는 약 977,000명이 방문하였고 해당 기간에 관광객이 사용한 금액도 7천만 달러에 달하였다고 한다(Hanho Korean Daily, 2018년 6월 7일 자).

등이 지역마다 다르다는 것을 보여주고 있어, 다문화에 대한 깊이 있는 생각을 유도할 수 있다. 또한, 다문화 축제는 다문화 가정에 소속감을 부여하고 정체성을 확립하는 데에도 도움을 준다(Waitt, 2008). 그러므로 시드니 음력 설 축제는 다문화주의를 확고하게 할 뿐만 아니라, 시드니가 인종적 및 문화적 다양성의 도시임을 나타내는 중요한 역할을 하고 있다.

_ 성적 다양성을 표현하는 시드니 마디그라 축제

음력 설 축제처럼 다양성을 추구하는 시드니의 모습은 또 다른 축제에서 나타난다. 바로 여름철에 개최하는 '시드니 마디그라 축제(Sydney Mardi Gras Festival)'이다. 프랑스어에서 유래된 '마디그라'는 거리에서 열리는 퍼레이드 축제라는 뜻이다.[6] 시드니의 마디그라 축제는 미국 뉴올리언스 등 다른 어느 곳의 마디그라 축제보다도 더욱 특별한 의미를 지니고 있다. 그 이유는 바로, 시드니에서의 마디그라 축제는 특히 여성 동성애자(Lesbian), 남성 동성애자(Gay), 양성애자(Bisexual), 성전환자(Transgender), 퀴어(Queer), 간성(Intersex) 등 다양한 범주에 속하는 모든 성소수자(LGBTQI)를 위한 축제이기 때문이다.

불과 60여 년 전인 1960년대만 하더라도 오스트레일리아뿐만 아니라 다른 서방 국

---

6. '마디그라'는 프랑스어로 '살찌는 화요일(Fat Tuesday)'를 말한다. 즉, 가톨릭 종교에서 40일간 금식과 희생을 하는 사순절(Lenten)이 시작되기 전, 음식을 풍족하게 먹는 것에서부터 비롯되었다. 이후 이 관습을 축하하기 위한 카니발이 열리는데, 그중 카니발의 마지막 날이 화요일인 것에서 유래되었다. 이후 미국의 뉴올리언스(New Orleans) 지역의 퍼레이드 축제에 이 이름이 사용되면서 그 의미가 거리축제라는 의미로 확장되었다(오스트레일리아 공영방송 SBS, 2021년 2월 8일 자).

호모트래블쿠스의 지리답사기

가마저도 성소수자는 사회에서 환영받지 못한 대상이었기 때문에, 성소수자의 축제는 성소수자들이 세상 밖으로 나타나 그들의 존재를 보여준다는 점에서 특별한 의미가 있다고 할 수 있을 것이다. 그렇다면 비주류였던 성소수자들은 어떻게 사회의 표면 위에 오르게 되었을까? 그 시작은 미국 뉴욕 맨해튼(Manhattan)에서부터 시작된다. 과거 뉴욕에서는 동성애가 법으로 금지되었기 때문에 경찰에 체포되기도 할 정도로 무거운 죄로 취급되었다. 이렇게 억압받는 상황 속에서 1969년 6월 28일, 미국 뉴욕 경찰은 맨해튼 그리니치 빌리지에 위치한 '스톤월 인(Stonewall Inn)'이라는 동성애자 술집을 습격하여 성소수자들을 폭력으로 진압하였다. 경찰의 강경한 현장 진압에 사람들은 하나둘씩 맞서기 시작하였는데, 점차 항의의 불길이 걷잡을 수 없이 퍼져나가면서 동성애자의 권리를 외치는 사회조직이 형성되었고, 이를 계기로 성소수자에 대한 사회운동이 점차 늘어나기 시작했다(한겨레, 2019년 7월 1일 자).

이 '스톤월 항쟁(Stonewall Riots)' 이후, 성소수자(특히, 남성 동성애자)에 대한 권리를 외치는 시위가 미국을 넘어 국제적으로 퍼져나갔다. 스톤월 항쟁을 기념하여 전 세계의 성소수자 인권운동가가 서로 연대하기로 한 것이다. 오스트레일리아의 사회운동가들 역시 이러한 흐름에 동참하였다. 오스트레일리아 또한 동성애 차별법으로 성소수자들이 탄압받았기 때문이었다. 여기서 오스트레일리아의 인권운동가들은 한술 더 떠서 비폭력 시위를 계획하였다. 당시 성소수자들의 권리에 대한 시위는 경찰에 대한 폭력적인 대응으로 끝나기 마련이기 때문이었다. 그래서 이들은 폭력적이지 않고 누구나 즐길 수 있는 '거리 축제(Street Party)'의 형태를 빌려오기로 결정하였다(오스트레일리아국립박물관 사이트). 1978년 6월 24일, 약 천여 명의 시드니의 성소수자들은 시드니 도심의 달링허스트(Darlinghurst) 지역에 있는 옥스퍼드 거리(Oxford Street)에 모였다. 그들은 재밌고 우스꽝스러운 분장을 하고 거리를 춤추면서 'Stop Police Attacks! On Gays, Women and Blacks!(남성 동성애자, 여성, 그리고 흑인에 대한 경찰의 공격을 멈

춰라!)'를 외쳤다(시드니 마디그라 축제 사이트). 이렇게 퍼레이드(Parade)를 열자는 기발한 기획으로 인해 시위는 마치 축제와 같은 분위기를 형성하였고, 그 덕분에 퍼레이드와 축제를 모두 의미하는 '마디그라'라고 불리게 되었다(오스트레일리아 공영방송 ABC, 2016년 3월 4일 자).

첫 번째 마디그라에서는 안타깝게도 축제가 계속 될 순 없었다. 비폭력 시위가 되고자 한 참가자들의 의도와는 다르게, 경찰은 무력 대응으로 끝나버린 것이다. 그렇지만 이들의 목소리에 동참하는 사람들은 점차 늘어갔다. 다음 해인 1979년에는 약 3,000여 명의 사람들이 마디그라에 참가하였고, 해가 지날 때마다 참가하는 사람들이 늘어났다. 그러면서 마디그라는 점차 인권 시위에서 지역축제로 변하게 된다(Martwell and Waitt, 2009; 시드니 마디그라 축제 사이트). 성소수자들의 권리를 외치는 항쟁의 측면보다는 성소수자 커뮤니티의 규모와 다양성을 시민들에게 보여주기 위한 축제로서의 면모를 더욱 강조하기 시작한 것이다. 이러한 노력은 1981년의 마디그라 축제부터 반영되었다. 당시 마디그라 축제에서는 누구나 표현의 자유를 누릴 수 있도록 퍼레이드 분장이 편리한 여름철에 개최되기 시작했다.[7] 또한, 축제를 위한 독립적이고 선출된 조직기구를 창설하였으며, 사회운동과 관련 없는 단체들도 모집하였다. 1982년부터는 단순히 퍼레이드만 진행하는 게 아니라 영화제, 전시회, 연극, 스포츠 이벤트 등 각종 예술행사까지 추진되었다. 그리하여 시드니 마디그라 축제는 뉴욕의 스톤월 항쟁을 기념하는 행사(일종의 시위)에서 출발하여 시드니의 성적 다양성을 보여주는 지역축제로써 거듭나게 되었다.

---

7. 남반구에 위치한 오스트레일리아는 우리나라와는 반대로 2~3월이 여름이다. 다양한 분장을 할 수 있도록 여름인 2월로 계획되어 있으나 1981년은 기상악화로 3월에 개최되었다. 이후 마디그라 축제는 모두 2월에 개최하게 된다.

호모트래블쿠스의 지리답사기

마디그라 축제가 시드니의 지역축제로서 성공할 수 있었던 것은 성소수자만을 위한 공간이 존재했기 때문이다(그림 5). 특히, 첫 번째 마디그라 축제가 열렸던 '옥스퍼드 거리'는 성소수자들이 밀집된 곳이었고, 이로 인해 성소수자들은 마디그라가 열린다는 소식을 손쉽게 접할 수 있었다(Bitterman and Hess, 2021). 이 덕분에 성소수자의 권리를 외치는 사람들이 모이게 되면서, 마디그라는 지금까지 성공적으로 개최될 수 있었다. 그렇다면 옥스퍼드 거리는 어쩌다가 성소수자들을 위한 공간이라는 장소성을 지니게 된 걸까? 이를 알기 위해선 2차 세계대전으로 거슬러 올라가야 한다. 전후 베이비 붐(Baby Boom) 현상이 일어나면서 가족을 위한 환경을 갖춘 교외 지역이 개발되었고, 사람들이 점차 교외로 주거지를 옮기면서 상대적으로 도심지역은 빈 곳이 늘어났다. 이 빈 곳 중 하나였던 옥스퍼드 거리를 당시 하위문화(Subculture)에 속했던 성소수자들이 조금씩 차지하기 시작하였다. 1960년대 후반이 돼서야 동성애에 대한 사회적 수용이 점차 늘어나는데, 동성애에 대한 금지가 점차 완화되고 성소수자에 대한 권리를 논하는 분위기가 형성되었기 때문이다. 대표적으로, 이전에는 법적으로 금지되어 있던 성소수자 클럽이 옥스퍼드 거리의 간판을 통해 하나의 도시경관으로 등장한 것이다. 이를 통해 이들의 존재가 본격적으로 사회에 드러나기 시작하였고, 옥스퍼드 거리는 남성 동성애자를 대상으로 하는 클럽이 밀집되었고, 점차 이들을 위한 사회적 서비스(상담, 의료 등)을 제공하는 상업지구가 들어섰다. 이로 인해 옥스퍼드 거리는 '남성 동성애자들의 마을(Gay Village)'이라는 정체성이 부여되었다. 이러한 장소성은 하나의 목소리를 내는 데 일조하였다. 옥스퍼드 거리에서 마디그라 축제를 통해 전달하던 이들의 정치적 목소리는 1980년대에 들어서면서 의회에 닿기 시작했다. 1983년 마디그라 축제에서는 시드니시의회(Sydney Council)가 처음으로 퍼레이드 경로를 따라 마디그라 깃발 장식을 설치할 수 있도록 법안을 통과시켰고, 오스트레일리아 의회(Australia Council)는 약 6,000달러의 자금을 지원하기도 하였던 것이다(시드니

그림 5. 시드니 마디그라 축제가 열리는 옥스퍼드 거리의 위치(좌, 붉은 박스), 옥스퍼드 거리의 테일러 광장(Taylor Square)에 있는 성소수자를 표현하는 무지개 횡단보도(우).
출처(우) 시드니 시청 사이트

마디그라 축제 사이트). 즉, 옥스퍼드 거리에서 형성된 성소수자들 간의 단단한 유대감은 시드니 마디그라 축제를 지속시키는 기반이 되었으며, 더욱이 성소수자에 대한 인식을 개선하는 데 도움이 되었다.[8]

앞서도 언급했지만, 마디그라 축제는 '성소수자가 당당히 자신을 표출할 수 있는 거리 축제'이다. 다양한 유형의 성소수자가 실제로 존재한다는 것을 공개적으로 드러낼 수 있는 공간이다. 성적 지향성을 마음대로 표출하기 어려웠던 성소수자들에게 마디그라 축제는 그들의 정체성을 다시 확인하고, 소속감을 부여하는 기념일이다. 당당히 사회에 동등한 권리를 주장하며 나선 그들의 목소리는 다수에게 닿게 된다. 2017

---

8. 비록 1800년대 중반에 에이즈(HIV/AIDS)의 위험으로 어려움을 겪기도 했지만, 주 정부와 공동으로 협업하여 호스피스, 건강 교육, 상담 서비스 등 건강과 관련된 핵심 서비스를 제공하면서 감염률을 낮추고 위기를 넘겼다. 이러한 위기에 함께 대응하면서, 성소수자들 간의 연대는 더욱 확고해졌다(Bitterman and Hess, 2021).

호모트래블쿠스의 지리답사기

그림 6. 옥스퍼드 거리에서 열리는 마디그라 축제
출처 호주 뉴사우스웨일스주 시드니 공식 관광사이트

년 12월 7일, 동성애 결혼 합법화가 이루어진 것이다(한겨레, 2017년 12월 7일 자). 전 유권자의 약 62%가 동의하였고, 특히 대도시인 시드니와 멜버른(Melbourne, 시드니와 맞먹는 오스트레일리아의 대도시 중 하나)의 도심에서는 찬성표가 84%를 차지할 정도로 높았다(Forrest et al, 2019). 시드니 마디그라 축제를 통해 시드니와 오스트레일리아의 시민들은 점차 열린 마음을 갖게 된 것이다(Vorobjovas-Pinta and Fong-Emmerson, 2022). 그뿐만이 아니라 더 나아가서, 최근의 마디그라 축제에서는 성소수자이면서 문화적 소수 집단인 사람들(예를 들어, 성소수자인 애보리진[9])의 이야기에 귀를 기울이고 있다 (Ruez, 2016). 이제는 성적 다양성을 뛰어넘어 인종과 문화적 다양성까지 드러내는 마디그라 축제는 시드니가 다양성을 존중하는 도시라는 것을 뒷받침하고 있다.

---

9. 애보리진(Aborgine)은 Australians Origin을 축약한 말로, 오스트레일리아 대륙에 유럽인이 도래하기 전부터 거주하고 있었던 민족들을 총칭한다. 일반적으로 백인과 구별하여 오스트레일리아 원주민(Australian Aborigine)으로 불리며 가끔 퍼스트 오스트레일리안(First Australians)이라고도 한다.

_ 왈칭 마틸다의 정신처럼 다양성을 계속 추구하길!

오스트레일리아는 과거 비백인계와 성소수자에 대한 혐오와 갈등이 있었으나, 이제는 이러한 갈등을 지양하고 문화적 다양성을 지향하고 있다. 제임스 쿡의 정착부터 이어져온 역사의 중심지인 시드니는 다문화주의를 바탕으로 오스트레일리아의 미래를 이끄는 도시 중 하나가 되었다. 이곳에서 열리는 음력 설 축제와 시드니 마디그라 축제는 다양성을 추구하고 이루는 데 중요한 역할을 하고 있다. 공통적으로, 이 두 축제는 사회적 소수 집단(아시아인과 성소수자)을 다수에게 주기적으로 소개하기 때문에, 일반적으로 가지고 있는 소수 집단에 대한 잘못된 오해나 편견을 바로잡을 수 있게 한다. 이를 통해 사회적 소수 집단에 대한 긍정적 인식을 향상해 사회적인 수용과 포용을 이끌어 내기도 한다. 마디그라 축제를 통해 동성애 결혼에 관한 법을 제정한 결과를 도출한 것처럼 말이다. 하지만 이러한 긍정적인 기능이 있음에도 불구하고, 다른 한편으로는 다문화 축제가 '보여주기'식에 머물러 있다는 비판을 받고 있기도 하다. 즉, 음력 설 축제와 같은 다문화 축제는 소수민족 공동체의 문화를 상품으로 만들기 때문에 다수와 소수민족의 문화에 위계를 조성한다는 관점이 있다(정상우, 2008; 김정규, 2010). 그뿐만 아니라 시드니 마디그라 축제는 도시 고유의 자산을 탐색하는 기업가들과 관광객들에게 긍정적 이미지를 심어주기 위한(혹은 강제하기 위한) 일종의 돈벌이 수단으로써 이용되고 있다고 평가되기도 한다(Bitterman and Hess, 2021). 이러한 비판은 오스트레일리아식 다문화주의가 지니는 한계에서 기인하는데, 대표적인 다문화 국가로 알려진 미국이나 캐나다와는 달리, 오스트레일리아가 소수 집단에게 제공하는 제도는 이미 형성된 백인의 집단에 여러 민족의 문화를 흡수하고 융합하는 경향이 높기 때문이다(김정규, 2010). 예를 들어, 오스트레일리아는 이민자의 언어 문제(영어)에 대한 지원에 있어서 여타의 국가에 비해 가장 적극적으로 시행하고 있지만, 이민자

호모트래블쿠스의 지리답사기

가 일상생활에서 겪는 구조적 불평등은 그대로 두고 있어 여전히 사회의 상류층으로 편입하기 어려운 구조를 지닌다. 이러한 제도적·구조적 측면에서 오스트레일리아식 다문화주의는 다소 한계를 지니고 있다.

하지만 인종차별적인 백호주의 정책을 실행했던 과거의 오스트레일리아는 시드니의 이 두 개의 독특한 축제를 비롯하여 다양한 다문화정책을 통해 혐오를 점차 개선해나갔다. 그런 의미에서 마지막으로 오스트레일리아의 노래 한 곡을 소개하고자 한다. 바로 오스트레일리아의 대표적인 민요 〈왈칭 마틸다(Waltzing Matilda)〉(1905)이다.

"Waltzing Matilda, waltzing Matilda,

"왈칭 마틸다, 왈칭 마틸다

You'll come a-waltzing Matilda, with me,

너는 나와 함께 떠날 거야

And his ghost may be heard as you pass by that billabong,

그리고 그 유령의 노랫소리가 그 연못을 지날 때 들릴지도 모른다네

You'll come a-waltzing Matilda, with me."

너는 나와 함께 떠날 거야"

– 밴조 패터슨, 〈왈칭 마틸다〉 중에서

이 곡은 2000년에 열린 시드니 올림픽 폐막식에서 연주될 정도로 많은 오스트레일리아인이 즐기는 노래다(오스트레일리아 국립 영상 및 음악 아카이브 사이트). 흥겹고 신나는 선율을 지녔지만, 가사는 다소 의미심장하다. 노래의 가사는 오스트레일리아의 시인으로 불리는 밴조 패터슨(Banjo Paterson)이 작성하였는데, 1890년대 초, 오스트레일리아의 퀸즐랜드(Queensland) 지역에서 일어난 양털 깎기 노동자 파업에서 주동자가

경찰에 잡히지 않기 위해 호숫가에서 스스로 목숨을 끊었다는 이야기에서 영감을 받았다고 한다. 우리나라의 아리랑처럼 오스트레일리아 국민이 사랑하는 이 노래 속에는 '부당한 것에 저항하고 주체적인 자유를 지향'하는 정서가 담겨 있다.

특히 이 곡에서 반복되고 있는 '왈칭 마틸다'가 주는 의미는 작지 않다. 소수 집단에 대해 감정적인 혐오가 아닌, 지식과 인식을 통한 이상적인 수용으로 바꾸기 위해서는 틀에 박힌 사회적 통념에서 벗어나, 있는 그대로를 보고 판단할 '자유'와 부당한 것에 '저항'하는 정신이 필요하다는 것을 이 노래는 말해준다. 이러한 왈칭 마틸다의 정신을 이어가고자 하는 오스트레일리아 국민처럼, 우리도 인종적, 문화적, 그리고 성적 다양성을 포용하고 수용하는 사회로 나아갈 수 있기를 바라며, 왈칭 마틸다를 나지막하게 읊조려 본다.

호모트래블쿠스의 지리답사기

참고문헌

- 김범수, 2012, "'호주인'의 경계 설정: 호주 민족 정체성의 등장과 변화," 아시아리뷰, 2(1), 207~244.
- 김정규, 2010, "미국, 캐나다, 호주의 다문화주의 비교연구," 사회이론, 37, 159~203.
- 문경희, 2017, "호주 한인 '1세대'의 이민에 대한 연구: 이주체계접근법과 이민자의 경험을 중심으로," 인문과학, 67, 117~156.
- 정상우, 2008, "호주의 다문화주의 정책과 법," 외국법제연구, 10, 85~94.
- 정은혜·오지은·황가영, 2019, 『답사 소확행』, 푸른길.
- 주양중, 2012, 『호주의 다문화주의』, 박문각.

- Bitterman, A., and Hess, D. B., 2021, *The life and afterlife of gay neighborhoods: Renaissance and resurgence*, Springer Nature.
- Forrest, J., Gorman-Murray, A., and Siciliano, F., 2019, The geography of same-sex couples and families in Australia: An empirical review, *Australian Geographer*, 50(4), 493~509.
- Mak, A. L., 2003, Negotiating identity: Ethnicity, tourism and Chinatown, *Journal of Australian Studies*, 27(77), 93~100.
- Markwell, K., and Waitt, G., 2009, Festivals, Space and Sexuality: Gay Pride in Australia, *Tourism Geographies*, 11(2), 143~168.
- Pearson M., 2005, *Great Southern Land: the maritime exploration of Terra Australis*, The Australian Government Department of the Environment and Heritage.
- Vorobjovas-Pinta, O., and Fong-Emmerson, M., 2022, The contemporary role of urban LGBTQI+ festivals and events, *Event Management*, 26(8), 1801~1816.

- Waitt, G., 2008, Urban festivals: Geographies of hype, helplessness and hope, *Geography Compass*, 2(2), 513~537.
- Ruez, D., 2016, Working to appear: The plural and uneven geographies of race, sexuality, and the local state in Sydney, Australia. *Environment and Planning D: Society and Space*, 34(2), 282~300.

- 한겨레, 2017년 12월 7일, "호주, 동성결혼 세계 26번째 합법화…의회 최종 통과."
- 한겨레, 2019년 7월 1일, "'스톤월 항쟁' 50주년…수십만 무지갯빛, 맨해튼을 물들이다."
- 호주 공영방송 ABC, 2016년 3월 4일, "Mardi Gras in Sydney should be free of politics, 78er Ron Austin says."
- 호주 공영방송 SBS(한국어), 2023년 1월 20일, "'설날 어디갈까?'… 2023 호주 전역, 음력설 행사 총정리."
- 호주 공영방송 SBS, 2021년 2월 8일, "What's in a name? Why Mardi Gras is named Mardi Gras."
- Hanho Korean Daily, 2018년 6월 7일, "Sydney economy benefits from Chinese New Year Festival."
- KBS, 2017년 6월 29일, "[글로벌24 이슈] 호주 원주민 '잃어버린 세대'."
- YTN 사이언스, 2017년 11월 8일, "주머니 속의 과학…호주 대표 동물 캥거루."

- 시드니 마디그라 축제 사이트(Sydney Gay and Lesbian Mardi Gras), https://www.mardigras.org.au
- 시드니 시청 사이트(City of Sydney), https://www.cityofsydney.nsw.gov.au
- 호주 국립 영상 및 음악 아카이브 사이트(Australian Screen of NFSA−National Film and sound archive of Australia), https://aso.gov.au
- 호주 뉴사우스웨일스 주립 도서관 사이트(New South Wales state library), https://www2.

sl.nsw.gov.au

- 호주 뉴사우스웨일스 주립 도서관 역사문화기록보관소(Dictionary of Sydeny), https://dictio-naryofsydney.org
- 호주 뉴사우스웨일스주 시드니 공식 관광사이트(official site for Destination NSW), https://www.sydney.com
- 호주국립박물관 사이트(National Museum Australia), https://www.nma.gov.au/defin-ing-moments/resources/first-gay-mardi-gras

CHAPTER 05

지속 가능한 우리의
보금자리를 위한 작은 제안

#자연

#환경

#지속가능성

#힐링

동백나무 숲과 국립생태원, 국가의 보물이 되다!
충남 '서천'

#자연경관 #생태 #명소 #동백나무 #국립생태원

_ 자연과 함께하는 느린 도시, 서천

치타슬로(Cittaslow)! 치타슬로는 느림의 대명사, 달팽이로 표현되는 슬로시티(Slow City) 운동의 이탈리아식 구호로 '느리게 살자'는 의미다(그림 1의 좌). 슬로시티는 획일적이고 기계적이며 빠르게 살아가는 대도시 삶을 탈피하고 '느림'을 추구하는 도시다. 즉, 지역공동체가 지역의 자연환경, 전통산업, 문화, 음식 등 고유자원을 천천히 음미하며 주체적으로 지역의 정체성을 발견하고, 이를 통해 자연환경과 인간이 조화를 이루는 지속 가능한 발전을 추구하면서 삶의 질을 향상하고자 하는 일종의 대안적 도시발전 모델이다(한국슬로시티본부 홈페이지).

대도시에서 주로 살아가는 우리의 삶은 여전히 찰리 채플린(Charlie Chaplin)이 연기한 영화 〈모던타임즈(Modern Times)〉(1936)와 비슷하다(그림 1의 우). 〈모던타임

그림 1. 슬로시티 지역 특산품 브랜드 상표(좌)와 영화 〈모던타임즈〉의 한 장면(우)
출처 한국슬로시티본부 홈페이지(좌), 영화 〈모던타임즈〉(1936)(우)

즈〉속 노동자처럼 출근해서 일하고 퇴근하는, 마치 컨베이어 벨트(Conveyor Belt) 위에 있는 듯한 반복적인 삶. 먹을 시간마저 부족하여 패스트푸드(Fast Food)라는 음식이 생길 정도로, 바쁘게 일하느라 여유를 챙길 수 없는 삶 말이다. 그래서일까? 쳇바퀴 같은 바쁘고 획일적인 삶에서 벗어나고 싶은 소망들이 모여 생긴 슬로시티 운동은 1999년 이탈리아에서 시작되어 전 세계로 확산하고 있다. 2022년 6월 기준 33개국에 287개 도시가 슬로시티에 선정되어 있으며, 국내에서는 신안, 완도, 장흥, 담양, 하동, 전주, 태안 등 17개 지역이 포함되어 있다(한국슬로시티본부 홈페이지). 그중에서도 모든 것이 빠르고 바쁘게만 흘러가는 수도권의 도시에서 가까우면서도 여유롭고 색다른 삶을 체험할 수 있는 지역인 '서천'을 소개해보고자 한다.

  2018년에 국내에서 15번째로 슬로시티가 된 충청남도 서천은 서산, 태안, 보령보다 남쪽에 위치하고, 전라북도 군산보다는 북쪽에 위치한다(그림 2). 서천은 한산모시, 한산소곡주 등의 지역 특산품을 가지고 있다. 서천보다 한산이 더 익숙한 것은 행정구역 개편과 관련이 있다. 한산면은 조선 시대 당시만 해도 한산군에 속해 있었으나, 1914년에 지방 제도가 개편되면서 인근의 비인군, 서천군과 함께 서천군으로 통폐합되었다(박성섭, 2021). 이에 과거 한산군에서 생산하던 모시와 소곡주는 현재에 이르러 서

그림 2. 서천의 위치(좌)와 서천의 평화로운 전경(우)

천의 특별한 지역 특산품이 되었다. 이 특산품들은 역사적 가치를 인정받아 서천이 슬로시티에 가입하고 선정되는 데 큰 역할을 하였다(한국슬로시티본부 홈페이지).

또 한편으로, 서천이 슬로시티를 지향하게 된 배경에는 람사르 습지로 지정된 금강 하구의 서천 갯벌을 포함하여 신성리 갈대밭, 마량리 동백나무 숲 등 생태적, 학술적으로 가치가 높은 자연경관이 존재한다는 점도 한몫하였다. 이러한 자연경관이 지금까지 보존되어왔기에 국립생태원, 국립해양생물자원관 등의 시설을 유치할 수 있었고, 이를 바탕으로 '생태도시'라는 비전을 향해 달려나갈 수 있었다. 빌딩이 숲처럼 서 있는 대도시와 다르게, 슬로시티이자 생태도시인 서천에서 우리는 어떤 특별하고 매력적인 경관을 만날 수 있을까? 지금부터 인간과 자연이 공존하며 느리게 살아가는 도시, 서천으로 인생샷을 찍으러 가 보자!

호모트래블쿠스의 지리답사기

_ 마을 사람들과 과거로부터 이어진 인연이 있는 숲, 동백나무 자생지

서천의 특별한 경관을 찾는다면, 이곳을 빼놓고 말하기 어렵다. 바로 천연기념물 제
169호로 지정된 동백나무 숲이다. 서천 9경 중 첫 번째 명소로도 알려진 동백나무 숲
은 서천의 북서쪽 바닷가인 마량리의 끝자락(도둔곶)에 있다(그림 3의 좌). 동백나무
(*Camellia japonica L.*)는 차나무과에 속하며 사시사철 푸르고 넓은 잎을 지닌 상록활엽
수이다(박선욱 외, 2019). 주로 겨울철에서 초봄 사이에 개화하고 따뜻한 기후에서 자
라기 때문에 국내에서는 제주도를 비롯한 남해안 바닷가에서 대부분 찾아볼 수 있다
(그림 3의 우). 동백나무가 자랄 수 있는 가장 북쪽의 지역은 동해 울릉도, 울산광역시
목도, 전라남도 광양시, 경상남도 하당군, 전라남도 구례군, 충청남도 서천군, 서해 대
청도로 알려져 있다(진영규·김인택, 2005). 이 지역들을 선으로 이은 것을 '동백나무가
자생할 수 있는 북한계선(北限界線)'이라 하는데, 북한계선은 난대성(暖帶性) 식물의
자생 환경의 한계(겨울철 기온 등)를 알 수 있고, 기후변화를 알려주는 지표가 될 수 있
어 생물지리학적으로 가치가 높다(박선욱 외, 2019). 서천 마량리의 동백나무 숲이 천

그림 3. 마량리 동백나무 숲 위치(좌, 붉은 원)와 동백나무에서 핀 동백꽃(우)
출처(우) 국립생태원 홈페이지

그림 4. 동백정에서 보이는 서해 바다와 섬들(좌), 동백나무와 제당(우)

연기념물로 선정된 이유 중 하나가 바로 동백나무의 북한계선에 해당한다는 점에 있다(국가문화유산포털). 다시 말해, 서울에서 보기 어려운 동백꽃을 볼 수 있는 지역 중 가까운 곳에 서천이 포함되며, 남해안에서는 겨울에 꽃피는 동백꽃을 서천에서는 나들이하기 좋은 초봄에 볼 수 있다는 것을 의미한다.

　　3~4월에 동백나무 숲을 방문하면, 상당한 경사를 보이는 계단 옆에서 활짝 핀 동백꽃을 볼 수 있다. 동백꽃을 구경하면서 계단을 차근차근 오르면 '동백정'이라고 불리는 정자가 나타난다. 동백정에 오르면 확 트인 서해의 경관과 시원한 바람이 우리를 반겨준다(그림 4의 좌). 잔잔한 서해를 배경으로 사진도 찍으면서 한껏 여유를 만끽할 수 있다. 동백정 안을 한 바퀴 돌아다니다 보면, 그 옆에 조그마한 건물이 눈에 띈다(그림 4의 우). 출입이 통제되어 있어 어떤 건물일지 궁금증을 자아내는데, 이 건물은 마을의 수호신에게 제사를 지내는 당집으로, 동백나무 숲과 마을주민을 연결해주는 매개체이자 상징물이다.

　　이 제당의 진정한 존재 의미는 동백나무 숲에 전해 내려오는 전설에서부터 시작된다. 약 500년 전의 어느 날, 마량진(馬梁鎭, 충청도 수군의 진영 이름)의 수군 첨사(僉事)[1]

---

1. 마량진은 조선 시대에 설치된 수군 진영 중 하나이다. 본래는 남포현(현 충남 보령군 남포면)에 있었으나, 쌓

호모트래블쿠스의 지리답사기

는 바다 위에 수많은 꽃이 떠 있는 꿈을 꾸었다고 한다. 꿈속에서 그는 영감을 받았는데, 이 꽃들을 심고 잘 가꾸면 어부들이 바다에서 안전하게 고기를 잡을 수 있고 마을 역시 번창할 것이라는 내용이었다. 신기한 꿈에 놀라 꿈속에서 본 바닷가에 가 보니, 실제로 꿈에서 봤던 꽃들이 있었다. 이는 오늘날 동백나무 숲의 기원으로 전해지고 있다(국가문화유산포털).

동백나무 숲의 전설이 사실인지는 파악하기 어렵지만, 적어도 이 전설을 통해 조상 대대로 이곳에 터를 잡고 살아오던 마을 사람들이 동백나무 숲에 중요한 의미를 부여하는 계기가 되었음을 알 수 있다. 즉, 삶을 평탄하게 이어가기 위한 간절한 믿음이 동백나무 숲의 전설에 반영된 것이다. 마량리의 사람들은 오래전부터 경작할 수 있는 토지가 적어 어업이 주된 생계였다. 조선 후기 전까지만 해도 25~26명이 한 배에 탑승해 전남 칠산탄에서부터 황해도 및 평안도까지 장거리를 이동하며 봄철에는 조기를, 겨울철에는 청어를 어획했고, 가을철에는 벼를 운반하는 선운업(船運業)에 종사했다고 한다(오창현, 2014). 생계를 위해 날씨가 변덕스러운 바다에 멀리 나가야 하니, 이 동백나무 숲에 전해오는 풍어(豐漁)와 무사고(無事故)를 예언하는 전설을 믿지 않을 수가 없었다. 그러한 이유로 마량리 동백나무 숲 안쪽, 동백정 옆에 자리한 제당에는 이 지역의 마을과 인근 해역을 수호하는 신들이 모셔져 있다(그림 4의 우). 마량리 마을 어민들은 오늘날까지도 매년 음력 1월에 이 제당에서 고기잡이로 하러 나간 어부들이 사고 없이 많은 고기를 잡도록 비는 제사를 올리고 있다.

흥미롭게도 마량리의 제당에 모셔진 해역 신은 마량리 외에 인근 마을의 어민들

이는 토사로 인해 전함이 적군에게 쉽게 노출될 것을 우려하여 1655년 효종 때 비인현으로 이전하였다. 이전한 마량진의 위치는 현 충남 서천 서면의 도둔곶 인근으로 추정된다(서태원, 2018). 수군첨사는 조선 시대 수군의 종삼품 무관으로, 수군절도사 바로 아래 벼슬을 말한다(국가문화유산포털).

조차 본인들의 마을 수호신보다 더 중히 여겨[2], 장거리 항해를 나설 때마다 마량리의 신에게 다시 고사를 올린다고 한다. 이는 두 가지 이유로 추정되는데, 첫째 동백나무 숲에서 보이는 수많은 섬이 떠 있는 바다가 신이 머물만한 장소로 간주한다는 점(그림 4의 좌), 둘째 조선 시대 수군 주둔지인 마량진이 동백나무 숲 인근에 있어 인근 주민들은 바다에서 무사 통행을 기대할 수 있었다는 점이다(오창현, 2014). 동백나무 숲이 있는 도둔곶 인근은 지형이 바다로 톡 나와 있어 선박이 좌초되는 경우가 많았고, 해적이 자주 출몰되던 지역으로 인근 지역주민들에게 위험한 지역이었다. 그런 이유로 이 지역의 마량진에서는 해적의 침입으로부터 주민들과 어선을 비롯한 조세선 등 선박을 보호하고, 표류해온 표류민을 조사하고 송환하는 업무를 수행하였다(서태원, 2018). 따라서 해역을 보호하는 마량진의 지휘관(수군 첨사)과 연관된 전설이 내려오는 동백나무 숲은 마량리의 주민들뿐만 아니라 인근 마을 사람들마저 전설을 믿게 하는 명백한 증거물이었을 것이고, 이에 따라 마량리 마을 사람들뿐만 아니라 주변 마을 사람들도 마량리의 제당에 있는 신들을 더 높이 모시게 된 것으로 보인다.

마을 사람들의 안녕과 번영을 기원하는 제당에서 내려오는 길에는 동백나무와 침엽수를 볼 수 있다(그림 5의 좌). 키가 작고(대략 2~3m) 곁가지가 발달하여 동글동글한 동백나무는 바로 옆에 있는 커다란 침엽수와 대비되는데, 상대적으로 작다고 하여 만만하게 보긴 어렵다(그림 5의 우). 이곳에 사는 82그루의 동백나무는 무려 500년이나 살아왔기 때문이다. 생각보다 긴 세월을 살아온 동백나무가 이러한 형상을 보이는 것은 서해에서 불어오는 바람과 연관이 깊다.

일반적으로 마을 근처 바닷가에 있는 숲은 해안으로부터 불어오는 강한 바람과 바람에 실려 오는 모래 등을 막기 위해 조성된 방풍림(防風林)으로서의 기능

---

2. 서낭(일종의 수호신) 중 가장 높다고 하여 '윗서낭'이라 불린다고 한다(오창현, 2014).

호모트래블쿠스의 지리답사기

그림 5. 제당에서 내려오는 길(좌), 키가 작고 둥근 모양의 동백나무(우)

을 하고 있다. 마량리의 동백나무 숲은 바닷가 근처에 있고, 숲에서 500m 정도 떨어진 곳에 마을이 자리하고 있어 방풍림의 목적으로 조성된 것처럼 보인다. 그렇지만 일반적으로 동백나무가 7m 정도 자란다고 알려진 것에 비해 마량리 동백나무의 키는 2~3m에 불과하고 옆으로 퍼져 있다는 점에서 강한 바람에 견딜 수 있는 나무가 아닌 것을 짐작할 수 있다. 또한, 마량리 동백나무 숲에서의 동백나무의 분포를 보면 바닷가에 가까운 위치에는 몇 그루 남지 않았지만, 바닷가에서 조금 떨어진 반대편에는 70여 그루의 동백나무가 밀집되어 있다(한국민족문화대백과사전 사이트). 이러한 점을 종합해 볼 때, 500여 년의 세월 동안 바닷가에 가깝게 있던 동백나무 자리를 침엽수가 차지한 것으로 보인다. 이처럼 서해에서 불어오는 바람을 견디지 못하여 바닷가에서 조금 떨어진 곳에 주로 분포하는 키 작은 동백나무 숲은 방풍림의 기능이 다소 떨어짐에도 불구하고, 마을 사람들과 깊은 인연이 있었기에 더욱 특별한 의미를 지녀 지금까지 보호되며 이어져 올 수 있었다.

이렇게 마을 사람들의 삶과 밀접한 마량리의 동백나무 숲은 마을의 번영과 안녕을 기원하는 일종의 수호림(守護林)으로서 문화적 가치를 인정받았다. 또한, 난대성 상

그림 6. 동백나무 숲에서 보이는 옛 서천화력발전소

록활엽수림인 동백나무의 북한계선으로서 생물지리적 가치를 인정받아 1965년에 국가의 보물이 되었다. 그 덕분에 1970~1980년대 산업화의 밀물 속에서도 천연기념물인 동백나무 숲은 무사할 수 있었지만, 인근의 동백정 해수욕장은 본래의 모습을 잃을 수밖에 없었다. 중부지방에 자리한 산업단지에 전기를 공급할 목적으로, 국내 최대의 석탄 화력발전소가 1984년에 들어선 것이다. 이에 따라 석탄을 운반하기 위한 철도(서천화력선)도 건설되었다. 화력발전소가 가동 중이던 2017년에는 동백나무 숲 인근 바다에 따뜻한 물이 방류되면서 물고기가 폐사하기도 했다. 다행히 그 후에 발전소가 인근 항구로 이전되었고 철로 또한 철거되었지만, 여전히 그 흔적은 남아있는 상태다. 실제로 동백정에 올라가 보면 광활한 바다에 어울리지 않게 화력발전소의 굴뚝이 남아 미관을 해치고 있는 모습을 볼 수 있다(그림 6). 그런데 최근 옛 서천화력발전소 자리에 다시 동백정 해수욕장과 갯벌을 복원한다는 소식이 들려 반가움을 자아내고 있다(아주경제, 2022년 2월 8일 자). 또한, 마을 대표가 숲을 직접 모니터링하는 '당산할 아버지 제도'를 통해 문화재청과 지역주민들이 동백나무 숲 보존에 힘을 쏟고 있다(문화재청 홈페이지). 이처럼 서천군을 비롯한 지역주민들의 노력으로 마량리의 동백나무 숲은 점차 일품이었던 옛 풍경을 되찾아가고 있다.

　마량리 동백나무 숲의 전설과 이야기를 듣노라면, 사람과 자연 간의 조화가 이곳 서천에서 지금까지도 영위되고 있음을 깨닫는다. 이야말로 대도시와 다르게 슬로시티에서 살아가는 법이 아닐까? 우리도 곧 가까운 미래에 동백나무 숲과 인근 해수욕장을 거닐며 여유롭고 느린 삶을 느껴볼 수 있기를 고대해본다.

_ 생태 도시를 꿈꾼 서천의 한 수, 국립생태원

　서천의 북쪽을 둘러보았으니 이제 남쪽으로 내려와 보자. 서천의 남쪽에는 우리나라 4대강 중 하나인 금강이 흐르고 있다. 철새들의 낙원으로 불리는 이 금강하구와 서천 갯벌 인근에는 국립생태원이 있다. '생태원(生態園)'이라는 단어는 동물원이나 식물원보다 다소 생소할 수 있는데, 쉽게 말해 생태를 관찰 및 체험할 수 있는 전시관을 말한다. 즉, 환경과 생물 간의 관계, 혹은 생물과 생물 간의 관계를 살펴볼 수 있는 공원으로, 특정 주제를 기반으로 자연환경을 조성하여 그 속에서 다양한 동식물이 살아가는 모습을 볼 수 있는 곳이다. 국립생태원은 이러한 환경 교육의 장일 뿐만 아니라 생태와 관련된 연구 분야의 중심지로서, 전국자연환경조사 및 데이터 구축, 환경보존 연구, 기후변화에 따른 생태계 변화 연구 등 생태연구가 활발히 진행되고 있는 환경부 산하의 기관이다(국립생태원 홈페이지).

　'국립'이라는 이름에서 보여주듯, 국립생태원은 국민의 세금으로 설립되고 운영되기 때문에 입지를 선정할 때 신중해야 한다. 그런데 왜 서천에 자리잡게 되었을까? 서천이 동백나무 숲을 비롯하여 금강 하굿둑, 갈대밭, 갯벌 등 아름다운 천혜의 자연경관이 많이 있는 곳이긴 하지만, 환경부는 제주도나 순천과 같이 생태 도시로 유명한 곳이 아닌, 왜 이곳 서천에 국립생태원을 두기로 한 것인지 궁금해진다. 이에 대한 답을 알아보려면 국립생태원에서 조금 떨어진 '옛 장항제련소'에서부터 시작해야 한다.

금강을 경계로 전라북도 군산과 만나는 장항에 위치한 옛 장항제련소는 1937년부터 1989년까지 가동했던 종합비철금속 제련소로, 우리나라 근현대 산업에 중요한 동력을 담당했던 곳이다(그림 7의 좌). 장항제련소는 일제가 군사 자금 확보를 위한 금과 은을 제련하기 위해 건설되었다. 이 시기쯤에 국내 최초 부잔교[3]를 지닌 장항항이 개항(1930년)되었고, 천안과 장항을 이어주는 충남선이 개통(1931년)되었다. 이처럼 사회적 기반시설이 마련되면서 학교, 관공서, 경찰서 등의 공공시설과 미곡 창고 및 검사소와 같은 각종 산업시설, 그리고 은행, 운송회사, 선박조합 등의 상업시설이 빠르게 들어서기 시작했다. 더불어 전등, 전화와 같은 근대적 인프라가 설치되며 장항은 급속한 산업화를 겪었다(박재민·성종상, 2012). 광복 후, 장항은 장항제련소를 중심으로 성장하였고 우리나라 금속 산업의 구심점 역할을 이어나갔다. 장항제련소는 당시 우리나라 3대 제련소 중 하나라는 명성에 걸맞게, 1970년대에는 초기의 제련량(연간 약 1,500t)보다 약 30배 이상 증가(약 50,000t)할 정도로 생산 규모가 확연히 증가하였다(대한민국역사박물관 근현대사 아카이브 홈페이지). 이에 따라 자연스럽게 장항으로 인구가 몰려들었고, 이들을 수용하기 위한 주택 또한 활발하게 건설되었다(박성신, 2020).

그러나 장항의 발전은 장항제련소 주변의 환경오염이 문제로 대두되면서 오래가지 못했다. 금속 제련 공정 과정에서 나오는 카드뮴, 납, 비소 등의 중금속이 대기로 배출

---

3. 부잔교란, 수위의 증감에 따라 위아래로 자유자재로 움직이게 하여, 부두에서 화물이나 탑승할 때 사용하는 다리를 뜻한다.

호모트래블쿠스의 지리답사기

그림 7. 1964년 장항항과 굴뚝에서 연기가 나오는 장항제련소(좌), 2020년 국립생태원의 에코리움(우)
출처 충청남도(좌), 한국관광공사(우)

되어 주변 토양이 오염되었다. 오염된 비와 토양으로 인해 농작물이 큰 피해를 보았고, 중금속에 지속해서 노출된 주민들은 각종 질병에 시달렸고 사망자가 발행하기도 했다. 이에 장항제련소는 1989년에 폐쇄되었다. 약 20년이 지난 2009년 조사에서 독성이 강한 비소(As)가 토양 오염의 기준보다 무려 1,200배가 넘게 검출될 정도였다고 하니 얼마나 환경오염이 심각했는지 짐작할 수 있다(이진욱, 2021). 근현대 산업을 이끌던 서천의 장항은 장항제련소의 굴뚝에서 연기가 사라진 1980년대 후반 이후로 점차 인구가 감소하여 쇠퇴의 길을 걷게 되었다(박재민·성종상, 2012; 박성신, 2020).

이러한 아픔을 겪고 있던 서천은 재도약을 위한 큰 결심을 한다. 본래 서천 갯벌을 매립하고 그 위에 장항국가산업단지를 조성하여 지역의 경제 발전을 도모하고자 했다. 그러나 2007년에 대규모 국가산업단지를 개발하는 것 대신, 금강하구에 유일하게 남은 서천 갯벌을 보존하면서 지속 가능한 발전을 지향하는 방향으로 선회하였다(최수경·황선도, 2019). 장항과 그 인근 지역에 국립생태원, 국립해양생물자원관, 장항 국가생태산업단지 등을 조성하여, 서천 본연의 아름다운 자연경관과 생태자원을 활용할 수 있는 생태 산업 및 관광을 산업의 주축으로 하고자 한 것이다. 이러한 생태 도시를 향한 첫 번째 발걸음이 바로 '국립생태원'이다.

광활하다고 해도 될 만큼 드넓은 국립생태원의 정문을 통과하면 반원형의 돔들이 모여 있는 건물이 눈에 띈다. 둥근 유리 온실은 마치 산업화를 상징하는 직선형의 굴뚝과 대조되는 듯하다. 이 독특한 형태를 지닌 건물은 국립생태원의 핵심 실내 전시장인 '에코리움'이다(그림 7의 우). 실제로 에코리움은 자연의 유기적인 선을 모티브로 하여 생물의 탄생부터 소멸까지 생동하는 역동적 에너지를 상징한다(손명기 외, 2009). 의도한 대로 에코리움에서는 1,900여 종의 식물과 280여 종의 동물들이 5개의 기후 환경(열대, 사막, 지중해, 온대, 극지) 속에서 적응하여 살아가는 역동적인 모습을 볼 수 있다(국립생태원 홈페이지).

에코리움에서 가장 먼저 들어가는 전시장은, 열대기후 환경을 재현한 열대관이다. 열대관에 들어서면 덥고 습한 공기가 느껴지면서, 천장에 거의 닿을 듯한 커다랗고 키가 큰 나무들이 빽빽이 밀집된 풍경이 보인다(그림 8의 좌). 이러한 열대우림의 이미지에 맞게, 열대우림은 햇빛과 물이 연중 내내 풍부해서[4] 식물들이 살기가 좋은 환경이다. 다른 한편으로 지표면 근처에서는 햇빛이 잘 들어오지 않을 정도로 나무들이 빽빽이 우거져 있기 때문에 좋은 자리를 차지하기 위해 생물 간의 치열한 생존 경쟁이 일어나는 곳이기도 하다. 이러한 삼림(森林) 속에서 햇빛을 차지하기 위해, 나무들은 줄기를 가늘게 하여 키를 키우는 것에 초점을 둔다(공우석, 2007). 또한, 어떤 식물들

---

4. 열대우림은 적도 인근에 있어 건기가 매우 짧거나 거의 없고, 연 강수량은 약 1800mm 이상이며 연평균기온은 25~26℃인 연중 내내 고온 다습한 지역이다. 많은 양의 강수량과 연중 내내 우기인 특징은 열대수렴대(ITCZ, Intertropical Convergence Zone)라 불리는 저기압대와 관련이 높다. 적도 부근은 매일 해가 정오에 거의 수직으로 위치하고 이로 인해 높은 태양에너지가 입사되어 태양에 의해 지표면이 뜨겁게 가열된다. 이 가열된 공기 덩어리는 상승하여 저기압과 비구름을 형성하는 데 일조한다. 이 비구름대가 산맥을 넘어서면서 막대한 양의 비를 뿌려, 열대우림은 연중 내내 강수량이 풍부하다(Corlett and Primack, 2011).

호모트래블쿠스의 지리답사기

그림 8. 열대관의 키 큰 나무(좌), 공중에 매달려있는 뿌리인 기근(우)

은 줄기가 아닌 뿌리를 발달시켜 생존하기도 한다. 일례로, 열대관의 입구에서 만난 커튼담쟁이(Cissus Sicyoides)를 비롯하여 알타시마 고무나무(Ficus Altissima)와 같이 공기 중에 뿌리가 실타래처럼 널브러져 있는 '기근(氣根)'을 갖는 식물들이 있다(그림 8의 우). 이는 비가 많이 와 땅이 무른 열대우림에서 식물이 생존하기 위한 전략 중 하나로, 공기 중에 넓게 퍼져 있는 기근은 공기 중의 물과 영양분을 흡수하다가 점차 밑으로 자라면서 땅에 닿게 된다. 땅에 닿은 뿌리는 토양의 영양분을 흡수하면서 줄기를 단단히 지탱하는 지주근(支柱根)이 된다(국립생태원 홈페이지).

열대관을 벗어나면 건조한 공기와 황량한 모래 위에 선인장으로 가득 찬 사막관으로 이어진다(그림 9의 좌). 알다시피 선인장은 사막의 대표적인 식물이다. 선인장의 뾰족한 가시는 잎이 진화한 것으로 증발량이 높은 사막에서 물 손실을 줄이기 위한 생존 전략이다(국립생태원 홈페이지). 이와 비슷하게 물을 최대한 보존하기 위해 진화한 사례가 있다. 바로 '그리스·로마 신화'에서 아테나 여신이 아테나의 시민들에게 선물로

그림 9. 사막관의 선인장(좌), 지중해관의 올리브 나무(우)
출처(우) 국립생태원 홈페이지

주었던 올리브 나무(*Olea Europaea*)이다(그림 9의 우). 올리브 나무는 유럽 지중해 연안에서 주로 자라는데, 이곳은 여름철에 덥고 건조하며 겨울철에는 따뜻하고 습한 환경을 지닌다.[5] 여름철 건조한 기후환경 속에서 증산을 최대한 억제하기 위해, 올리브 나무의 잎은 크기가 작고 표면은 단단하고 매끈하며, 줄기는 두꺼운 나무껍질로 둘러싸여 있고, 키가 작지만 뿌리는 깊게 발달하여 있다(공우석, 2007).[6]

지중해관을 나와, 멸종위기 종인 자생 무궁화 '황근'과 하천의 최상위 포식자 '수달' 등 우리나라 생태계를 재현한 온대관을 구경하다 보면 어느새 극지관 앞에 도달하게

---

5. 유럽 지중해 일대, 남아프리카 공화국, 미국 서부 캘리포니아 연안, 오스트레일리아 남서부 지역, 아프리카 카나리 제도 등 위도 30~40도의 대륙 서쪽 해안에 주로 나타나는 기후를 지중해성 기후라 한다. 지중해성 기후는 대기대순환에 의해서 나타나는 아열대 고압대와 아한대 저압대의 계절적 위치 변동으로 인해 나타난다. 여름철에는 아열대 고압대가 강화되어 북상하면서 덥고 건조하나, 겨울철에는 아한대 저압대가 강화되어 남하하면서 춥고 습윤해진다. 지중해성 기후가 나타나는 지역은 전 지구 육지 면적의 약 1.7%에 불과하지만, 전 세계 식물 종의 25%가 분포할 만큼 독특한 환경에 진화한 독특한 식물들이 많다(Rohli and Vega, 2018; 국립생태원 홈페이지).
6. 올리브 나무를 비롯하여 이러한 특징을 가진 식물들을 '상록경엽활엽수'라 칭한다(공우석, 2007).

그림 10. 극지관의 펭귄

된다. 극지관에 들어서면 남극에서 사는 펭귄을 실제로 만나볼 수 있다(그림 10). 극한의 추위 속에서 살아가는 펭귄의 생존전략은 얼지 않는 것이다. 펭귄은 그나마 따뜻한 여름철에 활발한 먹이 활동을 통해 고단백질의 영양분을 비축한다. 차가운 바닷물 속에서 사냥한 후에도 쉽게 얼지 않는 것은 펭귄의 깃털 구조 덕분인데, 펭귄의 깃털에는 나노 크기의 구멍이 뚫려 있고 왁스 성분의 기름이 나와 물 밖으로 나오자마자 얼기 전에 물방울을 빠르게 떨굴 수 있다(The Science Times, 2015년 12월 22일 자). 또한, 깃털 안쪽에는 솜털이 있어 추운 날씨에 사람들이 옷을 더 껴입은 것처럼 체온을 유지할 수 있다. 차가운 얼음에 닿는 펭귄의 발바닥에도 생존전략이 숨겨져 있다. 동맥과 정맥이 서로 꼬아진 형태의 모세혈관 다발(원더네트, Wonder Net)을 지니고 있어, 새로운 피를 즉시 교환하기 때문에 열 손실을 최대한 줄일 수 있다(아시아경제, 2020년 2월 4일 자).

덥고 습한 열대관부터 추운 극지관까지 순서대로 걸으면서 지구의 다양한 기후환경 속에서 살아가는 생물들이 다양한 생존전략을 가진 모습을 보노라면, 지구에 사는 생물들에 대한 경이로운 감정과 함께 기후변화와 생태계에 관한 깊은 고찰을 하게 된다. 특히 극한의 환경 속에서 적응하여 살아남은 생물들의 독특한 이야기는 국립생태원 설립 및 추진 배경과 일맥상통하여 더 뜻깊게 느껴지기도 한다. 한때는 국가의 발전을 이끌었지만, 환경오염을 겪고 쇠락한 지역인 서천에서 기후변화와 도시 간의 경쟁 속 생존전략으로써 국립생태원을 선택했다는 것은 제법 의미가 있어 보인다. 국립생태원이야말로 서천이 미래로 나아가기 위한 비장의 한 수가 아닐까? 더 나아가 국립생태원은 서식 환경의 급속한 변화 혹은 기후변화 속에서 멸종위기에 처한 생물들을 보호·보존할 수 있는 노아의 방주 같은 곳으로서, 인간이 지구에 함께 사는 생물들을 존중하는 마음을 배울 수 있기에 국가의 미래를 책임지는 보물과 같은 공간이라 할 수 있을 것이다.

_ 숨겨진 보물들이 가득한 곳, 서천으로 어서 오세요!

앞서 소개한 마량리의 동백나무 숲과 장항 인근의 국립생태원 말고도 서천에는 많은 명소가 남아 있다. 앞서 살짝 언급했던 근현대의 역사가 담겨 있는 장항의 미곡 창고와 붉은 벽돌집[7]을 비롯해 영국 함대로부터 우리나라 최초로 성경이 전해진 마량포구, 다양한 규모의 해안 사구가 발달한 춘장대와 그 인근 지역, 우리나라 4대강 중 하나인 금강의 하굿둑에 위치하여 다양한 철새를 관찰할 수 있는 유부도와 서천 갯벌, 영화 〈공동경비구역 JSA〉(2000)와 드라마 〈추노〉(2010)의 촬영지인 신성리 갈대밭 등 다양한 이야기가 서천에 숨겨져 있다(정필모·서종철, 2014). 이러한 각 명소의 이야기

---

7. 장항지역 붉은 벽돌집은 당시에 장항제련소의 제련과정에서 나오는 광석 찌꺼기(슬래그)로 벽돌을 만들어 판매했었던 흔적이다(서천군 홈페이지).

호모트래블쿠스의 지리답사기

를 짜임새 있게 엮는다면, 사람들을 충분히 이끌 정도로 매력적일 것이다. 하지만 안타깝게도 사람들은 서천에 대해서 잘 알지 못한다. 필자 주변에도 순천은 알아도 서천은 모르는 사람들이 많다.

하지만 서천의 매력은 입소문을 타고 점차 사람들에게 알려졌다. 생태 도시 서천의 랜드마크(Landmark)인 국립생태원이 생긴 이후로, 국립생태원을 방문하면서 지역 내 기존 관광지도 방문하는 관광객 수가 늘었고, 이들이 지역 내에서 사용한 소비지출액은 연간 약 30억 원으로 추정될 정도로 지역 경제에 파급효과를 불러일으키고 있다(홍성효·김진환, 2019). 또한, 서천을 지속 가능한 슬로시티로 이끌 또 다른 동력인 국가 생태산업단지에 점차 친환경 및 바이오산업 관련 기업들이 입주하고 있다(아주경제, 2022년 3월 8일 자). 더군다나 환경부는 옛 장항제련소 주변 오염된 토지를 마저 정화한 후에, 이 지역에 생태습지와 생태 역사 탐방로, 옛 장항제련소와 연계되는 근대화산업 치유 역사관 등을 조성하는 '서천 브라운필드 그린뉴딜 사업'을 추진할 계획이라고 발표하였다(대한민국 정책 브리핑 홈페이지).

앞으로의 계획이 순서대로 이루어진다면, 아름다운 자연경관을 보유하고 있을 뿐만 아니라 이를 소중히 여기는 생태 도시 서천으로서 전 국민에게 각인될 것이다. 이런 면에서 슬로시티 서천에서 정말 '느린' 삶을 경험해보려면 지금이 바로 그 적기일 것이다. 마침 서천은 서해안 고속도로를 타거나 무궁화호 기차를 타면 수도권에서도 편리하게 갈 수 있으니, 잠시 일상에서 벗어나 여유롭고 아름다운 경관과 그 속에 담긴 수많은 이야기를 찾아 떠나보도록 하자! 장담하건대, 아마도 슬로시티 서천에서 최고의 인생샷을 남길 수 있을 것이다.

참고문헌

- 공우석, 2007, 『생물지리학으로 보는 우리 식물의 지리와 생태』, 지오북.
- 박선욱·구경아·공우석, 2019, "산포능력을 고려한 기후변화 생물지표종의 미래 분포 변화 예측," 기후변화연구, 10(3), 185~198.
- 박성섭, 2021, "1920년대 충남 서천지역의 농민운동," 역사와 담론, 100, 233~273.
- 박성신, 2020, "근대 산업도시 장항의 형성과 변천 그리고 산업유산," 한국지리학회지, 9(1), 115~134.
- 박재민·성종상, 2012, "장항의 산업유산 분포 현황과 도시 형성 과정," 국토지리학회지, 46(2), 107~120.
- 서태원, 2018, "조선시대 충청도 馬梁鎭 연구," 한국문화, 81, 365~422.
- 손명기·김관중·박도권·이해원·유승호·최영집·황현명, 2009, "국립생태원 생태체험관 '에코리움'," 월간 컨셉, 129, 152~155.
- 오창현, 2014, "20세기 전반기 서해 어민들의 의례와 해역 신앙: 충남 서천군 서면 세 마을의 마을제와 배고사를 중심으로," 한국민속학, 59, 203~234.
- 이진욱, 2021, "환경오염 정화 과정에 나타난 지역공동체 회복력 영향 요인: 장항제련소 토양오염 복구를 중심으로," 지역연구, 37(4), 61~74.
- 정필모·서종철, 2014, "서천 일대의 생태자산 재구성을 통해 생태계서비스 제공," 한국지역지리학회지, 20(2), 189~205.
- 진영규·김인택, 2005, "한반도 동백나무(Camellia japonica)림에 대한 군락분류," 생명과학회지, 15(5), 767~771.
- 최수경·황선도, 2019, "금강 물길생태문화벨트 스토리텔링 자원 개발: 서천 물길을 중심으로," 한국지역지리학회지, 25(1), 136~149.
- 홍성효·김진환, 2019, "지역 내 관광자원의 지역경제 파급에 대한 실증분석: 국립생태원 사례," 지역정책연구, 30(1), 1~15.

- Corlett T. R. and Primack B. R., 2011, *Tropical Rain Forests: An Ecological and Biogeographical Comparison*, Wiley-Blackwell.
- Rohli V. R. and Vega J. A., 2018, *Climatology*, Jones & Bartlett Learning.

—

- 아시아경제, 2020년 2월 4일, "[과학을읽다] 펭귄이 남극의 혹한을 견디는 비결."
- 아주경제, 2022년 2월 8일, "서천군, '동백정해수욕장 복원 공사 이상 무'."
- 아주경제, 2022년 3월 8일, "서천군, 장항국가생태산업단지 166억원 충남도 합동 투자협약 체결."
- The Science Times, 2015년 12월 22일, "펭귄 깃털의 비밀."

—

- 국가문화유산포털, http://www.heritage.go.kr
- 국립생태원 홈페이지, https://www.nie.re.kr
- 대한민국역사박물관 홈페이지 근현대사 아카이브 홈페이지, http://archive.much.go.kr
- 대한민국 정책 브리핑 홈페이지, https://www.korea.kr
- 문화재청 홈페이지, https://www.cha.go.kr
- 서천군 홈페이지, www.seocheon.go.kr
- 한국슬로시티본부 홈페이지, http://cittaslow.co.kr
- 한국민족문화대백과사전 사이트, http://encykorea.aks.ac.kr

[사진출처(그림 3의 우, 그림7, 그림9의 우)]

열정의 화산을 품고 공생하는 눈의 섬,
일본 '홋카이도'

||||||||||||||||||||||||||||||||||||||||||||||||||||||||||||||||||||||||||||

#활화산 #온천 #아이누 민족 #공생

_ 새하얀 눈과 화산이 펼쳐지는 섬, 홋카이도

1960년대 우리나라에서 일본 문학의 열풍을 불어넣은 한 일본 작가가 있었다. 바로 '미우라 아야코(三浦綾子)'이다(연합뉴스, 2008년 7월 22일 자). 특히 미우라 아야코의 대표작이자 첫 작품인 『빙점(氷點)』(1965)은 우리나라뿐만 아니라 일본에서도 발매 1년간 71만 부나 팔릴 정도로 성행하였다. 그중에서도 아름답고 섬세한 문장력으로 작가가 살던 홋카이도를 소설 내에서 평온하고 목가적인 분위기로 표현한 것은 그 인기의 비결 중 하나였다(김주영, 2008)[1]. 『빙점』에서 주인공 가족의 집이 있던 이사히카와(旭

---

1. 『빙점』이 우리나라와 일본에서 모두 대유행했던 이유 중 하나는 먼저 아침 드라마 같은 자극적이고 재밌는 줄거리가 있다. 불륜, 배신, 복수, 속임수, 출생의 비밀 등이 주요 줄거리로 구성되어 독자에게 재미를 선사한

호모트래블쿠스의 지리답사기

그림 1. 비에이강의 상류인 흰수염 폭포(좌)와 홋카이도대학교 경관(우)

川, 홋카이도 중부 도시)에 흐르는 비에이(美瑛)강과 교외에 자리한 외국 수종 시범림인 '외국수종견본림(外國樹種見本林)', 주인공들이 다녔던 삿포로(札幌, 홋카이도 대도시) 의 '홋카이도 대학(北海道大学)', 그리고 가족이 놀러 나갔던 '시코츠(支笏)호' 등 홋카 이도의 명소는 이 작품에서 평화로운 분위기로 묘사된다(그림 1). 이러한 섬세한 묘사 를 곁든 『빙점』뿐만 아니라 『시오카리 고개(塩狩峠)』 등 홋카이도를 배경으로 한 미우 라 아야코의 소설은 홋카이도의 아름다운 명소를 널리 알렸고, 이는 홋카이도에 내국 인 관광객을 이끄는 데에도 일조하였다(정세은, 2022).

　『빙점』에서 아름다운 풍경이 그려지는 홋카이도는 '녹는점'을 뜻하는 소설의 이름 처럼 눈과 얼음에 밀접히 관련이 높은 곳이다. 이곳은 북위 41~45도의 북쪽에 위치하 여 기온이 상대적으로 낮은 편인 데다가, 바다에 둘러싸인 섬이기 때문에 습한 기후

다. 두 번째는 작가의 섬세한 필력이다. 간결하면서 정곡을 찌르는 문장력, 남녀 간의 미묘한 심리 갈등, 그리 고 아름답고 목가적인 공간적 배경 묘사까지 세련된 문장이 전개된다. 세 번째는 전쟁으로 인한 트라우마를 다룬다. 한국에서는 소설의 주제인 기독교의 '원죄' 사상이 한국전쟁에서 동족상잔의 상처를 보듬는 역할 로 작용했다. 일본의 경우, 소설의 공간적 배경인 홋카이도(北海道)의 목가적인 분위기가 전후에도 바로 이 어지면서, 작가가 의도한 원죄라는 주제가 다소 희소해졌으나 패전의 아픔 대신 평온한 일상을 보여주어 인 기를 얻었다(김주영, 2008).

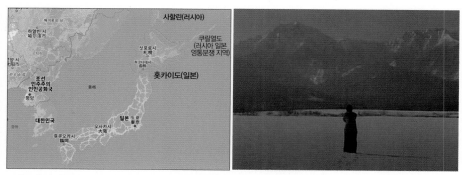

그림 2. 홋카이도의 위치(좌)와 영화 〈러브레터〉에서 홋카이도의 설경(우)
출처(우) 영화 〈러브레터〉(1999)

가 나타난다(그림 2의 좌). 특히 겨울철은 시베리아 고기압과 알류샨 저기압이 발달하여 시베리아의 차가운 공기가 홋카이도로 향해 이동할 때 동해를 거치면서 수증기를 많이 함유하게 되는데, 이 차갑고 습한 기류가 홋카이도의 산지에 부딪히면 삿포로를 포함한 홋카이도의 서부 및 내륙지역에는 눈이 많이 내린다(일본 기상청 사이트). 또한, 겨울철에는 홋카이도 남부지역을 지나는 온대저기압도 폭설을 일으키는 주된 요인이다. 이토록 눈이 많이 오는 데다가 가장 추운 달의 평균기온이 영하 8도 이하일 정도로 춥기 때문에, 눈은 잘 녹지 않고 계속 쌓이게 된다. 이러한 기후학적 요소로 인해 홋카이도에는 지난 1961년부터 2020년 동안 눈이 올 때 하루 평균 최대 86.3mm의 눈이 쌓여 관측되는 지역이 종종 나타난다고 한다(Inatsu et al., 2021). 한편, 눈과 함께 홋카이도는 얼음과도 관련이 있다. 일례로, 홋카이도 북부지역은 오호츠크해의 유빙(流氷)을 관측할 수 있는 북반구 최남단 관측지점이기도 하다(중앙일보, 2019년 2월 21일자). 그래서일까? 홋카이도를 배경으로 하는 소설 『빙점』의 제목에 '얼음'의 의미를 넣은 것은 작가인 '미우라 아야코' 본인이 살던 홋카이도의 모습과 연관시킨 것은 아닌지 조심스레 추측해본다.

호모트래블쿠스의 지리답사기

온 사방이 눈으로 덮인 새하얀 설원은 대표적인 홋카이도의 겨울철 기후 경관이라 할 수 있다. 홋카이도의 기후로 나타나는 '눈의 섬'이라는 이미지는 대중 매체를 통해 전 세계로 펼쳐 나갔다. 1972년에 삿포로 동계 올림픽을 개최하면서 '삿포로 눈 축제'가 함께 알려져 세계 3대 축제로 손꼽힐 정도로 유명해졌고 이를 통해 삿포로는 '눈의 도시'라는 이미지를 전 세계인에게 각인시켰다(정은혜 외, 2019). 또한, 영화 〈러브레터(Love Letter)〉(1999)에서 여주인공이 '오겡끼데스까!(お元氣ですか, 잘 지내시나요!)'를 외치는 새하얀 설원 장면은 홋카이도를 '눈의 섬'으로 연상시켜주기에 충분했다(그림 2의 우). 특히, 영화 속 이 장면은 어린 시절로 회귀한 듯한 순백·순수의 느낌을 새하얗게 쌓인 눈의 경관으로 제시함으로써, 홋카이도가 각박한 도시와 대비되는 원초적인 공간이라는 점을 더욱 강조하고 있다(정재형, 2020).

때 묻지 않은 눈의 이미지처럼, 홋카이도는 순수한 자연이 살아있는 곳이다. 2012년 기준, 홋카이도 전체 면적 중 10%[2]가 자연공원으로 보호받고 있을 정도로 상당히 넓은 지역이 뛰어난 자연경관을 뽐내고 있다(이경재 외, 2016). 그중에서도 홋카이도 자연의 가장 매력적인 부분 중 하나로 차가운 눈과 대비되는 뜨거운 화산을 꼽을 수 있을 것이다. 시코츠-토야 국립공원(支笏洞爺国立公園), 아칸-마슈 국립공원(阿寒摩周国立公園) 등 홋카이도 곳곳에 살아있는 화산은 연기를 뿜어내면서 그 존재감을 계속 드러내고 있다. 이러한 화산이 만든 아름답고 매력적인 경관에 더불어, 그곳에서 자연과 조화롭게 살아가는 사람들의 모습은 홋카이도를 더욱 매력적인 공간으로 보이게 한다(Jones, 2016). 그래서인지, 이미 홋카이도는 이미 자국민이 생각하는 최고로 매력적인 여행지로 선정되었다(SBS, 2021년 10월 15일 자). 우리도 살아있는 화산이 숨 쉬는 곳, 홋카이도의 매력에 흠뻑 빠져보자!

---

2. 약 8675.4km²로, 이 면적은 전라북도와 광주시의 면적을 합친 것과 비슷하다.

_ 살아있는 화산과 함께 살아가는 곳, 홋카이도 중부의 노보리베츠와 토야호

화산(火山)이라 하면 단어의 의미 그대로 뜨거운 용암과 불이 솟아 나오는 산이 가장 먼저 떠오를 것이다. 화산의 뜨거운 '불'의 이미지는 동서양을 막론하고 공통으로 나타난다. 화산의 영어식 표현(Volcano) 또한 로마 신화에서 나오는 불과 대장장이의 신 '불카누스(Vulcanus)'에서 비롯되었다. 다섯 손가락으로 꼽힐 정도로 화산이 적은 우리나라에서 화산은 미지의 대상일 것이다. 백두산의 천지나 한라산의 백록담과 같이 아름다운 풍경을 볼 수 있는 자연경관이기도 하지만, 한편으로 화산의 분화로 인해 최후의 날을 맞이한 이탈리아 고대 도시 폼페이(Pompeii)처럼 대규모의 재해를 발생시킬 수도 있다는 점에서 다소 두려운 존재로 여겨지기도 한다. 이런 면에서 화산의 수도 많고 여전히 활동 중인 화산이 있는 일본에서 산다는 것이 신기할 따름이다. 일본에서 2000년 이후에 분화한 활화산만 해도 약 108개나 되기에 더욱 그렇다(일본 기상청 사이트)(그림 3의 좌). 심지어 일본을 상징하는 산인 '후지산(富士山)'은 불과 300여 년 전인 1708년에 분화한 기록이 있는 화산이다. 그렇다면, 우리나라와 그리 멀리 않은 일본에는 왜 이리 화산이 많을까? 이는 일본을 이루는 군도(群島)가 자리 잡은 위치와 관련이 높다.

지구의 땅은 '판(Plate)'이라 불리는 조각으로 쪼개져 있다.[3] 일본은 유라시아판, 북아메리카판, 태평양판, 필리핀판이 만나는 지점에 있다(그림 3의 우). 유동성 있는 맨틀의 흐름에 의해 판이 움직이면서 판은 서로 충돌하는데, 판의 경계에서는 특히 이러한 판의 충돌로 인해 지진이 많이 발생한다(Hess and Tasa, 2011). 또한, 판이 서로 부딪힐 때, 상대적으로 무거운 판(대륙지각 등)은 아래로 가라앉고 가벼운 판(대체로 해양지각)

---

3. '판'은 지각과 상부 맨틀의 암석권으로 이루어져있다.

호모트래블쿠스의 지리답사기

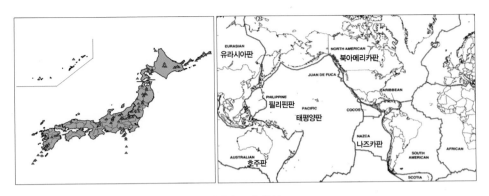

그림 3. 일본의 활화산 분포(좌), 불의 고리인 환태평양 조산대(우)
출처 일본 기상청 사이트(좌), 미국지질조사국 사이트 일부 수정(우)

은 위로 올라가게 되는데, 이러한 섭입과정 동안 해양지각 내에 포함된 물이 유입되면 맨틀의 암석 용융점이 낮아지고, 이로 인해 부분적으로 용융이 일어나 마그마가 형성된다(박경은 외, 2004). 이렇게 지각 밑에 형성된 마그마로 인해 화산활동이 판의 경계 지역에서 빈번히 일어나는 것이다. 그래서 일본을 포함한 태평양 연안은 태평양판과 또 다른 판과의 경계선을 형성하기 때문에, '불의 고리(Ring of Fire)'라는 별명처럼 지진과 화산활동이 빈번하게 발생하는 지역이다.

　화산이 많은 일본은 화산을 그저 두려움의 대상으로 보지 않고, 화산과 함께 살아가는 문화를 형성해왔는데, 그 예가 바로 '온천'이다. 온천은 지하수가 가열되면서 높은 압력에 의해 균열이 있는 틈 사이로 솟아오르면서 지상에 물이 고여 형성되기 때문에, 화산지대 주변에서 흔히 나타난다(Hess and Tasa, 2011). 그래서 일본에서는 온천을 이용한 목욕이 서기 710년 이전의 고대 시대부터 기록이 있을 정도로 깊은 역사(3000년 이상)를 지니고 있고, 현재까지도 즐겨한다(황달기, 2012). 일본에는 온천을 이용한 편의시설이 약 3,170개의 지점에 형성되어 있어 온천 목욕을 즐길 곳이 많다. 그중 일본 내에서 지명도가 높은 홋카이도의 노보리베츠(登別) 온천마을은 활화산과 살아온 사람들의 삶이 담겨 있는 곳 중 하나이다.[4]

노보리베츠 온천마을은 노보리베츠강의 지류인 구스리산벳하천(クスリサンベツ川)의 골짜기에 자리하고 있다. 이 지역이 온천 휴양지로서 개발되기 시작된 것은 20세기부터다. 1936년 홋카이도 대학교 의학부 부속 분원 병원이 설립되었고 1943년에는 상이군인 온천 요양소가 설립되면서 휴양 목적인 온천이 본격적으로 개발되었다. 제2차 세계대전 이후에는 치유보다는 관광 목적의 방문객이 늘어나면서 점차 관광지로 변해갔고, 현재는 여러 부대시설을 갖춘 대규모의 온천 리조트가 대로변을 따라 상업시설과 함께 자리잡혀 있다(割石敏昭 and 酒井多加志, 1994). 한편, 노보리베츠 온천마을에서는 온천 리조트 건물뿐만 아니라 곳곳에서 도깨비를 찾아볼 수 있다(그림 4의 좌하). 이 마을의 마스코트인 도깨비는 대표 관광지인 '지옥계곡(地獄谷)'에서 본딴 것이다. 지금으로부터 약 1만 년 전 화산의 분화로 형성된 지옥계곡은 고온의 수증기와 썩은 달걀 냄새를 풍기는 유황가스 등으로 황폐한 모습을 보여준다(그림 4의 상). 이러한 독특한 경관이 지옥의 입구와 닮아, 염라대왕이 도깨비를 이끌고 노보리베츠 온천으로 온다는 전설이 전해온다. 이러한 전설을 바탕으로 여름에 노보리베츠 지옥 축제를 열고, 염라대왕 동상이나 도깨비 동상 등을 만들어 지옥, 도깨비 등의 이미지를 관광산업에 활용하고 있다(홋카이도 공식 관광사이트). 이러한 노력을 통해 노보리베츠 온천마을은 '도깨비 마을'로서 입지를 다지고 있다. 이처럼 온천과 자연경관을 이용하는 관광산업은 화산이 주는 선물이자, 인간과 함께 살아갈 수 있는 대표적인 방법이라 할

---

4. 노보리베츠 온천이 전국적으로 유명해지면서, 이 이미지를 이용하기 위해 호로베츠(ほろべつ)에서 노보리베츠로 1961년에 마을 이름을 개명하였고, 행정구역 개편을 통해 1970년에는 노보리베츠시가 되었다(노보리베츠시 사이트).

그림 4. 노보리베츠 온천마을의 대표적인 관광지인 지옥계곡(상), 온천수가 샘솟는 곳에 소원을 이루어주는 도깨비 동상과 온천 리조트(좌하), 온천 열원을 이용하여 난방에 이용하는 시스템을 설명하는 표지(우하)

수 있다. 관광산업 외에도 노보리베츠 마을 내에서는 뜨거운 온천의 열원을 시설의 난방에 이용하고 있기도 하다(그림 4의 우하). 이렇게 노보리베츠 온천마을은 화산을 인근에 두고 사는 사람들의 현명한 삶의 지혜를 가까이에서 볼 수 있는 곳이다.

노보리베츠 인근의 토야호(洞爺湖) 주변 마을에서는 다른 방식으로 자연과 공생하고 있다. 물론 토야호 인근 마을 또한 온천을 이용한 관광업이 활발히 이루어지고 있긴 하다. 토야코, 소우베츠 등 토야호 인근의 온천마을에는 온천 리조트가 있고, 매년

그림 5. 토야호 주변의 경작지(좌)와 온천수를 이용해 재배한 토마토(우)
출처(우) 소우베츠 마을 사이트

여름철에는 관광객을 위해 토야호에서 불꽃놀이가 진행된다. 하지만 이 마을의 화산 지형이 주는 이점을 더 요긴하게 활용할 수 있었다. 토야 칼데라[5]가 지금으로부터 약 11만 년 전에 대규모 분화로 형성될 때 화산쇄설물이 바다로 흘러가면서 주변에 넓고 평탄한 구릉 지대가 만들어졌다. 이 때문에 토야호 주변 지역은 현재 논밭과 초목지로 덮여 있는 것을 볼 수 있다(그림 5의 좌). 즉 화산으로 인해 비옥한 토양을 갖게 되었고 토야호를 비롯한 수자원을 확보할 수 있었기 때문에, 토야호 주변은 경작지나 과수원 으로 쉽게 사용될 수 있었다(토야 우스 유네스코 세계지질공원 사이트). 덧붙여 이 지역의 농업에서는 온천수를 이용하고 있는 것도 주목할 만하다. 일례로, 토야호 인근의 소 우베츠(壯瞥) 지역에는 '재생 가능한 마을(再生可能エネルギーのまち)'이 있다(소우베 츠 마을 사이트). 이곳에서는 따뜻한 온천수의 열기를 이용하여 비닐하우스에서 겨울 철인 2월부터 토마토[오로후레토마토(オロフレトマト)라고 불린다]를 수확하고 있다(그림

---

5. 칼데라는 포르투갈어로 '솥'이나 '냄비'를 뜻하는 칼데리아(calderia)에서 유래되어 있으며, 냄비처럼 일반 분 화구보다 크기가 크고 바닥이 상당히 넓은 특징을 지니고 있다. 백두산의 천지가 대표적인 칼데라호이다(한 국민족문화대백과사전 사이트).

호모트래블쿠스의 지리답사기

그림 6. 활화산인 우스산(좌)과 쇼와신산(우)

5의 우). 또한, 온천수는 병원이나 노인복지시설 등에서는 입욕용으로, 중학교에서는 난방용으로 활용하고 있기도 하다.

　이처럼 토야호 일대 마을에서 온천은 관광뿐만 아니라 농업과 일상생활에도 이용될 만큼 화산이 베풀어준 혜택으로 여겨진다. 즉 이 지역에서 아직도 활동하고 있는 활화산은 주변 일대의 지형만 변화시키는 것이 아니라 사람들의 삶에도 크게 영향을 미친다고 할 수 있다. 예시로, 토야호 주변에는 오랜 시간 동안 휴식기를 거쳐 1663년부터 화산활동이 재개된 우스산(有珠山)[6]이 있는데(그림 6의 좌), 1910년 우스산의 분화로 온천수가 용출되기 시작하면서, 소베츠 마을에서는 처음으로 온천 여관이 생겼으며 그 옆에도 토야코 온천 마을(洞爺湖温泉)을 형성하였다(그 이전에는 온천수가 나오지 않았다). 뒤이어, 1943년에 분화하여 1945년까지 2년간 이어져 온 우스산의 분화로 만들어진 기생화산 '쇼와신산(昭和新山)'은 고도 407m의 용암돔(Lava Dome)으로, 불과 백 년 전만 해도 보리밭이었던 곳이었다(Wohletz and Heiken, 1992). 보리밭이 순

---

6. 활화산인 우스산은 토야 칼데라가 형성된 이후인 약 20,000~15,000년 전에 생겨 활동하다가, 약 16,000년 전에 산 정상부가 붕괴한 후로는 휴식기를 걸쳤다(일본 기상청 사이트).

식간에 화산으로 바뀌다니, 정말 믿기 힘들 정도로 신기한 일이다. 그 덕에 쇼와신산은 개인이 소유한 화산이 되었다. 최근(2000년)에는 우스산 서쪽 산기슭에서도 분화가 일어나, 새로운 화구가 형성되는 등 지형이 변화하고 있다.

우스산과 쇼와신산 등 살아있는 화산을 경험할 수 있는 이 매력적인 관광지는 현재까지도 많은 관광객을 불러 모으고 있고, 주민들 또한 약 69%가 서비스업에 종사할 정도로 관광산업은 이 일대의 주된 경제활동이다(Jones, 2016). 하지만 화산은 신비로운 자연경관이면서도 재해의 위험성을 지닌 양날의 칼이다.

1977년의 화산재해를 겪은 후, 홋카이도 대학교의 한 교수가 주거지역과 상업지역을 복원할 때 화산재해의 피해를 경감하도록 재구역화 할 것을 권고하였다. 그러나 주민들은 관광객 감소 등 경제적 불이익을 피하고자 재해 피해 사실을 숨기고자 하였다. 현실적으로도 이미 재해가 발생한 지 3년 후에 제안되었고 이 제안사항을 주도적으로 이끌 지역 기구가 부재했기 때문에 실행되지 못했다. 이로 인해, 2000년에 또다시 우스산에서 화산재해가 발생하였을 때 용암 분출은 없었지만, 취락 가까운 곳에 화산재가 발생하여 주변의 수목이 고사하기도 하였다. 다행히도 일본 기상청에서 화산폭발을 미리 예측하였고 주민들이 분화의 징후를 재빨리 파악하여 인명피해는 없었지만, 분화와 동반한 지진으로 지반이 70cm가 융기되어 도로와 상하수도가 끊어졌고, 약 860호의 가옥이 피해를 당했다(일본 기상청 사이트).

주민들은 이때의 재해를 겪고 나서 기존의 태도를 바꾸게 된다. 먼저 지역 기구를 설립하여, 지역 기구의 주도하에 주요 시설은 화산재해에서 최대한 피해를 줄일 수 있도록 입지의 위치를 선정하는 구역제를 시행하였다. 예를 들어, 토야호 건강센터, 주거지 등의 기존 건물이 그나마 화산재해의 피해가 적을 것이라 예상되는 지역으로 이전되었다. 또한, 지역 공동체와 지자체 간의 협력을 통해 화산재해에 대한 경각심을 고조시키고 유사한 재해가 발생할 시 장기적으로 대비하도록 교육하고자 재난이 났

호모트래블쿠스의 지리답사기

그림 7. 당시 화산분화의 피해를 고스란히 간직하고 있는 1977년 화산유구공원(좌)과 화산과학관(우)
출처 소우베츠 마을 사이트(좌), 시코츠토야국립공원 토야호 방문자센터 사이트(우)

던 그날 당시의 모습 그대로를 보존하기로 결정하였다(Jones, 2016). 1977년 및 2000
년의 우스산 분화 때 피해를 입은 시설이나 차량 등은 '화산과학관(火山科学館)'과
'1977년화산유구공원(1977年火山遺構公園)'에 그 모습 그대로 전시하였다(그림 7). 재
난 피해지역이 교육적 목적의 박물관으로 전환된 것이다.

　이러한 생각의 전환은 '변화하는 지구와의 공존(Coexistence with the Ever-Changing
Earth)'으로서 가치를 인정받아 2015년에 '토야-우스 유네스코 세계지질공원'으로 지
정되었다(유네스코 사이트). 변화무쌍한 활화산과 함께 공존하는 것은, 쉽지 않아 보인
다. 하지만, 토야호 인근 마을처럼, 자연의 긍정적인 면뿐만 아니라 이러한 부정적인
면(즉, 사람들에게 좋지 않은 영향을 미치는 점)마저 포용하는 것이 자연과의 진정한 공생
이라 할 수 있을 것이다. 이러한 점에서 세계적으로 보존되어야 할 문화 및 자연유산
으로 지정되고 인정받은 만큼, 토야호 인근 마을에서 화산과 함께 살아가는 주민들의
다양한 모습은 본받아야 할 점일 것이다.

그림 8. 아이누 민족의 전통 옷(좌)과 아이누 민족의 문양으로 꾸며진 유람선(우)
출처(좌) 아칸아이누 마을 사이트

_자연과 함께 살았던 사람들이 있는 곳, 홋카이도 동부의 아칸호

노보리베츠의 지오쿠다니, 커다란 칼데라호인 도야 호, 그리고 우스산과 같은 활화산을 품은 홋카이도는 이러한 매력적인 경관을 자랑하며, 깨끗하고 생기 있는 자연이 있는 지역이라는 인상을 준다. 청정하고 풍요로운 자연, 특색 있는 먹거리 등으로 우리나라의 강원도와 유사한 이미지를 지닌 홋카이도에서는 자연과 함께하는 삶을 추구하고 있다. 여기서 자연과의 공생은 홋카이도 일대에 살았던 원주민인 '아이누(Ainu) 민족'의 자연관이다.

아이누 민족은 홋카이도와 쿠릴 열도에 사는 소수민족이다. 이들은 사냥과 어업 등에 주로 종사하며 현재 일본인의 주류인 야마토 민족(大和民族)과는 독자적인 언어와 문화를 형성했다(그림 8). 홋카이도 일대의 지명에는 이러한 아이누 민족의 흔적이 다수 남아 있는데, 홋카이도의 대표적인 대도시인 삿포로는 아이누어로 '건조한 큰 강'이라는 의미를 지닌 'Sat poro pet'에서부터 유래되었다(주삿포로 대한민국 총영사관 홈

호모트래블쿠스의 지리답사기

페이지). 광활한 홋카이도의 자연 속에서 어업, 수렵, 채집 등을 생업으로 하며 살아온 아이누인은 야마토 인(일본인)과 오랜 세월 동안 교류해왔다. 5세기경부터 시작되는 일본 고대 시대의 유품이 홋카이도에서 출토되고, 일본사에도 아이누인의 흔적이 남아 있다. 교역이 더욱 활발해지면서 15세기 중반에는 일본인들이 홋카이도에 진출하기 시작한다. 이때 홋카이도 남부 일부는 아이누 민족과의 무역 중계지로서 마츠마에번(松前藩, 당시 일본의 행정구역 이름)으로 일본 정부에 지배권을 인정받았다. 아이누인은 주로 사냥해 온 해달의 털가죽, 곰 가죽 등이었고 일본인은 곡물, 직물, 도자기 등 생필품을 거래하였다. 당시의 일본인과 아이누인은 교역을 통해 서로의 문화에 영향을 미쳐왔다. 아이누 민족의 생활용품으로 전해져 오는 식사용 젓가락, 집 안에서 사용하는 돗자리 등은 과거 마츠마에번과의 무역으로 아이누 민족이 사용하게 된 것이다(김미숙, 2017). 또한, 일본어로 해달을 뜻하는 'ラッコ(랏코)'는 아이누어인 'Rakko'에서 유래된 것이다(明関口, 2013).

당시 일본인들은 마츠마에번을 제외한 홋카이도를 에조(えぞ, 일본인들이 아이누 민족을 부르는 말)가 사는 땅으로서 에조지(蝦夷地) 혹은 에조가시마(蝦夷が島)라 불렀다. 하지만 평화롭던 이들의 공생 관계는 오래가지 못했다. 마츠마에번은 단순한 교역지가 아닌, 홋카이도에서 야마토 민족의 영향력을 넓히던 외교적 거점이기도 했기 때문이다. 일본에서 메이지 유신 이후, 러시아의 남하 정책에 따른 위협을 대비하여 메이지 정부는 에조지를 1869년에 '홋카이도'라는 명칭으로 바꾸고 자국 내 영토의 행정구역으로 편입하였고, 삿포로에 개척사(開拓使)를 설립하였다. 삿포로가 건설되면서 일본인들의 홋카이도 이주가 본격적으로 시작되었다(정은혜 외, 2019).

현재 홋카이도의 이미지와 다르게, 근대의 홋카이도는 일본 내부 식민지로서 본토에 사용할 광물, 농업 생산물 등 다양한 물자가 착취되는 공간이었다(정세은, 2022). 당시 혹독했던 날씨와 자연을 지닌 홋카이도를 개척하기 위해 가난에 시달리던 일본인 노동자들이 이주해왔으며, 죄수들이 이주하여 강제 노역을 했던 곳이었다. 이러한 수탈의 공간 속에서 당시 일본의 지배에 놓여 강제로 끌려 온 조선인과 아이누인은 심한 고통을 겪었다. 조선인과 비슷하게, 아이누인은 1899년에 제정된 '홋카이도 구토인보호법(北海道舊土人保護法)'을 통해 동화정책과 보호 정책하에서 일본인으로서 동화되는 삶을 강요받았다. 일본식 이름으로의 개명과 일본어 교육이 강제되었다. 이뿐만 아니라 그들만의 관습인 입술 문신이 야만적이라는 이유로 금지되는 등 전통적 문화와 관습이 규제되었고, 아이누인의 생업인 수렵활동을 금지해 생계를 뺏어갔다(김민숙, 2017). 또한, 아이누인을 옛사람을 뜻하는 '구토인(舊土人)'이라 명명하여 일본 내에서도 민족적 차별을 해왔다(조아라, 2011). 그래서 당시 조선인과 동질감을 느낀 것일까? 홋카이도에서 강제로 노역에 시달리던 조선인들이 도망쳐서 아이누인들이 살던 마을에 정착한 경우가 많고, 아이누인의 일을 조선인들이 대신해주는 등 서로 상부상조하였다고 전해진다(이상복 역, 2019).

아이누 민족에 대한 차별은 제2차 세계대전 종전 이후에도 계속되었다. 1899년에 제정된 '홋카이도 구토인보호법'은 여전히 계속되어 아이누인은 지속해서 차별을 받으며 빈곤한 삶을 이어가고 있었다. 1960년대 이후, 전 세계적으로 선주민족의 권리회복 운동이 진행되면서 아이누 민족 역시 이 대열에 동참하여 해당 법을 폐지할 것을 요구하였다. 1997년이 돼서야 '홋카이도 구토인보호법'이 폐지되었고 '아이누 문화진흥법'이 제정되었다. 아이누 민족의 언어, 음악, 무용, 공예 등 문화가 드디어 인정되고 존중받게 된 것이다. 그러나 이 법에서조차 아이누 민족을 선주민족[7]으로 인정하지 않아 비판을 받았다(차현숙, 2008). 20여 년이 지난 2019년에 이르러서야 비로소 일

---

7. 국제노동기구 제169호 조약에 따르면, 선주민족은 선주성, 역사적 연속성, 피지배자로서의 사회적 신분, 문화적 차별성에 대한 자의식을 지닌 일종의 소수민족이라 할 수 있다(차현숙, 2008).

호모트래블쿠스의 지리답사기

그림 9. 아칸호의 아이누 고탄(좌), 아이누 고탄 내 아이누 민속공예점(우)

본 정부는 아이누 민족을 선주민족으로 인정하였고, 아이누 민족은 일본 내에서 위치를 조금씩 되찾아가고 있는 중이다(KBS, 2019년 9월 28일 자).[8]

홋카이도 내륙 동부의 아칸-마슈 국립공원 내에는 '아이누 고탄(アイヌコタン)'이라 불리는 아이누 민족의 최다 거주지가 있다(그림 9). 아이누 고탄은 아칸호의 온천마을과 연결되어 있고 현대식 집으로 구성되어 있어 그곳에서 파는 전통공예품이 보이지 않는다면, 외부인으로서는 아이누 민족의 거주지임을 알아차리기 쉽지 않다. 이곳에서 전통적 경관을 보기 어려운 것은 본래 아이누 민족이 살던 곳이 아니라 일본인의 도움으로 형성된 공간이기 때문이다. 과거에 아칸호수에는 아이누인들이 사냥용 오두막만 설치하였고, 강을 따라 2~5세대의 소규모 고탄(아이누어로 '촌락'을 의미함)이 산재하였다고 한다. 이후 1893년에 아칸호에서 서식하는 각시송어의 이식사업을 위해 일본인들이 채란장을 설치하고, 인근에서 유황을 채굴하기 시작하면서 아칸호 주

---

8. 아이누 민족을 선주민족으로 인정한 것은 러시아와의 쿠릴 열도 분쟁에서 우위권을 선점하기 위한 것이라는 분석이 제기되고 있다(KBS, 2019년 9월 28일 자).

변에 일본인 마을이 형성되었다. 이 중 아칸호 주변 산림을 매워 개발을 주도했던 일본인의 후손인 마에다 미츠코(前田光子)가 1955년부터 아칸호수 주변에 분산되어 살고 있던 아이누 민족에게 토지를 무상으로 제공하면서, 아이누 고탄이 형성된 것이다. 이 시기에는 급속히 내국인 관광객이 증가하면서 이국적인 아이누 문화를 반영한 기념품이 주목받았기 때문에, 아칸호 주변에 살던 아이누 민족은 아이누 고탄에 정착하여 기념품 가게에서 목공예 기념품을 만드는 일을 해왔다(Cheung, 2005). 당시 빈곤과 차별에 시달리던 아이누 민족에게 안락한 집터와 경제적 일자리를 제공하는 아이누 고탄은 깜깜한 어둠 속의 희망이었을 것이다. 현재(2014년), 아이누 고탄에는 36가구 130명이 거주하고 있으며, 대부분 민속공예품 제작 판매, 아이누 음식점 경영, 전통무용공연, 온천 호텔 근무 등 관광업에 종사하고 있다(김미숙, 2017).

아이누 고탄은 그들의 전통공예품, 먹거리 등을 판매하며 경제적 수입과 거주를 함께 할 수 있는 특별한 공간이다. 하지만 이 공간은 아이누 민족의 문화가 관광화, 상품화되어 변질됨으로써 민족 정체성이 혼돈되고 약화할 수 있는 공간이기도 하다. 단적으로, 아이누 고탄에서 파는 민예품이 그러하다. 현재 아이누 민족문화를 상징한다고 알려진 공예품은 곰, 부엉이, 여우 등의 동물 조각상이지만, 전통적으로 아이누족은 신들이 인간세계에서 자연, 동물 혹은 사물의 모습으로 존재한다고 믿기 때문에 그들의 형상을 따서 목각하지 않는다. 하지만, 1934년 아칸 일대가 국립공원으로 지정되면서 관광산업이 발전하기 시작하였고 이와 동시에 일본 전국에서 지역색이 있는 공예품을 만들어 농촌의 경제와 문화를 개선하고자 하는 농촌미술운동의 영향으로 인해 한 농장에서 곰 목각을 만들기 시작하면서 관광산업의 하나로 동물 목각 등을 아이누 민족이 생산하여 판매하기 시작한 것이다(조아라, 2011). 그래서 아이누 고탄은 경제적 자립을 위해 민족문화를 이용한 공간이라는 점에서 비판적인 시각 또한 존재한다(김미숙, 2017).

그림 10. 아칸호(좌)와 마리모(우)

　그럼에도 불구하고 이곳은 다양한 세대가 '아이누'라는 민족 정체성으로 모여 살며 아이누의 가치관을 포함한 문화를 현대사회에 적합하게 새롭게 창조하고 계승할 수 있는 공간이기도 하다. 아칸호의 마리모(マリモ) 축제는 그 좋은 예이다. 아칸호는 오이칸산(雄阿寒岳)의 분화로 강의 입구가 막히면서 형성된 폐색호(Barrier Lake)로, 이곳에 사는 둥글둥글한 모양의 마리모는 아칸호를 대표하는 생물이자 상징물이다. 마리모는 호수에 사는 조류로, 이 식물 자체는 여러 나라의 호수에서 볼 수 있지만, 둥근 모양을 지닌 마리모를 볼 수 있는 곳은 아칸호가 거의 유일하다고 알려져 있다(그림 10). 둥글둥글하고 폭신할 것 같은 매력적인 모양새를 지니고 있어 반려식물로서도 큰 인기를 끌고 있다. 한편, 식물은 광합성을 통해 살아가는데, 구형의 모양은 표면적이 작아 광합성을 하는 데 불리한 모양이기 때문에 일반적으로는 보기 어려운 형태이다. 아칸호수의 마리모가 자연적으로 둥근 모양을 유지하는 것에 대하여 여러 가설이 있지만, 가장 유력한 것은 아칸호수의 환경에 종합적으로 적응한 결과라는 것이다. 보름달처럼 동글한 마리모는 아칸호수의 북쪽에 자리한 '추루이만(아이누어로 '거친 물결'을 뜻함)'에 주로 분포하는데, 이곳은 의미 그대로 물결이 거친 곳이다. 요동치는 물

그림 11. 마리모 축제
출처 일본전통축제 사이트

결에 따라 구형의 마리모가 제자리에서 굴러다니면서 골고루 모든 지점에 햇빛을 충분히 받을 수 있어 동글동글한 모양이 유지된다고 한다. 또한, 이러한 움직임을 통해 마리모 표면에서 자라는 다른 조류들을 떼어내어 생존에 유리한 고지를 차지할 수 있다고 한다(The Science Times, 2021년 1월 8일 자).

아칸호수만의 특색 있는 마리모는 1897년에 발견되어 1921년에 천연기념물로 지정되어 보호받고 있다. 10월 초에는 마리모를 알리고 보호하기 위해, '마리모 축제(まりも祭り)'가 열린다(그림 11). 마리모 축제가 처음 개최되던 1950년 이전에는, 관리의 소홀함으로 마리모가 무더기로 다른 지역으로 팔려나가거나, 인근 수력발전소의 설립으로 호수에 영향을 미쳐 개체 수가 급격히 줄어들기도 하였다. 이에 축제를 통해서 사람들에게 마리모의 소중함을 일깨우고자 마리모 축제가 시작되었다. 이때 축제를 주관하고 담당하는 이들이 바로 아이누 고탄의 주민들이었다. 마리모 축제는 아이누 민족의 전통 의례인 '영혼 보내기 의례(이오만테, イオマンテ)'를 빌려와, 마리모를 맞이하고 호숫가로 보내는 과정을 통해 자연에 감사하는 의식을 진행한다. 이는 아이누 민

호모트래블쿠스의 지리답사기

족의 전통적인 자연관을 기반으로 자연 파괴에 대한 반성과 자연에 대한 감사와 공생의 의미를 포함한 것으로 새로운 민족의례로서 아이누 민족의 문화가 현대사회에 맞게 재해석된 것이라 할 수 있다(Irimoto, 2004). 마리모 축제에서는 홋카이도 전역의 아이누 민족이 그들의 전통 옷을 입고 전통춤을 추면서 진행된다. 이러한 절차를 통해 마리모 축제는 의례의 주최자를 중심으로 한 아이누 민족의 모임으로서 민족 정체성을 확인할 수 있는 장일 뿐만 아니라, 민족의 차세대가 그들의 사상과 의례를 자연스럽게 받아들일 수 있는 곳이기도 하다. 즉 아이누 민족의 정체성을 유지하는 데 이 축제가 도움이 되는 것이다. 또한, 외부인인 관광객들에게는 아이누 민족을 소개하고 그들의 가치관을 이해하는 장으로서 활용되고 있다(김미숙, 2017).

_ 자연과 인간의 공존을 보여주는 홋카이도

홋카이도의 매력적인 자연경관은 이뿐만이 아니다. 미처 다 소개하지 못했지만, 일본 최초로 습지로서 국립공원이 된 구시로 습원(釧路湿原), 거대한 마슈 호수와 지옥 계곡과 유사하게 생긴 이오산(硫黄山), 독특한 코발트 색의 호수인 청의 호수(白金青い池) 등 홋카이도에서는 정말 아름답고 신비한 자연경관을 볼 수 있다. 불과 몇 백 년 전만 해도 이곳 홋카이도는 혹독한 추위와 장엄한 자연환경으로 사람이 거주하기 어려웠던 지역이었다. 당시 홋카이도를 개척하던 이들의 편에서 자연은 지역개발의 장애물이었다. 하지만 기후변화와 환경오염 등이 전 세계인의 문제로서 대두되고 있는 현황에서 '지속 가능한 개발(Sustainable Development)'이라는 개념이 떠오르면서 인간과 자연 간의 관계는 대립이 아니라 양립될 수 있는 것으로 변화되었다. 이러한 변화된 관계 속에서 지리적으로 활화산을 포함하여 다양한 화산지형이 존재하는 홋카이도는 자연과의 공생이라는 모습을 보이며 전 세계적으로 조명받고 있다(조아라, 2010). 노보리베츠 온천마을과 같이 활화산을 온천과 에너지원으로 사용하는 것도, 우스산 인근의 마을과 같이 화산분화에 따른 재해를 그대로 보존하여 미래세대에게 알리는 것도 모두 자연과 함께 살아가려는 방법이다. 이러한 홋카이도인들의 삶에는 이곳에 원주민인 아이누 민족의 자연관이 영향을 미쳤을 것으로 생각된다.

모든 자연을 신으로서 존중하며 살아온 아이누 민족의 가치관은, 문명이 발전하면서 자연환경과의 관계에서 우위를 점하게 된 인간과의 관계를 재고하게 한다. '자연과 함께 살아갈 수 있는가?'의 질문에 대해서는 아이누 민족 설화를 토대로 만든 미야자키 하야오(宮崎駿) 감독의 〈모노노케 히메(もののけ姫)〉(1997)라는 영화를 통해서 깊이 생각해볼 수 있지 않을까 한다. 〈모노노케 히메〉에서, 숲을 지키고자 인간을 위협하는 자연의 신과 인간을 위해 숲을 파괴하는 인간들은 서로 적대적인 관계를 지니는 것으로 묘사된다. 신과 인간, 그 누구도 나쁘다고 보기 어려운 상황에서 주인공인 '아시타카(アシタカ)'와 '산(サン)'은 각 진영의 외부인으로 등장한다. 아시타카는 인간에 의해 목숨을 잃은 멧돼지 신의 저주를 받은 소년이다. 그는 저주를 해결하기 위해 여행을 떠나면서 사람들을 구해주었고 영화의 주된 배경이 되는 마을에 잠시 머물게 된다. 어느 날 들개와 같은 복장을 갖춘 한 소녀가 이 마을 지도자를 암살하려는 사건이 발생한다. 이 소녀는 '산'으로, 갓난아이 때 부모에게 버려져 숲을 지키는 들개 신에게 길러져 온 소녀이다. 그녀는 들개 신과 함께 마을 사람들을 종종 공격하곤 해서, '원령공주(모노노케 히메)'라는 별명으로 마을 사람들에게 악명을 떨치고 있었다. 자신을 길러 준 들개 신을 죽인 마을 지도자에게 복수하고자 했으나 실패하고 목숨이 위태롭게 되었다. 이때 아시타카는 산을 구해주고, 마을 사람들에게 자신이 걸린 저주를 보여주면서 이 증오와 원한의 고리를 멈춰야 한다고 주장한다. 아시타카로 인해, 숲 진영에 속해있었지만 인간인 산은 정체성이 흔들렸고 아시타카의 의견에 조금씩 스며들

444

기 시작한다. 각 진영의 외부인이지만 관계자이기도 한 산과 아시타카는 마을 사람들과 숲의 신 사이에서 일어나는 갈등을 대처하면서 서로를 이해하고 점차 가까워지는 것으로 끝을 맺는다(김용민, 2009). 영화의 이야기처럼 인간과 자연 신 간의 적대적인 관계는 영원히 이어지는 듯하나, 산과 아시타카처럼 자연과 인간 간의 공존은 있는 그대로의 모습을 수용하는 것부터가 첫걸음이라는 것이다. 이러한 점에서 자연을 있는 그대로 받아들이고, 자연과 인간이 함께 살아갈 가능성을 보여주고 있는 홋카이도의 마을 사람들 모습은 실로 본받을 만한 것으로 생각한다.

참고문헌

- 김미숙, 2017, "소수민족의 새로운 민족문화의 형성과 정체성: 일본 홋카이도 아칸아이누고탄의 사례를 중심으로," 민족연구, (69), 151~177.
- 김용민, 2009, "생태영화의 가능성: 미야자키 하야오의 [바람계곡의 나우시카] 와 [원령공주]," 문학과환경, 8(1), 183~206.
- 김주영, 2008, "기독교 문학으로서의 [빙점]: 한국 독자의 입장에서 본 텍스트 고찰," 문학과 종교, 13(3), 27~45.
- 박경은·안건상·임동일, 2004, "섭입경계에서의 마그마 형성에 대한 고등학교 [과학] 교과서 분석," 한국지구과학회지, 25(4), 222~231.
- 이경재·김선희·허지연·권전오·김종엽·노태환·이승한·장재훈, 2016, 『북극의 섬 홋카이도 자연의 이해』, 광일문화사.
- 이상복 역, 2019, 『조선인과 아이누 민족의 역사적 유대: 제국의 선주민·식민지 지배의 중층성』, 어문학사. (石純姬, 2017, 『朝鮮人とアイヌ民族の歴史的つなが：帝国の先住民·植民地支配の重層性』, 寿郎社)
- 정세은, 2022, "맞서고 생성하는 섬: 2차 대전 이후의 홋카이도," 세계 역사와 문화 연구, 62, 183~220.
- 정은혜·오지은·황가영, 2019, 『답사소확행』, 푸른길.
- 정재형, 2020, "영화 '러브레터'외: 사랑에 대한 기억을 찾아가는 오타루 (小樽) 로의 여행," 국토, 88~93.
- 조아라, 2010, "일본 홋카이도의 지역개발 담론과 관광이미지의 형성," 문화역사지리, 22, 79~96.
- 조아라, 2011, "아이누 민족문화 관광실천의 공간정치: 홋카이도 시라오이의 경험," 국토지리학회지, 45 (4), 107~124.
- 차현숙, 2008, "아이누 문화진흥법에 관한 고찰," 외국법제연구, 4, 84~94.

• 황달기, 2012, "일본 온천의 관광문화적 가치와 특성," 일본문화연구, 42, 635~651.

—

• Inatsu, M., Kawazoe, S., and Mori, M., 2021, Trends and Projection of Heavy Snowfall in Hokkaido, Japan, as an Application of Self-Organizing Map, *Journal of Applied Meteorology and Climatology*, 60(10), 1483~1494.

• Jones, T. E., 2016, Evolving approaches to volcanic tourism crisis management: An investigation of long-term recovery models at Toya-Usu Geopark, *Journal of Hospitality and Tourism Management*, 28, 31~40.

• Cheung, S. C., 2005, Rethinking Ainu heritage: A case study of an Ainu settlement in Hokkaido, Japan.*International Journal of Heritage Studies*. 11(3), 197~210.

• Irimoto, T., 2004, Creation of the Marimo festival: Ainu identity and ethnic symbiosis. *Senri ethnological studies*, 66, 11~38.

• Hess, D., and Tasa, D., 2011, *McKnight's physical geography: a landscape appreciation*, Prentice Hall.

• Wohletz, K., and Heiken, G., 1992, *Volcanology and geothermal energy*, University of California Press.

• 明関口, 2013, 中世日本の北方社会とラッコ皮交易：アイヌ民族との関わりで, *北海道大学総合博物館研究報告*, 6, 46~57.

• 割石敏昭・酒井多加志, 1994, 登別温泉の形成過程と集落構造, *北海道地理*, 1994(68), 35–39.

—

• 연합뉴스, 2008년 7월 22일, "국내 번역 1위 日작가는 미우라 아야코."
• 중앙일보, 2019년 2월 21일, "얼음 덮인 바다를 걸었다… 홋카이도의 겨울 한정판 비경."
• KBS, 2019년 9월 28일, "[특파원 스페셜] 쫓겨난 원주민 '아이누'…홋카이도 현장을 가다."
• SBS, 2021년 10월 15일, "[월드리포트] "꼴찌도 아닌데"…일본 지자체, '매력도 순위'에 일희일

비."

- The Science Times, 2021년 1월 8일, "마리모가 공 모양을 이루는 이유는?"

- 노보리베츠시 사이트(登別市), https://www.city.noboribetsu.lg.jp
- 미국지질조사국 사이트(United States Geological Survey), https://pubs.usgs.gov
- 소우베츠 마을 사이트(壮瞥町), https://sobetsu-kanko.com
- 시코츠토야국립공원 토야호 방문자센터 사이트(洞爺支笏湖国立公園洞爺湖ビジターセンター), http://www.toyako-vc.jp
- 아칸아이누마을 사이트(阿寒湖アイヌコタン), https://www.akanainu.jp
- 유네스코 사이트(UNESCO), https://en.unesco.org
- 일본 기상청 사이트(気象庁), https://www.jma.go.jp/jma
- 일본전통축제 사이트(Japanese Traditional Festival Calendar), https://ohmatsuri.com
- 주삿포로 대한민국 총영사관 홈페이지, https://overseas.mofa.go.kr
- 토야 우스 유네스코 세계지질공원 사이트(洞爺湖有珠山ジオパーク), https://www.toya-usu-geopark.org
- 한국민족문화대백과사전 사이트, http://encykorea.aks.ac.kr
- 홋카이도공식관광 사이트(北海道公式道観光サイト), https://kr.visit-hokkaido.jp

호모트래블쿠스의 지리답사기

자연과 함께하는 미래를 꿈꾸는 섬,
말레이시아 '랑카위'

#열대기후 #유네스코 세계지질공원 #기후변화

_ 천혜의 자연과 다채로운 문화를 보유한 말레이시아

유럽에 EU(European Union)가 있다면, 동남아시아에는 ASEAN(Association of Southeast Asian Nations)이 있다. ASEAN은 동남아시아 지역의 10개 국가[1]가 모여 형성된 국제기구다(한−아세안센터 홈페이지). 1960년대 중반에 베트남 전쟁이 발생하고 베트남과 라오스가 공산주의 국가가 되면서, 인근 국가인 인도네시아, 태국, 말레이시아, 필리핀, 싱가포르 등 5개 국가는 하나로 모여 자유와 평화를 지향하는 중립지대를 선언하였다. 그 결과로 1967년에 정치 및 안보 공동체인 ASEAN이 탄생하였다.

---

1. 2023년 기준, 아세안의 회원국은 브루나이, 캄보디아, 인도네시아, 라오스, 말레이시아, 미얀마, 필리핀, 싱가포르, 태국, 베트남이다(한−아세안센터 홈페이지).

1980년대 중반 이후, 베트남을 비롯한 공산주의 국가에서 경제시스템을 시장경제 체제로 전환하면서, 안보의 위험이 완화되는 한편 산업화 과정에서 경제 협력의 필요성이 강조되었다(대외경제정책연구원, 2011). 이러한 이유로 1984년 브루나이를 시작하여 베트남, 라오스 등 5개 국가가 ASEAN에 추가로 가입하였고, 현재는 경제, 사회 및 문화의 영역까지 점차 확장하여 동남아시아의 국가 연합으로 발전하고 있다.

ASEAN은 전 세계가 주목하고 있는데, 왜냐하면 35세 이하의 청년이 전 인구의 60%를 차지하고 있어 저임금의 노동력이 풍부하고, 인구가 약 6억 명이 넘는데다가, 중산층이 점차 증가하고 있어 내수시장의 규모가 커지고 있기 때문이다. 더욱이 ASEAN의 각 정부는 제조업체 유치를 위한 인프라 형성 등 각고의 노력을 하고 있기 때문에 세계의 다국적 기업이 ASEAN 지역에 투자하고 진출하고 있다(조선비즈, 2023년 1월 8일 자).

ASEAN 회원국 중 하나인 말레이시아는 반도체 생산 강국이다(KOTRA해외시장뉴스 홈페이지). 1970년대부터 말레이시아 정부는 실업률을 줄이기 위해 전기 및 전자 산업 부품, 반도체 부품 생산과 조립 등 노동집약적 산업에 집중적으로 투자하기 시작하였고, 반도체 산업의 성장을 통해 경제발전을 이루어냈다.[2] 그렇지만 우리가 말레이시아에서 온 상품을 생각해보면 떠오르는 것은 반도체보다는 대부분 고무나 팜유(Palm油)일 것이다. 고무와 팜유는 현재도 말레이시아의 주된 수출품이지만, 말레이시아가 반도체 산업에 투자하기 전에는 경제성장의 동력이었는데, 국토 면적의 54%를 차지하는 열대우림의 풍부한 자원을 이용하여 이들 원자재를 수출해왔기 때문이다(WWF 말레이시아 지부 사이트).

---

2. 말레이시아는 동남아시아 지역 중에서도 1인당 GDP(Gross Domestic Product)가 11,000달러로 도시국가인 싱가포르, 산유국인 브루나이에 이어 3위를 차지할 정도로 경제부국이다(한−아세안센터 홈페이지).

말레이시아산 고무와 팜유가 유명해지기 시작한 것은 영국의 통치를 받았던 19세기 후반 무렵으로 거슬러 올라간다(임은진, 2016; 아시아경제, 2019년 10월 18일 자). 우리가 일반적으로 라텍스라 부르는 천연고무는 본래 아마존 밀림에 자생하는 고무나무 수액을 원주민이 채취하여 얻는 것이었다. 그러나 19세기 후반에 이르러, 방수용품, 신발 바닥재, 지우개 등 고무가 여러 생활용품에 사용되기 시작하면서 수요가 급증하자, 영국은 아마존과 비슷한 기후환경을 지닌 말레이반도(Malay Peninsula)에 고무나무를 심기 시작했다. 1876년에 싱가포르 식물원에서 고무나무 묘목의 시험 재배가 성공한 이래로, 말레이반도에는 고무나무 플랜테이션(Plantation, 기업형 대규모 농장)이 들어섰다. 이러한 역사의 흐름이 이어져, 현재까지도 고무와 팜유는 현재까지도 말레이시아에서 농업 생산량의 대부분을 차지하고 있다.

19세기에 영국이 구축했던 산업 체계는 말레이시아가 다양한 문화가 공존하는 다문화 국가를 형성하는 데도 크게 영향을 미쳤다(임은진, 2016). 영국의 영연방에 속해 있었던 당시에 주요 수출품인 고무를 대량으로 생산하기 위해 인도인과 중국인 노동자가 대규모로 고용되었다. 그들은 고유의 문화와 정체성을 유지한 집단 주거지를 말레이시아 내에 형성하였고, 이러한 역사로 인해 말레이시아는 여러 다양한 민족과 문화가 공존하는 다문화 국가가 되었다. 현재 말레이시아의 민족은 말레이시아에 원래부터 살고 있었던 말레이계 민족이 62%, 그리고 중국계 21%, 인도계 6%의 비율을 보이고 있다(외교부, 2019). 또한 말레이시아에서는 말레이어, 중국어, 타밀어(인도에서 쓰이는 언어 중 하나)가 공용어로 지정되어 있고, 영국의 지배를 받았기 때문에 영어도 공용어에 속한다. 종교의 경우, 국교는 이슬람교(69%)이지만, 헌법으로 종교의 자유가 인정되기에 불교(19%), 기독교(9%), 힌두교(6.3%)로 다양한 종교가 있다(한국민족문화대백과사전 사이트). 이에 따라 말레이시아 곳곳에서는 다양한 문화 경관이 발견된다(그림 1).

그림 1. 말레이시아에서 음력 설을 맞이하는 인사말이 중국어로 적혀있는 경관(좌), 이슬람교의 영향을 받은 전통 복장을 입은 말레이시아 왕실 사진(우)

　　다채로운 문화와 풍요로운 열대우림을 지닌 말레이시아는 이러한 장점을 살려 관광산업에도 적극적으로 투자하고 있다. 대표적으로 우리나라 사람들이 많이 알고 찾아가는 곳으로는 '코타키나발루(Kota Kinabalu)'가 있다. 말레이시아 동부지역인 보르네오섬(Borneo Island)에 위치한 이곳은 오랜 역사를 지닌 열대우림과 에메랄드빛 바다를 볼 수 있는 곳으로 유명하다.

　　말레이시아의 지도를 보면 독특하다고 여겨질지도 모르겠다(그림 2의 좌). 말레이시아는 앞서 언급한 보르네오섬 지역 일부와 말레이반도 지역(싱가포르 제외[3])으로 구성되어 있으며, 각각 동말레이시아와 서말레이시아로 불린다. 동말레이시아의 대표적인 휴양지로 코타키나발루가 있다면, 서말레이시아에는 '랑카위(Langkawi)'가 있다.

---

3. 말레이시아가 영국 영연방일 때, 영국은 역할분리 통치전략 정책을 실행하여, 각 민족 간의 직업 분화에 영향을 미쳤다. 예를 들어, 농촌지역에 주로 거주한 말레이인은 주로 농민이 되었고, 주석 혹은 고무 산업의 노동자로 고용된 중국인과 인도인은 도시에 거주하며 상업과 전문직에 종사하게 된 것이다. 이러한 경제 영역의 분화로 민족 간 빈부격차가 심해졌고, 민족 간 갈등과 분쟁이 일어났다(임은진, 2016). 이로 인해 중국계 비율이 높은 싱가포르는 과거 말레이시아에 속해있었으나, 말레이계의 우대 정책에 반발하여 1965년에 말레이시아에서 독립하게 되었다(주싱가포르 대한민국 대사관 홈페이지).

그림 2. 말레이시아 지도(좌), 랑카위의 유네스코 지질공원 지도(우)

　랑카위 군도는 말레이반도의 북서부 해안가에 위치한 군도이다. 하나의 본 섬(랑카위)과 2개의 섬[다양 분팅(Dayang bunting), 튜바(Tuba)]을 중심으로 100여 개의 작은 섬들로 구성되어 있다. 랑카위 본 섬의 면적은 약 478.5km²이며, 2020년 기준 약 94,000여 명의 인구가 살고 있다(말레이시아 통계청 사이트). 랑카위의 자랑 중 하나는 동남아시아 지역에서 최초로 유네스코에 인정받았다는 점이다. 2007년 7월 1일에 랑카위섬 일대는 암석, 지형, 그리고 화석의 다양성을 인정받아 유네스코 지질공원으로 선정되었다(유인창, 2010). 랑카위의 지질공원은 마친창 캠브리언 공원(Machinchang Cambrian Geoforest Park), 킬림 카르스트 공원(Kilim Karst Geoforest Park), 다양 분팅 공원(Dayang Bunting Marble Geoforest Park)으로 구성된다(그림 2의 우). 이곳에서는 열대 원시림, 맹그로브(Mangrove) 숲과 카르스트(Karst) 지형과 같이 독특하고 생동감 넘치는 자연을 경험할 수 있다. 생태 명소에서 겪는 이색적인 체험과 더불어, 이와 연계된 휴양시설과 관광 인프라가 잘 갖추어져 있어, 랑카위에 방문하는 관광객은 즐겁고 행복한 추억을 쌓고 간다. 마치 놀이동산에 온 것처럼 재밌고 즐거운 감정이 드는 것은 아마 우리나라에 없는 열대기후의 환경이 눈앞에서 펼쳐지기 때문일 것이다. 랑카위에서 어떤 색다른 경관을 탐험하게 될지 궁금하지 아니한가? 지금 함께 이곳으로 떠나보자!

_ 랑카위에서 나타나는 기후는 어떻게 형성될까?

열대기후라고 하면 생각나는 이미지는 어떤 것이 있을까? 누군가는 코코넛이 열리는 야자수 나무가 있는 해안가의 모습을, 다른 누군가는 햇빛이 들어오지 못할 정도로 빽빽하게 채워진 나무들과 덩굴들이 가득한 '정글(Jungle)'을 떠올릴 것이다. 『정글북(The Jungle Book)』의 주인공인 모글리(Mowgli)가 살 것 같은 그런 이미지 말이다(그림 3). 참고로 영국인 작가인 러디어드 키플링(Rudyard Kipling)이 쓴 『정글북』(1986)은 수많은 영화나 애니메이션으로 제작되었을 정도로 오랜 기간 사랑받아 온 작품이다. 『정글북』이 인도의 숲을 배경으로 하고 있기 때문에 열대기후와 연관되어 정글이 생

그림 3. 야자나무가 있는 랑카위 해안가(좌), 영화 〈정글북〉(2016)의 포스터(우)
출처(우) 영화 정보 모음 사이트

각나는 것이 아닐까 한다. 이 정글이라는 단어는 범어(梵語)로 '경작되지 않는 땅'이라는 의미의 Jangala(जङ्गल)에서 유래되었는데, 일반적으로 열대우림(Tropical Rainforest)을 일컫는다(두산백과 사이트).

실제로 열대우림은 덥고 습한 기후를 시각적으로 보여주는 기후 경관 중 하나이다. 풍부한 강수량과 햇빛으로 식물들이 살기 좋은 환경을 갖추었기 때문에 다양한 종의 동식물이 열대우림에 서식하고 있다. 식물은 움직이지 못하기 때문에 그 지역의 환경, 특히 기후를 보여주는 지표로 활용되어 왔다. 예를 들어, 독일의 기후학자인 쾨펜(Wladimir Köppen)은 식물의 성장에 크게 영향을 미치는 기온과 강수량을 기준으로, 전 기후를 열대기후, 건조기후, 온대기후, 한대기후, 극기후 등 5가지로 크게 구분하였다(Rohli and Vega, 2018).[4] 또한 강수량이 집중되는 계절을 기준으로 하여 더 세부적으로 나누기도 하였는데, 열대기후의 경우 열대우림기후, 열대몬순기후, 사바나기후 등으로 구분된다. 열대우림기후는 말 그대로 열대우림이 주로 분포하여 붙여진 이름이다. 하지만 열대우림은 열대몬순기후에서도 나타날 수 있다.

쾨펜의 기후분류 체계를 따라 전 세계의 기후를 구분하면, 특이하게도 적도를 기준으로 위도가 높아지면서 열대기후, 건조기후 및 온대기후, 한대기후, 극기후 순으로 대체로 나타나는 것을 볼 수 있다(그림 4의 상). 이처럼 기후의 공간적 분포에 규칙이 발견되는 것은, 지구 규모로 대기가 대류를 하는 현상인 '대기대순환'과 관련이 높다(그림 4의 좌하와 우하). 영국 기상학자인 해들리(Sir George Hadley)는 1735년에 지표면의 불균등 가열로 인해, 적도에서 상승한 공기가 극으로 움직이고 다시 적도로 되돌아

---

4. 일반적으로 열대기후, 온대기후, 한대기후는 식생의 성장과 관련되지만, 건조기후와 극기후는 일반적으로 너무 건조하거나 너무 춥기 때문에 식생이 살기 어렵다. 또한, 산악지역은 고도에 따라 기후의 변동이 극심한 것을 고려하여 고산기후가 추가로 분류되었다(Rohli and Vega, 2018).

오는 이상적인 모델을 가정하였다(Rohli and Vega, 2018). 지구가 둥근 구 모양으로 이루어져 있기 때문에, 태양에서부터 오는 단위면적당 에너지는 위도에 따라 다르게 들어오는데, 그런 이유로 적도 부근이 가장 많은 에너지가 들어오며, 상대적으로 극 부근은 에너지가 적게 들어온다고 설명한다. 이러한 에너지의 불균형 상태에서 균형을 맞추기 위해, 열에너지는 높은 곳(적도)에서 낮은 곳(극)으로 자연스럽게 이동하는 것이다(그림 4의 좌하). 이러한 에너지의 자연스러운 흐름이 따라 적도에서 가열되어 위로 상승한 공기는 고위도를 향하여 움직이다가 점차 식어가면서 하강한다. 이때 공기의 대류로 인해 적도는 상승기류를 만드는 저기압이, 극은 하강기류가 나타나는 고기압이 지표면에 나타나고, 지표의 바람은 기압의 차이를 따라 극에서 적도 방향으로 불게 된다.

그러나 실제 바람은 남북 방향으로만 불지 않는다. 왜냐하면, 해들리가 제안한 모델은 평평한 육지만 존재하고 자전이 없는 가상의 행성을 기반으로 하고 있기 때문이다. 이와 다르게 실제 지구는 바다가 있고 자전한다는 특징이 있다. 여기서 지구의 자전은 지표면의 바람이 북반구에서는 오른쪽으로 휘고, 남반구에서는 왼쪽으로 휘는 코리올리 효과(Coriolis Effect)를 유발한다. 이로 인해 바람의 방향이 휘기 때문에 적도에서 상승한 공기는 대략 위도 30° 부근에서 하강하고, '아열대 고기압대'를 (반)영구적으로 형성한다(그림 4의 우하). 즉, 적도의 저기압대와 위도 30° 부근의 아열대 고기압대의 공기가 바람을 통해 서로 순환되는 대류가 일어난다. 이를 해들리 순환(Hadley Circulation)이라 한다. 이러한 공기의 순환은 위도 30°(아열대 고기압대)와 60°(중위도 저기압대) 사이, 그리고 60°(중위도 저기압대)와 90°(극 고압대) 사이에서도 나타나며, 각각 패럴 순환(Ferrel Circulation)[5]과 극 순환(Polar Circulation)이라 부른다. 이 전 지구 규모

---

5. 패럴 순환은 해들리 순환과 극 순환과 다르게 열에 의해 직접 유도되는 대류 현상이 아닌, 이 두 순환 사이에

호모트래블쿠스의 지리답사기

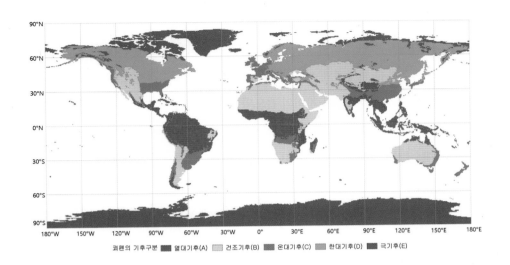

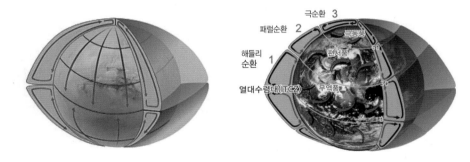

그림 4. 쾨펜 기후구분을 이용한 전 세계 기후 분포도(상), 자전하지 않고 해양이 없을 때의 대기대순환 모식도(좌하), 지구의 자전을 고려할 때의 대기대순환 모식도(우하)
출처 Beck et al.(2018) 재구성(상), 미국 국립해양대기청 사이트 재구성(하)

로 나타나는 대기대순환은 기후의 형성에 크게 영향을 미친다.

    말레이시아가 위치한 적도 부근은 주로 열대우림기후와 열대몬순기후가 나타난다.

    끼여 형성되는 간접적으로 형성되는 순환이다(네이버 지식백과 기상학백과).

이 두 기후의 공통적인 특징은 '덥고 습하다'는 것이다. 적도 지역은 단위면적에 대하여 태양 에너지가 많이 입사하기 때문에, 일 년 내내 기온이 높게 나타난다. 구체적으로 쾨펜의 기후분류 체계에서는 열대기후를 가장 추운 달의 기온이 18℃ 이상인 곳으로 정의한다. 또 한편으로, 이 지역의 습도와 강수량이 높은 것은 대기대순환으로 인한 바람의 수렴이 나타나기 때문이다. 앞서 언급한 대기대순환을 이어서 설명해보자면, 대기대순환에 의해 형성된 (반)영구적인 고기압과 저기압 시스템은 각 순환에서 어떤 특정한 방향의 바람이 거의 항상 나타나게 한다(그림 4의 우하). 그중 적도의 해들리 순환에서 나타나는 항상풍(恒常風)은 무역풍(Trade Wind)이라 부른다. 이름에서 유추되듯이, '무역'과 관련된 바람이다. 15세기 무렵 아프리카 간의 무역을 위해 대서양을 항해했던 포르투갈 선원들에 의해 유래되었다(네이버 지식백과 기상학백과 사이트). 당시 항해에 이용한 배는 증기기관이 발명되기 전이므로, 바람을 이용한 범선이었다. 바람이 부는 방향에 따라 항로가 결정되었기 때문에 바람의 중요성이 강조되었고, 이에 따라 무역풍이 발견되었다. 대서양에서 무역풍이 가장 뚜렷하게 나타나는데, 이를 이용하여 콜럼버스(Christopher Columbus)가 아메리카 대륙을 발견했다고 전해진다(두산백과 사이트). 무역풍은 두 가지 종류가 있는데, 적도에서부터 북위 30° 사이에는 북동 무역풍이 불고, 적도에서 남위 30° 간에는 남동 무역풍이 분다. 이 두 무역풍은 적도 부근에서 만나 위로 상승하여 저기압대를 형성하고 비구름대를 만든다. 이 비구름대를 열대 수렴대 혹은 적도 수렴대(Intertropical Convergence Zone)라 부르며, 이로 인해 적도 부근에 많은 양의 비가 내려 이 지역의 기후는 고온 습윤한 특징을 지니는 것이다.

적도 부근에 위치한 랑카위에 도착하면 찜통에 쪄지는 듯한 더위가 피부에 와닿는다. 랑카위의 연 평균기온은 27.6℃이고, 연 강수량은 2,360mm로, 우리나라의 여름

호모트래블쿠스의 지리답사기

철 기후[6]보다 더욱 덥고 습하다(Kohira et al., 2001). 물론 일년내내 우리나라 여름철처럼 덥고 습한 계절이 나타나는 것은 아니다. 랑카위는 열대우림기후처럼 상당히 습윤하지만, 우기와 건기의 계절을 갖는 열대몬순기후에 포함되기 때문이다.[7] 랑카위에서는 10월에서 3월에는 상대적으로 강수량이 적은 건기(Dry Season)이고 4~9월은 강수량이 많은 우기(Wet Season, Monsoon)이다. 이러한 강수량의 계절적 변동이 나타나는 것은, '몬순(Monsoon)'과 관련이 높다(네이버 지식백과 기상학백과 사이트). 몬순은 다른 말로 계절풍이라고도 언급되는데, '계절'이라는 의미를 지닌 아랍어인 Mawsim에서 유래되었다고 전해진다. 이름에서 볼 수 있듯이, 몬순 기후의 중요한 특징은 바람과 강수량이 계절에 따라 변화한다는 점이다. 이러한 점에서 우리나라, 일본, 중국은 동아시아 몬순기후 지역으로 묶이기도 한다. 모두 경험했다시피, 우리나라는 여름철에 장마전선으로 인해 강수량이 집중되는 반면 겨울철은 상대적으로 강수량이 적어 건조하다. 또한, 여름철에는 남동계절풍, 겨울철에는 북서계절풍이 지배적으로 나타난다. 이러한 바람과 강수량의 계절적 변동은 나타나는 이유는 지역에 따라 조금씩 다르지만, 랑카위를 포함한 동남아시아 지역의 열대몬순기후에서는 무역풍과 관련이 높다. 몬순은 인도 및 동남아시아의 우기를 나타내는 단어로 좁혀서 쓰이기도 하는데 이 지역, 즉 열대몬순기후 지역에서 강수량이 특정 계절에 집중되는 주된 이유는 열대 수렴대의 계절적 이동 때문이다(네이버 지식백과 기상학백과 사이트). 무역풍의 수렴으로 형성되는 열대 수렴대는 북반구에서 여름일 때는 북쪽으로, 겨울일 때는 남쪽으로 움직이는데(그림 5), 이러한 이동은 지구의 자전축이 약간 기울어져 있는 상태이기 때문에 발생한다.

---

6. 우리나라의 경우, 최근 30년(1991~2020년) 동안 여름철 평균기온이 24.1℃, 강수량이 721.4mm이다(기상자료개방포털).

7. 반면 열대우림기후는 강수량의 계절적 변동이 적어, 일 년 내내 비가 고르게 내린다.

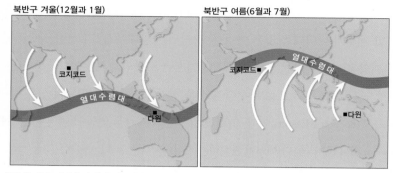

북반구 겨울(12월과 1월)　　　　　북반구 여름(6월과 7월)

그림 5. 계절에 따른 열대수렴대의 이동. 겨울에는 남반구로, 여름에는 북반구로 이동함.
출처 미국 대기과학교육센터 사이트

_ 랑카위에서 찾아보는 열대기후의 경관

앞서 언급했듯이, 열대우림은 열대몬순기후에서도 나타날 수 있는데 랑카위의 숲이 그러하다(Kohira et al., 2001). 키가 큰 나무와 빽빽한 밀림을 보이는 랑카위의 열대우림에서는 원숭이를 비롯해 열대우림에 사는 다양한 동식물을 만나볼 수도 있다(그림 6의 상). 더 특별한 경험을 하고 싶다면, 랑카위섬의 북서쪽에 위치한 마친창 캠브리언 공원을 방문해보자(그림 6의 하). 이곳은 마친창 산맥을 중심으로 형성된 유네스코 지질공원으로, 케이블카를 타고 랑카위섬과 바다를 한눈에 볼 수 있다. 무엇보다도 산 정상에서 발아래가 모두 녹색의 잎들로 뒤덮여 한 치의 빈틈도 내주지 않는 열대우림의 경관은 더욱 색다르게 느껴질 것이다.

열대우림과 함께 랑카위에서 볼 수 있는 열대기후의 자연경관으로는 맹그로브 숲이 있다. 특히 석회암을 기반으로 하는 맹그로브 숲이 있는 킬림 카르스트 공원은 랑카위에 오면 꼭 가봐야 하는 곳이다. 석회암의 용식(용해와 침식)으로 형성된 다양한

그림 6. 랑카위 숲의 키 큰 나무들(좌상)과 원숭이(우상), 마친창 캠브리언 공원의 스카이뷰(하)
출처(하) 파노라마 랑카위 사이트

지형들과 에메랄드빛 바다가 펼쳐지는 경관에, 바다 위의 올리브색의 숲이 떠 있는 풍
경은 너무나 아름답고 이색적이다(그림 7). 게다가 배를 타고 맹그로브 숲을 방문해보
면, 원숭이와 독수리 등 야생동물들이 찾아와서 더욱 오지를 탐험하는 느낌을 받을
수 있다. 탐험가가 된 듯한 이색적이고 신비로운 경험은 관광객들의 눈길을 끈다. 바
다 위에 떠 있는 숲이라니 신기하지 아니한가? 이름마저 매력적인 맹그로브 숲은 열
대 지역의 큰 강변, 하구, 갯벌, 해안가 등 수변에서 주로 분포하는 국지적인 식생으
로, 염도가 높아 다른 식물이 살기 어려운 곳에 나타난다(공우석, 2007; 국립수목원 홈페
이지).

그림 7. 킬림 카르스트 공원의 맹그로브 숲
출처 킬림 카르스트 공원 공식사이트

그렇다면 이 숲에 사는 식물들은 짠 바닷물 속에서 어떻게 살아가는 걸까? 그 비법은 '기근(氣根)'에 있다. 일반적인 식물과 다르게, 맹그로브 숲의 식물들은 공기를 들이마시는 뿌리인 기근이 존재한다. 수면 위에 드러난 기근은 공기 중에서 호흡이 가능하기 때문에 식물의 생장을 돕는다. 더군다나, 물속에서 기근은 식물을 지탱하는 역할을 한다. 맹그로브 숲의 식물들이 기근이라는 독특한 생존방식을 지니게 된 것은 열대우림처럼 기후와 관련이 높다. 햇빛과 물이 풍부한 열대림은 식물이 살기 좋은 조건을 지녔기에 식물 간의 경쟁이 치열하게 이루어지는 곳이기 때문이다. 이러한 경쟁의 결과로 기근이라는 기관이 생겼고, 이 덕분에 맹그로브는 열대지역에서 다른 식물들과의 경쟁이 그나마 심하지 않은 해안가에서 살아남을 수 있었다.

기근 외에도 맹그로브는 다양한 생존 전략을 선택하였다. 염도가 높은 바닷물에 잘 견디는 외피를 갖추었고, 태양이 내리쬐는 열대지역에서 수분의 증산을 막기 위해 두껍고 윤이 나는 나뭇잎을 가지게 되었다. 또한, 열매는 바닷물에 떠다닐 수 있도록 진화하여 물가 주위에서 번식의 가능성을 높였고, 물 속에서 단단히 서있기 위해 서로 다른 나무들의 기근과 얽매여 하나의 숲을 만들어냈다. 이로 인해 맹그로브 숲이 '바

호모트래블쿠스의 지리답사기

다 위의 숲'이라고도 불리는 것이다. 맹그로브 숲은 민물과 바닷물이 만나는 점이지대에 위치하고 있어, 오염물질 정화, 해안 침식 예방, 홍수 예방, 다양한 동물의 서식처 제공 등 다양한 기능을 하고 있다.

이처럼, 랑카위 내륙의 열대우림과 맹그로브 숲은 적도 인근 열대기후(즉, 열대우림기후와 열대몬순기후)를 눈으로 보여주는 자연경관이다. 이동성이 적은 식생은 지역의 기후를 보여주는 표지판 역할을 하기 때문이다. 이러한 자연경관 말고도, 기후는 지역 주민의 삶에도 영향을 미쳐왔다. 그러나 의식주는 기후 외에도 종교, 무역, 혹은 도시화 등 다른 인문적 요소에 의해 변화될 수 있기 때문에, 기후를 뚜렷하게 나타내는 인문경관은 오늘날에 점차 찾아보기 어려워지고 있다. 말레이시아의 수도인 쿠알라룸푸르만 해도 높은 빌딩으로 둘러싸여 있는 서울의 도심지역과 비슷하게 보이는데(그림 8의 좌), 이처럼 도시의 경관은 기후에 크게 영향을 받지 않기도 한다.

반면, 똑같이 열대 기후대에 속하는 랑카위에서는 뾰족한 지붕과 긴 처마가 있고, 마루가 땅에서 떨어져 있는 목재 건축물이 나타난다(그림 8의 우). 이러한 특징은 열대 지역에서 발견되는 전통적인 주거 형태다(주서령·고영은, 2010). 왜 이러한 형태의 집이 발달했을까? 앞서 언급했듯이 열대지역은 덥고 습한 기후를 가지고 있다. 빈번하게 폭우가 내려 홍수가 일어날 가능성이 높고, 열대우림이 있어 땅이 습하며 야생 동물에게 위협을 받을 수 있기 때문에, 이러한 환경을 고려하여 쾌적하고 위생적인 주거 환경을 갖추기 위한 결과로 나타난 것이다. 구체적으로 설명하자면, 먼저, 땅에 기둥을 세우고 마루를 위로 올린 고상식 건축은 마룻바닥 아래에 찬 공기가 흐르도록 하여 지표면에서 올라오는 습기를 피하고, 폭우가 내릴 때 집 안에 물이 들어오는 것을 방지하며, 동물의 공격에 보호하기 위함이다. 두 번째로 가파르고 처마가 긴 지붕은 비가 스며들지 않기 때문에, 지붕을 구성하는 목재가 썩는 것을 방지한다. 또한 지붕과 처마 사이에 뜬 공간을 만들어 거주 공간의 윗부분이 통풍되도록 하였다. 마지막으로

그림 8. 열대기후 경관이 거의 남아 있지 않은 쿠알라룸푸르(좌), 기후환경에 적응한 건물이 있는 랑카위(우)

전면 개방이 가능한 커다란 창을 달아 통풍이 원활하게 되도록 구성하였다. 이처럼 랑카위의 주거 형태는 덥고 습한 열대지역에 사람이 적응한 결과라 할 수 있다.[8]

_ 기후의 변화가 전하는 메시지

랑카위섬에서 보이는 자연 및 인문경관은 기후환경의 중요성을 보여준다. 고온 습윤한 열대기후로 인해 형성된 열대우림과 맹그로브, 그 숲속에서 살아남기 위한 생물들의 진화, 그리고 열대기후에 적응하며 사는 주민들의 모습을 보고 있노라면, 기후가 생물의 삶에 크게 영향을 미친다는 것을 깨닫는다. 하지만 기후와 생물 간의 관계는 한 방향으로만 흐르지 않는다. 생물 또한 기후에 영향을 미치고 있는데, 특히 인

---

8. 물론 랑카위를 포함하여 말레이시아의 전통주택에서 세부적인 주거의 특성, 유형과 공간체계는 종교적 상징, 전통적 사고방식, 생활방식과 같은 사회문화적 요소에 의해 결정되었다(주서령·고영은, 2010).

간으로 인한 지구온난화와 기후변화가 바로 그 예이다. IPCC 보고서에 따르면, 1850년 이후 지구표면 온도의 변화는 서기가 시작된 이래로 급격히 증가하고 있다(IPCC, 2021). 다시 말해, 1850년에서 1900년 사이의 평균 지구표면온도를 기준으로, 그 이전 시기에는 온도의 차이가 거의 없었으나 최근(2011-2020년)에는 약 1.09℃ 상승할 정도로 기온이 분명하게 오르고 있다는 것이다. 흥미롭게도 기온의 급작스러운 상승 경향이 나타나기 시작한 시기는 산업혁명을 통해 이산화탄소와 같은 온실가스의 배출이 갑자기 증가하고 있을 때였다. 두 시기가 일치하는 것은 우연이 아니다. 온실가스는 비닐하우스처럼 지구에서 우주로 방출하는 열에너지를 가두어두는 역할을 하고 있기 때문에, 이러한 온실효과를 통해 지구온난화가 더 심해진 것이다.

지구온난화는 지구상에 사는 생물과 우리의 삶에 직접적이거나 간접적으로 영향을 미치고 있다. 체감할 수 있는 영향 중 하나는 식물의 개화, 단풍, 낙엽, 철새의 이동과 같은 생물계절의 변화일 것이다. 생물계절은 생물이 기후(주로 기온과 관련이 높음)와 여러 환경 요소에 의해 반응하여 매년 나타나는 주기적인 현상을 일컫는다(Xu et al., 2019)[9]. 많은 지역에서 기후변화의 영향으로 생물계절의 변화가 관측되고 있다(IPCC, 2022). 우리나라의 경우, 지구온난화로 인해 생물이 성장하기 시작하는 시기는 빨라지고, 생물의 생장이 끝나는 시기는 느려지는 경향을 보인다(Xu et al., 2019). 여기서 몇몇 독자는 식물계절의 변화가 우리의 삶에 어떤 직접적인 관련이 있을지 의문이 들 수 있을 듯하다. 생태계는 연결되어 있다는 것을 고려해본다면, 우리에게까지 기후변화의 영향이 전파될 수 있다. 일례로, 평균기온의 상승으로 식물의 개화기간이 빨라

---

9. 생물계절 중에서 식물계절의 변화는 지역의 기후변화를 나타내는 지표로 활용될 뿐만 아니라 대중들이 기후변화를 이해하고 인식에 도움을 준다(Sparks and Menzel, 2002). 매년 봄 꽃이 필 무렵에 언론에서는 평년보다 꽃이 빠르게 폈는지 혹은 느리게 피었는지가 주된 환경 이슈이며, 대중들도 이에 대하여 관심을 둔다. 식물의 개화 시기가 평년보다 이상하게 느껴질 때, 대중들은 지구온난화와 기후변화를 떠올리기 때문이다.

지면, 수분을 담당하는 꿀벌의 활동기간이 어긋나게 되고, 이로 인해 생태계에 악영향을 미칠 뿐만 아니라 관련 농업의 생산량이 줄어들 수 있다(Lee et al., 2018). 우리가 지구라는 한 공간에서 살고 있기 때문에, 결국 인간에 의한 기후변화는 여러 방면을 통해 다시 인간에게 영향이 돌아온다.

기후변화를 완화할 방법으로는 산림을 보호하는 것이다. 맹그로브와 열대우림과 같은 숲은 광합성을 통해 지구온난화의 주범이 되는 탄소를 저장할 수 있으며, 증발산 활동을 통해 지표의 기온을 감소시키는 효과 또한 지니고 있기 때문이다(Foley et al., 2003; 한겨레, 2022년 12월 13일 자). 그러나 특히 저개발국가에서 삶의 질 향상과 경제발전을 위해서는 숲을 비롯한 자연의 파괴가 불가피하다. 랑카위의 경우가 그러했다. 1987년부터 랑카위는 무관세 지역으로 운영되면서 관광을 위한 인프라 구축과 투자가 집중적으로 이루어졌다(Marzuki, 2008). 그 결과 관광산업은 섬 경제의 주된 원동력이 되었다. 본격적인 개발이 시작된 지 10여 년이 지난 1990년대 중반에는 농업 및 어업 종사자는 17.3%로 차지하였는데, 이는 1987년에 약 67%였던 것에 비해 확연히 감소하였다. 한편 도매와 소매업, 사회 서비스 등 유통 및 서비스 부문의 종사자는 약 53%로 불과 10여 년 사이에 급증하였다. 결과적으로, 관광산업의 발달로 일자리가 많아졌고 주민들의 소득은 증가하였으며, 인프라가 건설되면서 삶의 질이 향상되었다. 그러나 관광산업의 발달은 긍정적인 결과만을 가져오지는 않았다. 관광산업과 관련된 시설을 세우기 위해 섬 곳곳의 자연이 훼손되었다. 심지어 공사 이전에 환경영향평가를 거치지 않은 곳도 있었다. 그 결과, 해안 지역은 모래사장이 조금씩 사라지는 연안 침식을 겪었고, 섬의 서부지역에서는 맹그로브가 사라졌다.

이와 같이, 자연보호와 경제발전이라는 개념은 대립적이다. 그렇지만 어느 한쪽만 선택하는 것은 자연과 인간 모두에게 가혹한 일이다. 그렇다면 이 두 목표를 동시에 추구할 수 없는 것일까? 이러한 질문으로부터 '지속 가능한 발전(Sustainable Develop-

호모트래블쿠스의 지리답사기

ment)'이라는 개념이 제시되었다. 경제발전을 지속하되 자연(자원과 생태계)이 미래 세대에게 지속될 수 있는 선까지, 개발과 보존 간의 조화와 균형을 이루자는 것이다(지속가능발전포털). 지속 가능한 발전을 이룰 수 있는 길로서는 '생태관광(Ecotourism)'이 있다(이재혁·이희연, 2012). 생태관광은 환경과 사회에 부정적 영향을 최소화하기 위해, 자연을 보호하고 보존할 뿐만 아니라 지역 공동체의 사회문화와 경제가 지속적으로 안정되는 삶을 추구하는 관광의 형태이다. 생태관광을 통해 자연환경을 보존하는 동시에 지역 경제를 활성화 할 수 있다는 점에서 지속 가능한 관광을 도모할 수 있어 전 세계의 열광을 받고 있다.

_ 지속 가능한 삶을 꿈꾸는 랑카위

기후변화의 위협 속에서 랑카위는 생태관광을 통해 지속 가능한 발전을 꿈꾸고 있다. 예를 들어, 매력적인 맹그로브 숲이 펼쳐진 킬림 카르스트 공원에서는 카약, 보트, 제트 스키 등 다양한 여가 활동을 체험하면서 박쥐, 원숭이, 독수리 등 생태를 관찰하는 활동이 이루어진다. 이러한 관광 활동은 지역주민, 지역단체, 그리고 정부와의 협동을 통해 이루어졌다. 먼저 정부(Langkawi Development Authority)는 도로나 보트를 주차할 수 있는 공간과 같이 기본적인 기반 시설을 마련하였다. 지역단체(Kilim Community Cooperative Society)는 이 지역에서 일어나는 관광 사업 활동을 감독하고, 지역주민이 적극적으로 생태관광업에 종사하도록 격려하였다. 지역주민은 관광객들을 위한 보트 서비스를 제공하였다. 이를 바탕으로 킬림 카르스트 공원에서 이루어지는 생태관광 활동은 관광객들에게 교육적이면서도 심미적이고 오락적인 경험을 줄 뿐만 아니라, 지역의 자연을 유지하면서 경제를 활성화하고 있다. 한편, 기업의 경우 환경

친화적 운영을 함으로써 자연에 관심이 많은 관광객을 끌어들이고 있다. 그중 하나가 '그린 호텔(Green Hotel)'이다(Ahmed et al., 2021). 랑카위의 그린 호텔은 에너지 순환 시스템을 통해 에너지를 절약하므로서 기후변화의 완화에 기여하고 있다. 예를 들어, 인공습지 기술과 빗물수확 기술을 도입하여 폐수 및 빗물을 재사용하고 있다. 이러한 방식으로 자원과 에너지를 효율적으로 사용하고 비용도 줄이면서 환경보호에 동참하고 있다. 이와 같이 자연의 완전한 보존과 경제적 목표 사이에 경계를 둔 생태관광 산업은 현재 랑카위에서 지역주민 삶의 기반이 되면서 자연환경을 지속시킬 수 있는 핵심적인 수단이 되었다.

물론, 생태관광의 지속 가능한 발전 전략은 현실적인 한계가 있다. 이해당사자 간 이해관계가 복잡하게 얽혀 있기 때문이다(Thompson et al., 2018). 환경의 보존보다는 목표 달성(대부분 경제적 이익)이 우선시되기 때문에, 끊임없는 경쟁이 일어날 수밖에 없다. 실제로 랑카위의 킬림 카르스트 공원에서는 기업 간 관광객 유치를 위한 경쟁이 발생하였고, 그 결과로써 관광객 수의 증가하였으나, 관광객의 걸음으로 인해 맹그로브 숲이 침식되는 결과가 발생하였다. 자연의 훼손이 심하지는 않았지만 저해될 수준에 도달한 것이다. 이렇게 관광객 및 기업의 관광 활동에 대한 조절 및 관리가 되지 않는 경우 생태관광의 목표는 이루기가 어려워진다(Fauzi and Misni, 2022). 그러므로 생태관광이 성공적으로 지속가능한 관광으로 이어지기 위해서는 (지역) 정부의 역할이 중요하다. 지속 가능한 생태관광이 되도록 정부는 자연 보전에 대한 강력한 규제를 내려 관광 활동을 통제해야 한다. 이러한 방법을 통해 환경과 지속 가능성 측면에서 부정적인 영향을 최소화할 수 있다(Hashim and Latif, 2015). 이와 동시에 정부는 지역주민들이 기후변화로 변하는 환경에 적응하고 대처하는 방법을 교육할 필요가 있다(Hamdan et al., 2018). 자연환경이 이미 생태관광 등을 통해 지역 공동체의 사회경제적 영향을 강력하게 미치고 있고, 기후변화의 위협을 받고 있기 때문이다.

호모트래블쿠스의 지리답사기

무엇보다도 아름다운 자연환경이 먼 미래에 계속 지속되기 위해서는 기후변화의 대처에 대한 전 세계의 단합이 필요하다. 말레이시아의 경우, 앞으로 미래에 기온이 증가하고, 강수량의 변동성이 커지며, 해수면이 상승하고, 극한기후 현상의 빈도가 증가할 것으로 예상된다(Tang, 2019). 랑카위의 기후는 주민들이 인지할 정도로 이미 말레이시아의 미래 기후의 전망과 비슷하게 진행되고 있다(Ahmad et al., 2020). 랑카위의 주민들은 점차 기온이 높아지고 있으며, 우기가 오는 일자가 점점 불확실해져서 날씨를 예측하기가 어려워졌으며, 무엇보다도 이러한 환경변화로 물고기 수가 줄어들고 있다고 대답하였다. 어업이 관광업 다음으로 주된 경제활동 중 하나이기에, 이는 주민들의 경제적 수입의 감소라 해석될 수 있다. 이처럼 기후변화는 농업, 임업, 생물다양성, 수자원, 공중보건, 에너지 산업 등에 영향을 미치는데, 랑카위는 비도시 지역으로서 농업과 어업, 그리고 관광업 등 자연에 대한 의존도가 높기 때문에 기후변화에 더욱 취약하다(Hamdan et al., 2018).

　　온실가스 배출량이 현재 상황을 유지한다면, 지구표면 온도는 약 2℃가 증가한다고 예측되고 있다. 2℃는 작은 숫자라고 생각할 수 있겠으나, 오늘날 지구표면 온도는 약 1℃가 상승하였고, 그 결과 이미 기후난민도 발생하고 있는 상황이다(YTN 사이언스, 2021년 11월 9일 자). 특히, 기후난민은 몰디브, 시리아, 투발루 등 기후변화의 원인(주로 온실가스 배출)에 기여가 적은 국가에서 나타나고 있다. 적도에 위치할수록, 열대기후일수록 기후변화의 영향은 더 크고, 가난할수록 기후변화를 대처할 수 있는 능력이 부족하기 때문에 기후변화에 대한 취약성이 증가하는 것이다(Bathiany et al., 2018). 조금은 불공정하다는 생각이 들지 않는가? 그런 의미에서 기후변화에 대한 책임이 큰 선진국이 더 많은 책임을 지고, 그렇지 않은 국가들의 책임을 덜어가자는 '기후정의(Climate Justice)'가 근래에 나온 이유가 바로 이것이다(홍덕화, 2020).

　　지리학에 관심이 있다면 "모든 것은 서로 연관되어 있으나, 가장 가까운 것이 멀리 있는 것보다 더 연관되어 있다(Everything is related to everything else, but near things are more related than distant things.)."라는 지리학자 토블러(Tobler)의 '지리학 제1법칙(the First Law of Geography)'을 들어보았을 것이다. 공간 안에 기후, 지형, 생물, 인간 등 모든 것이 존재하기 때문에, '연결'되어 있다는 것을 의미한다. 랑카위의 경우처럼, 인간의 개발행위는 열대우림, 맹그로브 파괴 등을 통해 또 다른 환경변화(예를 들어 생태계 변화)에 가장 크게 영향을 미친다. 더욱이 지구온난화처럼 전 세계의 기후변화에도 악영향을 미치고 있음을 물론이다. 하지만 인간(지역주민) 또한 생존을 위해 무조건 자연을 보호할 수는 없기 때문에, 경제발전과 자연보전을 둘 다 목표로 하는 지속 가능한 개발에 전 세계가 주목을 하고 있다.

랑카위는 지속 가능한 개발을 추구하는 곳 중 하나다. 특히, 지역정부, 지역주민, 지역의 관광업체가 모두 협력하는 생태관광을 통해, 지역주민의 삶과 소득을 증진하는 동시에 열대우림과 맹그로브, 산호초 등 아름다운 자연을 보전하고 있다. 하지만 이들에게 계속 행복한 미래만이 찾아오진 않을 것이다. 왜냐하면 전 세계에서 일어나는 기후변화 때문이다. 랑카위의 기후변화에 대한 위협은 지금 당장은 크게 보이지 않더라도 미래에는 자연환경과 인간에 부정적인 영향이 더 클 것으로 예상된다. 이러한 면에서 랑카위의 아름다운 자연이 미래에도 계속 보존되려면, 지역정부, 지역주민, 지역기업 등 지역민의 노력뿐만 아니라 전 세계 시민의 노력이 필요하다. 어느 지역에서든 영향을 미치는 지구온난화를 대처하기 위해서는 모든 세계 시민이 하나로 뭉쳐야 한다.

우리도 기후변화 완화를 위한 행동에 동참하는 것이 어떨까? 지구에 사는 세계의 시민으로서, 그리고 온실가스 배출의 책임이 있는 선진국 시민으로서, 랑카위와 같이 인류의 역사에 가치 있는 세계지질공원을 미래 후손에게 물려주기 위해 자그마한 행동부터 실천해보자!

호모트래블쿠스의 지리답사기

참고문헌

—

- 공우석, 2007, 『생물지리학으로 보는 우리 식물의 지리와 생태』, 지오북.
- 대외경제정책연구원, 2011, 『ASEAN의 의사결정 구조의 방식』, 대외경제정책연구원.
- 외교부, 2019, 『말레이시아 개황』, 외교부 동남아1과.
- 유인창, 2010, "말레이시아 랑카위 지질공원의 고생대 퇴적층: 한반도 고생대 퇴적층과의 대비, 자원환경지질," 43(4), 417~427.
- 이재혁·이희연, 2012, "지속가능한 생태관광을 위한 평가지표 개발 및 적용에 관한 연구," 대한지리학회지, 47(6), 853~869.
- 임은진, 2016, "국제적 인구 이동에 따른 말레이시아의 다문화사회 형성과 지역성," 한국도시지리학회지, 19(2), 91~103.
- 주서령·고영은, 2010, "말레이시아 전통주택의 특성에 관한 연구," 한국실내디자인학회논문집, 19(6), 129~140.
- 홍덕화, 2020, "기후불평등에서 체제 전환으로: 기후정의 담론의 확장과 전환 담론의 급진화," ECO, 24(1), 7~50.
- Xu, J., Zhu, Y., Meng, S. X., Huang, X., Piao, D., and Cui, G. S., 2019, "과거 30년간 기온상승으로 인한 한반도 생물계절성 변화 연구," 한국기후변화학회지, 10(4), 437~446.

—

- Ahmad, N., Shaffril, H. A. M., Samah, A. A., Idris, K., Samah, B. A., and Hamdan, M. E., 2020, The adaptation towards climate change impacts among islanders in Malaysia, *Science of The Total Environment*, 699, 134404.
- Ahmed, M. F., Mokhtar, M. B., Lim, C. K., Hooi, A. W. K., and Lee, K. E., 2021, Leadership roles for sustainable development: The case of a Malaysian green hotel, *Sustainability*, 13(18), 10260.

• Bathiany, S., Dakos, V., Scheffer, M., and Lenton, T. M., 2018, Climate models predict increasing temperature variability in poor countries, *Science advances*, 4(5), eaar5809.

• Beck, H. E., Zimmermann, N. E., McVicar, T. R., Vergopolan, N., Berg, A., and Wood, E. F., 2018, Present and future Köppen-Geiger climate classification maps at 1-km resolution. *Scientific data*, 5(1), 1~12.

• Fauzi, N. S. M., and Misni, A., 2022, The Impact of Geopark Recognition on Kilim Karst Geoforest Park, Langkawi Potential public policies on spatial planning for sustainable urban forms, *International Review for Spatial Planning and Sustainable Development*, 10(4), 209~222.

• Foley, J. A., Costa, M. H., Delire, C., Ramankutty, N., and Snyder, P., 2003, Green surprise? How terrestrial ecosystems could affect earth's climate, *Frontiers in Ecology and the Environment*, 1(1), 38~44.

• Hamdan, M. E., Ahmad, N., Khairuddin Idris, B. A., and Samah, H. A. M. S., 2018, Measuring Islanders' Adaptive Capacity towards the Impact of Climate Change: A Case of Community in Langkawi Island, *International Journal of Academic Research in Business and Social Sciences*, 8(2), 265~273.

• Hashim, R., and Latif, Z. A., 2015, Langkawi's Sustainable Regeneration Strategy and Natural Heritage Preservation, *Environment Asia*, 8(2), 1~8.

• IPCC, 2021, *Summary for Policymakers. In: Climate Change 2021: The Physical Science Basis.* Cambridge University Press,

• IPCC, 2022, *Summary for Policymakers.* Cambridge University Press.

• Kohira, M., Ninomiya, I., Ibrahim, A. Z., and Latiff, A., 2001, Diversity, diameter structure and spatial pattern of trees in a semi-evergreen rain forest on Langkawi Island, Malaysia, *Journal of Tropical Forest Science*, 13(3), 460~476.

• Lee, E., He, Y., and Park, Y. L., 2018, Effects of climate change on the phenology of Osmia cornifrons: implications for population management. *Climatic Change*, 150, 305~317.

• Marzuki, A., 2008, Impacts of tourism development in Langkawi Island, Malaysia: a quali-

호모트래블쿠스의 지리답사기

tative approach, *International Journal of Hospitality and Tourism Systems*, 1(1), 1~17.

- Rohli V. R. and Vega J. A., 2018, *Climatology*, Jones & Bartlett Learning.

- Sparks, T. H., and Menzel, A., 2002, Observed changes in seasons: an overview, *International Journal of Climatology*, 22(14), 1715~1725.

- Tang, K. H. D., 2019, Climate change in Malaysia: Trends, contributors, impacts, mitigation and adaptations, *Science of the Total Environment*, 650, 1858~1871.

- Thompson, B. S., Gillen, J., and Friess, D. A., 2018, Challenging the principles of ecotourism: insights from entrepreneurs on environmental and economic sustainability in Langkawi, Malaysia, *Journal of Sustainable Tourism*, 26(2), 257~276.

- 아시아경제, 2019년 10월 18일, "[이종길의 가을귀]말레이반도에 고무 이식한 '보이는 손'."
- 조선비즈, 2023년 1월 8일, "코로나로 '세계의 공장' 中 흔들리는 사이…"동남아, 이득 얻어"."
- 한겨레, 2022년 12월 13일, "깊은 숲일수록 더불어 산다…탄소중립 자연의 해결사들."
- YTN 사이언스, 2021년 11월 9일, "[날씨학개론] 전쟁만큼 무서운 기후변화…'기후난민' 확산."

- 랑카위 공식 관광사이트(Naturally Langkawi), https://naturallylangkawi.my
- KOTRA 해외시장뉴스 홈페이지, https://dream.KOTRA.or.kr/KOTRAnews/index.do
- 한–아세안센터 홈페이지, https://www.aseankorea.org
- 한국민족문화대백과사전 사이트, https://encykorea.aks.ac.kr
- 네이버 지식백과 기상학백과 사이트, https://terms.naver.com
- 두산백과 사이트, http://www.doopedia.co.kr
- 영화 정보 모음 사이트(Internet Movie Database), https://www.imdb.com
- 기상자료개방포털, https://data.kma.go.kr
- 주싱가포르 대한민국 대사관 홈페이지, https://overseas.mofa.go.kr/sg-ko/index.do
- 말레이시아 통계청 사이트(Department of Statistics Malaysia Official Portal), https://www.

dosm.gov.my

- 미국 국립해양대기청 사이트(National Oceanic and Atmospheric Administration), https://www.noaa.gov

- 파노라마 랑카위 사이트(Panorama Langkawi), https://panoramalangkawi.com

- 국립수목원 홈페이지, https://www.forest.go.kr

- 킬림 카르스트 공원 공식사이트(Kilim geoforest park), https://kilimgeoforestpark.com

- 지속가능발전포털, http://ncsd.go.kr

- 미국 대기과학교육센터 사이트(University Corporation for Atmospheric Research Center for Science Education), https://scied.ucar.edu

- WWF 말레이시아 지부 사이트(WWF-Malaysia), https://www.wwf.org.my

04

자전거 타는 풍경,
독일 '뮌스터'

#자전거 #도시 #친환경 #기후

_ 비와 종소리 그리고 자전거

"뮌스터에서는 비가 내리거나 종소리가 울린다(In Münster regnet es oder die Glocken läuten)." 이 말은 뮌스터(Münster)가 속해 있는 독일 노르트라인베스트팔렌(Nord Rhein-Westfalen)주[1]의 오랜 속담이다. 속담의 주인공인 뮌스터에서는 조금 더 구체적으로 "뮌스터는 비가 내리거나 혹은 종소리가 들린다. 그런데 비도 오고 종소리까지 들리면 그건 일요일이다."라고 표현하기도 한다. 뮌스터와 비를 연관 짓는 표현은 또 있다.

---

1. 독일의 16개 연방주 중 하나로 노르트라인주와 베스트팔렌주가 병합되며 만들어진 주이다. 연방 주에는 국가로 치면 수도(首都) 격인 주도(主都)가 있는데, 병합되기 전 베스트팔렌주의 주도가 뮌스터였다. 하지만 노르트라인주와 병합되며 현재 노르트라인베스트팔렌주의 주도는 뒤셀도르프(Dusseldorf)가 되었다(김희주 역, 2016).

"비의 고향! 나는 그래서 당신의 이름을 미미가르다(Mimigarda,뮌스터의 옛 지명)라고 부르고 싶습니다(Heimat des Regens! So möchte ich Dich, Mimigarda, benennen!)"[2]라는 시의 한 구절이 그것이다. 이처럼 뮌스터는 오래전부터 '비가 자주 오는 곳'이거나 '성당이 많은 곳(종소리를 울리는 곳이 성당이기에)'이라는 인식이 있었다. 그렇다면 속담처럼 실제로 뮌스터에는 비가 자주 내릴까? 그리고 실제로도 성당이 많을까?

이를 확인하기 위해서는 뮌스터가 어디에 있는지 알아볼 필요가 있다. 뮌스터는 독일 서북부에 자리한 노르트라인베스트팔렌주에서도 북쪽, 북위 51도에 걸쳐 있다(그림 1). 서울이 북위 37도인 것을 생각하면, 상대적으로 뮌스터는 북쪽에 자리 잡고 있어 춥고 눈도 많이 올 것이라 예상하지만 뮌스터의 평균 기온은 10.5℃로 예상 외로 따뜻한 편이다(독일 기상청 사이트). 그 이유는 한국이 대륙의 동쪽 끝에 위치해 기온의 연교차가 큰 대륙성기후인 데 반해, 독일 북부지역은 대륙의 서쪽에 자리하고 있어 비교적 연교차가 적은 서안 해양성기후를 띠기 때문이다. 특히, 독일 북부지역은 북대서양 난류로 인해 만들어진 온난 습윤한 바람이 1년 내내 편서풍을 타고 해발 200m 이하의 평탄한 지역을 관통해 넓게 퍼지는데, 뮌스터 역시 이곳에 있어 연중 온난 습윤한 기후인 것이다(SBS뉴스, 2015년 4월 20일 자). 이 같은 온난한 기후로 인해 북쪽에 자리하고 있음에도 눈보다는 비가 내리는 곳이 되었고, '비의 고향'이라는 별명도 붙었다. 하지만 뮌스터는 강우량이 많은 편은 아니다. 뮌스터의 연 강우량은 838mm로 대한민국 평균 강우량인 1,223.87mm보다 적다(기상청 기상자료 개방 공개포털; 독일 기상청 사이트). 독일을 기준으로 보았을 때도 뮌스터는 독일 내 강우량이 많은 도시 상

---

2. 뮌스터의 옛 지명인 미미가르다(Mimigarda)를 '비의 고향'이라고 표현한 것으로, 1649년에 파비오치기(Fabio Chigi)라는 시인이 쓴 시의 한 구절이다. 현재까지도 뮌스터에 비가 자주 온다는 점을 거론할 때 많이 인용된다(뮌스터대학교 사이트).

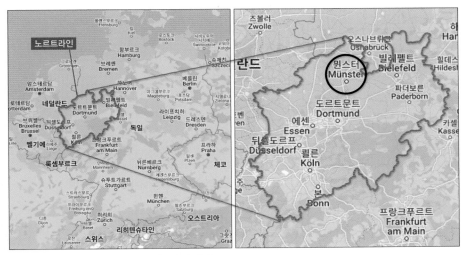

그림 1. 노르트라인베스트팔렌주와 뮌스터의 위치

위 40개에도 포함되지 않을 정도로, 비가 많이 내리는 곳이라고 보기는 어렵다.

　그런데도 뮌스터가 '비의 고향' 또는 '비가 오는 곳'이라는 별명을 가지게 된 이유는 비의 양이 적을지라도 자주 내리고, 일조시간도 독일 내 다른 도시들보다 상대적으로 짧기 때문이다(그림 2). 뮌스터의 연평균 강우 일수는 약 190일로 1년 중 절반 이상이 비 오는 날인데, 이는 서울의 평균 강우 일수가 108.6일인 것에 비하면 뮌스터에 내리는 비의 빈도수가 얼마나 잦은지를 알 수 있다(기상청 기상자료 개방 공개포털; 뮌스터대학교 사이트). 뮌스터의 일조시간이 짧은 것도 사람들에게 뮌스터가 '비의 고향'이라고 생각하게 만든 요인이다. 연중 흐린 날이 지속하면 비가 오지 않은 날에도 비가 왔다고 착각할 수 있기 때문이다. 뮌스터의 연간 일조시간은 독일에서 연간 일조시간이 가장 짧은 튀링겐(Thüringen)주 쉴(Suhl)의 1,436시간과 비슷한 1,500시간이다(독일 기상청 사이트). 뮌스터의 일조시간이 얼마나 짧은지는 역시 서울의 일조시간과 비교해 봐

그림 2. 흐린 날에 촬영한 뮌스터 내륙 항구(Hafen Münster)(좌)와 뮌스터 주택가(우)

도 체감할 수 있는데, 서울의 연간 일조시간은 이보다 약 1,000시간 정도 긴 2,440.24시간이다(기상청 기상자료 개방 공개포털). 이처럼 독일 서북부에 위치해 편서풍의 영향을 받아 연간 온난한 기후를 가지고 있는 뮌스터는, 많은 양의 비가 내리지는 않지만 자주 비가 내리며, 일조시간이 상대적으로 짧아 흐린 날이 많아서 '비의 고향'이라는 별명을 갖게 되었다.

　뮌스터 속담에 등장하는 다른 특징은 '종소리가 들린다는 것'이다. 종소리는 대부분 성당을 통해 전달되므로 이 말은 '뮌스터에 성당이 많다'라는 의미와도 연결된다. 뮌스터에서는 상당히 자주 종소리가 들린다. 그도 그럴 것이 뮌스터에는 가톨릭과 관련된 장소가 아주 많다. 뮌스터교구 내에는 약 723개의 뮌스터교구 소속 성당과 예배당이 있으며, 이곳에 등록된 신자의 수는 뮌스터 전체 인구인 31만여 명을 훨씬 웃도는 190만여 명이다. 이는 독일 가톨릭교구 내에서 두 번째로 큰 수치인데, 뮌스터가 노르트라인베스트팔렌주 안에서도 작은 도시임을 고려하면, 뮌스터에는 가톨릭 신자도 많고, 성당도 많은 곳임을 알 수 있다(Domradio, 2020년 10월 3일 자). 사실 뮌스터라

그림 3. 뮌스터대학본부(좌)와 뮌스터의 상징이자 도시 어디에서나 볼 수 있는 자전거들(우)

<u>뮌스터대학본부</u> 1787년에 뮌스터의 주교 막시밀리안 프리드리히(Maximilian Frie-drich von Königsegg-Rothenfels)를 위해 지어진 궁전건물이었다. 현재는 1954년부터 뮌스터대학교의 대학본부 건물 및 강의실, 학생상담실 등으로 사용되고 있다(Kai Niederhöfer, 2017).

는 이름 자체도 가톨릭과 깊게 연관되어 있다. 뮌스터는 주교좌성당[3] 또는 대성당이라는 뜻이어서, 도심에 성당이 있는 대부분의 독일 도시들은 뮌스터플랏츠(Münsterplatz, 대성당광장)와 뮌스터스트라세(Münsterstraße, 대성당길)라는 지명을 지니고 있다. 이곳 노르트라인베스트팔렌주의 뮌스터 외에도 바이에른(Bayern)주, 바덴뷔르템베르크(Baden-Württemberg)주, 헤센(Hessen)주에도 뮌스터라는 이름을 가진 도시가 있고, 독일어를 공용어로 사용하는 스위스 베른(Bern)주에도 뮌스터라는 도시가 있다. 이처럼 뮌스터라는 지명은 독일과 스위스 등지에서 쉽게 찾아볼 수 있지만 많은 사람이 '뮌스

---

3. 주교좌성당은 주교가 있는 성당으로, 주교는 해당 교구(교회 안에서의 행정 단위로 한국에는 서울대교구, 수원교구 등이 있다)를 대표하며 교구를 총괄하는 직책이다(가톨릭사전 홈페이지).

터' 하면 노르트라인베스트팔렌주의 뮌스터를 가장 먼저 떠올리는데, 그 이유는 아마도 ① 다른 도시들에 비해 도시의 역사가 오래되었다는 점, ② 도시 안에 규모가 큰 뮌스터대학교(Westfälische Wilhelms-Universität Münster)[4]가 있다는 점(그림 3의 좌), ③ 그리고 '독일 자전거의 수도'라고 불릴 정도로 뮌스터의 자전거가 매우 유명하기 때문이다(그림 3의 우).[5]

무엇보다 뮌스터가 '독일 자전거의 수도'가 된 이유는 여러 가지가 있겠지만 가장 큰 요인은 뮌스터 주민들의 자전거 사랑이라고 할 수 있을 것이다. 뮌스터대학교의 조사에 따르면, 뮌스터 인구 중 93%가 자전거를 소유하고 있고, 이 중 45%는 1대 이상의 자전거를 가지고 있다고 한다. 뮌스터 시청의 조사에서도 뮌스터 안에 약 50만 대의 자전거가 있을 것으로 추정한다고 하니(2022년 기준), 뮌스터에는 사람보다 자전거가 많은 셈이다. 또한, 도심을 둘러싼 4.5km의 차 없는 자전거 도로망, 도시 곳곳에 만들어진 자전거 주차장, 기차역 앞에 건설된 독일 최대의 자전거 정거장, 높은 자전거 통행량, 그리고 대중교통과 자전거 이용의 연계성 등은 도시 내 자전거 경관을 형성한 주요한 요인일 것이다. 그리고 이러한 요인들은 뮌스터를 독일 자전거의 수도로 만드는 데에 크게 일조하였다.

그렇다면 뮌스터의 자전거 사랑에 대한 본격적인 썰(?)을 하기에 앞서, 뮌스터의 역사를 간단히 들여다보자!

---

4. 독일은 몇몇 도시들을 제외하면 보통 한 도시 안에 대학이 하나밖에 없으므로 지역명으로 대학을 부르는 경우가 많다. 그래서 '베스트팔렌 빌헬름 뮌스터 대학교'도 그냥 '뮌스터대학교'로 불린다.
5. 독일관광청 사이트에서 뮌스터를 검색해보면 뮌스터를 자전거의 도시(Bicycle City)라고 소개하고 있다. 뮌스터 시청 또한 사이트에 자전거의 도시(Fahrradstadt)라며 도시를 홍보하고 있다(독일 관광청 사이트, 뮌스터 시청 사이트).

호모트래블쿠스의 지리답사기

_ 엘리트 도시로의 복원과 자전거의 등장

유럽 역사에서 뮌스터가 처음 등장한 때는 793년 카를 대제(Karl der Große)[6]가 뮌스터에 기독교 전파를 위해 지금의 뮌스터 구시가지 부근으로 선교사를 파견하면서부터다(뮌스터 도시박물관 사이트). 뮌스터에 부임한 선교사는 곧 주교가 되었고, 주교가 머물 주교좌성당도 현재 뮌스터 구시가지 중앙에 자리한 성 파울루스 대성당(St.-Paulus-Dom)[7] 자리에 지어졌다(그림 4의 좌). 성당 건축을 위해 자연스럽게 주변 지역에서 사람이 모여들었고, 성당을 중심으로 시장, 도서관, 학교 등이 들어서며 도시의 규모가 커졌다. 곧 뮌스터는 베스트팔렌 지역에서 가장 큰 도시로 성장해 주변 지역을 관장하는 법원이나 행정관청 등이 도시 안에 들어섰다. 뮌스터에 학교와 도서관, 법원과 행정관청 그리고 주교좌성당까지 만들어지며 교육과 행정, 종교를 아우르는 '엘리트 도시'가 되자 방어의 필요성도 높아져 뮌스터와 다른 지역을 구분 짓는 4.5km의 성벽이 도시 외곽을 따라 세워지기도 했다. 중세시대에는 독일 북부를 아우르는 한자동맹[8]의 일원으로 무역의 중심지 역할도 수행했는데, 당시 소금무역이 이루어지던 '소금길(Salzstraße)'과 12세기부터 역사가 이어져 내려오는 '중심상가(Prinzipalmarkt)' 역시 현재의 뮌스터 구도심에서 찾아볼 수 있다(그림 4의 우). 1648년에는 베스트팔렌 지역의 엘리트 도시 역할을 하던 뮌스터의 이름이 유럽 전역으로 퍼지게 되었는데, 독

---

6. 프랑크왕국(Fränkisches Reich)과 랑고바르드(Langobardenreich), 서로마제국의 황제로 독일어로는 카를 대제, 프랑스어로는 샤를마뉴(Charlemagne)라고 한다.

7. 오늘날 뮌스터 구시가지에서 볼 수 있는 성 파울루스 대성당은 1225년부터 1264년까지 건축된 성당의 모습으로, 제2차 세계대전 당시 폭격으로 인해 파괴되었으나 1956년 재건되었다(성 파울루스 대성당 사이트).

8. 한자(Hansa)는 원래 한 무리의 남자라는 뜻이었지만 점차 중세 길드조합을 나타내는 단어로 의미가 변했다. 한자동맹은 13세기 초부터 17세기까지 독일 북부와 영국, 발트해 등지의 도시들이 연합하여 활동했던 무역 공동체. 주된 무역 품목으로는 소금, 맥주, 양모 등이 있었다(김희주 역, 2016).

그림 4. 1264년의 모습을 기준으로 복원된 성 파울루스 대성당(좌)과 구도심 중앙에 자리한 중심상가 골목(우)

일의 30년 전쟁과 스페인·네덜란드의 80년 전쟁을 종결짓는 베스트팔렌조약이 뮌스터 구시청사[9] 건물에서 체결되었기 때문이다. 이 조약은 네덜란드가 신생국가로 인정받고, 독일이 프랑스에 일부 영토를 빼앗기는 등 유럽 지도를 바꾼 역사적인 조약이었다(황대현, 2013).[10]

이처럼 뮌스터에는 도시의 역사와 함께해 온 성당과 오래전부터 지역의 교육과 행정, 경제를 담당하던 역사적인 건축물이 다른 도시에 비해 많았다. 또한, 엘리트 도시답게 도시를 구분 짓는 성벽 안쪽에는 행정 관료나 법관, 교육자 등 엘리트 계층이 많이 거주했는데 이러한 요소들은 제2차 세계대전을 거치며 폐허가 된 도시를 복원할

---

9. 1250년 중심상가 골목에 시청 건물이 처음 들어섰는데 제2차 세계대전 때 폭격으로 파괴되었다가 1958년 베스트팔렌조약 310주년을 기념하여 복원되었다. 현재는 박물관으로 사용되고 있다(뮌스터 관광청 사이트).

10. 이러한 역사적 가치를 인정받아 조약이 체결된 구시청사 2층 홀은 유럽 유산(Europäischen Kulturerbe-Siegel)으로 등재됐다. 홀이 가지는 상징성은 현대까지 이어져 '2022년 G7 외무장관 회의' 등의 중요한 외교 행사가 이곳에서 개최되기도 했다(뮌스터 관광청 사이트).

호모트래블쿠스의 지리답사기

때 다른 도시처럼 완전히 새롭게 도시를 건설하는 대신, 도시의 역사성 회복을 위한 장소들을 복원하는 방향으로 이끄는 요인이 되었다. 즉, 변화보다는 기존의 가치를 지키고 싶어 한 보수적인 엘리트 계층과 오랜 전통을 중요하게 생각하는 가톨릭 신자들이 주민구성의 다수를 차지하고 있었기 때문에, 폐허 위에 새로운 도시를 건설하기보다는 도시를 복원하는 결정을 내린 것이다. 하지만 천 년 이상 된 건축물을 이전 모습 그대로 복원하는 것이 기술적으로 불가능하기도 했고, 자동차가 대중화되던 시기에 도시를 옛 구획대로 재건한다는 것은 심각한 교통난을 초래하는 일이기도 했다(이병철, 2020). 이러한 이유로 도시의 완벽한 복원은 어려웠지만, 상징적인 건축물을 최대한 복원하고 도심의 구조를 크게 변형시키지 않는 선에서 도로를 복원하는 노력은 이뤄졌다. 그리고 도시 복원 과정에서 현대적인 건물을 아예 만들지 않았던 것은 아니지만 역사적인 건축물을 고려해 스카이라인(Skyline)을 맞췄고, 건물의 외관도 도시가 가지고 있던 건축물과 유사하게 만들고자 하였다(뮌스터 플러스 사이트).

하지만 여전히 도심의 교통문제는 해결하지 못한 상태였다. 1970년대에 들어서자 뮌스터 시내 교통량은 포화상태에 이르렀다. 될 수 있는 한 예전 모습대로 복원하려 했던 도심은 차량 통행이 수월하도록 격자 모양으로 만들어진 신도시들과는 달리, 보행을 중심으로 하는 원형 모양이기 때문에 일방통행인 도로가 많았고, 도로 폭도 좁았으며 길도 구불구불했다(그림 5). 여기에 1973년 오일쇼크(Oil Shock)로 석유 가격이 폭등하자 뮌스터 사람들은 자동차를 대체할만한 교통수단을 적극적으로 찾기 시작했다. 여기서 빛을 발한 것이 바로 '자전거'다.

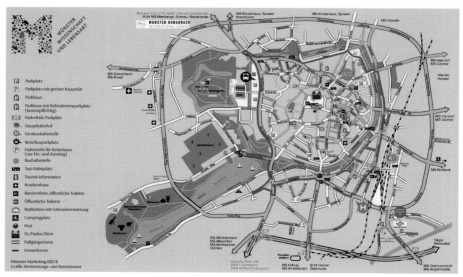

그림 5. 원형 모양으로 복원되어 길이 구불구불하고 복잡한 뮌스터
출처 뮌스터 시청 사이트

_ 젊은 도시 뮌스터의 자전거 사랑

　1970년대에는 68혁명[11]의 영향으로 인해 기존질서에 대한 저항도 일어났다. 이는 단순히 정치·사회적인 부분뿐만 아니라 개발과 환경에 대한 인식에도 변화를 가져와 이후 녹색당이 만들어지는 계기가 되기도 하였다. 그만큼 환경에 관한 관심이 높아진 것이다. 또한, 독일이 1980년대에 산성비로 인한 산림피해를 본 사건도 '비의 고향'인

---

11. 1968년 미국의 베트남침공에 항의하며 파리에서 시작된 68혁명의 영향을 받아 독일(서독)의 젊은 대학생들을 중심으로 일어난 기존 체제에 대한 저항운동이다. 나치 당원이 서독 총리를 할 정도로 과거사청산이 되지 않고 있던 독일이 과거사청산과 함께 반권위주의, 친환경 운동 등을 시작하게 된 계기가 되었다(김누리, 2020).

뮌스터 시민들의 자전거 이용을 촉진하는 계기가 되었다. 산성비의 주범으로 자동차 배기가스가 지목되며 자동차 운행에 대한 규제의 목소리가 높아지자, 뮌스터도 이러한 경향에 발맞춰 교통난을 해결하기 위해 자동차에 대한 규제를 강화함과 동시에 친환경 교통수단인 자전거 통행량을 늘릴 방법에 집중했다(독일 기상청 사이트). 먼저 도심 내 환경구역(Umweltzone, '그림 5'의 붉은색 선 안쪽 지역)을 설정해 배기가스 테스트를 통과한 차량만 도심에 진입할 수 있도록 만들어 도심에서의 통행량을 줄였다(뮌스터 시청 사이트). 이에 더해 환경을 생각하는 시민단체와 녹색당의 지속적인 요구로 뮌스터에 자전거도로가 늘어나기 시작했고, 자전거도로와 자전거 주차장 등 도시 내 자전거 통행에 대한 기반시설이 확충되면서 자전거를 이용하는 인구도 자연스럽게 늘어났다.

뮌스터의 자전거 이용 인구가 다른 도시들에 비해 폭발적으로 늘어나게 된 것은 뮌스터의 독특한 인구구조 때문이기도 하다. 뮌스터는 예로부터 교육의 중심지 역할을 하였는데 그 중심에는 뮌스터대학교가 있다. 1780년부터 시작하는 유서 깊은 뮌스터대학교는 그 역사만큼이나 뮌스터에 미치는 영향력도 상당한데, 이는 뮌스터의 인구구성을 살펴보면 확인할 수 있다. 2021년 기준으로 뮌스터의 인구가 317,713명인데, '2021/22 겨울학기'에 등록한 뮌스터대학교 학생 수는 44,431명으로 뮌스터 인구의 약 14%나 차지하는 것이다(노르트라인베스트팔렌주 정보기술청 사이트; 뮌스터대학교 사이트). 뮌스터대학은 독일에서 학생 수가 많은 대학 순위 10위 안에 들 정도로 규모가 큰 대학 축에 속하는데, 순위가 높은 다른 대학들이 뮌헨(München)이나 쾰른(Köln)처럼 인구 100만 명 이상의 도시들에 있는 것을 생각한다면, 뮌스터대학교가 도시에 미치는 영향력이 상대적으로 크다는 것을 알 수 있다. 학생 수뿐만 아니라 대학에 속한 상근직원도 상당히 많은데 2021년 기준으로 7,488명이 뮌스터대학교에서 일하고 있다. 결국, 뮌스터 전체 인구의 약 16%가 뮌스터대학교에 속해 있는 것으로 간주할 수

그림 6. 자전거를 타고 공원에서 시간을 보내는 뮌스터 시민(좌)과 도서관 자전거 주차장에 주차된 수많은 자전거(우)

있다(뮌스터대학교 사이트).

　이처럼 뮌스터에는 학생이 많고 대학에 속한 사람들도 많아 이곳의 인구구성도 젊은 편이다. 2021년 기준으로 뮌스터의 인구는 0~19세 사이의 인구가 17.2%, 20~39세 사이의 인구가 34.6%로, 인구의 절반 이상이 40세 미만이다(뮌스터 통계청 사이트). 이처럼 주민들의 평균연령이 젊다는 것, 특히 도시에 대학생들이 많다는 점은 경제적인 이유에서든, 환경에 대한 인식 때문이든 도시에서 이동이 필요할 때 자동차보다는 자전거를 선호하게 만드는 요인이 되었다(그림 6). 뮌스터대학교가 2007년에 실시한 조사에 따르면 뮌스터 시민 중 47%가 도시 안에서 이동이 필요할 때 자전거를 최우선으로 이용한다고 밝혔고, 이 중 77%는 거의 매일 자전거를 이용한다고 밝혔다. 대다수 사람이 뮌스터 안에서 이동이 필요할 때, 자동차보다는 자전거를 타는 것이다. 뮌스터 시민들의 이러한 자전거 선호는 도시의 통행량 조사에서도 확인할 수 있는데, 뮌

호모트래블쿠스의 지리답사기

스터의 통행량 중 자전거가 차지하는 비중은 무려 38%로, 이는 인구 10만 명 이상의 독일 도시 중 가장 높은 수치라는 점에서 눈여겨볼 만하다(뮌스터 시청 사이트).

_ 독일 최대의 자전거 정거장과 아름다운 자전거도로

뮌스터 시민들의 자전거 이용을 장려하기 위한 행정당국의 노력도 계속되었다. 그 중 대표적이라고 할 수 있는 것이 2023년까지도 독일 최대 규모를 자랑하고 있는 기차역과 연계된 '자전거 정거장(Radstation Münster Hbf.)'이다. 1990년대 초부터 건설이 논의된 자전거 정거장은 6년여의 논의 끝에 독일에서는 최초로 뮌스터 중앙역(Münster Hbf.) 앞에 들어서기로 결정되었고, 3년 후 자전거를 사랑하는 뮌스터 시민들과 독일 연방 교통부 장관(Franz Müntfering), 노르트라인베스트팔렌주 환경부 장관(Bärbel Höhn) 등의 축하 속에 개회식을 열 수 있었다(자전거 정거장 사이트).

자전거 정거장이 뮌스터 중앙역에 들어서자 뮌스터 중앙역을 이용해 통근과 통학을 하던 많은 사람이 자전거 정거장에 자전거를 채우기 시작했다. 기차나 버스를 타기 위해 뮌스터 교통의 중심지인 뮌스터 중앙역까지 자전거를 타고 온 시민들은, 자전거 정거장 건설 전에는 자전거를 중앙역 광장 근처 노상에 묶어 놓을 수밖에 없었는데, 자전거 정거장이 들어서면서 비바람과 절도로부터 자전거를 보호할 수 있는 자전거 정거장을 적극적으로 이용하기 시작한 것이다(그림 7).[12] 또한, 이용객 편의를 위해

---

12. 뮌스터에서는 자전거 절도가 상당히 빈번하게 일어나는데 이러한 상황에서 자전거를 안전하게 보관할 수 있는 자전거 정거장은 뮌스터 시민들에게 인기가 높을 수밖에 없다(Westfälische Nachrichten, 2012년 5월 24일 자).

그림 7. 뮌스터 중앙역 앞에 건설된 자전거 정거장(좌), 여기에 주차된 많은 자전거들(우)

정거장 주변에 자리한 대다수 상점은 새벽 5시 반부터 밤 11시까지 운영되고 있다(독일의 거의 모든 상점은 이 시간에 운영하지 않는다). 이른 시간과 늦은 시간에도 기차와 버스를 이용해야 하는 사람들을 고려한 것이다. 이러한 편리성과 저렴한 가격 등으로 인해 자전거 정거장은 뮌스터 시민들에게 큰 사랑을 받았고, 완공된 지 얼마 지나지 않아 기존에 마련된 2,800개의 주차공간이 만석이 되었다. 이에 2001년 뮌스터 중앙역 옆 보행자 터널에 자전거 주차공간 500개를 추가로 확보했고, 중앙역 광장에 자전거를 주차할 수 있는 공간도 확충하며 수요를 따라가기 위해 노력하고 있다. 뮌스터 사람들에게 자전거 정거장이 사랑받는 이유는 또 있다. 자전거 정거장에서의 주차 외에도 자전거 수리, 중고자전거 판매, 자전거 세차, 자전거 대여 등의 자전거와 관련된 대부분 서비스를 함께 제공하고 있기 때문이다(자전거 정거장 사이트).

독일 연방정부 환경청의 주도로 시행된 '바이크 앤 라이드(Bike and Ride)' 시스템도 뮌스터 시민들의 자전거 이용을 촉진했다. '바이크 앤 라이드' 시스템은 대중교통과

호모트래블쿠스의 지리답사기

그림 8. 자전거의 우선 통행이 배려받는 일반 도로(좌)와 붉은색 자전거도로, 자전거 신호등(우)

연계된 자전거 주차장의 설치 및 대중교통 이용 시 자전거를 동반할 수 있도록 하는 내용 등을 골자로 한다(김종신, 2011). 이에 발맞춰 뮌스터도 시내버스노선과 연계된 곳에 자전거 주차장을 많이 설치했는데, 이렇게 해서 만들어진 자전거 주차장의 주차 공간을 모두 합하면 동시에 약 1만 2천여 대의 자전거를 주차할 수 있을 정도다(뮌스터 시청 사이트). 어디 이뿐이랴! 뮌스터에서는 자전거와 함께 버스를 타기도 쉽다. 뮌스터의 모든 시내버스가 저상버스로 이루어져 있고, 시내버스 안에는 자전거와 유모차 휠체어 등을 보관할 수 있는 장소가 따로 마련되어 있으며, 자전거나 휠체어를 동반한 탑승이 쉽도록 버스 출입구에 접이식 경사판이 설치되어 있다(뮌스터 유틸리티 사이트).

도시 곳곳을 연결하는 자전거도로도 빼놓을 수 없다. 1990년대에 붉은색 바닥으로 자전거 전용도로의 디자인을 통일하면서 뮌스터를 상징하는 경관이 된 자전거도로는 2023년 기준 약 480km에 달한다. 뮌스터에는 자전거도로뿐만 아니라 자전거 전용

그림 9. 산책로(좌)와 뮌스터의 상징인 자전거, 산책로(PROMENADE) 등이 등장한 기념 액자(우)

신호등도 따로 있는데, 이렇게 자동차와 자전거 교통의 흐름을 분리해 관리하는 덕분에 자동차와 자전거가 뒤섞이는 일을 막을 수 있게 되었다(그림 8). 자전거도로의 표시가 되어 있지 않은 대부분 도로에서도 차보다 자전거의 통행이 우선하는데, 자동차 운전자들의 이러한 배려도 뮌스터를 '독일 자전거 수도'로 만드는 원동력이 되었다.

한편, 뮌스터에 있는 자전거도로 중 가장 아름다운 코스는 과거 성벽이 있던 자리에 만들어진 산책로(Promenade)다(허수경, 2015). 뮌스터의 경계를 구분 짓던 4.5km 길이의 성벽이 허물어진 자리는 이제 독일에서도 아름답기로 손꼽히는 산책로이자 자전거도로가 되어 도시의 안과 밖을 연결하고 있다(그림 9). 자동차를 위한 도로를 만드는 대신에 도시의 상징이 된 산책로를 옛 성벽 자리에 조성하면서, 뮌스터는 2001년과 2003년, 2005년에 독일 내 가장 큰 환경 단체인 분트(BUND)와 독일연방 자전거클

호모트래블쿠스의 지리답사기

립(General German Bicycle Club)이 주관하는 '자전거 기후테스트(Fahrradklimatest)에서 '최고의 자전거 친화 도시'로 선정되었다(자전거 기후테스트 사이트).

_환경을 생각하는 세계에서 가장 살기 좋은 도시

제2차 세계대전으로 파괴된 도시를 새롭게 건설하는 대신에 도시를 예전 모습으로 복원하면서 뮌스터는 다른 도시보다 오래된 경관을 많이 가지게 되었다. 예전 모습대로 구불구불하고, 폭이 좁은 길과 역사적인 건물들로 가득 찬 뮌스터의 도심에는 현재 자동차 대신 자전거가 달린다. 자동차의 편의보다 환경을 먼저 생각한 뮌스터 시민들의 결정으로 도시는 480km의 긴 자전거도로를 가지게 되었고, 이는 뮌스터를 상징하는 경관이 되었다. 일찌감치 내려진 뮌스터 시민들의 이러한 결정은 지속 가능한 미래를 고민하는 현대에 더욱 주목받고 있다. 최근에 들어서서야 프랑스 파리는 '자전거 중심의 친환경 녹색 도시'를 중심으로 하는 새로운 도시계획을 발표했고, 한국의 도시들도 도심 교통 혼잡도와 대기오염을 줄이기 위해 자전거 통행을 위한 기반시설 건설에 열을 올리고 있음을 본다면, 뮌스터의 선견지명은 실로 옳은 결정이었다고 생각된다(주간동아, 2023년 1월 15일 자). 그래서일까? 뮌스터는 이미 자전거를 기반으로 한 도시의 친환경성과 역사적 경관의 복원 등을 인정받아 유엔 환경계획에서 공인한 '세계에서 가장 살기 좋은 도시'에 선정되었다(리브컴 어워즈 사이트). 날로 심각해지고 있는 환경오염문제와 도시의 지속 가능한 미래에 대한 논의가 커지고 있는 요즘, '자전거 수도'로 불리는 뮌스터는 좋은 본보기가 아닐까 한다.

참고문헌

—

- 김누리, 2020, 『우리의 불행은 당연하지 않습니다』, 해냄출판사.
- 김종신, 2011, 자전거 수단선택시 영향을 주는 요인에 관한 연구, 한양대학교 대학원 석사학위 논문.
- 김희주 역, 닐 맥그리거, 2016, 『독일사산책』, 옥당 (MacGregor, N., 2014, *Germany: Memories of a Nation*, Penguin Books).
- 이병철, 2020. "전후 독일에서 구시가지의 재건과 지역 정체성 작업," 學林, 45, 277~312.
- 황대현, 2013, "베스트팔렌 강화조약에 대한 기억문화의 다양성," 서양사론, 116, 287~312.
- 허수경, 2015, 『너 없이 걸었다』, 난다.

—

- Kai Niederhöfer, 2017, *Münsterland Royal*, Droste Verlag.

—

- SBS뉴스, 2015년 4월 20일, "[취재파일] 온난화…북대서양 해류가 느려졌다."
- 주간동아, 2023년 1월 15일, "프랑스 파리 '15분 도시' 같은 'N분 생활권 도시' 한국에 만든다."
- Domradio, 2020년 10월 30일, "Bistum Münster hat bisher 70 Kirchengebäude aufgegeben Umgewidmet oder ungenutzt."
- Westfälische Nachrichten, 2012년 5월 24일, "Einsatz gegen den gewerbsmäßigen Fahrraddiebstahl."

—

- 가톨릭사전 홈페이지, https://www.catholic.or.kr
- 기상청 기상자료개방포털, https://data.kma.go.kr

- 노르트라인베스트팔렌주 정보기술청 사이트(Information und Technik Nordrhein-Westfalen), https://www.it.nrw
- 독일 기상청 사이트, https://www.dwd.de/DE/Home/home_node.html
- 독일 관광청 사이트(Deutchland Zentrale für Tourismus), https://www.germany.travel/en/cities-culture/muenster.html
- 리브컴 어워즈 사이트(Livcomawards), http://www.livcomawards.org
- 뮌스터 관광청 사이트(Münster Tourismusbüro der Stadt), https://www.stadt-muenster.de/tourismus
- 뮌스터대학교 사이트(Münster Uni), https://www.uni-muenster.de
- 뮌스터 도시박물관 사이트(Münster Stadtmuseum), https://www.stadt-muenster.de/museum
- 뮌스터 시청 사이트(Stadt-Münster), https://www.stadt-muenster.de
- 뮌스터 플러스 사이트(Münster Plus), https://xn--mnsterplus-9db.de/Startseite
- 뮌스터 통계청 사이트(Statistik und Stadtforschung - Stadt Münster), https://www.stadt-muenster.de/statistik-stadtforschung
- 성 파울루스 대성당 사이트(St.-Paulus-Dom), https://www.paulusdom.de
- 뮌스터 유틸리티 사이트(Stadtwerke-münster) https://www.stadtwerke-muenster.de
- 자전거 기후테스트 사이트(Fahrradklima-Test), https://fahrradklima-test.adfc.de
- 자전거 정거장 사이트(Radstation), https://www.radstation.de

맺으며

&SOC&

'코로나19'라는 다소 특이한 상황 속에서 우리가 만났다. 첫 만남은 당연히 줌 미팅! 학연, 지연, 나이 등을 다 떠나서 일단 '지리를 공부하는 사람들'이라는 카테고리에 묶인 우리는 처음엔 다소 어색했지만 이내 적응을 했다. 마스크가 우리를 공간적으로 갈라놓았지만, 그것은 딱히 큰 문제가 되지 않았다. 우리에게는 카톡이라는 새로운 소통방식이 있었고, 여기에 간헐적으로 시행되었던 줌 미팅, 단톡방, 전화, 메일 등은 크나큰 도움이 되었다. 나름 신문물을 통한 소통방식으로 우리만의 룰(Rule)이 성립되면서 기나긴 『호모트래블쿠스의 지리답사기』 작업은 무사히 마무리될 수 있었다. 하지만, 이러한 소

통방식이 아주 흡족하기만 한 것은 아니었다. 우리는 때때로 글쓰기에 어려움을 겪었고, 그럴 때마다 서로에게 채찍이 되어야만 했다. 이것은 결코 마음 편한 일이 아니었다. 그래서일까? 때로는 마음을 다치기도 하고, 때로는 슬럼프를 겪기도 했던 우리 공저자들의 모습을 나는 결코 잊을 수 없다. 같은 순간, 나 역시 마음이 아프고 힘들었음을 지금이라도 알아주고, 받아주고, 또 용서해 주길! 그리고 이 자리를 빌려 다시금 말씀드리고 싶은 것, 한 가지… "유찬 군! 지은 양! 예지 양! 당신들, 정말 글 잘 씁니다! 그러니 언제 어디서든 당당하고 유쾌하게 당신들의 이야기를 계속 전해주길 바

랍니다."

마지막으로, 나를 아껴주시는 분들께 감사 인사를 드려야겠다. "나의 힘든 모습을 가장 가까이에서 바라봐주시고 인내해주신 엄마! 사랑하고 감사드려요. 언제나 같은 자리에서 기다려주던 우리 견공들도 고마워." 또한, 공부의 연을 이어갈 수 있도록 격려와 배려를 아끼지 않으시는 노시학 교수님, 가끔 예상치 못한 먹거리로 서프라이즈를 선사해주시는 전왕건 선생님, 연구에 집중할 수 있도록 도와주시는 신인섭 원장님과 연구소 선생님들, 그리고 언제나 기운을 북돋아 주는 친구 명현과 에바에게도 진심 어린 감사 인사를 드리고 싶다. 미처 언급하지 못한 분들께는 큰 양해를 부탁드리며 이제 정말로 마지막 매듭을 짓고자 한다.

"그대들이 있어 이 작업을 마무리할 수 있었습니다. 여러분께 이 책을 바칩니다."

– 대표 저자, 정은혜

❧

유학 중 코로나로 귀국해 무거운 마음으로 한국에서 생활하던 때, 정은혜 교수님께 연락을 받았다. 다시 함께 책을 써 보자는 제안이었다. 처음에는 부담감이 커 망설여 졌으나 원고를 함께 쓸 친구들이 있다는 말에 흔쾌히 교수님의 손을 잡았다. 그러나 현실은 녹록하지 않았고, 책을 쓰면서 많은 우여곡절이 있었다. 몸도 힘들고 마음은 더 힘들었지만, 그때마다 힘이 되어 주신 교수님과 용기를 준 지은이, 예지가 있었기

496

에 마지막 원고를 탈고할 수 있었다. "모두 정말로 고맙습니다!"

　원고를 한 장 한 장 써 내려갈수록 내가 왜 지리학을 사랑할 수밖에 없었는지, 왜 아직도 지리학에 푹 빠져 사는지 알 수 있었다. 그것은 매우 단순한 이유였다. 지리학을 공부할 때 가장 행복했기 때문이다. 지도를 볼 때마다 가슴이 뛰고, 새로운 장소에 갈 때마다 마음이 설렜다. 길 위에서 정말로 다양한 삶과 마주쳤고 수없이 많은 이야기를 나눴다. 사람이 없는 곳에서는 표지석과 오래된 건물이 말을 걸어왔다. 모든 장소에서 충만함을 느꼈고 깊이 공감했으며 많은 것을 배웠다. 그리고 앞으로 더 많이 배울 예정이다.

긴 글을 마무리하며 10년 넘게 부족한 남편과 함께 살며 아낌없는 사랑을 주고 있는 아내 최유정에게 깊은 존경과 감사를 표한다. 더불어 지리학이라는 놀라운 세계로 이끌어주신 구자용 교수님, 정수열 교수님, 정희선 교수님, 최서희 교수님께도 감사를 드리고 싶다. 마지막으로 가족과도 같은 나의 친구들 권광오, 박태영, 신은환, 양태경, 허정현 등과 나의 롤모델인 조승민 형에게 고마운 마음과 존경을 전한다.

– 공저자 손유찬

⊗✕⊘

작년 여름. 코로나에 걸려 집에 한참을 머물고 있을 때, 한 통의 전화가 왔다. 정은혜 교수님이었다. 답사기를 쓰고자 하는데, 참여할 의향이 있는지 물어보셨다. 망설임 없이 "저에게 제안해주셔서 너무 감사합니다. 하겠습니다."라고 대답하였다. 이전의 답사기를 썼을 때 조금은 힘들었지만, 내가 배운 지리학의 지식을 쏟아부으면서 공저자들과 함께 작업하는 것이 너무나 즐겁고 행복했던 경험이었기 때문이었다. 또, 이전보다 지리학에 대한 지식을 좀 더 쌓았고 논문도 몇 편 써보았던 터라 나름, 자신이 있었다. 하지만 여전히 글을 쓰는 건 어려웠고 많은 시간이 걸렸다. 이를 포함하여 몇 번 더 어려움이 있었지만, 같이 글을 쓰는 공저자들 덕분에 끝마무리를 맺을 수 있었던 것 같다. 저에게 책을 쓰자고 제안해 주시고 이끌어주신 정은혜 교수님, 그리고 항상 따뜻한 분위기를 만들어주신 유찬 오빠, 매끄럽고 유려한 문장을 쓰도록 도와준

예지한테 너무 감사하다.

 학부생을 거쳐 대학원생 동안 다양한 지식을 전수해 주신 경희대 교수님들께 감사의 인사를 드리고 싶다. 기후학의 세계로 이끌어주신 이은걸 교수님과 자연지리학을 세심히 가르쳐주신 공우석 교수님, 다나카 교수님, 윤순옥 교수님께 감사드립니다. 또한 여러 분야의 지리학을 가르쳐주신 경희대 교수님들과 기후학에 대한 깊이 있는 고찰을 이끌어주신 건국대 지리학과의 최영은 교수님, 이승호 교수님께도 감사의 인사를 전합니다. 교수님들 덕분에 이 책이 완성될 수 있습니다. 마지막으로 따뜻하게

맞이해주신 국립생태원 기후생태연구실 박은진 실장님, 기후생태관측팀의 이효혜미 팀장님, 박사님들과 연구원 팀원님들 너무 감사드립니다.

　무엇보다도 이번 책을 쓰면서 좋은 인연을 만나게 돼서 너무 기쁘다. 이런 소중한 인연이 계속 이어지길 바라며, 정은혜 교수님께 다시 한번 "감사합니다!"

－ 공저자 오지은

৪৩

　경희대학교에서의 길고 긴 6년이라는 학부 생활의 마침표를 찍는 순간에 만난 '책 프로젝트'는 참으로 애증이다. 책과 함께 하는 매 순간이 고되었지만, 그 모든 순간이 지난 자리에는 언제나 한층 성장한 내 스스로의 모습이 있었다. 뻔한 말처럼 들릴 수도 있겠지만, 나에게 있어서 지리학은 언제나 '가슴이 뛰는 그 무언가'였다. 지리학의 세계에 깊이 빠질수록, 숨을 쉬고, 발을 딛고 있는 이 모든 공간이 더 윤택해지기 때문이었다. 그런 지리학의 품속에서 나는 더 큰 세상을 바라볼 수 있었고, 광활한 우주와도 같은 꿈을 향해 나아갈 수 있었다.

　정은혜 교수님께서는 지리학의 시선으로 세상을 바라보는 법을 가장 먼저 깨우쳐주신 분이다. 그런 교수님께서 소중히 내어주신 '책 프로젝트' 제안은 더할 나위 없이 귀한 기회였다. 대학원 입시를 앞두고 만난 '책 프로젝트'는 깊고 깊은 학문의 출발선 앞에 선 내가 학부에서 배웠던 모든 것을 되돌아보고, 또 재정비할 시간을 주었다. 분

명 너무나도 힘든 과정이었지만, 이 시간을 통해 비로소 인생의 다음 단계로 나아갈 준비 태세를 갖출 수 있었다. '책 프로젝트'의 끝에 서서, 이제는 대학원에서의 새로운 도전을 마주하고 있다.

그 무엇보다도, 소중한 기회를 주시고 끊임없이 격려해주신 정은혜 교수님, 그리고 언제나 막내에게 아낌없이 조언해주시고 용기를 심어주신 유찬 오빠와 지은 언니에게 가장 감사한 마음을 전해드리고 싶다. 또, 지리학의 매력을 깨우쳐 주시고 지리학에 대한 꿈을 꿀 수 있도록 많은 가르침을 주신 지상현 교수님, 주성재 교수님, 그리고 경희대학교 지리학과 교수님들께 감사의 인사를 드리고 싶다. 언제나 나의 선택을 존중해주고 응원해주는 내 가족과 지인들, 마지막으로 아낌없이 조언을 주시고 격려해주시는 손정렬 지도교수님과 많은 가르침을 주시는 서울대학교 지리학과 교수님들, 큰 버팀목이 되어 주시는 선배님들과 너무나도 아끼는 동기들 모두에게 감사드린다.

– 공저자 정예지

p.s. "길을 떠나는 자는 행복을 포기하지 않는 사람이다."

– 블랑쉬 드 리슈몽(Blanche de Richemont)

호모트래블쿠스의 지리답사기

초판 1쇄 발행   2023년 7월 28일

지은이   정은혜, 손유찬, 오지은, 정예지
펴낸이   김선기

펴낸곳   (주)푸른길
출판등록   1996년 4월 12일 제16-1292호
주소   (03877) 서울시 구로구 디지털로 33길 48 대륭포스트타워 7차 1008호
전화   02-523-2907, 6942-9570~2
팩스   02-523-2951
이메일   purungilbook@naver.com
홈페이지   www.purungil.co.kr
ISBN   978-89-6291-061-2 (03980)